建设新时代“坎儿井”研究论文集

主　编　李旭东　柳　莹
副主编　库尔班·依明　任　强　丁志宏

黄河水利出版社
·郑州·

图书在版编目(CIP)数据

建设新时代“坎儿井”研究论文集/李旭东,柳莹主编. —郑州:黄河水利出版社,2024.4
ISBN 978-7-5509-3876-2

Ⅰ.①建… Ⅱ.①李… ②柳… Ⅲ.①坎儿井-水利工程-新疆-文集 Ⅳ.①TV-53

中国国家版本馆 CIP 数据核字(2024)第 083563 号

组稿编辑:岳晓娟 电话:0371-66020903 E-mail:2250150882@qq.com

责任编辑	陈彦霞	责任校对	杨秀英
封面设计	黄瑞宁	责任监制	常红昕
出版发行	黄河水利出版社		

地址:河南省郑州市顺河路 49 号 邮政编码:450003
网址:www.yrcp.com E-mail:hhslcbs@126.com
发行部电话:0371-66020550

承印单位 河南新华印刷集团有限公司
开 本 787 mm×1 092 mm 1/16
印 张 18.5
字 数 430 千字
版次印次 2024 年 4 月第 1 版 2024 年 4 月第 1 次印刷

定 价 168.00 元

前　言

“坎儿井”是新疆各族劳动人民在2 000多年前漫长的历史发展中,根据本地地形地貌、水文地质特点创造出来的一种特殊的地下水利工程。吐鲁番盆地是坎儿井最多、最集中的地区,也是新疆坎儿井的起源地。吐鲁番自古有“火洲”“风库”之称,气候极其干旱。面对极端干旱的气候和独特的水文地质条件,因受当时技术水平的限制,当地劳动人民为了避免水分蒸发和污染,创造出用暗渠引取地下潜流,将春夏季节渗入地下的大量雨水、冰川及积雪融水通过山体的自然坡度,引出地表进行灌溉,以满足沙漠地区的生产生活用水需求,具有自流取水、不消耗动力、流量稳定、不受季节影响、隐藏于地下、水量蒸发损耗极小等众多优点。

水是新疆经济社会发展的命脉。新疆水资源开发利用空间广阔,但也面临着结构性缺水问题突出的现状。新疆南疆用水总量379.8亿m^3,占南疆水资源可利用量的81.33%。农业用水量364.1亿m^3,占南疆用水总量的95.9%,生活、工业、城镇及生态环境用水量占4.1%。在近期内没有跨流域调水补给的情况下,统筹好南疆生产生活生态用水的难度很大,需要在提高现有水资源利用效率上下更大功夫。

为深入贯彻习近平总书记“节水优先、空间均衡、系统治理、两手发力”治水思路和关于新疆水利发展的重要指示精神,按照“坎儿井”的治水理念和精髓,新时代“坎儿井”输水模式,成为新疆推进农业高效节水、发展可持续农业的有力措施。新时代“坎儿井”输水模式,即加大高效节水灌溉推广力度,推动用水方式由粗放低效向集约节约转变,从而切实解决水利基础设施建设滞后、农业用水效率低等问题。

随着新疆水利设施和现代农业发展基础日渐完善,高山峡谷间,河道渠系不断织密;广袤沃野上,高效节水增产技术和农业机械大显身手。打好新时代“坎儿井”,对新疆推动高效节水农业发展,提高粮食产能,从农业大区发展为农业强区意义重大。

现阶段对新时代“坎儿井”输水模式的研究,主要以南疆区域为研究范围,围绕灌区的“开源、节流、增效”,结合南疆山区水库替代平原水库、灌区骨干工程节水、高效节水、微咸水利用等现状情况开展。全疆众多水利水电工程科研单位及专家学者为新时代“坎儿井”输水模式的发展出谋划策,研究方向包括地下水储水构造带研究、水源工程及供水模式研究、骨干工程节水模式研究、农艺节水研究、微咸水利用等方面。

本论文集共收录论文34篇,论文内容涉及新时代“坎儿井”相关的水利工程、水资源管理、水环境保护以及相关政策和法律等多个领域,汇集了众多专家学者的最新研究成果。这些成果不仅代表了当前水利科技的前沿,也为我们提供了解决实际水利问题的多元化思路和方案。

在编写本论文集的过程中,我们注重理论与实践的结合,鼓励跨学科的交流合作,以期为新疆水利事业发展贡献智慧和力量,力图为水利行业从业者提供有价值的参考和启发。同时也希望能够引起社会各界对水资源问题的广泛关注,共同为实现水资源的可持续发展而努力。

最后,衷心感谢所有参与本书编写和出版的人员,他们的辛勤工作和无私奉献使得这本论文集得以面世。感谢每一位读者的关注和支持,让我们携手前行,在水利事业的道路上留下坚实的足迹。敬请翻阅,期待您的反馈与建议。

编　者

2023 年 12 月

目　录

水文水资源

水源工程

输水工程

田间工程

水文水资源

基于古老坎儿井智慧启迪的南疆现代灌区节水新模式

李　江

（新疆塔里木河流域管理局，新疆库尔勒市　841000）

摘　要： 新疆灌区绝大多数位于常年灌溉带，需要通过工程措施来解决灌区供水问题。南疆国土面积占全疆国土面积的61.5%，相比北疆，降雨极少，蒸发更为强烈，河流泥沙问题更为突出，灌区单位面积消耗水量更多。大部分灌区以山区河流为主要水源，河流上游修建山区水库拦蓄，出山口修建分水闸及引水总干渠，沿冲洪积扇、河道两侧布置灌区，同时兴建沉沙池减少入渠泥沙，修建调节池解决供水“春旱、冬枯”的时空不均问题。在满足灌区不断发展的同时，也面临人工绿洲与天然绿洲争水的矛盾，有些地方还出现了天然绿洲退化等问题。保护好天然绿洲就是保护我们的生存家园，解决好灌区供水就能保障我们的粮食安全，而只有研究解决好水资源保障、供应，才能实现这一目标。基于古老坎儿井水资源利用的智慧，启迪研究现代灌区高效节水新模式——新时代坎儿井，就是新时代节水措施之一。

关键词： 古老坎儿井；灌区；节水措施；新模式；新时代坎儿井

1　引言

新疆气候干旱，水资源短缺，水资源时空分布不均、用水效率和效益较低、供需矛盾突出，是制约经济社会高质量发展和生态文明建设的首要问题与关键因素。现状南疆农业用水占经济社会用水总量超过90%，远高于全国平均水平（62%），用水效率和效益较低，短期内大幅降低农业用水既不现实，也不可能。因此，大力发展农业高效节水是解决水资源供需矛盾、促进水资源可持续利用、经济社会高质量发展和生态环境改善的必由之路。

基金项目： 国家自然科学基金联合基金（U2003204）；新疆维吾尔自治区天山雪松创新领军人才计划（2018XS22）；新疆维吾尔自治区财政厅专项课题研究“南疆新增水资源战略前期”（403-1005-YBN-FT6I）项目经费资助；新疆维吾尔自治区发改委专项课题研究“建设新时代‘坎儿井’研究课题”（2022XFG245）。

作者简介： 李江（1971—），男，教授级高级工程师，博士研究生导师，主要从事水利水电工程规划设计工作。

通过70多年的发展建设，全疆已形成大中型灌区475处，灌溉面积超过1亿亩❶，高效节水面积占60%左右；大部分灌区以山区河流为主要水源，河流上游修建山区水库拦蓄，出山口修建分水闸及引水总干渠，沿冲洪积扇、河道两侧布置灌区，同时兴建沉沙池减少入渠泥沙，修建调节池解决供水"春旱、冬枯"的时空不均问题，形成了扇子形、傍河型、田字形、树枝形的灌区布置格局。"一方水养一方人、一条河流一片田"就是新疆地方县市及兵团农场的写照。南疆超过百万亩的灌区多达11处，叶尔羌河灌区、阿克苏河灌区、渭干河灌区、喀什噶尔河灌区等都是大型灌区的典型代表。

单独考虑源头节水、输水环节节水、灌区内部节水都是节水措施之一。坎儿井是世界上干旱区较早利用水资源的一种模式，它巧妙地利用地下储水构造，"藏水于地下构造、输水于地下暗渠、配水在田间林带、调节在水池涝坝"，具有施工简单、输水稳定、水质较好的优点，但也存在水量较小、维护困难等缺点，在暗渠末端或灌区末端还可布置蓄水池或涝坝来进行调节。受古老坎儿井灌溉模式的启迪，结合地下水储水构造、水库分布、灌区分布，提出利用山区水库、平原水库、地下井群、沉沙池等多种储水构造或设施作为水源并起到调控作用，充分利用天然落差，采用自压输水管道输水、分水、配水，与灌区田间供水设施有机衔接，再结合灌区自压调控实现水资源精准高效利用，同样是"藏水于水库/构造设施、输水于埋地管道、配水在田间灌区、调节在用水环节"，对引水、输水、分水、配水等各环节进行精准调控，用多少引多少，大幅度减少各环节的损耗、蒸发，是现代灌区高效利用水资源的新模式之一，也是新时代坎儿井式水利工程。它具有水源可调、输水高效、配水可控、损耗较少的优点，但也存在一次性投资较大、管理要求较高的缺点。

2 南疆灌区建设与水资源高效利用问题

2.1 灌区建设基本情况

根据相关数据，南疆分布大中型灌区120处，灌溉面积5 903.31万亩（不含防风林）。累计实施高效节水面积2 463.73万亩，占灌溉面积的41.73%。现状南疆（地方）干支斗三级渠道总长8.19万km，已防渗4.56万km，防渗率55.67%，其中干渠防渗率75.14%，支渠防渗率59.6%，斗渠防渗率47.47%。

2.2 蓄水工程建设情况

截至2021年，南疆共建成各类水库189座（含兵团），总库容95.45亿m^3。其中，山区水库44座，库容62.79亿m^3；平原水库145座，库容32.66亿m^3。库容系数不足0.15，远小于全国0.26、北疆0.32的平均水平。

2.3 水资源高效利用情况

现状南疆多数农田仍然采用冬灌保墒、春灌播前压碱等灌溉方式，用水效率低于全国甚至西北地区平均水平，用水结构严重失衡，供需矛盾突出，改善及优化调整水资源配置格局、提高用水效率刻不容缓；现状南疆亩均毛灌溉用水量高达594 m^3/亩，远高于全国平均水平368 m^3/亩；农业单方水产出仅为2.5元，低于新疆平均水平3.3元，

---

❶ 1亩=1/15 hm^2，全书同。

远低于西北地区和全国平均的16.46元和19.1元。

2.4 灌区节水面临的突出问题

（1）水资源相对匮乏，优化配置难度大。

南疆面积占全疆的63%，而水资源仅占全疆水资源总量的50.9%，按人均水资源占有量比较，南疆人均与北疆基本相当，约为3 800 m^3/人，相当于全国人均的1.8倍。按地均水资源量比较，南疆地均水资源量为全国平均水平的1/8。在人口、灌溉面积基本相当的情况下，地均水资源量的巨大差异导致南疆水资源开发利用量达到“吃干榨尽”的程度。目前，南疆水资源开发利用率接近90%，其中农业用水占比超过93%，统筹好南疆“生产、生活、生态”用水的难度很大，必须对水资源的节约集约利用进行系统谋划。

（2）山区水库调蓄能力不足，平原水库泥沙淤积、蒸发、渗漏损失严重。

受建设难度、资金等多种因素影响，南疆控制性山区水库建设相对缓慢，目前已建水库189座，水库调蓄能力约15%，远低于全国26%的平均水平。平原水库大都建于20世纪七八十年代，多数进入服役后期，存在蒸发渗漏大、泥沙淤积严重、调蓄能力低，以及库区渗漏造成周边地下水位上升、水库下游耕地土壤盐碱化程度相对较高等问题，需要统筹考虑替代、改造事宜。据不完全统计，夏季灌溉高峰时，部分平原水库、骨干渠道蒸发损失占用水量的20%以上，有限的水资源未得到充分利用。

（3）灌区配套不完善，骨干渠系防渗率低。

据统计，南疆渠道防渗率为45%，干、支、斗三级渠道共3.63万km还未进行防渗处理，输水过程中渗漏、蒸发量大。此外，渠道渗漏和田间渗漏累加，不仅增加了排水系统负担，而且大部分渗漏水量补给地下水，抬高了灌区地下水位，直接引发灌区土壤次生盐渍化问题。

（4）农业用水方式粗放，节约集约利用水平不高。

如喀什地区叶尔羌河灌区控制灌溉面积834.7万亩，是全国第四大灌区，干、支、斗三级渠系防渗率仅为66%、54%和12%。此外，高效节水使用率也不高，据不完全统计，叶尔羌河灌区已建成高效节水面积173万亩，目前正常使用率还不到50%。

3 古老坎儿井灌溉模式与特点

3.1 坎儿井灌溉模式

在历史上，坎儿井工程对当地绿洲生态的存在与发展起到了不可替代的作用。它结合当地独特的地质、地形和气候条件，充分利用山前冲积扇丰富的地下水资源，采用地下暗渠（廊道）引出地下输水的形式，以满足干旱地区的生产生活用水需求，为平原区绿洲提供的源源不断的水源孕育了盆地的绿洲文明，对当地农业生产和经济社会发展起到了重要作用，是适应干旱、荒漠、高温、多风沙、寒冷等恶劣自然环境的智慧展现。坎儿井具有无须动力提水、不受风沙和蒸发的影响，以及引水不经过含盐量大的岩层以及矿化度低的种种优点，也是可持续、生态友好型的水利工程。坎儿井是至今仍在使用并发挥重要作用的活的传统技术和文化遗产，它与万里长城、京杭大运河并列为中国古代三大工程。

目前，新疆坎儿井数量约97%以上集中在吐鲁番和哈密地区，并且至今仍有部分在发挥着作用。其中吐鲁番仍有0.882 hm^2 灌溉农田由坎儿井控制，为5万人口和10万头牲畜提供饮用水。

3.2 坎儿井灌溉布置形式

坎儿井是在第四纪地层中，自流引取浅层地下水的一项古老水利工程设施，由人工开挖的竖井、具有一定纵坡的暗渠（廊道）、地面输水的明渠和末端储水用的蓄水池（涝坝）等部分组成。

竖井是为开挖暗渠（廊道）所建，起到通风、出土、定位、检修及供人上下的作用，首部竖井深度一般为25~50 m，最深的可达120 m。一条坎儿井总长一般在数百米到数十千米。坎儿井布置一般是顺冲积扇的地面坡降，即顺地下潜流的流向，与之相平行或斜交。

暗渠（廊道）可分为集水段和输水段，其中前部分为集水段，位于当地地下水位以下，起截引地下水的作用；后部分为输水段，在当地地下水位以上。由于地面坡度大于暗渠（廊道）坡度，因此可把地下水自流引出地表。暗渠断面较小，顶部呈尖拱形，一般采取窄深式，宽0.5~0.8 m，高1.4~1.7 m，通常不需衬砌，每年仅需适当维修。

涝坝是输水渠道末端的蓄水池，用以调节灌溉水量，缩短灌溉时间，减少输水损失，水深在1.5~2 m。

坎儿井平面布置及典型结构见图1。

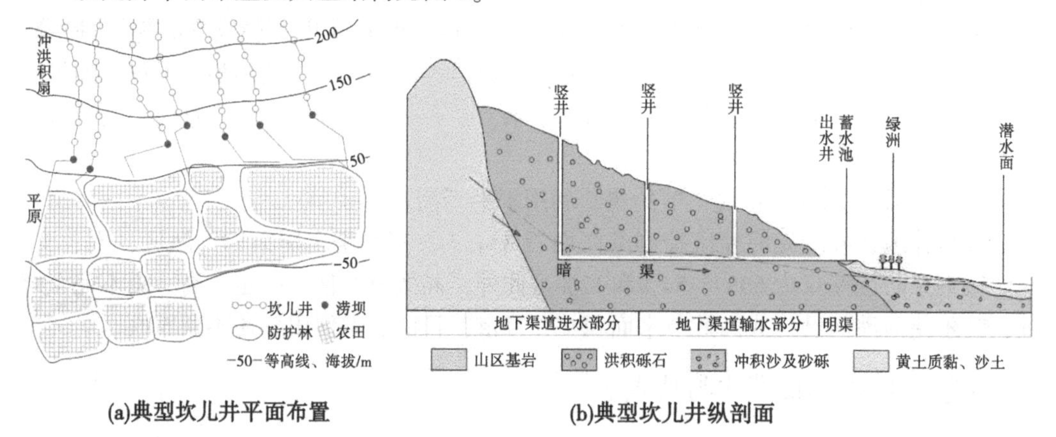

(a)典型坎儿井平面布置

(b)典型坎儿井纵剖面

图1 坎儿井平面布置及典型结构

3.3 坎儿井的特点

“自流引水，水行地下，减少蒸发，防止风沙，四季水流不断，水流稳定”是坎儿井最为突出的优点。由于单条坎儿井输水能力较小，加上坎儿井难以实现农业生产季节性调水用水需要，兴建水库调配供水成为必然。近年来，吐鲁番、哈密分布坎儿井的产水区上游普遍修建山区水库、区域内工业项目过度开采地下水，绿洲外围生态系统遭受严重的破坏，荒漠化土地面积不断扩张，加上机电井的广泛使用，绿洲区域地下水位不断下降，导致多数坎儿井急剧干涸、消失。据统计，2017年吐鲁番尚有坎儿井214道，年出水量仅有1.15亿 m^3，坎儿井减少1 023道。

坎儿井的主要优点：①自流灌溉，运行费用很低。②暗渠运行，减少水量蒸发损失。③大风期间，将竖井口及时封盖，减少风沙侵入暗渠，可以保证灌溉水正常流动。④水量受外界因素影响较少，没有发洪水或因天冷无融雪水而断流的情况；受到人类活动污染少，水质好，适宜饮用和灌溉。⑤坎儿井施工技术相对简单。

坎儿井的主要缺点：①坎儿井只能引取浅层的地下水，截水范围在深度和广度上有较大限制，引用水量有限。②受上游山溪河道下渗影响，坎儿井引用水量与农作物生长期集中用水存在不相适应问题。③非灌溉季节，多余水量坎儿井无法保存。④受施工技术限制及不衬砌影响，因过水断面较小，维修清淤难度较大，有时还需将坎儿井的集水段向上游延伸，否则水量将减少。⑤暗渠一般不衬砌，输水损失大，每千米可达16%以上，影响了当地的灌溉效益。

4　现代灌区输水模式

现代化灌区是以现代工程技术为基础，以灌溉技术和管理为支撑，达到现代化建设水平的灌区。现代化灌区建设是促进水资源合理开发利用、提高水资源利用效率和效益的必由之路，也是缓解水资源供需矛盾、保障国家粮食安全、促进农业可持续发展的有效途径。构建现代灌区应突出“节水优先”，形成从水源、骨干渠系到田间末端的灌排工程整体体系，实现旱涝保收、高产稳产。但在供水角度要形成包括水源、输水、分水、配水、智慧管理为一体的工程体系，方能支持现代灌区水资源高效利用。

4.1　水源工程选择

4.1.1　地下储水构造

环塔里木盆地的山前带陡倾斜平原区为单一潜水分布区，缓倾斜平原区及沙漠平原区一般为潜水、承压水的多层结构区。其中，环塔里木盆地的冲洪积平原地形为向心状倾斜，近山前地势高，近沙漠地势低，地形坡度由山前向细土平原区逐渐变小，山前地形坡度一般为5‰~10‰，细土平原区地形坡度为1‰~5‰。巨厚的第四系松散堆积物为地下水的储存提供了良好的空间，如阿克苏河冲洪积平原中上部、渭干河—迪那河冲洪积平原的中上部及和田—于田一带第四系沉积厚度一般为1 000~1 500 m，都是得天独厚的储水构造。

受地形地貌、地层岩性、补给径流条件的影响，潜水地下水位埋深具有环带状展布规律。一般山前带潜水位埋深大于50 m，冲洪积平原中部潜水位埋深10~50 m，冲洪积平原下部、塔里木河冲积平原、孔雀河冲积平原潜水位埋深小于10 m。潜水位埋深大于50 m区沿山前呈带状分布，如北缘区的库尔勒市以东的库鲁克塔格山前、库尔勒市—库车市的天山山前带、阿克苏河冲洪积平原区等。而塔里木南缘区分布连续，以和田市为界，东部宽度较大，为20~70 km；西部宽度较小，为3~8 km。

4.1.2　山区拦河水库

截至2022年，南疆五地州已建、在建水库189座，水库总库容107亿 m^3（兴利库容约70亿 m^3）。其中，已建成山区水库54座，总库容85亿 m^3（兴利库容约55亿 m^3）。塔里木河流域主要源流上基本都有已建、在建控制性山区水库工程，形成了一定的调节能力，水库库容系数0.15，初步形成了山区水库源头调控的格局。大多数山区水库的主要功能都包含灌溉供水任务，尤其是为解决春、秋季灌区供水提供了重要水源保障。但山区水库大多距离灌区较远，并不直接承担供水任务，仍然需要通过干支引输水工程、平原水库进行调节后供应灌区。

4.1.3 平原水库及沉沙池

截至2022年，南疆五地州已建、在建平原水库及沉沙池145座，水库总库容22亿 m^3。分布在出山口及冲洪积扇下游的灌区主要依托平原水库及沉沙池进行灌区供水调节，平原水库或沉沙池在沉沙预处理、春冬季二次调节供水方面作用巨大，由此也初步形成了山区水库源头调控、干支渠道工程输水、平原水库灌区调节的水资源配置格局。叶尔羌河灌区、喀什噶尔河灌区、和田河灌区等都是典型代表。如叶尔羌河流域灌溉面积近1 000万亩，沿河道两侧分布，已经建成阿尔塔什水库、下坂地水库、莫莫克水库等山区水库，建成喀群、民生、中游等多个引水渠首和东岸、西岸、前海等多条输水总干渠，灌区周边分布大大小小平原水库20余座。

4.1.4 地下水井群

南疆主要河流地下水资源储量近150亿 m^3，可开采量75亿 m^3。长期以来形成了开都河灌区、喀什噶尔河灌区、渭干河灌区等多处地下水开采辅助利用区，大多数井灌区主要提供春灌、抗旱供水，是重要的生活和农业保障水源。但单纯的井灌区并不多见，主要是以地表引水为主、地下井群为辅的混灌区。

4.2 高效节水模式

南疆灌区传统灌溉主要依托干支斗三级渠道（开敞式明渠）输水，由于防渗、维护等，存在不同程度的渗漏、蒸发损失等，利用率仍有一定的提升空间。采用暗渠、暗管输水是提高输水利用率的措施之一，古老坎儿井暗管输水启示我们，干旱区采用管道输水可在明渠输水基础上进一步提升输水效率，而且管道化输水是有压供水，可适应较复杂的地形条件。根据南疆不同灌区的特点，采用山区水库、平原水库（沉沙池）、地下水作为水源，利用不同水源工程与下游灌区之间的地形及地势条件，有条件的地方采用管道化输水工程作为骨干输配水管网与田间灌溉系统联通，形成灌区高效节水新模式——现代坎儿井。可采用：①地下水库（或井群）+骨干输配水管网+田间灌溉系统；②山区（平原）水库+骨干输配水管网+田间灌溉系统；③引水渠首+沉沙池+骨干输配水管网+田间灌溉系统等供水模式。

4.2.1 地下水库（或井群）+骨干输配水管网+田间灌溉系统

该模式以地下水为主要水源，以地下水库或地下井群为系统首部，以管道为骨干的输水系统，配套田间高效节水灌溉工程，形成新时代“坎儿井”式水利工程。山前凹陷带横坎儿井式地下水库是一种创新式水工建筑物布置形式，其工程结构主要由“引渗回补”调蓄系统、“横坎儿井”集水系统和“自流虹吸”输水系统三部分组成。地下水库没有水资源的蒸发损失，供水水质比地表水库优良得多，略加处理就能直接通入滴灌管路之中，具有明显的高效性和经济性。地下储水构造是坎儿井地下水库的建设基础，这种模式要求山前具有一定规模的储水构造凹陷带。

4.2.2 山区（平原）水库+骨干输配水管网+田间灌溉系统

该模式以地表水为主要水源，以山区（平原）水库为系统首部，以管道为骨干的输水系统，配套田间高效节水灌溉工程，形成新时代“坎儿井”式水利工程。山区（平原）水库具有调蓄、沉沙功能，可以满足灌区灌溉对来水过程的要求，满足管道输水对泥沙处理的要求，不需要再新建沉沙调蓄池。在山区水库距离农田较近的灌区，或者平原水库与灌区的高程差可以满足自压灌溉的灌区，可以采取这种模式。

南疆平原水库数量较多，且平原水库的无效蒸发和渗漏一方面造成水资源的极大的浪费，另一方面造成灌区土壤的次生盐渍化，由于许多灌区本身就坐落于储水构造之上，在平原区建设新时代坎儿井可在一定条件下代替相应的平原水库，可进一步开展此项工作的研究。

4.2.3 引水渠首+沉沙池+骨干输配水管网+田间灌溉系统

该模式以地表水为主要水源，以引水渠首+沉沙调节池为系统首部，以管道为骨干的输水系统，配套田间高效节水灌溉工程，形成新时代“坎儿井”式水利工程。南疆的山区水库大多距离灌区很远，水库至灌区的输水渠道长，短则几十千米，长达数百千米；还有大型灌区的总干渠，输水流量很大，从几十至上百立方米每移。这种情况下，渠道实施管道化改造不经济，可以采取在水库下游河道或水库放水渠下游的合适地点、大型灌区总干渠的合适地点，建设渠首+沉沙调节池引水，通过骨干输配水管网，进入田间灌溉系统。风沙侵蚀严重的渠道采用加设盖板进行保护，可成为暗管供水，也是节水措施之一。

4.3 新时代“坎儿井”输水模式

利用古老坎儿井的智慧启迪，依托已建、在建的多种水源或构造，采用骨干工程管道化（暗渠、管道等）供水，配合田间水肥一体化灌溉系统，辅以灌区智慧化调控技术，形成现代灌区节水新模式。

针对南疆大中型山区水库调蓄水沙的有利条件，因地制宜选择水源有保障、高效节水灌溉率高、具有自流输水地形条件的灌区开展试点示范，按照古老“坎儿井”输水系统工程原理，充分利用水库地形落差、水资源调配能力等特点，对骨干输水系统“明改暗”，配备必要的沉沙调节设施，田间输配水系统管道化、标准化，形成深度节水的新时代“坎儿井”灌溉工程系统。新时代“坎儿井”灌溉工程系统再按照传统坎儿井的精髓，在充分利用山区水库调蓄的条件下，可进一步提高水资源的利用效率和效益，解决农业生产灌溉用水的需要，其构成体系见图 2。图 3 给出了不同类型输水工程的典型断面形式。

图 3（a）所示断面：是古老坎儿井廊道断面（鹅蛋形），受过去技术限制，开挖后基本不衬砌，过流能力较小，长期运行维修时一般需要对断面采用砌石进行支护。

图 3（b）所示断面：典型明渠输水断面（梯形），适合于各级流量、各类地区，施工简单，衬砌形式多样，如预制板、塑膜、浆砌石、干砌石等。

图 3（c）所示断面：暗渠输水的常见形式（矩形），一般适合于底宽 1~4 m 的现浇或预制渠道，顶部覆土保温，也可采用预制箱涵形式。

图 3（d）所示断面：重力流（有压流）管道输水断面（圆形），一般是满流输水，多见于 3 m 以下埋地管道，单根或双根布置，可采用管材类型众多，如 PCCP（预应力钢筒混凝土管）、SP（钢管）、DIP（球墨铸铁管）、FRPM（纤维缠绕玻璃钢管）、PE

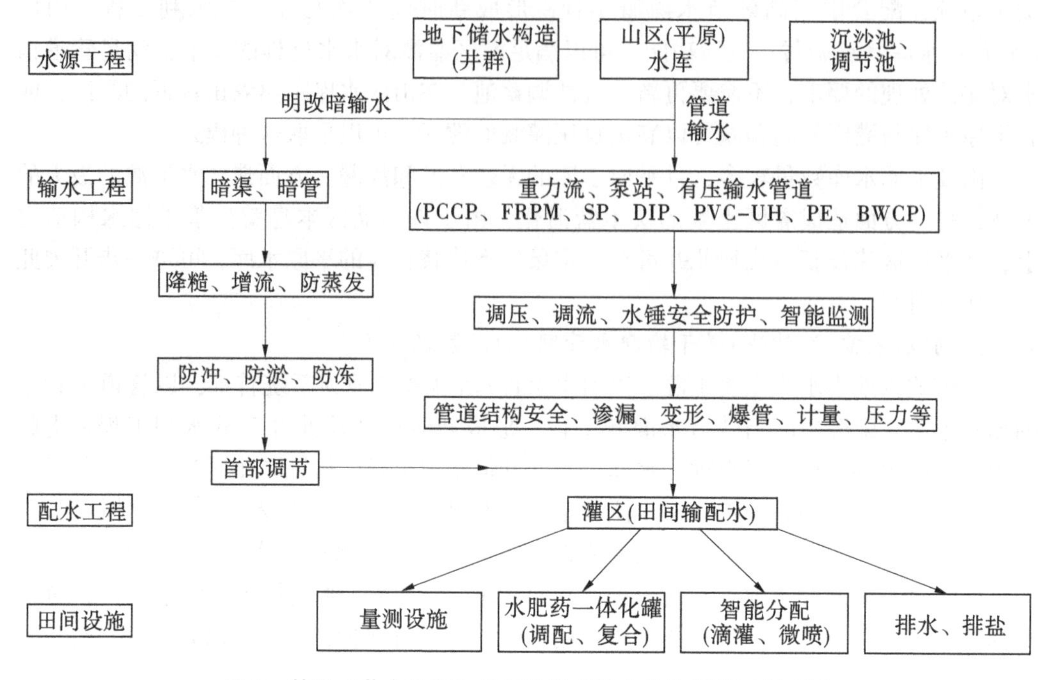

图2 基于“节水优先”的新时代“坎儿井”灌溉工程系统

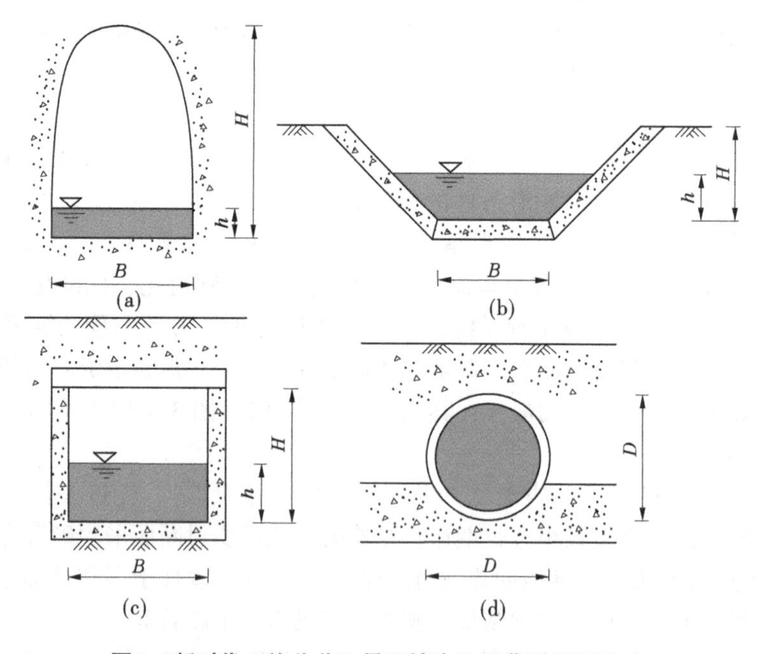

图3 新时代“坎儿井”骨干输水工程典型断面形式

(聚乙烯管)、PVC-UH(聚氯乙烯管)、BWCP(竹缠绕复合管)等，需要考虑多种因素综合比选采用。

5 新时代“坎儿井”应用与案例分析

5.1 骨干工程管道化供水应用条件分析

在引水方式方面，管道输水可从水库或调蓄沉沙池引水，水源稳定。管道供水是有压供水，可适应较复杂的地形条件，避免大挖大填、风沙侵蚀、蒸发渗漏等，优势明显。渠道则从河道直接引水，渠道引水受河道来水过程影响较大，具有明显的波动性，因管道具有糙率小、水源稳定、输水速度快等特点，与渠道相比，输水周期较渠道相比明显较短。对于灌区距离水库、地下水井群等水源工程超过 100 km 的、灌溉面积较大的灌区，并不适合采用管道化供水，主要是投资过大、经济效益较差。

在输水效率方面，渠道糙率系数为 0.015~0.032，管道糙率系数为 0.009~0.013，糙率系数越大，输水越慢，管道输水与渠道输水相比，输水速度快且易控制。采用智能化调控的管道工程其输水效率相应更高。

在输水能力方面，考虑到灌区面积与地形、水源、水量等条件的关系，南疆的大型灌区总干渠输水流量为 30~185 m^3/s。目前国内已建工程，采用的最大管径为 4 m，最大输水流量在 20 m^3/s，但从工程投资、管材等方面考虑，单根管道输水不具备渠道输送大流量（>20 m^3/s）的条件。以大口径玻璃钢管管道（FRPM）为例，按经济流速 2 m/s，管道直径 2 m、3 m、4 m 分析（分别是直径 2 m 的 1 倍、1.5 倍、2 倍），其过流能力分别为 6.28m^3/s、14.13 m^3/s、25.13 m^3/s（分别是直径 2 m 过流能力的 1 倍、2.25 倍、4 倍），而单位造价（直接费）则分别为 4 690 元/m、9 749 元/m、17 927 元/m（分别是直径 2 m 管道造价的 1 倍、2.07 倍、3.82 倍），管径增加较大时投资显著增加。另外，管道直径越大，其相应的运输、安装、各类防护设备投资增长幅度更为显著，实际应用中需要认真加以比选分析。常见管道如预应力钢筒混凝土管（PCCP）、球墨铸铁管（DIP）、螺旋焊钢管（SP）、连续缠绕纤维管（FRPM）等性能对比见图 4。

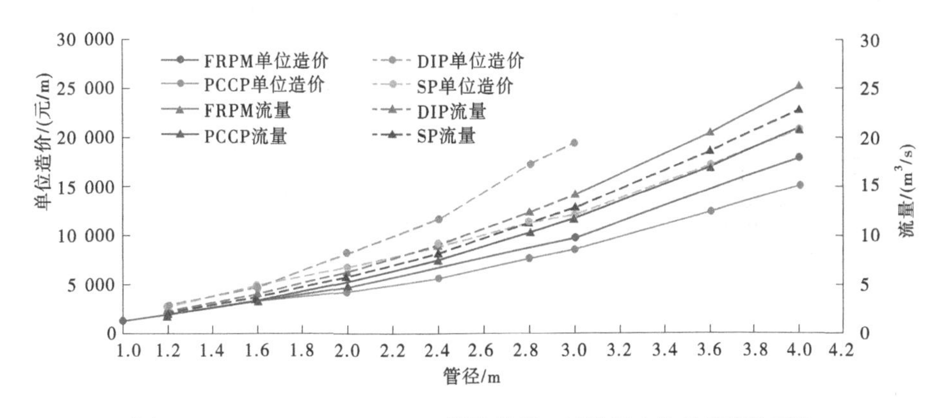

图 4 PCCP、DIP、SP、FRPM 管道直径、过流能力与单米造价对比

在工程施工方面，渠道防渗主要采取现浇混凝土、浆砌石等形式，施工工艺相对简单，且施工速度快；管道施工过程中，对管道的焊接密封要求较高，工艺相对复杂，且质量要求高于渠道防渗，后期运行中要求配备专业能力人员进行运行管护。

在工程投资方面，渠系防渗改建及田间高效节水建设亩均投资均在 5 000 元左右，管道输水亩均投资在 10 000 元左右，渠道输水与管道输水相比，投资较少，且运行管理方便，但节水量只有管道的 50%左右。

5.2 灌区新时代“坎儿井”输水模式改造分析

经调查分析和初步论证，新时代“坎儿井”输水模式在减少渗漏和蒸发损失、提高输水效率及水资源利用率方面有明显的优势。结合灌区上游山区水库建设条件，考虑水库与灌区供水方式、适宜的管径、自压输水等因素，以和田地区为例，经初步分析论证，采用新时代“坎儿井”输水模式对 12.53 万 hm^2 灌区进行改造，改造长度 2 534 km，测算每千米投资 400 万~1 000 万元，可深度节水 8 460 万 m^3，亩均节水约 45 m^3，可将渠系水利用系数由 0.65 提高至 0.78~0.81，匡算工程总投资 186.1 亿元，亩均投资 6 000~10 000 元。

5.3 新时代“坎儿井”输水模式典型案例

按照地形条件适宜、水源有保障（水库有调节沉沙能力）且河道来水泥沙含量低、工程可自压输水且管护简单、有二次沉沙建设条件且环境影响小、高标准农田程度高的原则，通过“地下水/水库/渠首+渠道+沉沙调节池+管道+高标准农田”系统建设，从整体上提升灌区输水工程效率、配水效率，几个典型工程设计及实施效果如下。

5.3.1 泽普县明改暗输水工程

新疆喀什地区泽普县佰什干中型灌区续建配套与现代化改造工程，率先实施了总长 18.96 km 的渠道“明改暗”（见图 5），形成输水暗渠加高标准农田的新时代“坎儿井”灌溉工程，将斗渠水利用系数从过去的 0.47 提升至 0.95。暗渠极大改善了灌溉水渗漏，水从支渠流到田间的时间从 6 h 缩短至 2 h，大大缩短每轮灌溉时长，节水、节能效益显著。

图 5 泽普县实施“明改暗”的新时代“坎儿井”输水模式

5.3.2 某团新时代“坎儿井”供水工程

某师某团 2019 年启动了总投资 15.42 亿元的工程项目——某团骨干水利工程（见图 6），该工程包括新建引水枢纽、引水干渠、调节沉沙池、骨干输水管网、灌区供水管网等系统工程，沉沙池总库容为 2 305 万 m^3。工程自车尔臣河引水，通过约 100 km 的新时代“坎儿井”地下管网，横穿戈壁和沙漠，配至到灌区。骨干管道采用涂塑钢管，直径 1.8 m，输配水骨干管网中安装了超声波流量计、水表等装置，通过对灌溉水的准确计量，实现定量灌溉，每年预计节约用水 630 万 m^3。沉沙池自压灌溉，每年又节约不少用电投入。

图 6 某团新时代“坎儿井”输水模式

5.3.3 阿克陶灌区新时代“坎儿井”供水工程

该工程规划利用现有的阿克陶灌区霍依拉引水总干渠尾部分水闸引水，经下游玉麦引水干渠引水至下游，再配合新建沉沙调节池、输水骨干管网、田间高效节水灌溉工程实现输水、配水。玉麦引水干渠末端接骨干管网系统。骨干管网系统中总干管长度 1.2 km，控制灌溉面积 5 333 hm^2，设计流量 4.0 m^3/s，管径 2.0 m，采用 PCCP 管，单管布置；干管布置 3 条，总长度 18.93 km，每条干管控制面积 1 133~2 333 hm^2，设计流量 0.9~1.8 m^3/s，管径 0.8~1.4 m，采用 FRPM 管，单管布置；分干管总长度 29.3 km，每条分干管控制面积 200~467 hm^2，设计流量 0.2~0.45 m^3/s，管径均采用 0.5~0.8 m，采用 FRPM 管，单管布置。支管后接田间高效节水灌溉工程，田间系统全部配套自动化。项目实施后节水量可达 907.3 万 m^3，亩均节水量 113.4 m^3，经过初步投资匡算，总投资为 7.9 亿元，亩均 10 000 元。

6 结论与建议

（1）加快新时代“坎儿井”研究工作。新时代“坎儿井”属于一个新理念，各行业对其概念、内涵以及如何建设目前仍存在着较多疑问，尤其传统灌区采用管道化供水以后也带来很多问题，诸如投资、运行、管理、防风林供水等，建议对新时代“坎儿井”工程结构形式、建设条件、水源调控、施工技术、工程造价、运行安全等方面积极开展相关研究工作，为新时代“坎儿井”工程全面建设奠定了理论基础。

（2）当前，气候变化导致西北地区呈现“暖湿化”，部分河流径流量呈现增加趋势，抓住此机遇可加紧实施补充地下水超采区域。而水资源管控力度趋紧的现实则要求全面落实“节水优先”，南疆总体水资源量虽然近年来呈现增加趋势，但并不代表会长期增加，农业用水仍然是当前及今后一段时间的用水大户，在综合考虑粮食安全、生态保护等多种因素的背景下，加大灌区节水、落实节水优先，既是可能，也是必然。古老坎儿井灌溉模式为新时代实施灌区节水新模式提供了有益借鉴，国内外大量灌区骨干工程采取管道化供水也提供了成功案例，与国内外相比，新疆南疆实施新时代坎儿井灌溉工程将显著提高水资源利用效率。

（3）南疆干支斗三级渠道防渗率目前为 55.67%；高效节水面积 2 463.73 万亩，占南疆灌溉面积的41.73%，但节水工程完好率不足60%，还有一定的提升空间。继续实施灌区高效节水，加大骨干渠系改造，因地制宜实施明渠改暗渠、加强防渗等，可进一步提高渠系水利用系数。

（4）针对南疆大中型山区水库调蓄水沙的有利条件，因地制宜选择水源有保障、高效节水灌溉率高、具有自流输水地形条件的灌区开展试点示范，按照“坎儿井”输水系统工程原理，骨干输水系统“明改暗”，配备必要的沉沙调节设施，田间输配水系统管道化、标准化，形成高效节水的新时代“坎儿井”灌溉工程系统，全面提高输水效率和提高水资源节约集约利用水平。

（5）加快地下水库工程建设工作。针对南疆地区地下水超采、开发利用不合理等问题，建议加快地下水库建设，与地表水库联合调度是水资源配置的新模式。新疆具有广泛的山前褶皱构造，其向斜构造有利于地下水的储存，第四纪含水层巨厚，建设地下水库具有得天独厚的条件。建议开展地下水库规划及建设工作。通过分析研究流域内地表水、地下水及相应的储水构造的水循环规律，提出适合干旱内陆河流域特点的地下水库工程规划及建设方案。

（6）加快灌区地下输水、排水管网建设工作。针对南疆地区水质型缺水、盐渍化突出问题，建议在灌区内修建地下水输水管网，与山区水库自压输水管线连通，在自流压力作用下可直接进入田间进行节水灌溉，同时根据灌溉方式、土壤及水文地质条件，布设适宜的排水管网，有效控制地下水位和盐分，抑制土壤盐渍化持续增加趋势。

（7）加快智慧水利在新时代“坎儿井”建设中的应用。针对南疆各灌区基础水利工程薄弱、管理智能化、信息化程度低等问题，建议结合流域内储水-集水的特点和输配水管网、田间节水灌溉工程信息，构建一套从水源-输配水管网-田间节水系统全过程智能监测与管控系统，集成山区地表水库、山前地下水库智能调控技术、输配水管网智能调控技术，田间节水智能灌溉控制技术，选择典型区建成新时代“坎儿井”系统工程智能管控示范区。

参考文献

[1] 李江．新疆水生态文明建设与“十水共治”的思考［J］．中国水利，2019（15）：29-32.

[2] 张娜．南疆灌区节水建设面临的主要问题及应对措施［J］．水利技术监督，2020（3）：89-91.

[3] 雷小牛，张志良，张爱民，等．构建南疆水-生态-经济协调发展水利战略格局的基本思路［J］．水利发展研究，2020（7）：22-28.

[4] 邓铭江．破解内陆干旱区水资源紧缺问题的关键举措-新疆干旱区水问题发展趋势与调控策略［J］．中国水利，2018（6）：14-17.

[5] 夏金梧，黄振东．南疆农业高效节水建设管理有关问题探讨［J］．中国水利，2017（15）：61-64.

[6] 张龙．节水灌溉在新疆灌区盐碱地改良治理中的应用［J］．水利规划与设计，2020（5）：70-73.

[7] 张龙．新疆灌区节水建设面对的主要问题及对策建议［J］．水资源开发与管理，2020（8）：46-49.

[8] 张娜．南疆大型灌区建设运行管理现状及应对措施［J］．水利技术监督，2020（2）：70-73.

[9] 李江，龙爱华．近60年新疆水资源变化及可持续利用思考［J］．水利规划与设计，2021（7）：1-5.
[10] 王新．新疆节水策略研究［J］．水利技术监督，2021（8）：74-76.
[11] 李江，刘江，谢蕾．新疆南疆水资源高效利用与重大水利工程布局［J］．水利规划与设计，2020（6）：1-7.
[12] 陈茂山，张旺，刘洪先，等．新疆农业用水及农业水价综合改革成效、问题及对策建议［J］．水利发展研究，2018（12）：1-5.
[13] 李江，刘江，赵妮．新时期构建新疆水安全保障体系的对策与建议［J］．水利规划与设计，2020（10）：1-6.

喀什地区水生态空间管控初步研究

郭　华

（新疆水利水电规划设计管理局，新疆乌鲁木齐　830000）

摘　要：根据水生态空间划定方案，基于喀什地区生态安全战略格局，结合生态功能要求，明确喀什地区涉水功能类型、管控范围和布局，分区分类提出空间功能协调与管控措施。

关键词：喀什地区；水生态；空间管控

1　引言

依据《自然生态空间用途管制办法（试行）》《关于划定并严守生态保护红线的若干意见》和《新疆维吾尔自治区生态保护红线划定方案》等相关要求，基于喀什地区"一源一带两屏五廊道"为主体的生态安全战略格局，统筹考虑水源涵养区、资源利用开发区绿色发展，预留发展空间和水环境容量空间。结合生态功能要求、生态环境承载能力和现状发展基础，按照生态空间山清水秀、生产空间集约高效、生活空间宜居适度的总体要求，明确涉水空间功能类型、管控范围和布局，分区分类提出空间功能协调与管控措施。

2　水生态空间定义

依据《关于印发水利基础设施空间布局规划编制工作方案和技术大纲的通知》，水空间是国土空间和生态空间的重要组成部分，包括水生态空间及水利基础设施空间。水生态空间包括河流、湖泊等水域岸线空间，以及涵养水源和保持水土的陆域水生态空间等。水利基础设施空间是为支撑经济社会发展提供防洪、供水、灌溉、发电等功能的已建、在建、规划水利基础设施空间。

3　水生态空间功能类型及空间范围

依据《全国生态功能区划》（修编版）、《新疆生态功能区划》、《新疆维吾尔自治区生态保护红线划定方案》相关成果，水生态空间具有洪水调蓄、水源涵养、水生生物多样性保护、河湖水域岸线保护、水土保持及水景观服务等多种功能。

依据重要河湖水域岸线划定工作，识别河流水域和岸线空间。结合河道管理范围和保护范围，全区空间规划、生态保护红线划定方案及水土保持区划等明确的水源涵养及

作者简介：郭华（1987—），女，高级工程师，主要从事水利水电工程规划设计工作。

水土保持空间范围，明确水生态空间范围。

水生态空间各类主导功能分区对应的范围如表1所示。水生态空间面积为22 362.9 km^2，占喀什地区总面积的13.8%。

表1　喀什地区水生态空间功能类型和范围

空间类型	功能类型	功能分区	空间范围/km^2
水系空间	洪水调蓄行洪	行蓄洪区	2 424.5
	河湖水域保护利用	保护区	744.3
		保留区	87.2
		开发利用区	1 342.9
		未划定	
水陆交错带	河流岸线保护利用	岸线保护区	47.3
		岸线保留区	85.8
		岸线控制利用区	115
		岸线开发利用区	2.1
	饮用水源保护	饮用水源保护区	5.781
部分陆域	水源涵养	河源保护区、补给区、水源涵养区等	18 290.9
空间	水土保持	水土流失重点防治区、治理区	4 951.9
各类分区范围总计（扣除重叠）			22 362.9

4　水利基础设施空间功能类型及空间范围

水利基础设施空间范围主要包括已建和在建的防洪、供水、排涝等工程，以及水资源、水环境承载能力较强，为保障供水安全、防洪安全而规划的水利基础设施、民生水利项目的占地范围和保护范围。

4.1　已建、在建水利基础设施空间

已建、在建水利基础设施空间包括已建、在建的水库、闸坝、堤防、渠（管）、泵站、水文站点等水利（水文）工程（设施）建（构）筑物建设用地范围、淹没占地范围、管理范围及保护范围。各类工程范围采用有关批复文件成果，未明确管理范围和保护范围的工程，按照水利工程管理设计规范和有关管理规定进行划定，如表2所示。

表2　喀什地区已建、在建水利工程类型和范围　　单位：km^2

序号	分类	管理占地	保护占地	总占地
1	堤防工程	14.76	49.2	63.96
2	大中型水库	454.05	133.41	587.46
3	灌区骨干工程	69.25	46.17	115.41
4	引调水工程	0	0	0
5	水文站点	0.045 2	0.026 74	0.071 94
合计		538.11	228.81	766.90

4.2 规划水利基础设施空间

喀什地区近期规划水利基础设施228处，工程占地114.8 km^2，如表3所示。已批复的规划重大水利基础设施空间采用设计成果确定范围；新规划的重大水利基础设施，参照《水利基础设施空间布局规划技术大纲》、《水利水电工程建设征地移民安置规划设计规范》(SL 290—2009) 等，按照工程建设规模适度超前、空间适当留有余地的原则，将比选的布局方案用地也纳入预留空间。

表3 喀什地区规划水利基础设施类型和范围

项数	分类	工程占地/km^2
1	堤防工程	9.4
2	水库	105.4
3	灌区骨干工程	0
4	引调水工程	0
5	城镇供水工程	0
6	重要水生态修复工程	0
合计		114.8

5 涉水空间管控布局

按照《关于在国土空间规划中统筹划定落实三条控制线的指导意见》，生态空间属于限制开发区，其中生态保护红线区属于禁止开发区域，因此全区涉水空间划分为涉水生态保护红线区（禁止开发区）、限制开发区（其他水生态空间和水利基础设施空间）。

5.1 涉水生态保护红线区

针对喀什地区正在划定的生态保护红线成果，初步将已划定的各类生态保护红线矢量图与水生态空间范围矢量图叠加，识别涉水生态保护红线范围。涉水生态保护红线区包括水域岸线保护区、水功能区划中保护区、一级饮用水水源地保护区、水源涵养区红线区、水土保持红线区、水产种质资源保护区等。

5.2 限制开发区

限制开发区即扣除涉水生态红线区以外的其他水生态空间，以及已建、在建和规划水利基础设施占地空间。

喀什地区涉水空间分类管控区域布局分区见表4。

表 4　喀什地区涉水空间分类管控区域布局分区

<table>
<tr><th rowspan="2">功能类型</th><th colspan="2">涉水生态保护红线区</th><th colspan="2" rowspan="2">限制开发区域/km²</th></tr>
<tr><th colspan="2">（禁止开发区/km²）</th></tr>
<tr><td>洪水调蓄行洪</td><td>正常蓄水位以下湖库范围，两堤内侧、设计洪水位或历史最高洪水位以下的河道范围</td><td rowspan="2">791.6</td><td>水库、湖泊校核洪水位以下范围，河道管理和保护范围等（含水利工程建设预留区）</td><td rowspan="2">1 633</td></tr>
<tr><td>河湖水域和岸线保护利用</td><td>重要生态水系廊道及重要湖库中具有重要生态功能和保护价值的水域及岸线保护区</td><td>重要生态水系廊道、重要湖库划定的禁止开发区之外的水域及岸线，未划入生态保护红线的其他河湖的水域及岸线范围（含水利工程建设预留区）</td></tr>
<tr><td>饮用水源保护</td><td>集中式饮用水水源一级保护区</td><td>5.781</td><td>集中式饮用水水源保护区的二级保护区及准保护区，其他乡镇及农村的饮用水水源保护区</td><td>1.035</td></tr>
<tr><td>水源涵养</td><td>极重要的江河源头区及水源补给区</td><td>20 070.46</td><td>未纳入水源涵养红线范围的主要江河上游地区、水源补给保护的生态区域（含水利工程建设预留区）</td><td>3 220.416</td></tr>
<tr><td>水土保持</td><td>水土流失重点区中评估的极重要功能区</td><td>3 028.42</td><td>未划入禁止开发区的水土流失重点区（含水利工程建设预留区）</td><td>1 923.51</td></tr>
</table>

6　涉水空间功能协调

针对现状水生态空间范围界定模糊，功能定位不清，尤其在岸线空间保护和管理方面缺乏依据，水陆交错带的管理能力薄弱，严重影响河势稳定、供水和防洪安全、生物多样性维护等问题，分区提出涉水空间功能协调与管控措施。

6.1　涉水空间功能协调

6.1.1　水生态空间与其他空间协调

（1）水生态空间功能协调。对各类水生态空间内，同一空间单元的多种功能进行重要性、敏感性和时序性分析，合理排序，明确主导功能，并按照洪水调蓄、水源涵养、水生生物多样性保护、水土保持、水景观服务等单一功能的外包边线初步确定水生态空间的整体边界范围。

（2）与农业空间协调。按照河道管理条例、水库管理办法等要求，非法侵占河湖滩地的永久基本农田、围垦地农田范围，以及非法砍伐重要江河水源涵养区及源头区森林植被划入农田的空间都属于水生态空间，按照管理办法提出限期清退要求。

（3）与城镇空间协调。按照水法、防洪法、河道管理条例及水库管理办法等要求，预留足够的行洪、排涝空间，不得非法布设水陆交通设施，不得影响行洪及排涝功能。位于城镇开发边界或城镇空间内的河口段堤防行洪区域、支流行洪河道都属于生态用地，严禁作为城镇开发建设用地。

6.1.2 水利基础设施空间与三条控制线协调

（1）与生态保护红线协调。将规划水利基础设施用地与自然保护地核心区生态保护红线叠加，针对生态保护红线的主体功能具有极其敏感性和不可再生性的，尽量调整规划水利基础设施空间布局，通过调整工程规划布局，台斯水库等工程避让生态保护红线核心区范围。

针对水利基础设施是重要的民生基础性工程，避让红线造成工程布局难度大幅增加的问题，通过调整生态保护红线，可为规划重点水利工程预留空间。

（2）水利基础设施与永久基本农田协调。水利基础设施预留空间尽量避免占用永久基本农田，对水利基础设施保障永久基本农田灌溉用水要求时，提出灌区范围内永久基本农田调整或准入要求。

6.2 水生态空间分区管控

6.2.1 水利基础设施空间管控

按照相关法律法规、条例等，保护已建和在建水利基础设施管理范围与保护范围，重点对保护范围设置标示和必要的隔离防护措施。为科学有序地推进水利基础设施网络建设，支撑经济社会可持续发展，应在水资源、水环境承载能力较强的水生态空间，结合水利总体规划布局，划定并预留重大水利基础设施建设用地储备空间，按照限制开发区进行管控，暂不划为生态保护红线和永久基本农田，工程完工后根据主体功能相应划入禁止开发区或限制开发区管控。

6.2.2 实施水生态保护空间禁止开发区环境正面准入清单管控

依据《关于在国土空间规划中统筹划定落实三条控制线的指导意见》要求，自然保护地核心区原则上禁止人为活动。自然保护地一般控制区及生态保护红线其他区域严格限制开放性、建设性活动，在不影响生态保护红线主体功能的前提下，允许开展水文水资源监测、防洪除涝抗旱减灾、应急抢险，必须且无法避让、符合县级以上国土空间规划的线性基础设施建设、防洪和供水设施建设与运行维护以及重要生态修复工程等，符合主体功能定位的各类项目准入正面清单，如表 5 所示。

表5　涉水生态保护红线项目准入正面清单

空间类型	功能分区	项目准入正面清单
水系空间	行蓄洪区	防洪治涝工程建设及运行维护、河口治导工程、清淤疏浚、采砂区整治、堤防建设与运行维护等，在建和规划涉及民生的防洪工程、供水设施；城乡饮水安全建设等民生性基础设施
水陆交错带	河湖水域、岸线保护利用区	河湖滨岸带生态护坡及修复、退养还滩、退渔还湖、退田还湖，小水电生态改造及清退后生态修复工程
	饮用水水源保护区	供水设施以及城乡饮水安全建设工程、排污口清退、隔离防护工程、水污染防治工程、水质净化工程、取水口保护工程、监测设施等，饮用水水源安全达标建设工程
部分陆域空间	水源涵养区	江河源头区及重要补给区植树造林、封育保护、生态移民等
	水土保持	封育保护、造林种草的自然修复措施与植被恢复措施，坡改梯、崩岗治理等综合治理措施，配套建设植物过滤带、开展清洁小流域建设等

6.2.3　实施限制开发区项目准入负面清单管控

按照主体功能区划相关要求，对于未纳入生态保护红线范围的水生态空间和水利基础设施空间实施严格限制管控，合理确定水生态空间用途、权属和分布，依法划定河湖管理范围，落实规划岸线分区管理要求，强化岸线保护和节约集约利用。严格水生态空间征（占）用管理，推进退田还河还湿、退渔还湖库等措施，归还被挤占的河湖水生态空间。各主体功能分区项目准入负面清单如表6所示。

表6　限制开发区的项目准入负面清单

空间类型	主体功能分区	空间项目准入负面清单	水利基础设施空间准入负面清单
水系空间	行蓄洪区	限制河滩地及滨岸带内限制无序采砂、基本农田开垦、高秆作物种植、城镇开发建设	堤防护堤地范围内限制无序采砂、基本农田开垦、高秆作物种植、倾倒垃圾、杂物或者污染水体的物体、擅自架设和埋设管道和线路、城镇开发建设
水陆交错带	河湖水域、岸线保护利用区	限制网箱养殖、排污口扩建、无序采砂、倾倒垃圾、围垦及城镇开发建设	水库坝体限制违法建筑，管理范围内限制网箱养殖、炸鱼、毒鱼、电鱼、排污口扩建、倾倒垃圾、围垦、大规模旅游及城镇开发建设
	饮用水源保护区	不得砍伐绿化带和防护林木，限制危及水利基础安全运行的爆破、打井、采石、取土、基本农田围垦、开荒、旅游及城镇开发建设等活动	

续表 6

<table>
<tr><th>空间类型</th><th>主体功能分区</th><th>空间项目准入负面清单</th><th>水利基础设施空间准入负面清单</th></tr>
<tr><td rowspan="2">部分陆域空间</td><td>水源涵养区</td><td>限制砍伐林草植被、城镇开发建设、毁林开山、开荒、采矿及探矿等破坏植被和地形地貌活动</td><td>同下</td></tr>
<tr><td>水土保持</td><td colspan="2">限制在崩岸、滑坡危险区和泥石流易发区从事取土、挖砂、采石等可能造成水土流失的活动；毁林、毁草开垦等；在 25°以上陡坡地开垦种植农作物；生产建设项目选址、选线避让水土流失重点预防区和重点治理区</td></tr>
</table>

参考文献

[1] 自然资源部．自然生态空间用途管制办法（试行）：国土资发〔2017〕33 号［A］．2017.

[2] 中共中央办公厅，国务院办公厅．关于划定并严守生态保护红线的若干意见：2017 年第 7 号［A］．2017.

[3] 中共中央、国务院关于建立国土空间规划体系并监督实施的若干意见：2019 年 16 号［A］．2019.

[4] 喀什地区发展和改革委员会．喀什地区国民经济和社会发展第十四个五年规划和 2035 年远景目标纲要［A］．2021.

[5] 喀什地区行政公署办公室．关于印发喀什地区贯彻落实新疆维吾尔自治区喀什地区“十四五”水安全保障规划工作方案的通知［A］．2021.

新疆车尔臣河水资源高效利用与引水水源工程优化研究

董江伟[1,3]　李　江[2,3]

（1. 新疆且末县水利综合服务中心，新疆且末县　841900；
2. 新疆塔里木河流域管理局，新疆库尔勒市　841000；
3. 石河子大学水利建筑工程学院，新疆石河子市　832003）

摘　要： 车尔臣河位于新疆巴音郭楞蒙古自治州西南，塔里木盆地东南缘，是且末县和某师某团农业发展核心区，是且末县有机绿洲发展战略实施区。基于车尔臣河水资源优化配置，本文总结研判水资源高效利用的突出问题和取水水源工程存在的主要问题，结合新疆车尔臣河重大水利工程布局、农田灌溉规模发展潜力评估、优化引水水源工程，科学建设和发展新时代“坎儿井”灌溉系统，为进一步提升车尔臣河水资源高效利用水平，构建水生态经济协调发展的战略格局提供参考借鉴。

关键词： 车尔臣河；水资源；高效利用；取水水源工程；优化

新疆地处我国西北部，是我国面积最大的行政区域，区域内的水资源量却不足全国的4%，可利用水资源量极度匮乏，同时还存在严重的水资源时空分布不均问题，尤其是新疆南疆地区，农业用水占当地用水总量的96%，用水结构严重失衡，实际用水量超出水资源承载能力，供需矛盾突出，提高及优化调整水资源配置格局刻不容缓，已成为制约当地经济社会高质量发展和生态文明建设的首要问题和关键因素。

车尔臣河流域位于新疆东南缘的巴音郭楞蒙古自治州且末县和若羌县境内，地理位置介于东经84°55′~88°20′、北纬36°10′~39°45′，总面积4.74万km^2，流域南起昆仑山和阿尔金山山脉，北部深入塔克拉玛干大沙漠与尉犁县遥遥相望，西临喀拉米兰河流域，东至江尕萨依河流域，东北部在若羌县境内与塔里木河流域相连，归宿于台特玛湖。车尔臣河流域主要河流为车尔臣河，河流全长813 km，多年平均年径流量为9.22亿m^3，是一条典型的以冰雪消融补给为主的河流，呈现荒漠绿洲、灌溉农业的特点，

基金项目： 国家自然科学基金新疆联合基金（U2003204）联合资助；新疆维吾尔自治区财政厅专项课题研究“南疆新增水资源战略前期”（403-1005-YBN-FT6I）。

作者简介： 董江伟（1989—），男，博士研究生，高级工程师，主要从事水资源系统优化等方面的研究工作。

通信作者： 李江（1971—），男，教授级高级工程师，博士研究生导师，主要从事水利水电工程规划设计工作。

水资源时空分布不均、使用效率效益较低、供需矛盾突出、用水方式粗放、灌区取水水源工程供水保障率低是水资源利用的明显“短板”。

新疆车尔臣河灌区是全国灌区续建配套与现代化改造中计列的新疆39个需进行现代灌溉发展规划的大型灌区之一，2022年车尔臣河灌溉面积73.12万亩，现状灌区农业用水总量5.77亿m^3（含牲畜、渔业），灌区农业用水（含渔业、牲畜）占用水总量的98.9%。随着经济社会的快速发展、乡村振兴战略的实施、自治区粮食安全定位的变化、某师某团的成立与扩建、若羌产业新城的规划建设等，流域的水资源形势发生了明显变化，对车尔臣河水资源进行科学的优化配置，提高水资源合理利用水平已经成为人们关注的焦点，而要实现水资源高效利用，解决生活、生产、生态用水的矛盾，实现农业灌溉供水安全，则必须依托科学合理的取水水源工程布置和引水工程的优化。

1　新疆车尔臣河灌区基本概况

1.1　自然地理和经济社会

车尔臣河灌区位于车尔臣河冲积三角洲地带，地处昆仑山褶皱带和塔里木台地构造的接壤部分，灌区地形东南高西北低，北边为戈壁沙漠，整个灌区呈狭长沿水系分布的条状带，海拔1 170~1 705 m，分为山前倾斜平原和车尔臣河河谷平原，其中河谷平原处于车尔臣河中游，地形坡度6‰~10‰。截至2022年，实现生产总值38.52亿元，同比增长4.2%；灌区总人口为6.29万，其中城镇人口为2.87万，农村人口为3.42万；总灌溉面积为73.12万亩；常规工业增加值为1.03亿元；牲畜存栏数为61.36万头，牲畜以绵羊、山羊、牛、骆驼、马等为主。

1.2　气象特征及干旱情况

车尔臣河灌区地处中纬度地带的欧亚大陆腹地，远离海洋，且南有青藏高原及昆仑山横卧，暖湿空气不易流入，北有天山阻隔，水汽来源很少，仅有干冷空气从东北方袭来，并受浩瀚沙漠影响，从而形成暖温带极端大陆性干旱荒漠气候。气候特征是：光照充足，热量丰富，气温日较差大，冬冷夏热，降水极少，空气干燥，蒸发量大，多大风、风沙天气。灌区多年平均降水量25.7 mm，干旱指数为77，属极端干旱区；多年平均气温10.9 ℃，极端最高气温41.6 ℃，极端最低气温-27.4 ℃；多年平均蒸发量(E601) 1 526.2 mm，总日照时数2 700.7 h，无霜期193 d左右。

1.3　农业生产情况

截至2022年，车尔臣河流域总灌溉面积73.11万亩，其中种植业面积为52.23万亩，林业面积为19.12万亩，牧业面积为1.76万亩，农林牧比例约为71.44∶26.15∶2.41。粮食作物面积为16.87万亩，经济作物面积为35.36万亩，粮经比为32.3∶67.7，粮食作物以种植小麦、玉米为主，经济作物以种植棉花、药材、蔬菜等为主，林果业以种植红枣为主，牧业以种植苜蓿和青储玉米为主。流域发展高效节水灌溉面积33.89万亩，节灌率46.3%。

2 新疆车尔臣河水资源及利用现状

2.1 水资源及其开发利用概况

根据新疆车尔臣河流域综合规划报告中地表水资源可利用量和地下水资源可利用量计算成果，车尔臣河流域多年平均地表水资源量、地下水可开采量及水资源总量分别为95 059.6万m^3、14 759.3万m^3、99 725.0万m^3。2022年车尔臣河流域总用水量为61 489万m^3，其中经济社会用水量58 371万m^3，河东治沙站防风固沙用水量为3 118 m^3。经济社会用水量中，现状灌区农业用水（含渔业、牲畜）占用水总量的98.9%，生活、工业等用水占比仅为1.1%。现状灌区农业用水总量5.77亿m^3（含牲畜、渔业），第一产业增加值11.31亿元；生活、工业等用水量0.06亿m^3，第二、三产业增加值共计27.2亿元。流域99%左右的农业用水，农业单方水增加值2.0元，仅占到全疆、全国平均农业单方水增加值3.5元、18.5元的57%、11%，所带来的产值仅占30%；而占比1%左右的工业、生活等用水，却带来了70%的产值，生活、工业等综合单方水增加值约397元。现状灌区高效节水灌溉面积为33.89万亩，高效节灌率为46.3%，低于全疆平均节灌率59.3%；农业综合毛灌溉定额为776 m^3/亩，远高于全疆平均农业毛灌溉定额558 m^3/亩。车尔臣河流域国民经济发展及工业用水水平较低；相较于全疆及南疆平均用水水平相对偏低，农业用水方式粗放、农业灌溉节水水平较低，水资源利用效率较低。

2.2 车尔臣河引水水源工程现状

流经昆仑山北麓的车尔臣河是塔里木河下游绿洲的生命线之一，它与塔里木河一道共同维系着塔克拉玛干沙漠东部的绿色长廊，也是且末县的母亲河。车尔臣河是一条高含沙河流，因地处塔克拉玛干大沙漠东南部，由于流沙的堵塞，车尔臣河在历史上曾三次被迫改道，使闻名西域的且末古城两度被风沙吞噬，目前河东的沙漠仍以每年5~10 m的速度自东向西推进，大量的沙砾进入河道，加上河道两岸沿线冲刷，进一步加大了河道的砂砾含量。

目前，车尔臣河蓄水水源1处为大石门水库，总库容1.27亿m^3；车尔臣河灌区通过6处取水口引入车尔臣河水，设计引水能力104.5 m^3/s，其中有坝取水口3处，分别为第一分水枢纽、革命大渠龙口及第二分水枢纽；无坝取水口3处，分别为阿热勒取水口、河东治沙取水口及塔提让取水口；按取水口所处车尔臣河的位置分，右岸取水口2处，左岸取水口4处。首尾两个取水口（第一分水枢纽和塔提让分水口）相距约110 km。由于直接从河道取水，引水浇灌的同时，大量的泥沙带入渠道，带入耕地，灌区工程损毁和耕地沙化非常严重。车尔臣河现状取水口位置示意见图1。

3 水资源高效利用的突出问题

3.1 农业用水水平及用水效率低下

现状（2022年）车尔臣河灌区支斗渠防渗率相对偏低，支渠防渗率不足78%，斗渠防渗率仅达到50%，亩均灌溉水量高达776 m^3，万元工业增加值用水量119 m^3，车尔臣河农业用水灌溉定额是国家灌溉定额的2倍之多，万元地区生产总值用水量是国家的30.8倍，人均用水量是国家的13.7倍，水资源利用效率低下，水资源紧缺与用水浪费严重长期并存。2022年车尔臣河与全疆、全国供用水效率比较分析见图2。

大力实施农业高效节水是促进用水效率提高的一个主要措施。据统计，现状2022年车尔臣河节水灌溉面积已达到33.89万亩，占总灌溉面积的46.3%，相较于新疆现状节灌率59.3%来说，流域农业灌溉节水水平还比较低，亩均灌溉水量仍偏高，新疆车尔臣河农业仍具有较大的节水潜力。

3.2 水利基础设施存在突出短板和薄弱环节

3.2.1 灌溉设施和供水保障体系薄弱

自20世纪60年代起，且末县先后在车尔臣河河道上建有引水渠首（引水口）6座，目前仅第一分水枢纽于2017年进行了除险加固，其余5座引水渠首（引水口）已运行10~55年，均未进行过除险加固。2022年革命大渠龙口、第二分水枢纽经鉴定均为四类病险闸，其他引水渠首（引水口）也为三、四类病险闸，受建设时社会、经济及技术的限制，革命大渠龙口、第二分水枢纽防洪设计标准低，经过多年运行并多次遭遇超标准洪水，已严重影响枢纽的正常运行和泄洪。大石门水利枢纽及某团调节沉沙池未建成时，流域内无任何调蓄工程，加上流域内大部分地区植被较差，水土流失严重，

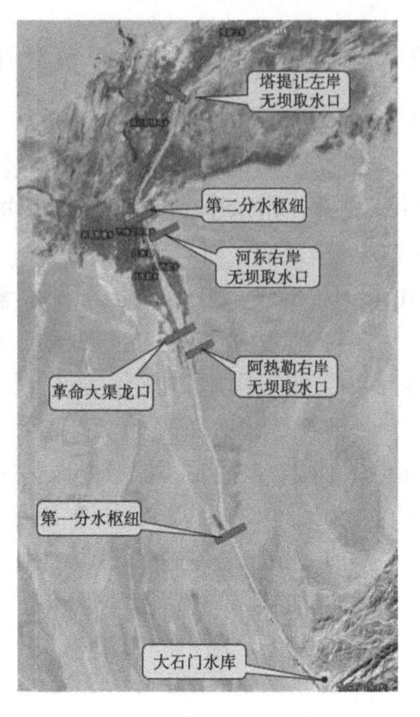

图1 车尔臣河现状取水口位置示意图

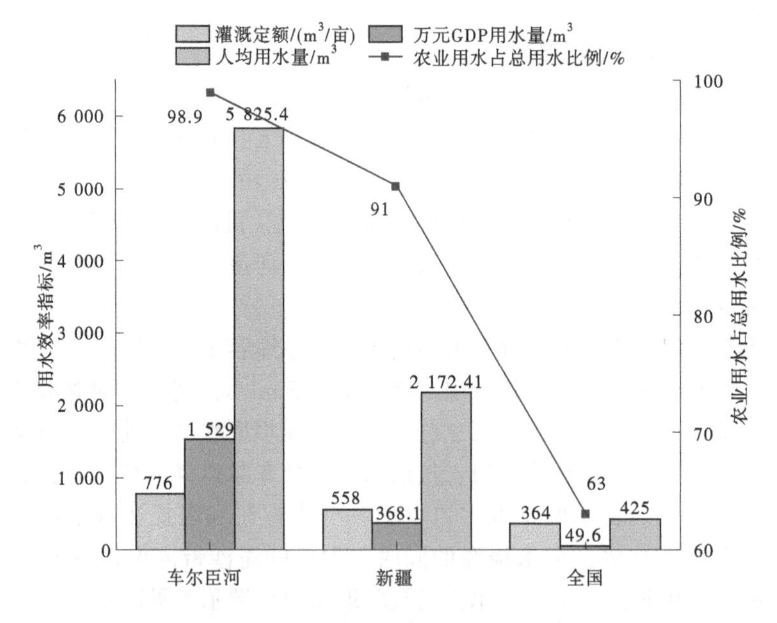

图2 2022年车尔臣河供用水效率比较分析

注：数据来源于新疆2022年经济社会发展公报、车尔臣河流域综合规划2022年版、水利部：2022年全国用水效率。

泥沙含量较高，输水渠道淤积，泥沙进入下游灌区田间等现象非常普遍。目前，在车尔臣河第一枢纽左岸建有厢式沉沙池1座，第二枢纽下游东风干渠沉沙池1座，但有限的排沙设施远不能满足使用要求，随着不断清挖渠道和泥沙进入田间，逐渐形成“地高水低”的格局，渠道面临废弃，影响了工程效益的正常发挥。由于灌区维修养护资金有限，现状灌区基础设施已不能适应现代灌区建设及高质量发展的需要，现有基础设施也无法充分利用大石门水库优良水质发展高效节水灌溉。

3.2.2 灌区现代化改造相对滞后

灌区经过多年的改造，农田水利工程取得了很大的成就，大型和中型灌区病险“卡脖子”及骨干渠段严重渗漏等突出问题得到基本解决，改善了部分灌溉条件，促进了农业节水，水土资源得到了很好的开发利用。但从目前看，仅实现了部分灌区信息化平台建设，地表水的部分计量及地下水的全计量，闸门及阀门远程操控未全覆盖，大型灌区骨干工程完好率不高，导致水资源的利用率仍偏低，加之缺少县级信息化平台，灌区各类平台未整合，以致不能全面发挥其应有的功能；并且灌区标准化、规范化建设及管理工作处于起步阶段，管理能力和服务水平有待提高。

3.2.3 防洪设施仍较薄弱

近年来，受全球气候变化的影响，车尔臣河洪灾频繁，特别是出山口后几乎年年有灾情发生。车尔臣河出山口以后河道属游荡性河道，河床摆动幅度较大，河道局部冲刷严重，极大地威胁着下游灌区农田、房屋、水利工程、公路及城市的安全。流域初步形成了库堤结合的防洪工程体系，但由于流域内经济条件较差，防洪资金投入严重不足，车尔臣河尚有60.102 km的防洪保护河段未进行防洪工程建设或仅建设有临时防洪工程、枢纽段局部防洪工程，防洪工程设施依然薄弱。

4 水资源高效利用与引水水源工程优化

4.1 水资源高效利用原则

（1）根据车尔臣河水资源特点，合理控制河流开发利用程度，在不增加河流开发利用程度的基础上，按照“生态优先、确有需要”的原则，合理提出控制性水库工程、优化引水工程，增大河流调控能力，加大其他水源利用力度，保障经济社会发展用水需求。

（2）统筹协调城乡发展和区域发展的要求，以及各地区各行业对水资源的需求，充分发挥水资源配置的导向作用和市场在水资源配置中的决定性作用，合理配置生活、生产和生态环境用水，建立健全节水制度政策，强化节水法治化管理。

4.2 引水水源工程布局原则

（1）围绕灌区功能定位，科学布局工程设施体系，完善工程体系，提升灌区现代化水平；并充分体现布局“技术可行、经济合理”的原则，针对车尔臣河流域地形情况，充分发挥可供给水资源的调配和灌溉功能，对现有取水水源工程布局进行全面复核，因地制宜，合理布设工程，提出取水水源工程改造的总体布局。

（2）构建以大石门水库为龙头、现代化工程保障体系为龙骨、车尔臣河水资源为血脉、有机绿洲现代化农业和水文化展示为载体、水智慧和水生态为亮点的山水林田湖草沙生命共同体布局模式。

4.3 重大水利工程布局与规划

根据流域规划工作的总体要求，从提高流域水资源节约集约高效利用的角度和提高水资源管理水平的角度出发，在流域水资源承载能力的基础上，提出在近期兴建的、影响全局的关键性水工程，基本形成大石门等水库为控制的源流区骨干水库水资源调配体系和萨尔瓦墩沉沙调蓄池工程、拦河渠首工程、大石门—第一分水枢纽段3级梯级水电站（小石门一级+小石门二级+小石门三级），与大石门水利枢纽和坝后电站共同形成“1库4级”的布局形式（车尔臣河大石门水利枢纽—第一分水枢纽河段水利工程布局示意如图3所示），以满足灌溉、供水、防洪、生态调度、发电等需要，稳定并改善车尔臣河水生态安全基本功能。

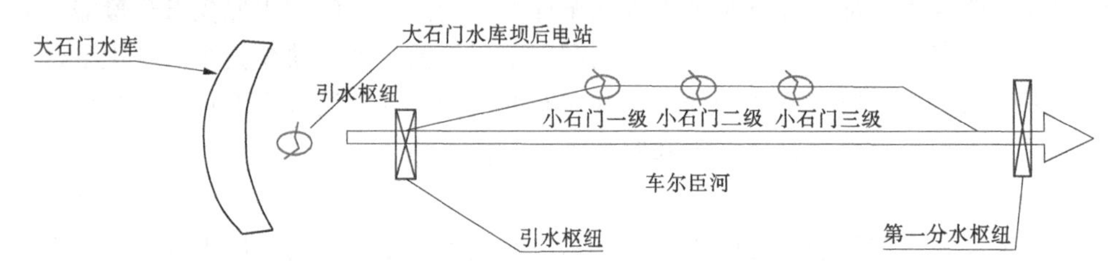

图3 车尔臣河大石门水利枢纽—第一分水枢纽河段水利工程布局示意图

4.4 灌溉规模发展潜力评估

车尔臣河流域水资源可利用总量指在可预见时期内，在统筹考虑流域生活、生产和生态环境用水的基础上通过经济合理、技术可行的措施，在流域地表水和地下水中可一次性利用的最大水量。地表水资源可利用量与地下水资源可开采量之和扣除二者的重复计算量，即为全流域水资源可利用总量。地表水资源可利用量与地下水资源可开采量的重复量主要包括渠系渗漏补给量、田间灌渗漏补给量等。

根据流域地表水水资源可开采量计算成果，车尔臣河地表水资源可利用量为55 744.6万m^3，地下水资源可开采量为14 795.3万m^3（矿化度$M<2$ g/L），渠系渗漏补给量为7 992.4万m^3，田间渗漏补给量为5 283.6万m^3，地表水、地下水资源可利用量的重复量合计为4 902.7万m^3，水资源可利用总量为6 5637.2万m^3（见表1）。

表1 车尔臣河水资源可利用总量 单位：万m^3

地表水可利用量	地下水资源可开采量（矿化度$M<2$ g/L）	渠系渗漏补给量	田间渗漏补给量	地下水资源可开采系数	地表水、地下水资源可利用量的重复量	水资源可利用总量
55 744.6	14 795.3	7 992.4	5 283.6	0.37	4 902.7	65 637.2

4.4.1 基于水资源承载能力的水资源配置方案

可用于发展灌溉的水源是指通过已定的工程规模，可以提供给用户使用的水源，包括可利用的地表水、地下水和外流域调水、污水回用、泉水等其他水，数量由水资源量、水质、工程供水能力、实际需水量决定，在满足水质的要求下，可供水量为来水量、供水能力和实际需水量的最小值。2035 年（$P=75\%$）灌区供水总量为 39 564 万 m^3，2045 年（$P=85\%$）灌区供水总量为 38 174 万 m^3（见表 2）。

表 2　车尔臣河供水量

单位：万 m^3

水平年	地表水毛供水量（$P=75\%$）	地表水毛供水量（$P=85\%$）	地下水毛供水量	其他水源	车尔臣河供水总量（$P=75\%$）	车尔臣河供水总量（$P=85\%$）	灌区供水总量（$P=75\%$）	灌区供水总量（$P=85\%$）
2035 年	34 925	34 925	11 152	314	46 391	46 391	39 564	39 564
2045 年	34 177	34 177	10 894	455	45 526	45 526	38 174	38 174

近期水平年 2035 年，灌区大力发展高效节水灌溉面积，并通过骨干工程和田间节水工程的改造，提高水资源利用效率，车尔臣河灌区高效节水灌溉面积由现状年 2022 年的 33.89 万亩增加到 60.72 万亩，灌溉水利用系数由现状年 2022 年的 0.56 提高到 2035 年的 0.67。在 $P=75\%$、$P=85\%$的来水频率下，灌区水资源供需平衡。

远期水平年 2045 年，流域继续开展高效节水建设，高效节水灌溉面积由 2035 年的 60.72 万亩增加到 73.12 万亩。在 $P=75\%$、$P=85\%$的来水频率下，灌区水资源供需平衡（见表 3）。

表 3　车尔臣河灌区水资源平衡汇总

单位：万 m^3

水平年	灌区供水量		灌区需水量	平衡结果（$P=75\%$）		平衡结果（$P=85\%$）	
	（$P=75\%$）	（$P=85\%$）		余水	缺水	余水	缺水
2035 年	34 925	34 925	11 152	314	46 391	46 391	39 564
2045 年	34 177	34 177	10 894	455	45 526	45 526	38 174

4.4.2　灌区规模分析及确定

基于水资源承载能力的水资源配置方案，车尔臣河流域经济社会现状（2022 年）实际供用水量为 61 489 万 m^3，规划年流域用水总量控制指标为 36 580 万 m^3，流域节水、减水任务为 24 909 万 m^3。流域现状 2022 年灌溉面积为 73.12 万亩，根据流域水资源供需平衡与配置，在流域用水总量控制指标方案下，流域灌区农业实施深度节水，规划 2023 年灌溉水利用系数提高到 0.67、高效节灌率达到 100%、农业灌溉降到 516 m^3/亩的前提下，流域仅能保灌农业面积约 59.16 万亩，流域内且末县仍有 13.96 万亩的农业灌溉面积无法保证完全充分灌溉。考虑到车尔臣河流域经济社会发展对水资源需求的稳定性，与水资源来水条件的不确定性，车尔臣河近 10 年、20 年来水偏丰的态势持续性存在一定的不确定性，对应新增灌溉面积的用水也存在一定的风险。通过灌区的水土资源分析，灌区发展规模的约束条件是水资源，灌区发展要坚持“以水定人、以水定地”的原则。按照流域水资源承载能力分析，规划水平年流域灌区灌溉面积维持现状 73.12 万亩，基本能保证灌区生产生活供水要求，灌区规模较为合适。

4.5 取水水源优化，因地制宜发展新时代“坎儿井”供水灌溉

车尔臣河灌区地势由东南向西北倾斜，为灌区工程自流灌溉创造了有利的自然地形条件。近期水平年2035年，灌区灌溉面积73.12万亩，灌区需供水39 564万 m^3。本着下好“一盘棋”、共绘“一幅图”的兵地融合发展目标，依托大石门水库、第一分水枢纽、西岸干渠、某团调节沉沙池及车尔臣河灌区已建大中型灌区基础设施发挥作用最大化，降低骨干工程投资成本，避免重复建设，实现兵地水资源科学化、合理化、最大化开发利用，利用现状引水渠首+输水骨干渠道+新建调节沉沙池+输水管网，在干渠进入灌区前选择合适高程位置新建或利用已有的调节沉沙池，调节沉沙池后接自流低压干管输水至田间，与田间已建高效节水系统和拟建高效节水系统组网，形成新时代“坎儿井”深度节水灌溉系统。经初步分析，优化车尔臣河灌区6处引水工程（车尔臣河引水水源优化示意图见图4），取水水源方案如下：

（1）某团调节沉沙池自压系统，控制1片区，引、输配水线路：大石门水库→小石门三级水电站→西岸干渠→37团调节沉沙池（扩容）→骨干管网→田间管网。

（2）萨尔瓦墩自压系统，控制2片区、3片区，引、输配水线路：某团调节沉沙池（扩容）→西岸干渠→跃进支渠→萨尔瓦墩调节池（新建）→骨干管网→田间管网。

（3）月亮湖自压系统，控制4片区、5片区，引、输配水线路：第二分水枢纽→东风干渠→红太阳分水闸→月亮湖沉沙调蓄池（新建）→骨干管网→田间管网。

（4）东岸自压系统，控制6片区，引、输配水线路：阿热勒引水渠首→新建引水渠→新建东岸沉沙调蓄池→骨干管网（塔提让引水口）→田间管网。

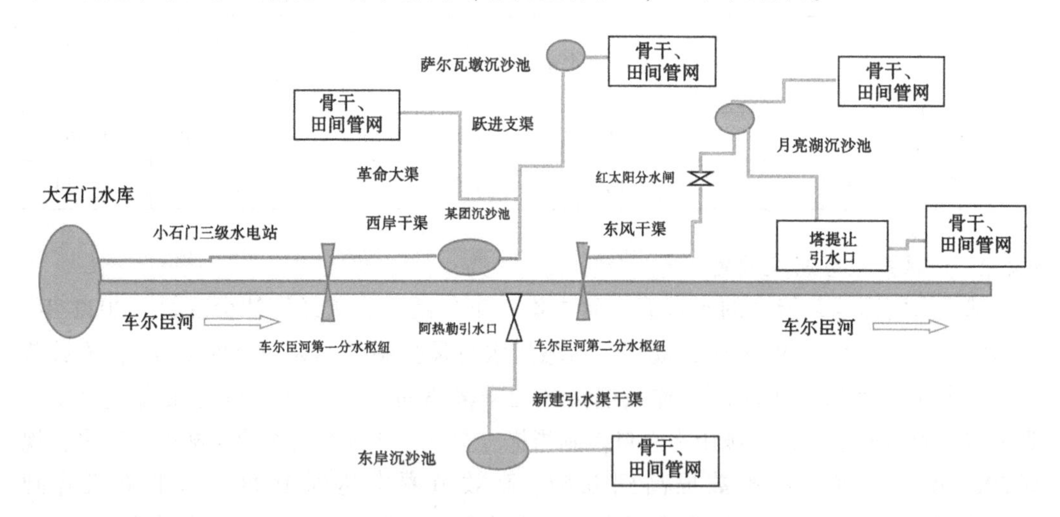

图4 车尔臣河引水水源优化示意图

通过取水水源优化，新疆车尔臣河灌区利用大石门水库调节，新建、改建调节沉沙池，通过小石门三级水电站尾水输水、第一引水枢纽、第二引水枢纽、输水干渠、支渠、斗渠等，并配套田间节水灌溉设施的引水水源工程改造布局方案，完成灌区灌溉，实现灌区自压灌溉，提高了输水利用率，灌区灌溉水利用系数由0.58调高至0.67，亩均节水量为118.5 m^3/亩，灌区灌溉保证率逐步提高到75%~90%，同步提升灌区的效益与效率，为提高农业综合生产能力、保障粮食安全提供基础支撑 。

5 结论与建议

（1）新疆车尔臣河引水水源工程优化和重大水利工程实施必将对改善新疆车尔臣河流域水资源时间、空间分布不均和应对且末县和某师某团发生旱情具有重要意义。根据选定的水源位置和地形条件，将灌区分为四个自压系统。其中，车尔臣河西岸布置3个自压系统，东岸布置1个自压系统，分别为西岸某团调节沉沙池自压系统（1#）、西岸萨尔瓦墩自压系统（2#）、西岸月亮湖自压系统（3#）、东岸自压系统（4#），拆除重建渠首3座（第二分水枢纽、塔提让引水龙口、阿热勒引水渠首），拆除革命大渠龙口。通过“水库（渠首）+渠道+沉沙调节池+管道+高标准农田”系统建设，形成新时代“坎儿井”灌区高效节水新模式，为类似地区取水水源工程的方案比选提供参考和借鉴作用。

（2）做好水资源高效利用迫使我们必须考虑优化取水水源来进行水量调节，形成“河-库-闸”联合调度的车尔臣河流域水系连通与水资源空间均衡配置，灌区需大力发展高效节水灌溉面积，并通过骨干工程和田间节水工程的改造，提高水资源利用效率，灌区规模维持现状73.12万亩较为合适。

（3）为了夯实粮食安全基础，需进一步研究建设多年调节水库的条件，结合新疆且末县和某师某团城乡发展对供水的迫切需求，需要进一步研究车尔臣河上游修建吐拉水库，以增加调蓄能力，解决车尔臣河“三生”用水问题。同时加大预报预警监测系统的建设力度，完善水文预测预报机制，准确、及时预判下年度的来水变化情况，对流域农业发展规模进行适时调整，建立与水资源弹性配置相协调的农业发展动态调整机制。

（4）车尔臣河灌区工程深入开展的实质性分析工作很少，需进一步深入研究论证车尔臣河新时代“坎儿井”供水灌溉项目可行性，推动项目早日实施，建议尽快启动小石门三级水电站、第二分水枢纽、塔提让引水龙口、阿热勒引水渠首建设，综合考虑车尔臣河流域尺度的生态用水，按丰、平、枯研究制定不同的生活、生产、生态用水量，科学制定调度原则，按“调度统一”的原则实现流域管理。

（5）以新疆车尔臣河流域为主线，紧密结合水利现状和行业特点，抓住“控水、管水、节水”关键环节，大力推进骨干输水工程和现代化灌区改造建设，开展节水型社会建设，全面实施高标准农田建设，全面构建现代化节水灌溉农业体系，科学建设和发展新时代“坎儿井”，进一步提升水资源优化配置和高效利用水平，为新疆经济社会高质量发展提供更加坚实的水利支撑 。

参考文献

[1] 李江，李志军，张鲁鲁．南疆农业节水潜力与措施分析［J］．中国水利，2023（3）：30-34.

[2] 张娜．南疆灌区节水建设面临的主要问题及应对措施［J］．水利技术监督，2020（3）：89-91，179.

[3] 邓铭江．破解内陆干旱区水资源紧缺问题的关键举措—新疆干旱区水问题发展趋势与调控策略

[J]．中国水利，2018（6）：14-17.
[4] 毛远辉，李江．南疆水资源禀赋及节水潜力分析［J］．水利规划与设计，2023（4）：10-14.
[5] 李江，龙爱华．近60年新疆水资源变化及可持续利用思考［J］．水利规划与设计，2021（7）：1672-2469.
[6] 赵维岭，纪义虎，左其亭，等．区域水资源供需平衡指数分析方法：以引沁灌区为例［J］．灌溉排水学报，2023，42（3）：128-135.
[7] 王建华，姜大川，肖伟华，等．水资源承载力理论基础探析：定义内涵与科学问题［J］．水利学报，2017，48（12）：1399-1409．
[8] 杨宇，王金霞，陈煌．不同灌溉水源供水可靠性的评估［J］．中国人口资源与环境，2012，22（S2）：97-100.
[9] 邢慧霞．灌区水资源优化配置分析［J］．中国农业信息月刊，2012（3）：284-285．
[10] 张胜东，程刚．新时代新疆“坎儿井”供水灌溉建设路径探析［J］．吉林水利，2023，494（7）：72-74.

车尔臣河灌区水资源优化配置研究

邓 燕[1] 哈斯也提·热合曼[2] 郭 华[3]

（1. 中水北方勘测设计研究有限责任公司，天津 300222；
2. 新疆水利水电科学研究院，新疆乌鲁木齐 830000；
3. 新疆水利水电规划设计管理局，新疆乌鲁木齐 830000）

摘 要：车尔臣河灌区是地处塔克拉玛干大沙漠边缘的大型灌区，是且末县唯一的一片绿洲，目前灌区供水系统以引水为主，引水必引沙给灌区带来用水日益紧张、工程严重损毁、耕地日益荒漠化等一系列问题。大石门水库建成后，灌区有望用上清水，积极开展灌区水资源配置可采取的优化措施，对灌区及且末县的经济社会可持续健康发展具有重要意义。研究成果可为今后车尔臣河灌区用水优化管理提供参考。

关键词：且末县；车尔臣河灌区；大石门水库；水资源优化配置

新疆且末县车尔臣河灌区西北与塔克拉玛干沙漠接壤，属极端干旱地区，降水稀少，蒸发强烈，用水含沙量大。受干旱气候条件和恶劣土壤条件的影响，农业生产环境十分脆弱。灌区目前主要通过在车尔臣河上兴建的引水枢纽供水，随着车尔臣河上唯一的一座控导性工程——大石门水库的建成蓄水，将为车尔臣河灌区引用上清澈水源、发展灌区现代化创造良好条件，也会造成已建引水枢纽引水能力降低、灌区缺水问题加剧等一系列问题。在灌区工程布局优化和改造提升的同时，积极探寻适宜的灌区工程调度运用及水资源配置方案，对促进当地农业经济绿色安全和乡村振兴战略的实施都具有积极意义。

1 车尔臣河灌区现状水资源配置评价

1.1 现状水资源配置情况

根据统计数据分析，2019—2021 年，车尔臣河灌区河道外年均用水总量为 32 976 万 m^3，其中：生活用水 390 万 m^3、农业用水 30 385 万 m^3、工业用水 523 万 m^3、环卫绿化用水 1 679 万 m^3。三年平均供水总量为 32 976 万 m^3，按供水工程类型分，引水工程供水 28 263 万 m^3，提水工程供水 4 713 万 m^3。车尔臣河灌区现状水资源配置情况见表 1 和表 2。

作者简介：邓燕（1976—），女，高级工程师，主要从事水利工程规划设计工作。

表1　2019—2021年车尔臣河灌区供水情况　　单位：万 m^3

年份	分工程类型		
	引水工程	提水工程	合计
2019年	29 252	4 904	34 156
2020年	28 263	4 712	32 975
2021年	27 274	4 524	31 798
三年平均	28 263	4 713	32 976

表2　2019—2021年车尔臣河灌区用水情况　　单位：万 m^3

统计年份	生活	农业灌溉	工业	环卫绿化	合计
2019年	361	31 518	548	1 729	34 156
2020年	390	30 384	523	1 679	32 975
2021年	418	29 252	498	1 630	31 798
三年平均	390	30 385	523	1 679	32 976

1.2　现状水资源配置综合评价

1.2.1　现状用水水平总体偏低

车尔臣河灌区2021年人均用水量5 094 m^3，均低于巴州、新疆和全国平均水平；农田灌溉亩均用水量857 m^3，均低于巴州、新疆和全国平均水平；城镇居民人均生活日用水量为100 L，农村居民人均生活日用水量69 L，均低于巴州、新疆和全国平均水平；万元GDP用水量为1 367 m^3，工业万元增加值用水量为223 m^3，均低于巴州、新疆和全国平均水平；车尔臣灌区现状用水水平见表3。

表3　车尔臣灌区现状用水水平

分区	人均水资源量/(m^3/人)	人均用水量/(m^3/人)	农田灌溉亩均用水量/(m^3/亩)	城镇居民生活日用水量/[L/(人·d)]	农村居民生活日用水量/[L/(人·d)]	万元GDP用水量/(m^3/万元)	工业万元增加值用水量/(m^3/万元)
车尔臣河灌区	31 159	5 094	857	100	69	1 367	223
巴州	10 483	3 618	544	118	71	395	22.5
新疆	4 558	2 358	593	159	90	562	41
全国	1 968	432	365	225	89	66.8	41.3

1.2.2　灌溉用水具有一定的节水潜力

车尔臣河年内径流不均衡，容易出现季节性缺水，灌区现状灌溉设计保证率仅

48%，不充分灌溉造成作物产量减产。漫灌、淹灌等传统的灌溉方式，造成农业灌溉需水量大，水资源浪费的同时，加剧了水资源紧缺形势，需加强节水改造力度，进一步挖掘农业节水潜力。

1.2.3 引水为主的供水系统已难适应灌区的可持续发展

目前，供水主要依赖于车尔臣河上的两处引水枢纽，河道多年平均输沙率为150 kg/s，现状排沙设施远不能满足用水要求。渠道淤积、泥沙入田间等现象非常突出。据调查，渠道平均每年清淤次数在4次以上，并导致灌水时间延长、淤积加剧和用水量增加；另外，引水引沙导致多数渠道在防渗后3~5年又变成土渠，甚至废弃。现状水资源配置系统已不能为灌区的可持续发展保驾护航。大石门水库建成后，车尔臣河灌区的水资源供水系统有望从引水工程为主，变为蓄水工程为主。清水的引入，将改变现状用水的一系列问题。

2 水资源配置优化措施分析

2.1 种植结构调整

车尔臣河灌区设计灌溉面积34万亩，地处典型的干旱荒漠大陆性气候区，光照充分，热量丰富，气温日差较大，夏季高温，冬季严寒。现状主要种植作物有红枣、辣椒、玉米、小麦、棉花及林地等，粮经比51∶49。粮食作物尤其是相对较为耗水的粮食作物占比较高。

根据且末县农业发展相关规划要求，且末县“十四五”期间将用有机生产方式推进“一心一园两带四产”建设。全面推动且末县有机绿洲产业发展，重点打造且末县有机红枣、有机香蒜、有机肉苁蓉等特色有机产业品牌，打造“中国最优有机红枣生产示范县”和“西域绿洲有机生产第一车间”。车尔臣河灌区的农业现代化体系是且末县有机绿洲发展战略的根基，充分发挥且末县水土光热资源和发展现代特色农业的有利条件，农业种植结构优化应以有机绿洲发展战略引领“一枣二蒜三畜四特色”优势主导产业提质增效，向中高端迈进。结合地区农业经济发展要求，在满足地区粮食生产任务的基础上，应调减粮食作物尤其是相对较为耗水的小麦，并适当增加耗水较少而产出较高的经济作物。车尔臣河灌区农业种植结构比例调整见表4。

表4 车尔臣河灌区农业种植结构比例调整 %

项目	红枣	辣椒	小麦	玉米	棉花	林地
调整前	24	8	31	16	13	12
调整后	35	15	10	5	20	15

2.2 灌溉方式调整

车尔臣河灌区目前在井灌区已建设高效节水灌溉面积16万亩，灌溉作物主要是红枣和棉花。沟灌、畦灌及膜上灌等灌溉技术虽已逐渐普及，但标准低，大水漫灌现象仍较广泛，灌溉方式传统落后，不仅造成了水资源的浪费，还严重制约着农业经济的发展。目前，地表水灌溉水含沙量高也是影响灌溉低效的因素之一。

大石门水库清水的引入，为车尔臣河灌区积极推广节水灌溉技术，节本增效，发展高产优质高效农业打下基础。

目前，南疆大面积普及的高效节水灌溉方式主要有喷灌、微喷灌、滴灌、低压管灌等。喷灌的优点是喷头的射程和范围大，管道布置稀疏，使用喷头数量少，成本低；缺点是喷头射程和范围较大，易遭受风向的影响，损失水分，后期运行成本较高。微喷灌的优点是单位时间出水量小，射程短，均匀性好，给作物的成长提供了优良的环境，进一步提高了水资源的利用；缺点是出水空隙需控制。滴灌的最大优点是节水、节肥、省工、造价较低，滴灌属全管道输水和局部微量灌溉，使水分的渗漏和损失降低到最低限度，又能做到适时地供应作物根区所需水分，无外围水损失问题，水利用效率大大提高；缺点是滴头易堵塞，可能引起盐分积累和可能限制根系的发展。

根据车尔臣河灌区目前的高效节水灌溉方式习惯，结合灌区农作物构成情况，建议高效节水灌溉方式仍以微灌为主，其中：红枣、辣椒、棉花、小麦采用膜下滴灌，林地和玉米采用低压管灌。高效节水灌溉发展规模根据地方财力和基建计划渐进增长，直至高效节水灌溉率达到 100%。

2.3　水资源配置基本原则调整

车尔臣河灌区现状水资源配置总体采用引水工程与提水工程相结合的方式，即在车尔臣河汛期来水含沙峰值期无法引水、枯水期来水不足引不上水，以及引水工程检修期等时，灌溉用水以地下水开采为主，高峰灌溉用水期辅以河道引水；其他时段，以河道引水为主，辅以机井提水；上下游、左右岸用水户之间缺乏均衡考虑。

大石门水库清水引入后，水资源配置应遵循的基本原则是：近水近用、高水高用、优水优用、高效利用；供水优先次序，先生活和工业再农业灌溉，先现状用水户后潜在用水户，先上游后下游；供水水源上，地下井水尽量安排在灌溉高峰用水期，用于供水过程削峰，辅助地表水供水工程；水资源配置统筹考虑各地区间的公平、协调及可持续发展。

3　水资源配置优化调整

3.1　灌区需水预测

车尔臣河需水预测对象包括农业灌溉、城乡生活及工业用水。

车尔臣河灌区气候干旱，降水稀少，多年平均降雨量仅 18.6 mm，本次计算不考虑降雨影响，代表作物选择红枣、辣椒、玉米、小麦、棉花及林地，均为旱作物。根据《新疆维吾尔自治区农业用水定额》（2023 年版），且末县属于南疆塔里木盆地南缘平原区（V-15），结合代表作物微灌管理技术规程，根据理论计算与实践经验相结合的方法，拟定代表农作物灌溉制度。结合种植结构计算车尔臣河灌区 2035 年综合灌溉定额为 367 m^3/亩，农业灌溉净需水量为 17 236 万 m^3。

城乡生活需水包括城区生活需水和车尔臣河灌区生活需水，各项需水根据用水人口及用水定额计算。2035 年用水净定额采用：县城居民生活净定额 100 L/（人·d），绿化浇洒净需水定额 0.9 m^3/m^2，城区三产净需水定额 5.8 m^3/万元，灌区乡镇居民生活净需水定额 80 L/（人·d），农村居民生活净需水定额 65 L/（人·d），大牲畜和小牲畜用水净定额分别为 40 L/（头·d）和 20 L/（头·d），灌区三产净需水定额 6 m^3/万元。则 2035 年生活净需水总量为 1 895 万 m^3，其中城区为 1 627 万 m^3，灌区为 268 万 m^3。

车尔臣河灌区范围内的工业主要以矿业和原料加工业为主，工业基础薄弱，随着技术的进步和水重复利用率的提高，万元增加值需水量将逐步降低，预测 2035 年工业增加值用水净定额为 27 m^3/万元，工业净需水量为 1 020 万 m^3。

2035 年，车尔臣河灌区范围内各业净需水总量为 20 122 万 m^3，其中：城区净需水量为 1 946 万 m^3，灌区净需水量为 18 176 万 m^3。

3.2 灌区供水预测

3.2.1 地表水可供水量

车尔臣河灌区已在车尔臣河上兴建引水工程 6 座，分别为第一分水枢纽（设计引用流量 40 m^3/s）、革命大渠（设计引用流量 17 m^3/s）、第二分水枢纽（设计引用流量 30 m^3/s）、阿热勒取水口（设计引用流量 3 m^3/s）、河东治沙取水口（设计引用流量 3 m^3/s）、塔提让取水口（设计引用流量 3 m^3/s）。另有 1 座调蓄工程为大石门水库，水库坝址位于车尔臣河出山口与支流托其里萨依交汇口下游约 300 m 处，为车尔臣河唯一的控制性工程，承担防洪、发电和灌溉任务。水库总库容 1.27 亿 m^3，水库正常蓄水位 2 300 m，防洪高水位 2 301 m，汛限水位 2 291 m，调节库容 0.62 亿 m^3，死水位 2 245 m，死库容 0.02 亿 m^3，电站装机容量 60 MW，发电引水流量 82 m^3/s。大石门水库建成后，将联合已建引水工程，满足灌区用水需求。由于大石门水利枢纽仅具备不完全年调节能力，本次计算在完全满足水库下游生态基流的前提下，采用 1958—2018 年共 61 年时历长系列进行径流调节计算，经计算，地表水可供水量为 34 780 万 m^3（$P=85\%$）。

3.2.2 地下水可供水量

且末县车尔臣河流域平原区地下水资源蕴藏量较为丰富，水质尚好。根据《新疆且末县地下水资源开发利用规划报告》，2030 年车尔臣河流域地下水补给量为 2.76 亿 m^3，可开采量为 1.1 亿 m^3。目前车尔臣河灌区有 911 眼机井，用于人畜用水、工业及农业用水，提水能力 5 000 万 m^3。

3.2.3 再生水可利用量

目前，且末县域内有两处污水处理厂：一处位于县城东部，处理规模 5 800 m^3/d；另一处位于良种场，污水处理规模 3 500 m^3/d，其余各乡镇均无污水处理设施。2030 年，县城东部污水处理厂迁至机场北部，设计规模扩建 5 万 m^3/d，污水处理厂配套建设再生水厂。城乡生活及三产污水排放率取 65%，工业污水排放率取 60%，污水收集处理率达到 98%，污水处理厂损失 10%，污水二级处理损失 10%，则 2035 年再生水可利用量为 635 万 m^3。

3.3 水资源供需平衡分析

根据现状供水情况调查及生产生活供水管网改造提升相关规划，预计到 2035 年，城乡供水管网损失率可降低至 8%，水厂自用水 5%，则 2035 年城区毛需水总量为 2 240 万 m^3。灌区毛用水总量根据净需水总量及水利用系数计算为 26 123 万 m^3，其中，灌溉用水 25 068 万 m^3。大石门水库建成后，各类工程供水总量为 28 363 万 m^3，其中：地表水供水 23 078 万 m³，地下水供水 4 750 万 m³，再生水供水 536 万 m³。水资源供需平衡。

3.4 水资源配置优化调整结果

3.4.1 大石门水库调度运用

满足下游河道生态流量需求，即河道生态水量丰水期（4—8 月）按工程断面多年平均天然径流量的30%下泄，枯水期（9 月至次年 3 月）按工程断面多年平均天然径流量的 10%下泄生态水量。6—7 月高含沙期按 2 245 m 的排沙低水位运行，8 月按 2 291 m 的汛限水位控制，9 月开始可蓄至正常蓄水位。在满足下游各业用水需求的前提下，按各调度线调度运行择机蓄水至正常蓄水位，满足枯水期的基本民生用电需求（不影响灌溉的前提下，尽量增大保证出力，非灌溉期调峰运行尽可能满足基本民生用电负荷需求）及解决来年春灌用水。

3.4.2 灌区水资源配置优化

大石门水库建成后，车尔臣河灌区将结合水库引水工程的建设，配合已建分水枢纽，用上水库清水，2035 年大石门水库供给农业灌溉用水总量为 23 078 万 m³，全部用于农业灌溉；地下水总供水量为 4 750 万 m³，分别用于灌溉 42%、工业 27% 和生活 31%；再生水供水 536 万 m³，其中：供给生活 29%，供给工业 71%。灌区水资源优化配置结果见表 5。

表 5 车尔臣河灌区水资源优化配置结果

分区	地表水	地下水				再生水			合计
	灌溉	灌溉	工业	生活	小计	生活	工业	小计	
总干灌片	4 430	234	0	145	379	16		16	4 825
一干灌片	987	180	45	19	244	2		2	1 233
二干灌片	6 637	0	982	1 137	2 119	128	380	508	9 264
三干灌片	458	2	315	16	333	2		2	793
四干灌片	10 565	1 574	30	71	1 675	8		8	12 248
合计	23 078	1 990	1 372	1 388	4 750	156	380	536	28 363

4 结论

（1）大石门水库建成后，要保障车尔臣河灌区的绿色可持续发展，需进一步合理优化水资源配置方案。

（2）种植结构结合地区农业经济发展要求，在满足地区粮食生产任务的基础上，应调减粮食作物尤其是相对较为耗水的小麦，并适当增加耗水较少产出较高的经济作物。

（3）结合灌区农作物构成及用水习惯，建议积极推进高效节水灌溉，并仍以微灌为主，高效节水灌溉发展规模根据地方财力和基建计划渐进增长，直至高效节水灌溉率达到 100%。

（4）水资源配置应以“近水近用、高水高用、优水优用、高效利用”为基本原则；供水优先次序上，先生活和工业再灌溉，先现状用水户后潜在用水户，先上游后下游；地下水尽量安排在灌溉高峰用水期，用于供水过程削峰，辅助地表水供水工程。

（5）农业灌溉用水由河道引水为主调整为大石门水库供水为主、地下水为辅；工业用水优先考虑再生水回用，其次为自备井水；城镇生活用水常规考虑地下水，应急期考虑大石门水库供水；环卫绿化利用再生水。

博州温泉水库坝址天然径流变化特性分析

古丽娜[1]　哈斯也提·热合曼[2]　张永杰[3]

（1. 新疆水利水电规划设计管理局，新疆乌鲁木齐　830000；
2. 新疆水利水电科学研究院，新疆乌鲁木齐　830000；
3. 中水北方勘测设计研究有限责任公司，天津　300222）

摘　要： 本文统计了博州温泉水库坝址天然径流的年内分配变化情况，分析了该坝址1956—2016年的年内各月以及年天然径流量变化的趋势性、持续性，所得结果可为优化温泉水库以及博河流域水资源开发利用工作提供技术参考。

关键词： 博州；博河；温泉水库；径流；年内分配；年际变化；趋势性；持续性

1　基本情况

拟建的博州温泉水库工程位于新疆维吾尔自治区博尔塔拉蒙古自治州西部，坝址位于温泉县博尔塔拉河（简称博河，下同）干流右岸昆屯仑渠首下游附近，工程地理位置坐标为东经81°4′~81°32′，北纬44°57′~45°4′，坝址多年平均天然年径流量为35 802万 m^3。

工程主要任务是灌溉供水，水库的建成可有效解决下游灌区夏旱问题，提高灌溉供水保证率。供水对象主要为：博尔塔拉州境内博乐市、温泉县及某师团场耕地。

温泉水库工程拟采用地下水库的建库方案，分为水库取水工程和补水工程，为大（2）型地下水库。地下水库单日最大供水为157.5万 m^3，在丰水年工况下运行5年，最大漏斗面积为35.45 km^2，最大调蓄库容为1 782万 m^3；在平水年工况下运行5年，最大漏斗面积为44.23 km^2，最大调蓄库容为2 751万 m^3；在枯水年工况下运行5年，最大漏斗面积为47.49 km^2，最大调蓄库容为2 856万 m^3。取水工程采用大透水性集水墙，共布置三条集水通道、总长7 000 m，所取水量在集水井汇集后通过出水廊道自流输送到下游河道。补水工程为回灌渠和渗池，回灌干渠长4.5 km、支渠总长16.8 km、18个渗池面积均为40×40 m^2。

博河是新疆西部的一条内流河，发源于别珍套山和阿拉套山汇合处的洪别林达坂，河流自西向东流，干流经温泉县、博乐市后向东注入艾比湖。沿途接纳两岸山谷间众多小溪，其中南岸汇入较大的支流为乌尔达克赛河，北岸较大的支流自西向东依次为哈拉吐鲁克河和保尔德河，流域面积11 367 km^2，河长约252 km，河网密度约0.176，河道平均比降为8.3‰~10‰。

作者简介： 古丽娜（1975—），女，高级工程师，主要从事水利规划设计工作。

综上所述，鉴于温泉水库的重要作用，本文分析和研究温泉水库坝址天然径流变化特性，以期为推进温泉水库前期工作提供技术参考。

2 年内变化

本节分析采用的天然径流数据为基于温泉水文站推求而得的温泉水库坝址1960—2019年逐月天然径流量系列，坝址历年天然年径流量如图1所示。

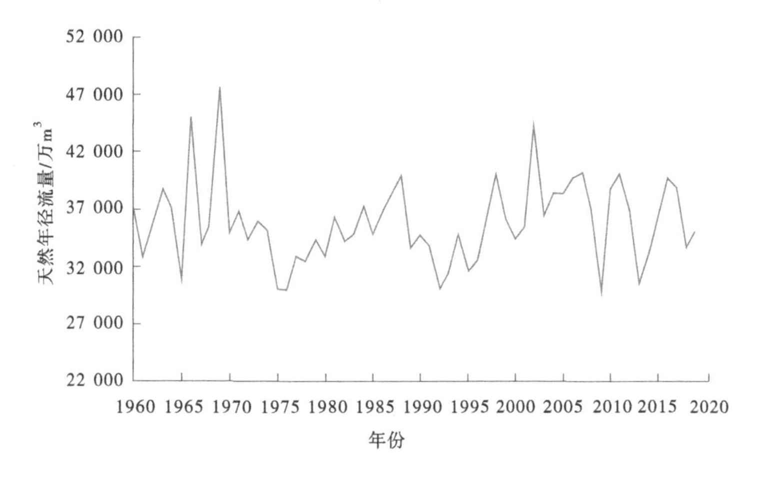

图1 温泉水库坝址的天然年径流量系列

多年平均各月天然流量及其占全年总量的比例分别见图2、表1。

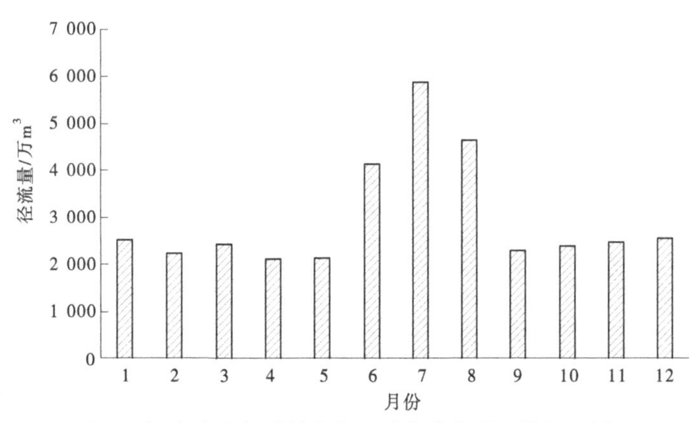

图2 温泉水库坝址的多年平均年内各月天然径流量

表1 温泉水库坝址的天然径流量多年平均年内分配比例 %

节点	1月	2月	3月	4月	5月	6月	7月	8月	9月	10月	11月	12月
比例	7.0	6.3	6.9	5.9	5.9	11.5	16.4	13.0	6.4	6.7	6.9	7.1

从中可知：

(1) 温泉水库坝址的丰水期是6—8月，其余各月径流量相差不大。

（2）温泉水库坝址的天然径流量年内分配比例相对较为均匀，最大月与最小月的比值约为2.8。

（3）温泉水库坝址天然径流量的年内分配反映了博河谷底潜流对地表径流的调节作用非常明显，这也是温泉水库规划建设的主要依据和地下水库调节的优势所在。

3 年际变化

本节采用趋势性和持续性两个指标来分析温泉水库坝址全年以及年内各月尺度上的年际变化特征，其中趋势性分析采用Kendall非参数秩次相关检验法、持续性分析采用Hurst指数法。

3.1 分析方法

3.1.1 趋势性分析方法

非参数检验法也称为无分布检验，其优点是不需要样本遵从一定的分布，也不受少数异常值的干扰，更适用于类型变量和顺序变量，而水文序列一般是非正态分布的。

Kendall非参数秩次相关检验法中，对于具有n个样本量的序列x，首先要确定所有对偶值（x_i，x_j）中的x_i与x_j的大小关系（设为τ），其中$j>i$，$i=1，2，\cdots，n-1$；$j=2，3，\cdots，n$。

Kendall非参数秩次相关检验的统计量U_K定义如下：

$$U_K=\begin{cases}\dfrac{\tau-1}{[\mathrm{var}(\tau)^{1/2}]} & ;\ \tau>0\\ 0 & ;\ \tau=0\\ \dfrac{\tau+1}{[\mathrm{var}(\tau)^{1/2}]} & ;\ \tau<0\end{cases} \tag{1}$$

式中：

$$\tau=\sum_{i=1}^{n-1}\sum_{j=i+1}^{n}\mathrm{sgn}(x_j-x_i) \tag{2}$$

$$\mathrm{sgn}(\theta)=\begin{cases}1 & ;\ \theta>0\\ 0 & ;\ \theta=0\\ -1 & ;\ \theta<0\end{cases} \tag{3}$$

$$\mathrm{var}=\frac{n(n-1)(2n+5)}{18} \tag{4}$$

当$n>10$时，U_K收敛于标准正态分布。

在显著性水平α条件下，临界值$U_{\alpha/2}$在正态分布表中可以查到。当$|U_K|>U_{\alpha/2}$时，拒绝原假设，表示序列x的变化趋势显著；当$|U_K|<U_{\alpha/2}$时，接受原假设，表示序列x的变化趋势不显著；$|U_K|$的值越大，表示序列x的趋势变化越显著。

3.1.2 持续性分析方法

径流序列的持续性，反映的是径流时序前后数据之间的相互关联作用与径流时序变化趋势是具有正持续性还是反持续性，其基本原理为

对于时间序列$\{x(t)\}$（$t=1，2，\cdots，n$），定义下列量：

均值序列：$x_\tau=\dfrac{1}{\tau}\sum_{i=1}^{\tau}x(t)$　（$\tau=1，2，\cdots，n$）　（5）

累计离差：$$X(t,\ \tau)=\sum_{k=1}^{t}[x(k)-x_{\tau}]\quad(1\leqslant t\leqslant\tau)\tag{6}$$

极差序列：$$R(\tau)=\max_{1\leqslant t\leqslant\tau}X(t,\ \tau)-\min_{1\leqslant t\leqslant\tau}X(t,\ \tau)\tag{7}$$

标准差序列：$$S(\tau)=\left[\frac{1}{\tau}\sum_{i=1}^{\tau}(x(t)-x_{\tau})^2\right]^{0.5}\tag{8}$$

对于比值 $R(\tau)/S(\tau)\equiv R/S$，如果存在如下关系：$R/S\propto\tau^H$，则说明时间序列 $\{x(t)\}$（$t=1,\ 2,\ \cdots,\ n$）存在 Hurst 现象，H 称为 Hurst 指数，H 值可根据计算出的 $(\tau,\ R/S)$ 的值，在双对数坐标系 $[\ln(\tau),\ \ln(R/S)]$ 中用最小二乘法拟合，H 对应于拟合直线的斜率。

根据 H 的大小，可以判断时间序列趋势成分是表现为正持续性，还是反持续性。Hurst 等证明，如果 $\{x(t)\}$ 是相互独立、方差有限的随机序列，则有 $H=0.5$。对于不同的 Hurst 指数 H（$0<H<1$），存在以下三种情况：

（1）$H=0.5$ 时，表明时间序列变化是随机的。

（2）$0.5<H<1$ 时，表明时间序列具有长程相关性，即过程具有正的持续性。反映在径流量序列变化上，从平均的观点来看，表明径流量过去的一个增加（减少）趋势意味着将来的一个增加（减少）趋势，H 值越接近于 1，序列的正持续性越强。

（3）$0<H<0.5$ 时，表明时间序列也具有长程相关性，即过程具有负的持续性。反映在径流量序列变化上，从平均的观点来看，表明径流量过去的一个增加（减少）趋势意味着将来的一个减少（增加）趋势，H 值越接近于 0，序列的反持续性越强。

3.2 分析结果

3.2.1 趋势性分析结果

运用 Kendall 非参数秩次相关检验法，结合一元线性趋势分析结果，对温泉水库 1960—2019 年的全年以及年内各月尺度上的天然径流量进行趋势性分析，具体结果见表 2。

从表 2 中可知：

（1）温泉水库坝址的年天然径流量序列呈现非显著减少趋势，与此同时，年内的 2 月、6 月、7 月的天然月径流量也呈现非显著减少趋势。

（2）温泉水库坝址的年内各月天然月径流量呈现显著减小趋势的月份有 1 月、3 月、12 月。

（3）温泉水库坝址的年内各月天然月径流量呈现增加趋势的月份有 4 月、5 月、8—11 月，其中 4 月和 10 月呈现显著增加趋势，5 月、9 月、11 月呈现非显著增加趋势。

3.2.2 持续性分析结果

运用 Hurst 指数法，对温泉水库坝址 1960—2019 年的年内各月以及全年尺度上的天然径流量进行持续性分析，具体结果见表 3。

表 2　温泉水库 1960—2019 年天然径流量序列的趋势性

月份	$U_{\alpha/2}$	$\lvert U_K \rvert$	趋势性	趋势性是否显著
全年	1.96	0.560 9	减少	否
1 月		2.308 1	减少	是
2 月		1.862 3	减小	否
3 月		2.308 1	减小	是
4 月		2.295 7	增加	是
5 月		0.178 3	增加	否
6 月		0.050 8	减小	否
7 月		0.688 5	减小	否
8 月		0.752 8	增加	否
9 月		1.428 9	增加	否
10 月		3.595 9	增加	是
11 月		0.115 1	增加	否
12 月		3.124 1	减小	是

表 3　温泉水库坝址 1960—2019 年天然径流量序列的持续性

月份	Hurst 指数	持续性	未来变化趋势
全年	0.798 0	正	减小
1 月	0.841 6	正	减小
2 月	0.858 4	正	减小
3 月	0.802 5	正	减小
4 月	0.795 3	正	增加
5 月	0.755 6	正	增加
6 月	0.669 5	正	减小
7 月	0.647 6	正	减小
8 月	0.751 0	正	增加
9 月	0.799 1	正	增加
10 月	0.823 5	正	增加
11 月	0.766 7	正	增加
12 月	0.813 1	正	减小

从表 3 中可知：

（1）温泉水库坝址的全年以及年内各月的天然径流量均呈现正的持续性。

（2）温泉水库坝址的全年、年内 1—3 月、6—7 月、12 月的天然径流量在未来仍将保持减少趋势。

（3）温泉水库坝址的年内4—5月、8—11月的天然径流量在未来仍将保持增加趋势。

4 结语

温泉水库的建设将充分利用其控制流域的地下储水空间的调蓄作用，发挥较好的蓄洪补枯兴利作用，增加了枯水期下游河道径流量。温泉水库坝址的全年天然径流量序列呈现非显著减少趋势，年内个别月份的天然径流量呈现的不显著增加趋势、显著减少趋势可能与气温变化引起的冰川融水、永久冻土冻融水量以及积雪及其融水量变化有关，温泉水库的防洪兴利调度以及区域经济社会需水系统都应关注并响应这种趋势变化以更好地实现预定的多目标可持续发展。

参考文献

[1] 周聿超．新疆河流水文水资源［M］．乌鲁木齐：新疆科技卫生出版社，1999.
[2] 王修内，黄强，畅建霞．新疆叶尔羌河流域径流规律分析［J］．人民黄河，2012，34（6）：45-47，50.
[3] 陈燕飞，张翔．汉江中下游干流水质变化趋势及持续性分析［J］．长江流域资源与环境，2015，24（7）：1163-1167.

恰克玛克河托帕水库历史洪水复核调查

郭　华

（新疆水利水电规划设计管理局，新疆乌鲁木齐　830000）

摘　要： 为进一步确定拟建托帕水库坝址断面设计洪水成果，本文考虑足够的工程安全余度，同时结合水利工程设计规程规范的要求，对托帕水库坝址所在的恰克玛克河干流河段进行了详尽的洪水调查工作，本次历史洪水复核洪峰流量为 1 114 m^3/s，重现期确定为 73 年。

关键词： 恰克玛克河；托帕水库；历史洪水；洪峰；调查；重现期

1　流域及工程概况

恰克玛克河发源于新疆维吾尔自治区克孜勒苏柯尔克孜自治州乌恰县境内的吐尔尕特山南麓，位于塔里木盆地西缘，是喀什噶尔河的支流之一。恰克玛克河流域北接吐尔尕特山，与吉尔吉斯斯坦接壤；西邻克孜河支流卡浪沟吕克河；东部与布古孜河接壤；南与克孜河毗邻。流域地理坐标介于东经 74°43′~75°48′、北纬 39°34′~40°41′，恰克玛克河与布古孜河汇合处以上流域面积为 4 820 km^2。

恰克玛克河上游分别有三条支流，由西至东依次为苏约克河、吐尔尕特河及小恰克玛克河，其中苏约克河、吐尔尕特河在盖克力克（托云牧场）附近汇合后，在下游约 12 km 的恰克玛克牧场处与东支流小恰克玛克河汇合，三条支流汇合后的河流统称恰克玛克河。恰克玛克河是跨地州的河流，分别流经克孜勒苏柯尔克孜自治州乌恰县、阿图什市、喀什地区的喀什市、疏附县。恰克玛克河干流在恰克玛克河渠首处又分为南支流和北支流，其中北支流与布谷孜河汇合后流入托喀依水库；南支流经天然河沟汇入克孜河。恰克玛克河大体上呈西北至东南流向，河流全长 165 km，河道纵坡平均比降为 18‰。

现状恰克玛克河上建有恰克玛克河引水枢纽工程，该枢纽位于恰克玛克河干流中下游南北支分岔处，恰其嘎水文站（一）下游约 2 km 处。该引水枢纽工程为Ⅲ等中型工程，主要承担克孜勒苏自治州阿图什市和喀什地区的引水和分水任务。该枢纽设计引水量 12 m^3/s，加大流量为 15 m^3/s。

托帕水利枢纽工程位于巴音库鲁提乡恰克玛克河干流上，工程任务以灌溉为主，兼

作者简介： 郭华（1987—），女，高级工程师，主要从事水利水电工程规划设计工作。

顾防洪。托帕水库坝址位于恰其嘎水文站上游约 44 km（河道距离）处，控制流域面积 3 009 km^2。

2 历史洪水调查成果

喀什水文水资源勘测局、克州水文水资源勘测局分别于 1966 年、1981 年组织骨干力量对恰克玛克河上、中、下游历史洪水做过区域性调查，并对重要防洪河段进行了详细的洪水调查。经调查，恰其嘎水文站断面 1944 年发生了洪峰流量为 1 160 m^3/s 的洪水，重现期为 58 年。

恰克玛克河历史洪水调查成果如表 1 所示。

表 1　恰克玛克河历史洪水调查成果

发生时间（年-月）	调查时间（年-月）	调查地点	地理坐标		调查流量/（m^3/s）	成果评价
			东经	北纬		
1944-06	1981-08	喀拉果勒	75°42′	39°44′	910	较可靠
1944-06	1981-08	恰其嘎	75°44′	39°42′	1 160	较可靠
1944-06	1981-08	康萨依沟	75°36′	39°46′	167	较可靠
1944-06	1981-08	恰河（北支）	75°45′	39°40′	393	较可靠
1944-06	1981-08	恰河（南支）	75°56′	39°36′	728	较可靠
1966-08	1966-10	恰河（北支）	75°45′	39°40′	273	较可靠
1966-08	1966-10	恰河（南支）	75°56′	39°36′	478	较可靠

由表 1 可知，对于 1944 年历史洪水，恰克玛克河干流喀拉果勒断面调查洪峰流量为 910 m^3/s，喀拉果勒断面下游 6 km 处恰其嘎水文站断面调查洪峰流量为 1 160 m^3/s，恰其嘎站下游 4 km 处分为北支和南支，南、北支调查洪峰流量合计为 1 121 m^3/s。

对于 1966 年历史洪水，恰克玛克河巴音库鲁提水文站实测洪峰为 450 m^3/s，巴音库鲁提水文站下游 42 km 处恰河南北支调查洪峰流量合计为 751 m^3/s。

综上分析可知，无论是 1944 年洪水还是 1966 年洪水，自巴音库鲁提水文站至恰其嘎水文站之间的河段，恰克玛克河洪水洪峰呈现出沿程增大的趋势，即区间不断有洪水汇入。1944 年历史洪水自喀拉果勒至恰其嘎区间相应叠加洪峰为 250 m^3/s，占恰其嘎水文站断面调查洪峰的 21.6%；1966 年洪水自巴音库鲁提水文站至恰河南北支处区间相应叠加洪峰为 301 m^3/s，占恰河南北支调查洪峰总和的 40%。

3 实测期洪水调查成果

2000 年 11 月，克州水文水资源勘测局组织专门人员对恰克玛克河 1999 年 7 月发生的洪水进行了调查。恰克玛克河2000年11月实测与调查洪峰流量如表2所示。

由表2可知，对于1999年发生的洪水，巴音库鲁提水文站断面调查洪峰为281 m^3/s，巴音库鲁提下游34 km处的喀拉果勒水文站断面调查洪峰为314 m^3/s，巴—喀区间相应增加洪峰为33 m^3/s；喀拉果勒下游6 km处恰其嘎水文站1999年实测洪峰为351 m^3/s，则喀—恰区间相应增加洪峰为37 m^3/s，恰其嘎水文站下游4 km处恰河南北支调查洪峰合计为476 m^3/s。综上分析，从巴音库鲁提至喀拉果勒再到恰其嘎，恰克玛克河干流洪水洪峰沿程不断增大，巴—恰区间汇入洪峰为70 m^3/s，占恰其嘎水文站实测洪峰的20%。

表2　恰克玛克河2000年11月洪水调查成果

发生时间（年-月）	调查时间（年-月）	调查地点	地理坐标		调查流量/（m^3/s）	成果评价
			东经	北纬		
1999-07	2000-11	巴音库鲁提	75°31′	39°58′	281	较可靠
1999-07	2000-11	喀拉果勒	75°42′	39°44′	314	较可靠
1999-07	1999-07	恰其嘎	75°44′	39°42′	351	实测
1999-07	2000-11	康萨依沟	75°36′	40°46′	101	较可靠
1999-07	2000-11	恰河（北支）	75°56′	39°36′	253	较可靠
1999-07	2000-11	恰河（南支）	75°56′	39°36′	223	较可靠

4　历史洪水复核调查

4.1　托帕坝址河段历史洪水洪峰调查

2017年5月21日至26日，新疆水利水电勘测设计研究院水文专业人员从托帕坝址附近自下游至上游进行恰克玛克河历史洪水查勘工作。经实地踏勘发现，恰克玛克河为多泥沙、宽浅式河流，调查河段两岸多为砂土及碎石覆盖层，河道边壁不平整，岸坡连续性及稳定性均较差，阶地不明显，河道断面宽度狭窄处约80 m，扩散处约400 m。河床多为卵石和细砂，河床并不稳定，因此河道主流摆动性较大，汊流较多，河槽有江心滩，河段弯道较多。

根据洪水调查推流断面的布设原则，考虑到所选定的推流河段不顺直，河段有多处“S”形的弯道，沿途还不断有小洪沟汇入河道。推流断面的布设既要相对顺直，又要考虑弯道对推流计算的影响，所以断面布设尽量避开这些河段，选择那些有原始岩壁露出的地方，以保持推流断面为规则断面。

本次调查在推流河段布设了3条断面，自下游往上游编号依次为3#、1#、0#，这三个断面距离托帕坝址分别为150 m、1 km、5 km。调查河段及测量断面平面示意图如图1所示。

由于调查河段人烟稀少，且历史洪水年代较远，因而坝址调查河段没有历史洪水指认洪痕，仅有调查洪痕。本次调查到的洪痕主要分布在岸坡坚硬岩石石壁上，多数为冲刷痕及泥痕；少数洪痕为漂浮痕，如边壁竖向缝隙中发现的年代较久的树枝木棍等。本次调查洪痕成果如表3所示。

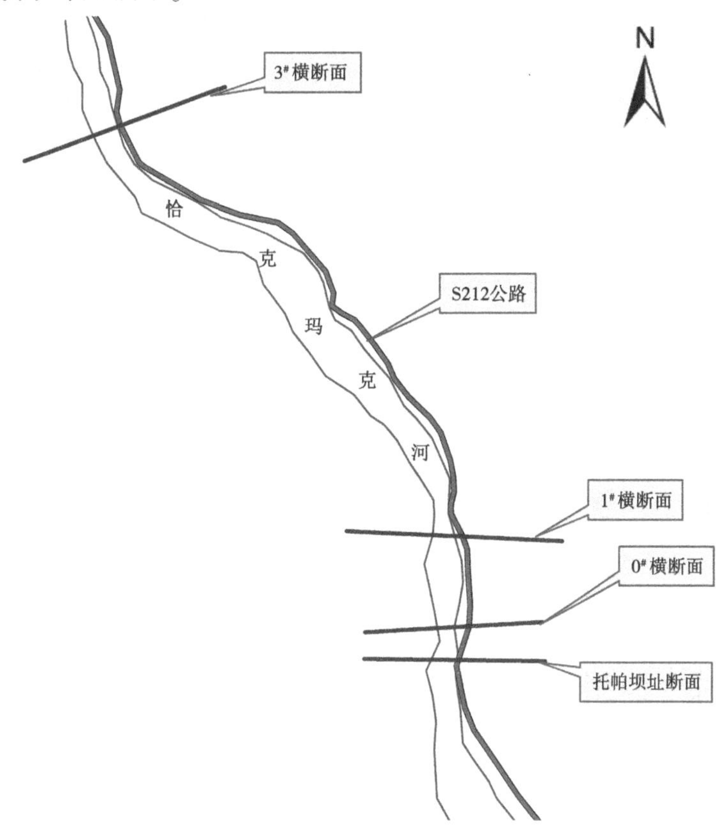

图1　托帕坝址调查河段及测量断面平面示意图

根据以上调查洪痕点及实测水边点绘制出托帕坝址调查河段纵断面图，由实测水边点群可得测时（2017年5月26日）水面线趋势线，参考测时水面线趋势，根据沿程及各断面洪痕点，可定出高水（历史洪水位）水面线，如图2所示。

由洪水水面线可知，3#中痕、1#高痕、0#中痕基本在一条水面线上，而3#高痕、0#高痕均为孤立洪痕点，上下游未找到相应连续洪痕。本次以3#中痕、1#高痕、0#中痕所在水面线作为历史洪水水面线。实测大断面成果如图3~图5所示。

根据比降面积法计算三个调查断面洪峰流量，比降为实测水面线比降，糙率根据河段下垫面条件，结合断面河宽，n 取值范围为0.03~0.035。调查断面洪峰流量计算成果如表4所示。

表 3　托帕坝址河段调查洪痕成果

名称	坐标		高程	洪痕点	相对位置	洪痕定线说明
	x	y	z			
3#横断面	4 431 119.7	541 437.3	2 399.8	高痕	该断面位于托帕水库坝址上游 4 995 m 处	左岸有大块坚硬岩石，岩石岸壁上存有较清晰泥痕及冲刷痕。中痕呈条带状清晰冲刷痕，竖向缝隙中发现被卡住年代较久的木棍
	4 431 119.7	541 437.3	2 399.5	中痕		
	4 431 119.7	541 437.3	2 399.1	低痕		
+6 洪痕	4 431 111.3	541 439.7	2 399.3	洪痕	标注点位于托帕坝址上游 4 986 m 处	冲刷痕
+5 洪痕	4 431 080.9	541 441.2	2 398.7	洪痕	标注点位于托帕坝址上游 4 955 m 处	冲刷痕
+4 洪痕	4 431 082.8	541 450.4	2 399.0	洪痕	标注点位于托帕坝址上游 4 952 m 处	冲刷痕
+3 洪痕	4 430 901.6	541 540.7	2 394.8	高洪	标注点位于托帕坝址上游 4 752 m 处	冲刷痕
	4 430 901.6	541 540.6	2 394.1	低洪		
+2 洪痕	4 429 825.4	542 991.9	2 372.6	洪痕	标注点位于托帕坝址上游 2 893 m 处	冲刷痕
+1 洪痕	4 429 005.2	543 704.2	2 359.0	高洪	标注点位于托帕坝址上游 1 754 m 处	冲刷痕
	4 429 005.4	543 704.2	2 358.6	中洪		
	4 429 005.4	543 703.9	2 357.7	低洪		
1#横断面	4 428 198.6	543 939.3	2 348.9	高痕	该断面位于托帕水库坝址上游 860 m 处	该处断面位于 S212 公路下方，左岸为公路路基防洪堤，高痕为防洪堤上留存的洪水冲刷痕，低痕为近期洪水留存的泥痕
	4 428 196.9	543 934.6	2 347.9	低痕		
−1 洪痕	4 428 102.6	543 966.8	2 348.3	洪痕点	标注点位于托帕坝址上游 804 m 处	冲刷痕及泥痕
−2 洪痕	4 428 122.0	543 966.2	2 348.4	洪痕点	标注点位于托帕坝址上游 784 m 处	冲刷痕及泥痕
0#横断面	4 427 544.2	543 867.2	2 342.1	高痕	该断面位于托帕水库坝址上游 150 m 处	该处断面左岸有大块坚硬岩石，岩石岸壁上存有较清晰泥痕及冲刷痕
	4 427 544.2	543 867.1	2 341.5	中痕		
	4 427 544.0	543 867.0	2 340.9	低痕		

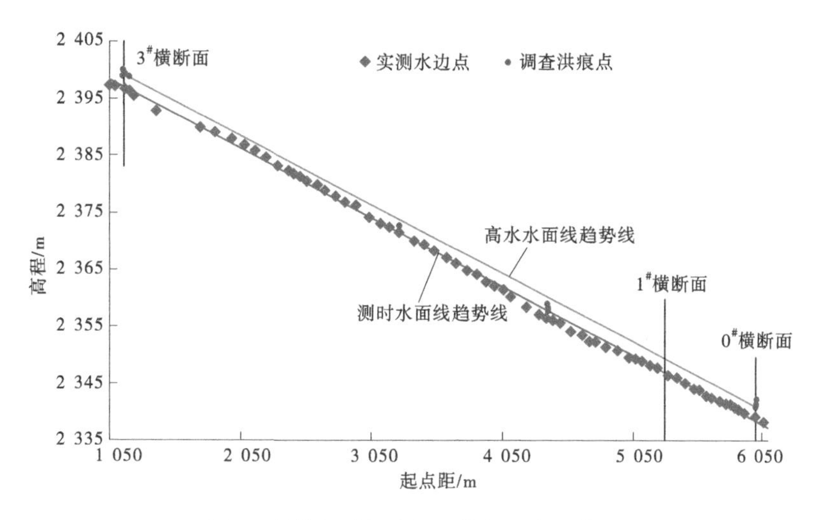

图 2　托帕坝址调查河段纵断面水面线图

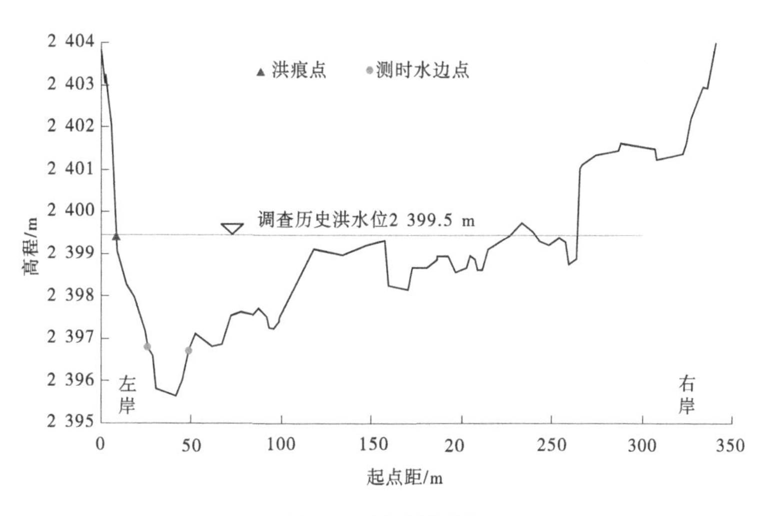

图 3　3# 实测大断面

由表 4 可知，托帕水库坝址河段历史洪水调查洪峰流量为 1 114.3 m^3/s。

4.2　历史洪水重现期复核

4.2.1　访问调查

本次对恰克玛克河历史洪水进行了专项复核调查，在距离托帕水库工程较近的托云乡（托帕坝址上游约 25 km）、巴音库鲁提乡（托帕坝址下游约 10 km）开展了历史洪水调查访问工作。在乡政府工作人员的带领下，对本地长期居住的数十位高龄老人进行了访问，但大多数老人由于年龄限制、身体疾病、记忆模糊等，对 20 世纪 70 年代以前的洪水知之甚少，提供的洪水记忆多为水文站实测期内洪水，如 1978 年、1983 年、1987 年、1996 年、1999 年、2001 年等洪水情况。

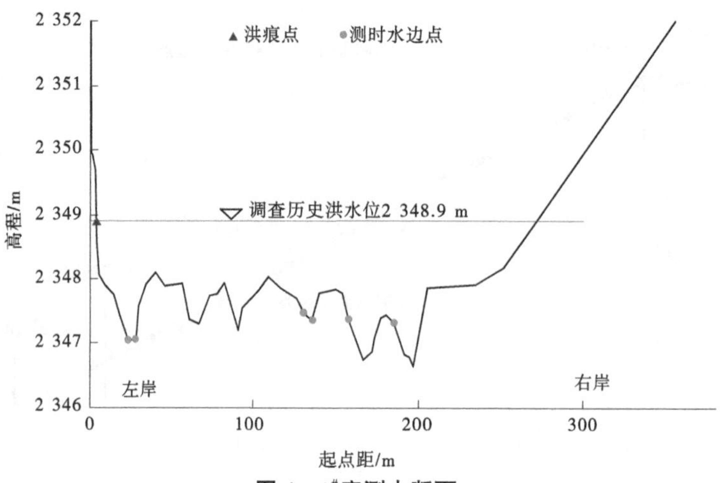

图 4　1#实测大断面

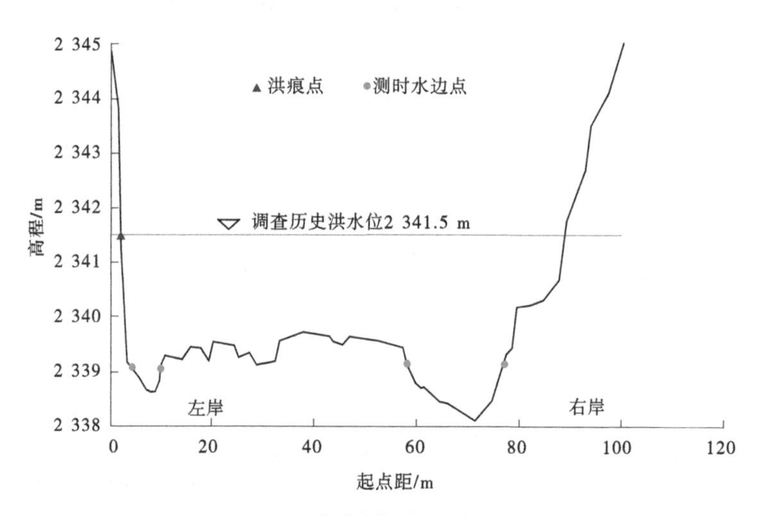

图 5　0#实测大断面

表 4　托帕坝址河段调查断面洪峰流量计算成果

推流断面	历史洪水位/m	水面宽/m	面积/m^2	糙率	水力半径/m	水面比降	洪峰流量/(m^3/s)
3#断面	2 399.5	241.0	305.2	0.03	1.26	0.008 6	1 096.5
1#断面	2 348.9	268.2	323.2	0.035	1.20	0.012	1 143.4
0#断面	2 341.5	87.1	189.8	0.03	2.11	0.011 2	1 103.1
均值							1 114.3

本次仅调查到一位高龄老人提及 1944 年洪水，老人今年 84 岁，现居住在托云乡托云村，1980 年以前一直居住在恰克玛克河岸坡上（托帕坝址上游 14 km）。据他回忆"我 10 岁的时候（1944 年），恰河发生过大洪水，那年 6 月大雨连下了两天两夜，当时

托云乡恰克玛克大桥还没建，恰克玛克河河道水都满了，从没见过这么大的水，当时有两个在河岸砍树的村民还被大水冲走了”。访问期间，老人尽管腿脚不便卧床在家，但思路清晰，表达清楚，并明确指出历史洪水发生年份，因而认为该老人提供的历史洪水记忆较可靠。

4.2.2 *历史文献*

通过查阅《克孜勒苏柯尔克孜自治州地理志》《阿图什县地名图志》《乌恰县县志》《乌恰县地名图志》等史志文献，20 世纪 70 年代以前的历史洪水记录有 1944 年、1949 年、1952 年及 1966 年。

关于 1944 年历史洪水记载如下：

“上阿图什乡（恰克玛克河下游，恰克玛克引水枢纽附近）1944 年发生大洪水，这次水灾淹没农田，冲毁房屋，使 3 000 多亩的农作物受到不同程度的损失；1952 年夏连下 7 天大雨，造成一部分房屋倒塌，麦子霉烂；1976 年发生特大雪灾，死亡牲畜 8 000 多头。”

“1944 年 6 月 12 日夜，布谷孜河（恰克玛克河东侧邻河，纬度与巴音库鲁提同）上游暴雨，布谷孜河突发洪水，沿岸田园市街房屋均被冲毁，当时县政府的大印和全部档案被水冲走，县政府被迫搬家（据县长俞元巨呈第三区行政督察专员的报告）。阿孜汗有一家七口人连人带房一起被水冲走，据记载共死亡 300 多人。”

“吐古买提乡（位于阿图什县城北部，西接乌恰铁列克乡，南接阿湖乡）1944 年 6 月 12 日，吐古买提村遭特大洪水袭击，有 5 户农牧民的房子被冲走。”

由上文可知，1944 年阿图什、乌恰县为全流域范围内的洪水，且洪水量级较大，损失严重。

而其他三场洪水：1949 年历史洪水仅出现在《乌恰县志》中，未说明河流洪水情况；1952 年历史洪水仅出现在《阿图什县地名图志》中“布谷孜河遇特大洪水”，未找到周边地区同年洪水相关记录；1966 年历史洪水恰克玛克河巴音库鲁提水文站实测洪峰流量为 450 m^3/s。由于缺乏相关佐证，可认为 1949 年、1952 年历史洪水为局部暴雨洪水的可能性较大，而 1966 年洪水属实测期洪水。

综上所述，认为喀什水文局调查到的历史洪水年份为 1944 年是可靠的，由于缺乏 1944 年以前的洪水资料及访问记录，偏工程安全性考虑，本次洪水重现期仍按调查考证期计算，即 2016−1944+1＝73（年）。

5 结语

（1）在既有历史洪水调查、实测期洪水调查成果的基础上，对恰克玛克河干流及区间洪水进行了初步分析。自巴音库鲁提水文站至恰其嘎水文站之间的河段，恰克玛克河洪水洪峰呈现出沿程增大的趋势，即区间不断有洪水汇入。

（2）在托帕水库坝址所在干流河段进行了历史洪水复核调查，共布设了 3 条推流大断面，根据调查洪痕及实测水面线，采用比降面积法计算得到历史洪水调查洪峰流量为 1 114 m^3/s。

（3）根据现场查勘及访问记录，结合历史文献记录，同时偏工程安全性考虑，本次调查洪水重现期仍按调查考证期计算，即73年。

参考文献

[1] 水利电力部东北勘测设计院. 洪水调查［M］. 北京：水利电力出版社，1978.
[2] 长江流域规划办公室水文处. 水利工程实用水文水利计算［M］. 北京：水利出版社，1980.
[3] 水利部水文司. 水文调查指南［M］. 北京：水利电力出版社，1991.
[4] 中华人民共和国水利部. 水利水电工程水文计算规范：SL/T 278—2020［S］. 北京：中国水利水电出版社，2020.

山前凹陷带横坎儿井式地下水库对区域水资源影响浅析

——以新疆台兰河坎儿井式地下水库示范工程为例

王　杰[1]　伊布拉音·大木拉[2]　刘贵元[2]

（1. 中水北方勘测设计研究有限责任公司，天津　300222；
2. 新疆水利水电规划设计管理局，新疆乌鲁木齐　830000）

摘　要： 以台兰河坎儿井式地下水库示范工程为例，简述了坎儿井式地下水库工作原理，通过水文地质地下水量分析、水量平衡计算，说明工程开发区其地下水量可以做到补、排平衡，通过地下水水位变化及水质预测分析，定量提出了项目的实施对区域水资源的影响，对工程的建设及运行有一定的借鉴意义。

关键词： 台兰河；坎儿井式地下水库；地下水资源；水位；水量

台兰河流域地处新疆维吾尔自治区阿克苏地区温宿县境内。地理位置介于东经80°22′~81°11′、北纬40°42′~42°16′。台兰河发源于西南天山托木尔峰南麓，上游由大台兰河、小台兰河在距出山口前8 km处汇合后称台兰河，距离汇合口下游6 km处，又有支流塔克拉克河由西北向东南汇入。台兰河流向为自北向南流，是典型的内陆河，流域总面积5 824 km^2，其中山区1 324 km^2，平原区4 500 km^2。河流全长约90 km。海拔在1 200 m以下的区域为南部洪积平原区。以出山口为界，台兰河上游山区为径流形成区，下游平原区为径流散失区。台兰水文站为台兰河出山口控制站。

国内外经验表明，地下水库是一种有效调节和利用地下水资源的工程措施，山前凹陷带横坎儿井式地下水库是一种创新式水工建筑物布置形式，其工程结构主要由引渗回补调蓄系统、横坎儿井集水系统和自流虹吸输水系统三部分组成，横坎儿井式地下水库平面布置示意见图1。新疆台兰河流坎儿井地下水库示范工程地下水量主要由两部分组成：第一部分为拦截坎儿井取水廊道上游正常情况向下游下泄的地下潜流的水量，第二部分为当潜流量不足时，由设在坎儿井上游的主动回补工程在台兰河洪水期入渗回补，因此只要选择恰当的主动回补水量，就可以使坎儿井断面处的水位长期保持基本不变。台兰河坎儿井式地下水库平面布置示意图见图2。

1　山前凹陷横坎儿井式地下水源基本原理

中小流域山前凹陷地存在的天然储水构造普遍巨大，但可以被用于调蓄的部分仅是

作者简介： 王杰（1980—），男，高级工程师，主要从事水文水资源规划工作。

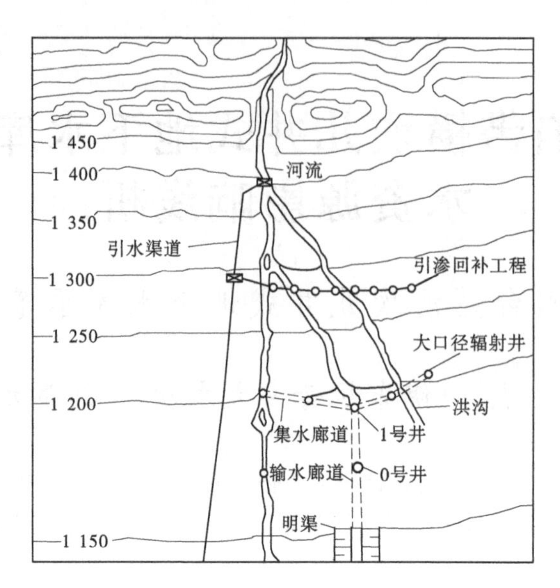

图 1　横坎儿井式地下水库平面布置示意图

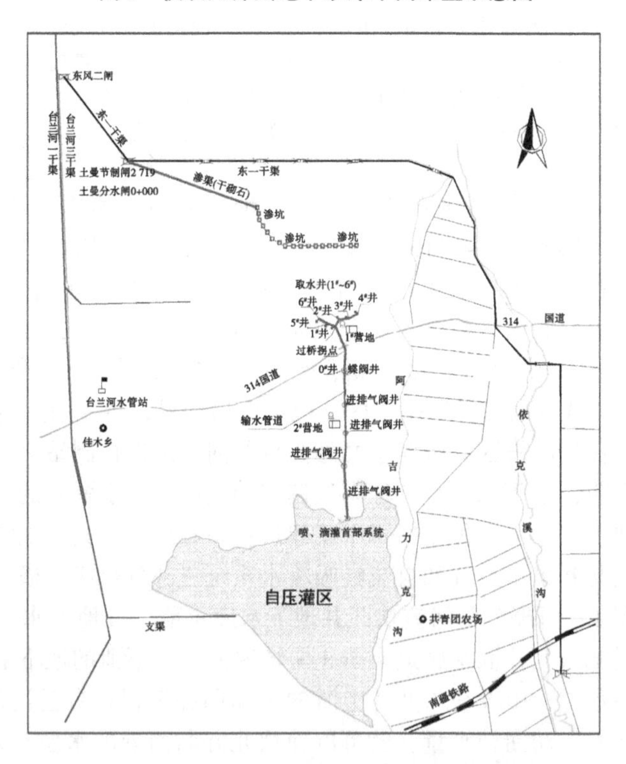

图 2　台兰河坎儿井式地下水库平面布置示意图

集水廊道高程以上的水体，廊道集水后，沿廊道方向可视为同一水位，不同的廊道水位，其上、下游进入廊道的水量的形式是不同的，可由水量平衡法及达西渗流公式进行粗略推算。

当廊道不进水，即 $Q_{廊道}=0$，$Q_{上游}=Q_{下游}$时，渗流处于原始状态。

当廊道水位 h_0>下游水位 h_2 时，进入廊道的流量可以表示为：$Q_{廊道}=Q_{上游}-Q_{下游}+\frac{dV}{dt}$，式中 V 为漏斗库容，即进入廊道的流量等于廊道水深时，上游下泄流量减去下游下泄流量再加上漏斗库容单位时间的变化量。

当廊道水位 $h_0 \leqslant$ 下游水位 h_2 时，进入廊道的流量可以表示为：$Q_{廊道}=Q_{上游}+Q_{下游}+\frac{dV}{dt}$，式中进入廊道的流量等于此时廊道水深时，上、下游断面流量之和再加上漏斗库容单位时间的变化量。

上述两种情况见图 3~图 4。

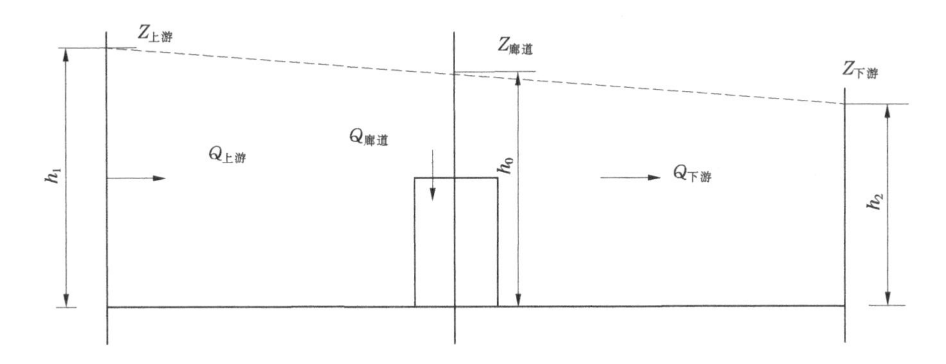

图 3　横坎儿井式地下水源基本原理及廊道流量计算示意图（h_0>h_2）

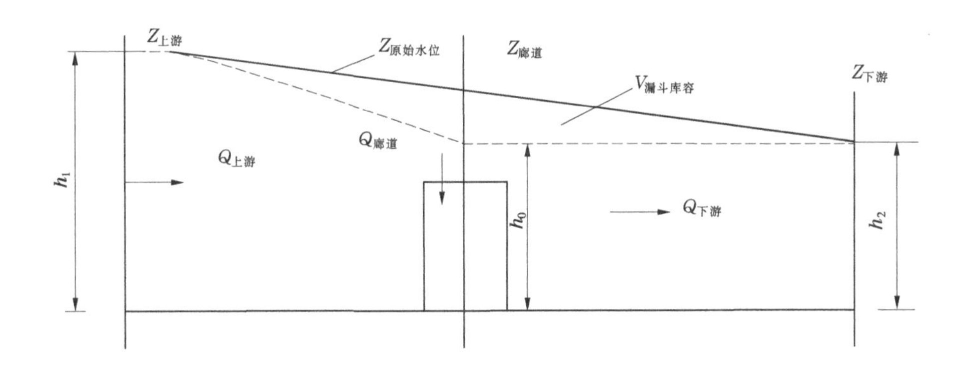

图 4　横坎儿井式地下水源基本原理及廊道流量计算示意图（$h_0 \leqslant h_2$）

2　水文地质条件

台兰河山前凹陷受构造挤压运动的影响，山区地形抬升，形成山前凹陷，凹陷内沉积了巨厚的砂卵砾石层，为地下水的赋存提供了良好的空间，流域分为五个地质构造：塔克拉克向斜（山间坳陷条形洼地）、古木别孜背斜、台兰河山前断裂（F2）、沙井子隐伏断裂（F4）、阿克苏隐伏断裂（F3）。

坎儿井式地下水源示范工程区地下水补给源主要来源于上游的塔克拉克山间倾斜洼

地内。据物探资料，洼地内第四系松散层厚度达800 m，松散层透水性很好。山间洼地地下水补给来源主要有麻扎阿得河、塔克拉克河、台兰河、枯碌克柯尔河、哈拉玉尔滚河出山口断面潜流、河段入渗以及山前F1大断裂中的地下水都将汇入塔克拉克向斜洼地内，然后通过15 km宽的老龙口—喔依加勘大隐伏过水通道下泄至山前倾斜平原。

山前倾斜平原区，F1断裂至314国道一带，上游段为F1隐伏裂谷，松散覆盖层厚达500~700 m，向下游至红旗闸一带为三层结构，上部为单一的砂砾卵石层，透水性好；中部为含土砂砾石层，为弱透水层，下部为第三系砂泥岩。地下水总径流方向由北向南。到下游314国道一带地层结构由单一的砂砾卵石层过渡为多层结构，地下水受阻，流速变缓，可视作天然暗坝。

天然暗坝迎水边界沿线第四系覆盖层厚度达200~500 m，覆盖层呈多层结构，地下水类型为潜水-承压水，地下水位埋深8~12 m。该沿线都适合布置地下水源自流可控式取水建筑物。

3 地下水资源量及可开采量

台兰河出山口台兰水文站基本控制了全流域的地表径流，多年平均径流量7.5亿m^3，山口后受洪积扇粗颗粒下垫面地质条件的影响，水量沿程逐渐损失，加上引水，经20 km河道，到达地下水库工程断面蒸渗损耗水量占地表水径流量的78.7%。大部分转化为地下水。地下水总补给量39 489万m^3/a，其中降水入渗补给量575万m^3/a，侧向补给量4 610万m^3/a，河道渗漏补给量2 949万m^3/a，渠系入渗补给量26 567万m^3/a，田间入渗补给量3 994万m^3/a，地下水资源量为38 694万m^3/a。2005年台兰河机井开采量为4 600万m^3。台兰河平原区地下水可开采量见表1。

表1 台兰河平原区地下水可开采量一览表 单位：万m^3

位置	地下水补给量	可开采系数	地下水可开采量	机电井供水量	泉水供水量	机井可开采量
台兰河	39 489	0.32	12 785	3 200	3 500	6 085

4 对地下水水量变化影响

4.1 示范区坎儿井拦截地下单位长度潜水水量的分析

台兰河出山口后，进入山前倾斜平原区，根据水文地质资料，此处F1断裂至314国道一带，洪积扇径流排泄断面总长约$L=17$ km，本工程坎儿井取水廊道就布置在该断面中。干旱区在开发利用地下水的实践中证明，溢出带附近的地下水位基本是保持不变的，本次坎儿井地下水库的设计中，地下水位不变的断面距314国道下游3.2 km处，简称下游零断面。314国道上游河道补给入渗的地下水量为1.11亿m^3，渠系及田间入渗量0.46亿m^3，降雨及山前侧渗量0.1亿m^3，可计算各断面潜流总量及单位长度下泄水量见表2。

表 2　特征断面地下潜流计算成果

断面	水位高程/m	水位差/m	间离/m	水力坡度	平均渗透系数/(m/d)	平均含水层厚度/m	横断面总宽/km	平均计算断面径流量/亿 m^3	单宽径流量/(万 m^3/km)
314 国道断面	1 196.2	20.2	3 800	0.005 4	50	81.6	17	1.346	791.6
零断面	1 176	20.2	3 800	0.005 4	50	81.6	17	1.346	791.6

按照达西公式计算，设计水平年由于灌区引水量增加，地下水入渗量减少，工程断面的地下水位将下降 3.3 m，单宽潜流径流量将由 921.0 万 m^3/km 减少为 791.6 万 m^3/km。

坎儿井地下水库运行时，其取水廊道处的地下水位将下降，这些水量被其取水廊道拦截，显然拦截水量的数量和坎儿井地下水库处的取水廊道加权平均水位有关。取水廊道的现状静水位为 1 199.5 m，水平年的预测静水位为 1 196.2 m，选取水廊道的设计最低水位选为 1 185.7 m，廊道处的加权平均水位可按最低水位的 70%计入，按达西公式计算单位长度拦截潜流量成果见表 3。

表 3　坎儿井地下水库单位长度拦截潜流量成果

<table>
<tr><th colspan="2">项目</th><th>水位高程/m</th><th>水位差/m</th><th>间离/m</th><th>水力坡度</th><th>渗透系数/(m/d)</th><th>含水层厚度/m</th><th>横断面总宽/km</th><th>断面径流量/亿 m³</th><th>单宽水量/(万 m³/km)</th><th>拦截水量/(万 m³/km)</th></tr>
<tr><td rowspan="2">水库建设前</td><td>工程断面</td><td>1 196.5</td><td rowspan="2">20.5</td><td rowspan="2">3 800</td><td rowspan="2">0.005 4</td><td rowspan="2">50</td><td rowspan="2">81.6</td><td rowspan="2">17</td><td rowspan="2">1.366</td><td rowspan="2">803.4</td><td rowspan="4">379</td></tr>
<tr><td>零断面</td><td>1 176</td></tr>
<tr><td rowspan="2">水库建设后</td><td>工程断面</td><td>1 186.8</td><td rowspan="2">10.8</td><td rowspan="2">3 800</td><td rowspan="2">0.002 9</td><td rowspan="2">50</td><td rowspan="2">81.6</td><td rowspan="2">17</td><td rowspan="2">0.722</td><td rowspan="2">424.8</td></tr>
<tr><td>零断面</td><td>1 176</td></tr>
</table>

4.2　坎儿井水库取水廊道等效拦截长度的估算

坎儿井水库取水廊道处的水位低于其他断面，相应的过流量也大于其他断面，为了考虑这种因素采用下式估算取水廊道的等效拦截长度：

$$L_N = L + 575 \times S \times (K \times H)^{0.5} \tag{1}$$

式中：L_N 为等效拦截长度，m；L 为坎儿井水库取水廊道实际长，m；S 为年内加权平均降深，m；H 为平均含水层厚度，m；K 为含水层渗透系数，m/s。

本工程坎儿井水库取水廊道为设计取水廊道长 1 000 m，设计降深 13.8 m，加权水位降深 9.668 m，平均含水层厚度 81.6 m，渗透系数 50 m/d。

$$L_N = 1\,000 + 575 \times 9.67 \times (81.6 \times 50 \div 3\,600 \div 24)^{0.5} = 2\,208(\mathrm{m})$$

本坎儿井可拦截潜流水量 = 379×2.208 =837（万 m^3）

本示范区坎儿井地下水库取水廊道年拦截潜流水量为 837 万 m^3。

4.3 示范区坎儿井地下水库的水量平衡计算分析

坎儿井地下水库的可利用水量，可视为年内均匀流入坎儿井取水廊道断面，当其取水量大于潜流来水量时，将在取水廊道附近形成局部的开采漏斗，当取水量小于潜流来水量时，多余的潜流量将回补于开采漏斗之中，只要有一定规模的开采漏斗容量，即可满足调蓄要求。因此，为了反映地下水库工程区水量平衡关系，选择自地下水库库区至下游灌区范围，作为其完整的水量平衡单元。地下水库工程区具体范围为排泄断面 L= 17 km，横断面长取 1 000 m 范围。通过分析可知，调蓄所需要的漏斗库容为 584 万 m^3，本坎儿井取水廊道等效长 2.2 km，漏斗设计降深 10.8 m，取含水层重力给水度为 0.2，取水廊道上、下游影响长度按公式 $L=575S\ (KH)^{0.5}$ 进行计算，漏斗库容按静态的简化的三角形进行计算，其库容为 640 万 m^3，因此其地下水量可以做到补、排平衡。

5 对地下水水位变化及影响范围

为了保证地下水库的正常运行，地下水水库库区开发后，其地下水水位年内基本保持不变，工程影响到的地下水水位的区域为取水廊道的周边地区，工程取水廊道漏斗设计降深为 10.8 m，其影响半径根据辐射井影响半径（m）采用简化的经验公式：

$$R = 10S_0\sqrt{K} + L_f \tag{2}$$

式中：R 为辐射井影响半径，m；S_0 为水位降深，m，取 S_0 = 10.8 m；K 为渗透系数，m/d，取 K=50 m/d；L_f 为单根水平辐射管长度，m，设计取 L_f = 25 m。

计算结果为：R=788.67 m。

由计算可知，工程运行后，取水廊道周边地区半径 788.67 m 范围内地下水潜水水位将降低，形成降落漏斗，其降低幅度最大为 10.8 m，通过分析，台兰河下游地下水已形成独立的地下水通水廊道，坎儿井地下水源示范工程对地下水的开采不会影响邻河流域地下水水位变化，其降落漏斗只影响本流域开采井区半径小于 1 km 的范围。

6 地下水水库开发对地下水水质影响

坎儿井式地下水源工程自身补给、排泄以及取水方式特点不完全与疆内水源地工程相似，但类比疆内多数水源地经过长期开采后，水质表现为长期定向变化。其特征主要是硬度、矿化度随时间的延长而逐年提高，这主要是由于地下水动力条件改变而引起化学成分的变化，这一现象在自治区地下水开采中也有发生。类比乌鲁木齐干河子水源，自 2000 年开发以来，2000 年其地下水硬度为 190.2 mg/L，到 2009 年升至 276.11 mg/L，因此本项目运行期需密切监测水源井水质变化情况，以采取相应措施，防止水质劣变的发生。

7 结论

（1）本示范区坎儿井地下水库取水廊道年拦截潜流水量为 837 万 m^3，通过平衡计算，调蓄所需要开采漏斗库容约为 584 万 m^3，本坎儿井的调蓄库容约为 640 万 m^3，因此其地下水量可以做到补、排平衡。

（2）台兰河下游地下水已形成独立的地下水通水廊道，坎儿井地下水源示范工程对地下水的开采，不会影响邻河流域地下水水位变化。降落漏斗只影响本流域开采井区半径小于 1 km 的范围。

（3）示范工程不会对水功能区水体水质产生明显不利影响，但工程运行期应密切监测水源井水质变化情况，以采取相应措施，防止水质劣变的发生。

参考文献

[1] 许广明，刘立军，费宇红，等．华北平原地下水调蓄研究［J］．资源科学，2009，31（3）：375-381.

[2] 杉尾哲，泊清志，白地哲也，等．赴日本考察地下水库建设技术报告［R］．山东省水利科学研究院，1989：33-34.

[3] 王新娟，谢振华，周训，等．北京西郊地区大口井人工回灌的模拟研究［J］．水文地质工程地质，2005（1）：70-72.

[4] 陈皓．加利福尼亚的“水银行”［J］．环境导报，2001（1）：37-38.

[5] 邓铭江．干旱区坎儿井与山前凹陷地下水库［J］．水科学进展，2010，21（6）：748-756.

[6] 台兰河山前地下水控水构造研究地质勘察报告［R］．乌鲁木齐：新疆水利水电勘测设计研究院，2009.

[7] 阿克苏地区台兰河流域地下水资源调查与评价［R］．乌鲁木齐：新疆水利水电勘测设计研究院地质研究所，2008.

[8] 新疆温宿县台兰河坎儿井式地下水库示范工程设计研究报告［R］．乌鲁木齐：新疆水利厅，新疆水利水电勘测设计研究院，2009.

[9] 阿克苏地区台兰河流域地下水资源调查与评价［R］．乌鲁木齐：新疆水利水电勘测设计研究院地质研究所，2008.

新疆博尔塔拉河温泉水库径流特性分析

张永杰[1]　彭兆轩[2]　张育德[1]　回晓莹[1]

(1. 中水北方勘测设计研究有限责任公司，天津　300222；
2. 新疆水利水电规划设计管理局，新疆乌鲁木齐　830000)

摘　要：博尔塔拉河属艾比湖流域，为典型的西北内陆河流。由于其干流“三进三出”的独特水文地质条件，经过天然“地下水库”的调蓄作用，博河径流年内分布“不典型”，表现为汛期径流量占比不突出，径流年内分布较均匀，与其他西北内陆河流径流集中在汛期的特点形成巨大反差。本文在分析博河支流和干流径流特性的基础上，揭露了博河径流特性的成因机制，并结合温泉地下水库工程建设和调度运行，论证温泉水库建设对博尔塔拉河径流年内过程的影响，阐述了温泉水库作为“坎儿井”式水资源配置工程建设的必要性和先进性。

关键词：博尔塔拉河；温泉水库；地下水库；径流特性

1　流域及工程概况

1.1　流域概况

博尔塔拉河（简称博河）位于新疆博尔塔拉蒙古自治州境内，位于东经 79°53′~83°53′、北纬 44°02′~45°23′。东北部与塔城地区托里县相连，南部与伊犁哈萨克自治州相邻，西部、北部以别珍套山和阿拉套山为界，与哈萨克斯坦共和国接壤。博河是新疆西部的一条内流河，发源于别珍套山和阿拉套山汇合处的洪别林达坂，河流自西向东流经温泉县、博乐市、双河市后向东注入艾比湖。沿途接纳两岸山谷间众多小溪，其中南岸汇入较大的支流为沃托格赛尔河和大河沿子河，北岸较大的支流为哈拉吐鲁克河和保尔德河。博河流域面积 11 367 km^2，河长约 252 km，河网密度约 0.176，河道平均比降 8.3‰~10‰。

博河流域北西南三面环山，东面临湖，地势西高东低、南北高中间低，呈“簸箕状”，流域内山体与谷地呈略平行的东西向带状分布，山地面积占比 61.4%，平原面积占比 38.6%。北部阿拉套山、南部天山支脉别珍套山、岗吉尕山，其间为博尔塔拉谷地。山势自西逐次升高，分水岭呈阶梯状升起。海拔 3 000~4 000 m 以上常年冰雪覆

作者简介：张永杰（1992—），男，工程师，主要从事水文水资源规划设计工作。

盖，1 500~2 500 m 为森林带，其间常有水草丰盛的山区牧场分布。

1.2 工程概况

为解决博河干流来水与用水过程不匹配导致的灌溉缺水问题，规划在博河干流新建温泉地下水库，提高博河干流的调蓄能力，提高博河大型灌区的灌溉保证率。拟建的温泉地下水库位于博河干流“二进二出”位置，即昆屯仑渠首下游附近，西距温泉县城约 16 km，东距博乐市约 68 km。温泉水库利用含水层中的地下水，采用集水廊道的方式在灌溉期 4—9 月集中开采利用地下水，并在冬季 11 月至次年 3 月通过人工回补工程将博河“冬闲水”回补到含水层，以实现“夏取冬补”，达到采补平衡。工程任务为灌溉供水，水库设计多年平均供水量为 5 298 万 m^3，工程设计灌溉面积 36.3 万亩，其中保灌面积 11.02 万亩，改善灌溉面积 25.28 万亩。

温泉水库工程采用地下水库的建库方案，分为水库取水工程和补水工程，初拟取水工程采用大透水性集水墙，共布置三条集水通道，总长 7 000 m，所取水量在集水井汇集后通过出水廊道自流输送到下游河道。补水工程采用回灌渠和回灌渗池结合，回灌干渠长 4.5 km、支渠总长 16.8 km、18 个渗池面积均为 40 m×40 m。

1.3 选用站情况

博河流域共设有 5 个水文站，其中 4 个国家水文站、1 个州级水文站。博河干流设有温泉水文站和博乐水文站两个国家水文站，温泉水文站设于 1959 年 5 月，是博河上游控制站，位于温泉县城北约 1.0 km，集水面积 2 206 km^2。博乐水文站于 1956 年 4 月由新疆维吾尔自治区水利厅设立，现为五一水库出库站，水文站以上集水面积 6 627 km^2，为博河中下游控制站，资料观测至今。博河右岸支流沃托格赛尔河和大河沿子河分别设有阿合奇水文站和沙尔托海水文站两个国家水文站，阿合奇水文站于 1961 年 5 月由新疆维吾尔自治区水利厅设立，1966 年 9 月停止观测，至 1979 年 6 月恢复观测，1993 年因鄂托克赛尔水库兴建而撤站。阿合奇水文站是乌尔达克赛河出山口控制站，集水面积 1 209 km^2。沙尔托海水文站位于大河沿子河干流，于 1987 年 10 月由新疆维吾尔自治区水利厅设立，控制流域面积 1 697 km^2，资料观测至今。博河左岸支流哈拉吐鲁克河设有哈拉吐鲁克水文站，位于哈拉吐鲁克河出山口附近，控制流域面积 242 km^2，于 1956 年 10 月 11 日由新疆维吾尔自治区水利厅设立，并于 1958 年 6 月 1 日被撤销。2003 年 9 月博州水文局恢复观测，至 2004 年 10 月中断，其后于 2016 年 1 月恢复观测至今。水文资料情况见表 1。

表 1　水文资料情况

站名	河流	集水面积/km²	设站时间	观测项目	系列长度
温泉水文站	博河	2 206	1959 年	水位、流量、降水、蒸发、泥沙	1960—2019 年
博乐水文站	博河	6 627	1956 年	水位、流量、泥沙	1956—2019 年
阿合奇水文站	沃托格赛尔河	1 209	1961 年	水位、流量	1961—1966 年、1979—1993 年
沙尔托海水文站	大河沿子河	1 697	1987 年	水位、流量、降水量、蒸发量、冰情	1987—2019 年
哈拉吐鲁克水文站	哈拉吐鲁克河	242	1956 年	水位、流量、冰情、降水	1956—1958 年、2016—2019 年

2　博河径流特性

2.1　支流径流特性

博河两岸较大支流设有 3 个水文站，分别为沃托格赛尔河上的阿合奇水文站、大河沿子河上的沙尔托海水文站、哈拉吐鲁克河上的哈拉吐鲁克水文站。根据水文站资料统计各站多年平均逐月径流量及径流量占比情况，阿合奇水文站和哈拉吐鲁克水文站均位于河流出山口，出山口以上为径流主要产水区，径流以降雨和冰雪融水补给为主，而且由于上游河谷狭窄，地表径流汇水集中，夏季（6—8 月）径流量占比分别达到 68. 6%和 59. 7%，与典型的内陆河流径流特征一致。各水文站多年平均径流量及各季节径流量占比情况分别见表 2、图 1。

大河沿子河沙尔托海水文站夏季径流量占比仅占全年的 38%，主要原因是沙尔托海水文站的位置靠近河流中下游，距离上游出山口较远，出山口以上为地表径流形成区，上游出山口后，大河沿子河流经宽广河谷，地表水入渗转换为地下水，两岸支流在出山口以后也大都以潜水的形式补给干流，在流至中游沙尔托海水文站位置时地下潜流又出露形成地表径流，因此经过上游宽广河谷的天然调蓄作用，导致夏季径流量占比较少，呈现与博河干流相似的径流特性。

表 2　博河支流各水文站多年平均径流量

水文站	项目	1 月	2 月	3 月	4 月	5 月	6 月	7 月	8 月	9 月	10 月	11 月	12 月	全年
阿合奇站	径流量/亿 m^3	278	220	231	269	872	2 528	4 161	3 543	1 381	687	414	324	14 909
	占比/%	1.9	1.5	1.5	1.8	5.9	17.0	27.9	23.8	9.3	4.6	2.8	2.2	100
沙尔托海站	径流量/亿 m^3	866	584	692	859	1 679	1 943	1 695	1 342	996	952	839	784	13 230
	占比/%	6.5	4.4	5.2	6.5	12.7	14.7	12.8	10.1	7.5	7.2	6.3	5.9	100
哈拉吐鲁克站	径流量/亿 m^3	235	197	202	306	895	1 754	2 285	1 599	871	526	326	258	9 440
	占比/%	2.5	2.1	2.1	3.2	9.5	18.6	24.2	16.9	9.2	5.6	3.5	2.7	100

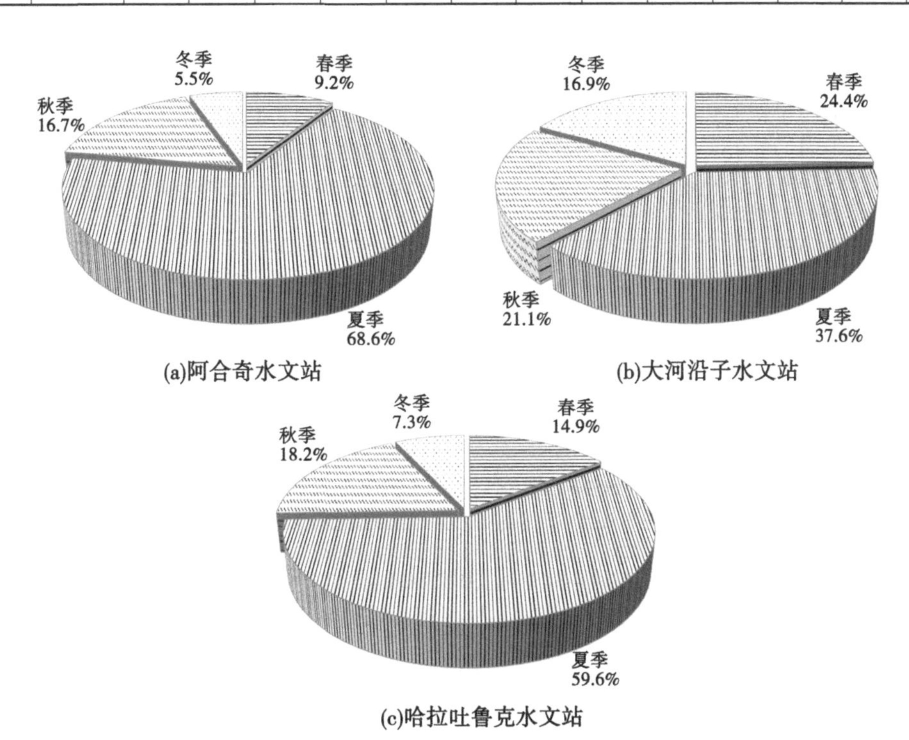

图 1　博河支流各水文站各季节径流量占比情况

2.2　干流径流特性

博河干流设有温泉水文站和博乐水文站 2 个国家水文站，根据温泉水文站 1960—2019 年多年平均实测径流量为 3.19 亿 m^3，温泉水文站上游建有博格达尔渠、河托海渠等引水干渠，有少量灌溉引水，收集博河流域管理处逐年引水量资料进行径流还原计算，温泉水文站还原后多年平均天然径流量为3.30亿m³。根据温泉水文站多年平均逐月径流量，最大月径流量出现在7月，为0.54亿m³，占全年径流量的16.4%；最小月径流量为0.19亿m³，出现在5月，占全年径流量的5.9%，最大月径流量与最小月径流量的比值为2.8。径流季节分配中，夏季（6—8月）占比最高，达到40.9%，除夏季外其他季节径流较均匀。博河干流各水文站多年平均逐月径流量及各季节径流量占比情况分别见表3、图2。

博乐水文站位于五一水库下游，测验断面为星火干渠和博河河道两个断面。根据博乐水文站实测资料，博乐站1956—2019年实测多年平均径流量为5.00亿m³，其中夏季6—8月径流量仅占全年径流量的18.9%。温泉水文站与博乐水文站之间取水口众多，现状支流建有鄂托克赛尔水库、哈拉吐鲁克水库2座中型水库，大库斯台水库、阿尔夏提水库2座小型水库，干流建有温泉渠首、昆屯仑渠首、二干渠渠首、新布哈渠首等一系列渠首和引水口，因此需考虑对博乐水文站径流进行还原。根据博河流域管理处逐年引水量资料，温泉水文站与博乐水文站区间引水量为4.61亿m³，考虑区间耗水和灌溉退水，博乐水文站多年平均还原水量为3.54亿m³，主要分布于4—10月。因此，博乐水文站还原后多年平均天然径流量为8.54亿m³，其中夏季6—8月径流量占全年径流量的42.9%，与温泉水文站一致。

表3　博河干流水文站多年平均逐月径流量

水文站	项目	1月	2月	3月	4月	5月	6月	7月	8月	9月	10月	11月	12月	全年
温泉水文站	径流量/亿m³	2 314	2 069	2 271	1 948	1 946	3 787	5 432	4 305	2 137	2 203	2 270	2 353	33 035
	占比/%	7.0	6.3	6.9	5.9	5.9	11.5	16.4	13.0	6.5	6.7	6.9	7.1	100
博乐水文站实测	径流量/亿m³	5 106	4 960	5 925	3 776	2 170	2 454	3 274	3 734	3 630	4 454	5 062	5 497	50 000
	占比/%	10.2	9.9	11.9	7.6	4.3	4.9	6.5	7.5	7.3	8.9	10.1	11.0	100
博乐水文站天然	径流量/亿m³	5 123	4 994	5 945	5 130	6 507	10 516	14 241	11 895	5 615	4 648	5 256	5 534	85 404
	占比/%	6.0	5.8	7.0	6.0	7.6	12.3	16.7	13.9	6.6	5.4	6.2	6.5	100

3　径流成因分析

西北内陆河流域径流补给来源主要为高山冰雪融水（包括冰川融水及永久积雪融水冰面降雪融水）、季节积雪融水、雨水、地下水。山区河流补给具有明显的垂直地带

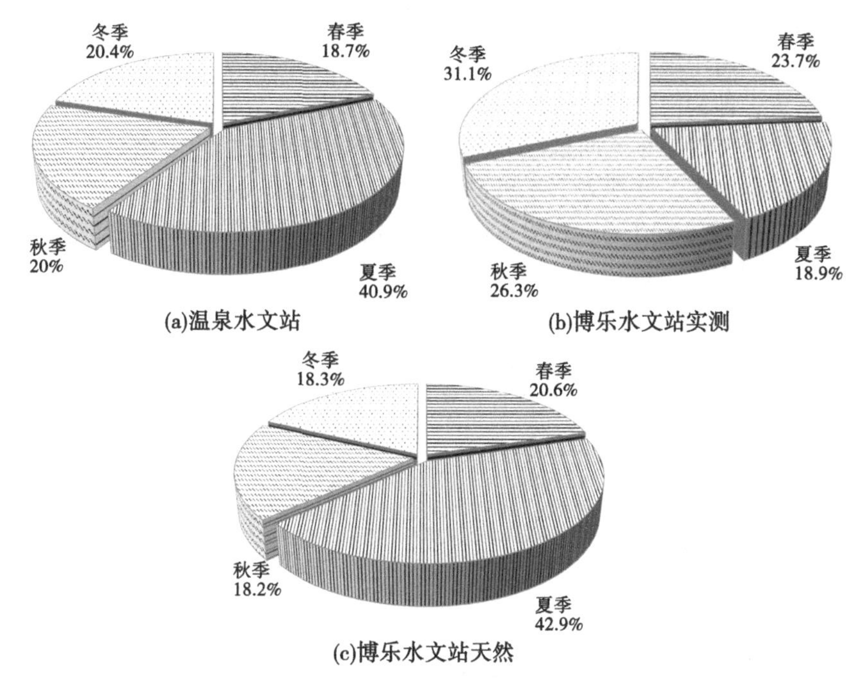

图 2　博河干流水文站各季节径流量占比情况

性，随着流域高程的变化，自然条件和降水方式不同，河川径流补给也不同，一般高山地带以高山冰雪融水补给为主，而低山地带以季节积雪融水补给为主，中山地带除高山冰雪融水、雨水两种外，还有季节积雪融水补给等。因此，在河流出口处，其径流往往不是单一的补给源，而具有多种补给来源的混合补给型，其中包括地下水补给。

博河左、右两岸支流分别发源于阿拉套山和北天山，为典型的内陆河流，径流的主要补给来源为冰雪融水和雨水，夏季由于高温和降水量大，导致夏季 6—8 月径流量占比较大，占全年径流量的比例可达 60%~69%。博河两岸支流除汛期有洪水汇入干流，其他月份均以地下潜流的形式汇入博河干流。博河干流具有泉水河流的特点，径流以地下水补给为主，表现为夏季径流占比小，而非汛期径流均匀且占比较大。分析其原因，主要是由于博河水文地质情况复杂，由于特定的地形，南北两岸山溪水以潜流的形式补给河流，博河干流博尔塔拉谷地在新构造运动的影响下，谷地内发育了一系列北东向断裂，使谷地自西向东形成一系列阶梯状断陷和隆起，在隆起带中有温泉基底隆起和博乐隆起，在两个隆起带的中间和两侧形成三个断陷盆地，自西向东分别为沙尕提山前断陷盆地、昆屯仑断陷盆地和精河山前断陷盆地，在这些断陷盆地中堆积了广厚的第四纪松散沉积物，厚度达 400~800 m。博尔塔拉谷地内的这些断陷与隆起对地表水与地下水的相互转化影响很大，形成博河“三进三出”的独特形态。

一进一出：当博河自西向东流至沙尕提山前断陷盆地时，该段基底地层由渗透性较小的基岩，逐渐过渡为渗透性较强的第四系地层，河水迅速下渗，形成博河相对较为明显的第一潜流段，即为“一进”。当地下径流继续向东至温泉县附近时，由于温泉基底隆起影响，地下径流受阻，地下水位壅高并出露地表，地下水逐渐转化为地表水，即为“一出”。

二进二出：博河向东流至昆屯仑渠首附近，逐渐进入博河谷地第二个断陷盆地——昆屯仑断陷盆地，由于第四系地层深厚、渗透性强，使得地表水再次转化为地下水，博河至此逐渐断流，即为“二进”。地下径流向东流至查乡大桥附近时，可见博河两岸多个泉水溢出带，河流再向东流向盆地下部时，受博乐隆起的阻挡，地下水位逐渐壅高，博河再次出露为地表水，此即为“二出”。

三进三出：博河向东流至达勒特乡附近进入精河山前断陷盆地，在胡屯地区博河第三次潜入地下，即为“三进”。河水潜流 4 km 左右，又逐渐出露地表，即为“三出”。博河“三进三出”位置示意见图 3。

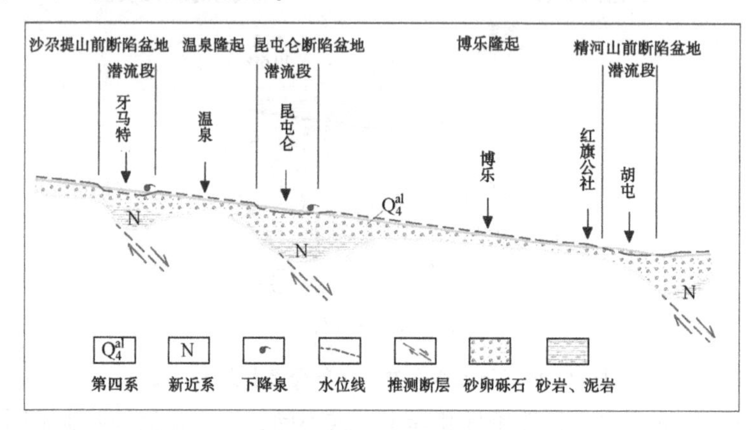

图 3 博河“三进三出”位置示意图（据戴淑英）

博尔塔拉谷地的三个断陷盆地堆积着松散的第四纪沉积物，透水性强，含水层厚，河水流经谷地时大量潜入地下，转化为地下水，导致博河流经牙马特、昆屯仑、胡屯地区时形成了三个潜流段。博尔塔拉谷地的三个断陷盆地形成三个天然地下水库，使地表径流与地下水径流经过三次转化，对径流起到了调节作用和滞后影响，改变了径流的年内分配。正是由于博河三个潜流段发挥天然的地下水库调节作用，导致博河干流径流年内分布不同于其支流和内陆河其他河流的特点。

4 温泉水库对径流的影响

温泉水库位于“二进二出”昆屯仑断陷盆地处，由于天然地下水库的调蓄作用，博河径流年内分布较均匀，而博河干流供水工程以引水工程为主、缺乏控制性工程、调蓄能力不足，造成博河灌溉期缺水，主要表现为春旱和夏季灌溉高峰期缺水。天然地下水库的调蓄作用另一方面造成冬季径流量大，而冬季下游无用水户，主要为补充艾比湖的入湖水量。温泉水库断面现状径流年内过程采用还原后的博乐水文站径流过程。考虑消除“一进一出”和“二进二出”潜流段影响，温泉水库断面径流年内分布采用其支流哈拉吐鲁克站径流年内分布。

温泉水库是位于博河干流的一个得天独厚的位置，通过工程措施的实施，在夏季灌溉高峰期集中取水以解决下游灌溉缺水问题。夏季高峰期集中取水无疑会造成地下水位下降和降落漏斗形成，为保障地下水库的可持续利用，必须采用人工回补工程措施在冬季将冬闲水回灌到地下，填补夏季集中开采导致的地下水降落漏斗，最终实现地下水库库区的采补平衡。温泉水库的调度运用无疑又会改变水库下游的径流过程，使汛期 4—9 月径流量增大，以满足下游灌溉需求，而冬季由于地下水回灌导致较现状减小，整体径流年内分布的形状变化趋向于消除渗漏段影响的径流年内过程，使汛期径流量占比增大。不同情形温泉水库断面经流年内分布见图 4。

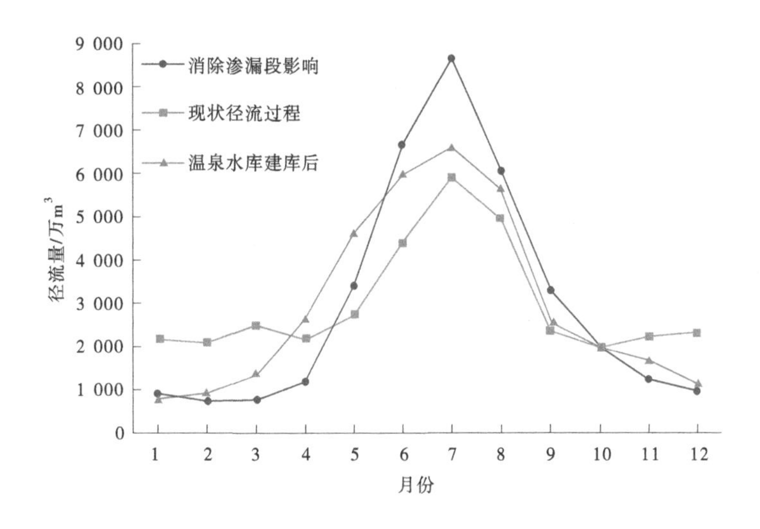

图 4　不同情形温泉水库断面径流年内分布

5　结语

径流的年内分配和其补给来源密切相关，西北内陆河流域径流补给来源主要为冰雪融水、雨水和地下水，新疆大多数河流以雨水和冰雪融水补给为主，径流年内分配表现为夏季水量占比大，可达到全年的 50%~70%。

博尔塔拉河为典型的新疆内陆河流，但其径流年内分布却不典型。博河主要支流沃托格赛尔河和哈拉吐鲁克河的地表径流年内分布集中，夏季（6—8 月）径流量占比分别达到 69%和 60%，与典型的内陆河流径流特征一致。而博河干流由于其独特的“三进三出”水文地质条件，自西向东经过沙尕提山前断陷盆地、昆屯仑断陷盆地和精河山前断陷盆地三个断陷盆地发挥天然地下水库的调蓄作用，导致夏季径流量占比小，径流年内分布较均匀。

博河干流现状供水工程以引水工程为主，其径流年内分布较均匀的径流过程与灌溉期 4—9 月集中的农业需水过程不匹配，导致博河大型灌区灌溉缺水严重。为解决博河中下游灌溉缺水问题，规划在“二进二出”位置新建温泉地下水库，通过在灌溉高峰期取水和冬闲期补水，人为改变博河的径流过程，消除断陷盆地对径流过程的影响，更好地满足灌溉用水过程需求，发挥新时代“坎儿井”式水资源配置工程的先进作用，为保障粮食安全和支持博州高质量发展提供有力支撑。

参考文献

[1] 耿雷华，黄永基，郦建强，等．西北内陆河流域水资源特点初探［J］．水科学进展，2002，13（4）：496-501.

[2] 董煜，海米提·依米提．艾比湖流域径流水文特征及其对降水变化响应：以博尔塔拉河为例［J］．水土保持研究，2014，21（2）：94-99.

[3] 艾则买提·艾赛提．艾比湖流域水系及水文特征变化研究［D］．乌鲁木齐：新疆大学，2013.

[4] 刘世薇，周华荣，梁雪琼，等．艾比湖流域降水与径流变化特征分析［J］．水土保持学报，2011（5）：23-27.

[5] 董新光，郭西万．新疆博尔塔拉河干流段地表水地下水转化关系的系统分析法［J］．干旱区地理，1996，19（4）：45-50.

[6] 陈志军，张晶，卡米拉，等．博尔塔拉河流域水文特性［J］．水资源研究，2007，28（1）：25-28.

[7] 乔治华．新疆博尔塔拉河流域水文特征分析［J］．地下水，2019，41（3）：160-161.

[8] 张立山，张庆．近50a博尔塔拉河河源区气候变化对径流的影响［J］．甘肃水利水电技术，2010，46（5）：8-10.

博州温泉水库坝址天然年径流量多时间尺度变化特性研究

哈斯也提·热合曼[1]　赵　妮[2]　陈　思[2]

（1. 新疆水利水电科学研究院，新疆乌鲁木齐　830000；
2. 新疆水利水电规划设计管理局，新疆乌鲁木齐　830000）

摘　要： 以博州温泉水库坝址 1960—2019 年的天然年径流量序列为基础，运用 CEEMDAN 方法分析了博河上游流域年径流量的多时间尺度变化特性。结果表明：博河上游流域年径流量具有准 2~4 年、准 4~8 年、准 16 年、准 40 年波动周期，整体变化呈微弱衰减趋势。温泉水库的建设有助于调蓄径流，增加受水区的供水安全保障能力。

关键词： 博河；温泉水库；年径流量；多时间尺度性；周期；变化

规划拟建的温泉水库工程位于新疆维吾尔自治区博尔塔拉蒙古自治州西部，博尔塔拉河（简称博河）干流右岸昆屯仑渠首下游附近，工程地理坐标为东经 81°4′~81°32′，北纬 44°57′~45°4′。水库坝址距离温泉县约 14 km，距离博乐市 66 km。该工程主要任务是灌溉供水，水库的建成可有效解决下游灌区夏旱问题，提高灌溉供水保证率。供水对象主要为：博尔塔拉州境内博乐市、温泉县及第五师团场耕地。

温泉水库工程采用地下水库的建库方案，分为水库取水工程和补水工程。地下水库单日最大供水为 157.5 万 m^3，在丰水年工况下运行 5 年，最大漏斗面积为 35.45 km^2，最大调蓄库容为 1 782 万 m^3；在平水年工况下运行 5 年，最大漏斗面积为 44.23 km^2，最大调蓄库容为 2 751 万 m^3；在枯水年工况下运行 5 年，最大漏斗面积为 47.49 km^2，最大调蓄库容为 2 856 万 m^3，为大（2）型地下水库。取水工程采用大透水性集水墙，共布置 3 条集水通道，总长 7 000 m，所取水量在集水井汇集后通过出水廊道自流输送到下游河道。补水工程为回灌渠和渗池，回灌干渠长 4.5 km、支渠总长 16.8 km。

温泉水库的规划多年平均供水量为 5 298 万 m^3（水源断面）、枯水年（$P=85\%$）供水量为 6 623 万 m^3（水源断面），出库设计流量为 18.2 m^3/s。工程设计灌溉面积 36.3 万亩，其中保灌面积 11.02 万亩，改善灌溉面积 25.28 万亩。

径流量的年际变化过程具有多时间尺度性。所谓多时间尺度性，是指径流量的变化在某一时间段内不是只以一种固定的频率（周期、时间尺度）在运动，而是同时包含着各种频率（周期、时间尺度）的变化和局部波动，是包括气象、水文、土壤、植被、

作者简介： 哈斯也提·热合曼（1971—），女，高级工程师，主要从事水利工程咨询工作。

社会等各子系统在内的多种动力学机制同时发挥作用的结果，是径流量在时域中呈现复杂变化的根本原因。

本文运用CEEMDAN方法对温泉水库1960—2019年的年天然径流量序列进行分解，探讨其在各个时间尺度层次上的波动特征，以期为温泉水库开展前期工作提供技术参考。

1 基本理论

CEEMDAN是在EMD和EEMD的基础上发展而来的，CEEMDAN的基本理论简述如下：

EMD是把一个序列分解为若干数目的IMF，而IMF必须满足两个条件：①极值点（极大值和极小值）的个数和跨零点的个数必须相等或者至多相差1个；②局部平均值，即上包络线和下包络线的平均值，必须为零。

EEMD把相应的IMF的平均值定义为“真实”模态，这些IMF是通过向原始序列中添加白噪声后再进行EMD分解得到的。设x为待分解序列，EEMD算法可描述如下：

（1）生成$x^{(i)}=x+\beta w^{(i)}$，$w^{(i)}$（$i=1,2,\cdots,I$，I为实现次数，即添加了白噪声的原始序列的副本份数，而每一个副本的EMD分解称为实现，以下同）是均值为零、方差为1的白噪声，$\beta>0$。

（2）使用EMD对每一个$x^{(i)}$（$i=1,2,\cdots,I$）进行分解，得到模态$d_k^{(i)}$，其中$k=1,2,\cdots,k$表示模态的阶数。

（3）令$\bar{d}_k$为x的第k阶模态，$\bar{d}_k$可以通过相应的I个模态的平均值来得到，即$\bar{d}_k=\frac{1}{I}\sum_{i=1}^{I}d_k^{(i)}$。

在进行EMD分解时，均需进行不同次数的迭代，迭代终止与否的判断指标采用限制标准差SD，SD定义为：

$$\mathrm{SD}=\sum_{k=1}^{T}\frac{\left|h_{1(k-1)}(t)-h_{1k}(t)\right|^2}{h_{1(k-1)}^2(t)}$$

式中：T为序列长度。

SD的值一般取0.2~0.3，即满足$0.2<\mathrm{SD}<0.3$时，分解过程即可结束。采用此标准的物理考虑是：既要使得$d_k^{(i)}$足够接近IMF的要求，又要控制分解的次数，从而使得所得IMF分量保留原始序列中的幅值调制信息。

值得指出的是，在EEMD中，每个$x^{(i)}$都是独立地被分解，对每一个$x^{(i)}$来说，每一次实现中的每一个分解阶段得到的$r_k^{(i)}=r_{k-1}^{(i)}-d_i^{(i)}$都是独立的，其间没有关联。

使用噪声辅助技术改进EMD的主要思想是往序列中添加一些可控噪声以创造新的极值点。使用这种方式，局部平均值被“强迫”吸引在原始序列中的新极值点被创造出来的那些部分，而同时原始序列中没有新的极值点被创造出来的那些部分没有被改变，即该算法被强迫聚焦到尺度-能量空间的一些特别的点上。取平均值就是为了更好地估计局部均值，这些局部均值在原始序列添加噪声后的各个实现中是略有不同的。

然而，EEMD通过取平均值来估计的是模态而不是局部均值。这是因为EEMD是独立地分解每一个具噪声原始序列，所以在每一次分解的第一个阶段有一个局部均值和一个模态，则真实模态就是具噪声原始序列的 EMD 分解所求得的模态的平均，其中就包含着一些残余噪声。这就造成 EEMD 存在以下问题：①分解是不完全的，即存在重构误差；②每一次所得的模态个数可能会不同，造成最后求集合的平均值时存在困难。

在互补 EEMD 中，噪声是成对的被添加到原始序列上（一个是正的，一个是负的），由此产生两个集合：

$$\begin{bmatrix} y_1^{(i)} \\ y_2^{(i)} \end{bmatrix} = \begin{bmatrix} 1 & 1 \\ 1 & -1 \end{bmatrix} + \begin{bmatrix} x \\ w^{(i)} \end{bmatrix}$$

尽管这一方法显著减小了重构序列中的残余噪声，但是仍然不能保证 $y_1^{(i)}$ 和 $y_2^{(i)}$ 会产生相同数目的模态，使得最后的求平均值还是存在困难，同时模态中仍然存在噪声残余。

CEEMDAN 的具体算法为：令 $E_k(\cdot)$ 为通过 EMD 产生第 k 阶模态的算子，$M(\cdot)$ 是产生将要被进行分解的序列的局部均值的算子，$w^{(i)}$ 是均值为零、方差为 1 的白噪声，$x^{(i)}=x+w^{(i)}$，〈·〉是在实现中求取平均值的算子，可以看出 $E_1(x)=x-M(x)$，则：

（1）使用 EMD 计算 $x^{(i)}=x+\beta_0 E_1(w^{(i)})$（$x$ 的第 i 次实现）的局部均值以求得第一个残差：

$$r_1=\langle M(x^{(i)})\rangle$$

（2）在第一阶段（$k=1$）计算第一阶模态 $\widetilde{d}_1=x-r_1$。

（3）将 $r_1+\beta_1 E_2(w^{(i)})$ 的实现的局部均值的平均值作为第二个残差的估计值，定义第二阶模态为：

$$\widetilde{d}_2=r_1-r_2=r_1-\langle M[r_1+\beta_1 E_2(w^{(i)})]\rangle$$

（4）对于 $k=3,\cdots,K$，计算第 k 个残差。

$$r_k=\langle M[r_{k-1}+\beta_{k-1}E_k(w^{(i)})]\rangle$$

（5）计算第 k 阶模态：

$$\widetilde{d}_k=r_{k-1}-r_k=r_{k-1}-\langle M[r_{k-1}+\beta_{k-1}E_k(w^{(i)})]\rangle$$

（6）返回第（4）步计算下一个 k。

重复进行第（4）步至第（6）步直到所求得的残差满足以下条件之一：①不能被 EMD 进一步分解；②满足 IMF 条件；③局部极值点的个数小于 3 个。

综上所述，经 CEEMDAN 重构，最终残差满足：

$$r_K=x-\sum_{k=1}^{K}\widetilde{d}_k$$

K 是模态的总阶数。因此，原始序列 x 可以表示为：

$$x=\sum_{k=1}^{K}\widetilde{d}_k+r_k$$

上述分解过程确保了 CEEMDAN 的完整性并因此保证了原始序列得以准确重构。模态的最终阶数只取决于原始序列数据和停止准则。系数 $\beta_k=\varepsilon_k \mathrm{std} r_k$ 允许在每一个阶段进行信噪比（SNR）选择。在 EEMD 中，噪声和残差之间的信噪比 SNR 随着阶数 k 的增加而增加，这是因为当 $k>1$ 时，第 k 阶残差中的能量只是在计算开始时所添加的噪声能量的若干分之一。为了模拟这种现象，CEEMDAN 将 ε_0 设置为初始噪声和原始序列的理想信噪比 SNR 的倒数：若将 SNR 表达为标准差的商数，则有 $\beta_0=\varepsilon_0 \mathrm{std}(x)/\mathrm{std}[E_1(w^{(i)})]$，为了获得后续分解阶段中的具有较小波动幅度的噪声实现，在剩余模态中，将直接使用其前一步通过 EMD 进行分解时得到的噪声，不用其标准差来进行归一化处理，即 $\beta_k=\varepsilon_0 \mathrm{std}(r_k)$，$k\geqslant 1$。

所有 EMD 类方法由细到粗进行筛分的理论本质决定了其分解所得到的第一阶模态所揭示的是原始序列中变化最快（频率最高、周期最短）的序列分量。

2 实际应用

2.1 基础数据

博河是新疆西部的一条内流河，发源于别珍套山和阿拉套山汇合处的洪别林达坂，河流自西向东流，干流经温泉县、博乐市后向东注入艾比湖。沿途接纳两岸山谷间众多小溪，其中南岸汇入较大的支流为乌尔达克赛河，北岸较大的支流自西向东依次为哈拉吐鲁克河和保尔德河，流域面积 11 367 km^2，河长约 252 km，河网密度约 0.176，河道平均比降 8.3‰~10‰。

温泉水文站是博河上游控制站，属于国家基本水文站，主要监测项目有水位、流量、泥沙、水质、降水、蒸发、气温等。经比选，选择温泉水文站作为推求温泉水库坝址天然径流系列的参证站。

温泉水库坝址 1960—2019 年的天然年径流量系列如图 1 所示。

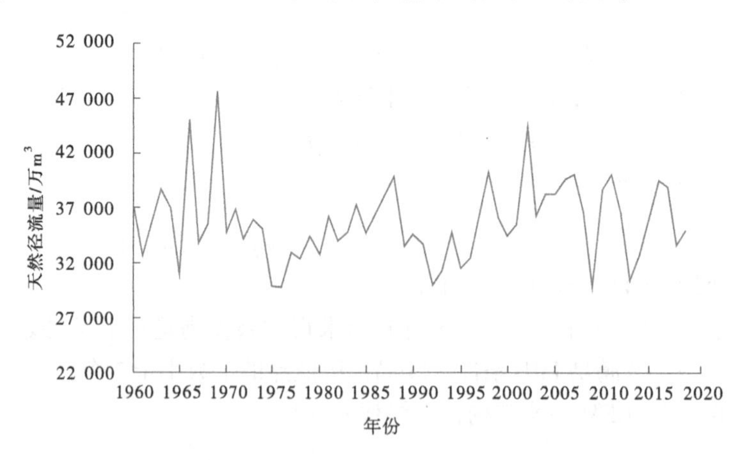

图 1　温泉水库坝址 1960—2019 年天然年径流量系列

2.2 分解结果

运用 CEEMDAN 方法对图 1 所示的温泉水库坝址 1960—2014 年的天然年径流量序列进行多时间尺度分解，扰动白噪声与原始序列的信噪比取 0.2，集合的样本数取 100，分解结果如图 2~图 6 所示。

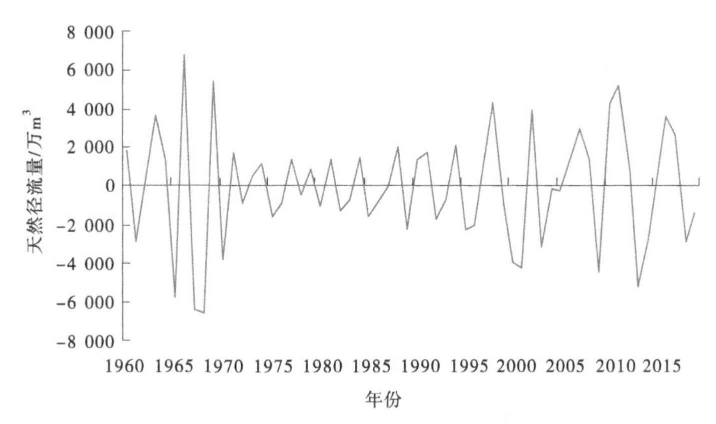

图 2　温泉水库坝址 1960—2014 年天然年径流量系列的 IMF1 分量

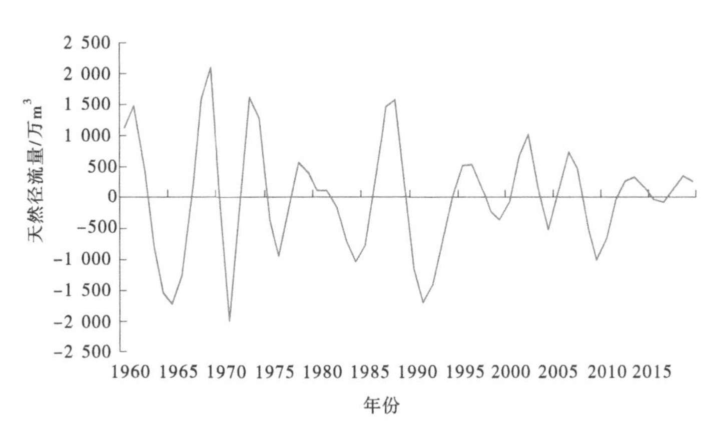

图 3　温泉水库坝址 1960—2014 年天然年径流量系列的 IMF2 分量

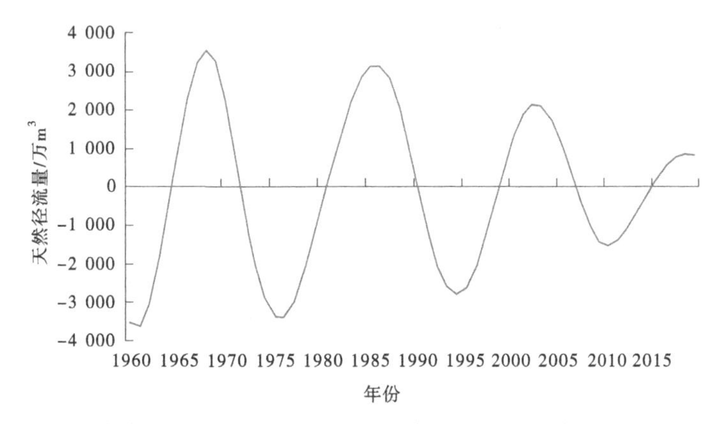

图 4　温泉水库坝址 1960—2014 年天然年径流量系列的 IMF3 分量

从图 2~图 6 可以得出以下重要结论：

（1）温泉水库坝址的天然年径流量序列可以分解为 4 个具有不同周期的波动分量和 1 个趋势分量，反映了流域水文水资源系统变量变化所具有的复杂时域性。

（2）IMF1 分量具有准 2~4 年波动周期，其波动幅度在 20 世纪 70—90 年代较小。

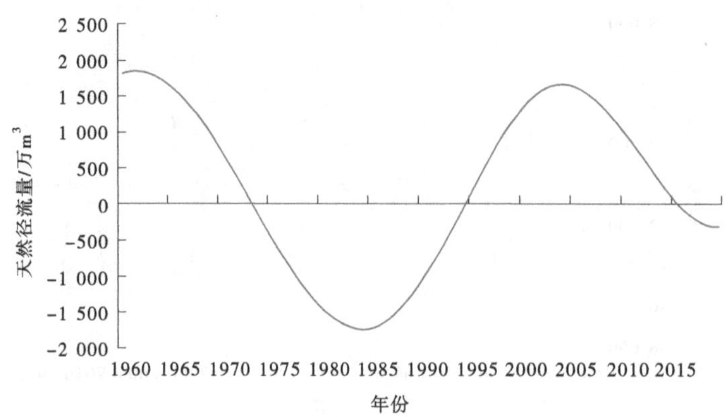

图5 温泉水库坝址1960—2014年天然年径流量系列的IMF4分量

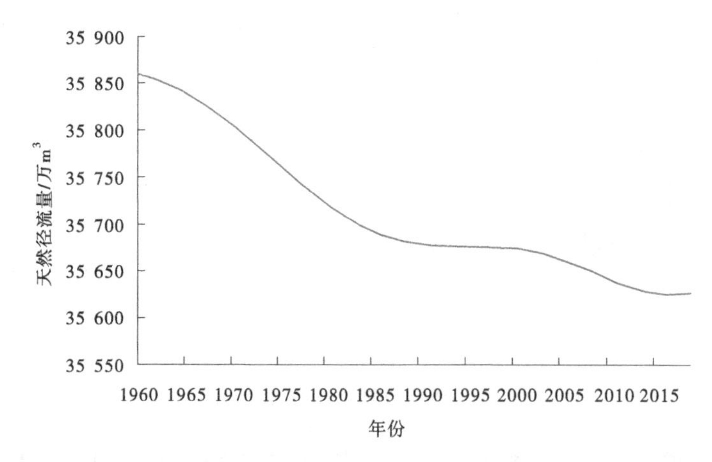

图6 温泉水库坝址1960—2014年天然年径流量系列的Res分量

（3）IMF2分量具有准4~8年波动周期，其波动幅度在进入20世纪90年代之后较20世纪50—80年代较小。

（4）IMF3分量具有准16年波动周期，其波动幅度在观测时段内呈逐渐减小趋势。

（5）IMF4具有准40年波动周期，其波动幅度在观测时段内呈逐渐减小趋势。

（6）Res分量显示的是年径流量的整体变化趋势，就整体而言，温泉水库坝址的天然年径流量在1960—2019年的观测时段内呈微弱衰减趋势，降幅仅为0.6%。必须指出的是，温泉水库坝址的天然年径流量序列的变化趋势项可能属于更长周期（更小频率）波动的组成部分，而限于序列长度，这种波动的周期、频率和振幅目前还难以准确测知。

3 结语

本文以博州温泉水库坝址1960—2019年的天然年径流量序列为基础，运用CEEMDAN方法分析了其多时间尺度变化特性，揭示了其在不同时间尺度上所具有的不同周期和不同幅度的波动演化趋势，年径流量值变化在整体上呈微弱衰减趋势。流域上游是博河的发源地和主要产流区之一，在未来一段时期内，随着博河流域经济社会快速发展，生产生活需水量将持续增加，流域水资源供需矛盾突出的情势将愈加严峻，亟须加快温泉地下水库的规划建设前期工作进度，增加流域水资源调蓄能力，以水资源的可持续利用支撑博河流域的可持续发展。

参考文献

[1] 王文圣，丁晶，向红莲．水文时间序列多时间尺度分析的小波变换法［J］．四川大学学报（工程科学版），2002（6）：14-17.

[2] 丁志宏，张金萍，赵焱．基于 CEEMDAN 的黄河源区年径流量多时间尺度变化特征研究［J］．海河水利，2016（6）：1-6.

水源工程

干旱区百米级碾压式沥青混凝土心墙坝坝体变形评价

柳　莹

（新疆水利水电规划设计管理局，新疆乌鲁木齐　830000）

摘　要： 鉴于覆盖层上的百米级高沥青混凝土心墙坝所面临的变形控制难、心墙易破坏等诸多设计难点，结合工程特点提出适合心墙坝体结构、坝壳料设计方案。采用有限元软件建立大坝、心墙、基座的三维网格模型，按照所提工况计算了大坝的变形情况，并得出沥青心墙受力状态。结果表明：在竣工期、正常蓄水期时大坝的变形规律合理且符合一般狭窄河谷心墙坝变形规律，且心墙大小主应力比在0.5左右，可知发生水力劈裂的可能性很小。以期在今后150 m级沥青心墙坝工程设计上提供借鉴。

关键词： 覆盖层；高沥青心墙坝；静力分析；受力状态

1　引言

土石坝具有复杂地形适应强、施工周期短、建造成本低等显著优势，是新疆地区首选的重要坝型。加之新疆石油资源丰富，沥青品质极高，为发展高沥青心墙坝奠定了重要基础。世界已建沥青心墙坝217座；中国已建119座；新疆已建70余座（占全国的60%），100 m以上高坝占全国的73.3%。已建成的一批“百米”级沥青心墙坝，有新疆民丰县尼雅水库（坝高134.0 m）、且末县大石门水利枢纽工程（坝高128.8 m）、哈密市BMD水库（坝高128.0 m）、哈密市八大石水库（坝高115.7 m）、和硕县伯斯阿木水库（坝高111.0 m）、呼图壁县石门水库（坝高106.0 m）、托克逊县ALG水库（坝高105.3 m）、轮台县五一水库（坝高102.5 m）、拜城县温泉水库（坝高102.5m）、乌苏市吉尔格勒德水库（坝高101.0m）。然而，国内外已建或在建的高沥青混凝土心墙坝中，尚有些工程蓄水后，坝体产生不均匀沉降，严重时有些工程坝后渗压计异常漏水严重，对下游厂房及坝体安全运行造成重大隐患，因此坝体的合理变形控制对整个工程的安全运行非常重要。为振兴兵团经济，加快实施新型工业化进程，实现经济跨越式发展，充分利用国家政策资源、交通和区位优势，转变经济发展方式，也为了实现地表水资源的合理配置和高效利用，有效调节年内水量，提高灌溉供水保证率，解决园区及城市供水问题，保障社会稳定，促进民族团结，在新疆维吾尔自治区吐鲁番市，位于新

作者简介： 柳莹（1973—），教授级高级工程师，主要从事水利水电工程规划设计研究。

疆维吾尔自治区中东部、天山南麓、吐鲁番盆地西部建设了的ALG水库，其具有防洪、供水、灌溉等综合利用效益。控制灌溉面积10.7万亩，担负下游工业园区、南山矿区和农业灌溉的供水任务，其防洪保护对象主要为ALG渠首、ALG引水干渠、青年干渠、南疆通信光缆主干线及下游托克逊县城和伊拉湖等三个乡镇。然而作为国内已建和在建排名第7的百米级碾压式沥青心墙坝，大坝设计面临着超高坝体及覆盖层变形控制难的问题，即最大坝高为105.26 m+河床及漫滩漂卵石夹砂砾石层厚一般10~20 m，整个变形压缩体达115.26~125.26 m。本文结合工程特点提出满足规范要求的大坝结构指标，并建立大坝三维模型用于分析计算，依据计算成果评价坝体的设计成果。

2 工程概况

ALG水库工程位于新疆维吾尔自治区托克逊县境内，是ALG河及托克逊县"两河"流域的重要控制性工程，坝址距ALG出山口以上3.5 km，距托克逊县75 km，距离吐鲁番市130 km，距乌鲁木齐市235 km，距南疆铁路鱼儿沟车站5 km。水库总库容4 450万m^3，拦河坝最大坝高105.26 m+覆盖层15 m，压缩体最大高度达120.26 m，兴利库容3 050万m^3，死库容850万m^3，为Ⅲ等中型工程。水库正常蓄水位944.5 m，对应库容3 900万m^3，防洪高水位944.5 m，设计洪水位944.5 m，校核洪水位947.9 m。水库枢纽由碾压式沥青混凝土心墙坝、右岸岸边开敞式正槽溢洪道、右岸导流兼冲沙放空洞、左岸输水隧洞组成，坝址区设计抗震烈度为Ⅶ度。

2.1 坝体结构设计

本工程拦河坝为碾压式沥青混凝土心墙坝，坝顶高程950.26 m，最大坝高105.26 m，坝长353.0 m。坝顶宽度9.0 m，上游坝坡1∶2.2，下游坝坡1∶2.0。坝体填筑分为砂砾料区、过渡料区、碾压式沥青混凝土心墙、利用料区及排水料区，上游围堰与坝体相结合布置。填坝砂砾料为ALG河右岸铁路桥下游3 km的4#砂砾料场，以上坝料均采用D_r相对密度≥0.85控制。大坝标准剖面如图1所示。防渗体采用垂直布置的沥青心墙，墙体轴线与坝轴线间隔3.0 m偏向上游，心墙顶宽为0.6 m，底宽为1.1 m，在底部做放大脚与基础相连。从高程845.00~880.00 m心墙厚度为1.1 m，高程880.00~910.00 m厚度为0.8 m，从高程910.00 m以上至坝顶厚度为0.6 m。坝体总填筑量341.5万m^3，沥青混凝土心墙总填筑量2.1万m^3。沥青混凝土心墙与底部基础、两侧岸坡采用混凝土基座连接，坡度开挖面不陡于1∶0.5，混凝土基座基础底部位于弱风化层内，固结灌浆深度5 m。

2.2 坝基防渗设计

坝址距峡谷出口约3.5 km，河床宽65~160 m，当水位944.5 m时，相应谷宽305~400 m。两岸地形不对称，山坡一般基岩裸露，冲沟内及缓坡处多为坡洪积碎石土覆盖。左岸为凹岸，山顶高程为1 052 m，地形较整齐，山坡坡度多为40°~45°，该岸阶地不发育，仅沿河陡坎上零星残留有Ⅰ级阶地。右岸为凸岸，山坡下陡上缓，940 m高程以下一般35°~42°，冲沟较发育，沿河陡坎及山顶零星残留有Ⅰ~Ⅵ级阶地。坝区基岩主要为灰黑色凝灰质粉砂岩、凝灰质砂岩与硅质岩夹页岩、淡灰色凝灰岩，属厚至巨厚层状夹薄层状构造，泥质、沉凝灰质结构，接触式胶结，物理力学性质不稳定；基本为一

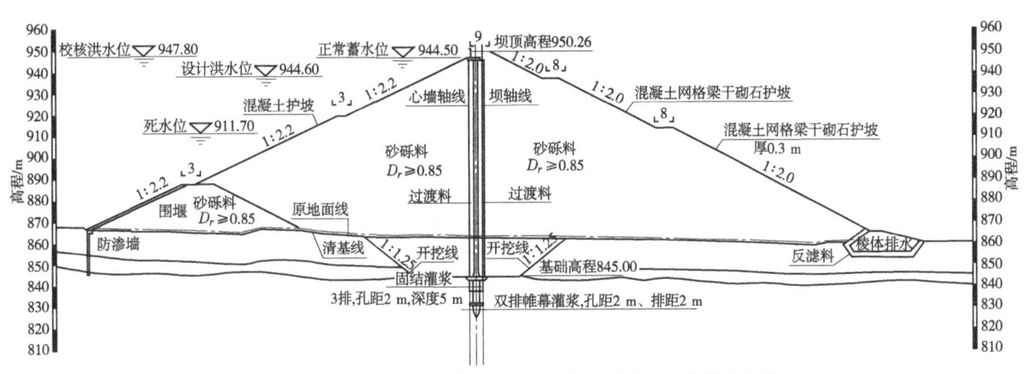

图 1　沥青混凝土心墙砂砾石坝方案大坝标准横剖面图

单斜构造，揉皱较强烈，产状变化较大，多为 N35°~70°W，SW∠50°~80°，倾向右岸偏上游，断层及节理裂隙较发育。坝段区水文地质条件较简单，地下水类型为第四系孔隙水和基岩裂隙水，对混凝土均无侵蚀性。

针对上述地质特点，本工程左、右坝肩沥青混凝土心墙防渗体建基于弱风化层上部，基岩上设 1.0 m 厚、6 m 宽、强度等级为 C30 的混凝土基座与沥青混凝土心墙防渗体相接。坝肩基础进行固结灌浆，排距 1.5 m，孔距 2 m，梅花形布置，孔深 5 m。基础下部设 2 道灌浆帷幕，孔深度以深入 $q \leqslant 3$ Lu 线以下 5 m 控制。

3　有限元计算分析

3.1　筑坝料静力模型本构

新疆天然砾石分布范围广，利用天然砂砾石填筑坝体，是新疆地区坝体区别于一般心坝的主要特征。对本工程碾压式沥青混凝土心墙坝开展了三维非线性分析计算坝体和沥青心墙的变形与应力规律。建立碾压式沥青混凝土砂砾石坝三维有限元模型，其中，顺河向位移以向下游为正，应力以压为正。填筑料采用邓肯 E-B 模型，对应的弹性矩阵见公式（1），模型中的混凝土均为弹性模型。

$$[D]=\frac{3B}{9B-E_t}\begin{bmatrix}3B+E_t & 3B-E_t & 3B-E_t & 0 & 0 & 0\\ 3B-E_t & 3B+E_t & 3B-E_t & 0 & 0 & 0\\ 3B-E_t & 3B-E_t & 3B+E_t & 0 & 0 & 0\\ 0 & 0 & 0 & E_t & 0 & 0\\ 0 & 0 & 0 & 0 & E_t & 0\\ 0 & 0 & 0 & 0 & 0 & E_t\end{bmatrix} \tag{1}$$

式中：E_t 为切线弹性模量；B 为体积模量。

E_{ur} 回弹模量的具体公式见式（2）~式（4）：

$$E_t = KP_a\left(\frac{\sigma_3}{P_a}\right)^n (1-R_f S_l)^2 \tag{2}$$

$$B = K_b P_a\left(\frac{\sigma_3}{P_a}\right)^m \tag{3}$$

$$E_{ur} = K_{ur}P_a\left(\frac{\sigma_3}{P_a}\right)^n \tag{4}$$

上述公式中的 S_l 为应力水平代表土体在荷载作用下的应力状态，具体计算公式如下：

$$S_l = \frac{(1 - \sin\varphi')(\sigma_1 - \sigma_3)}{2c'\cos\varphi' + 2\sigma_3\sin\sigma'} \tag{5}$$

混凝土基座的弹性模量 E 为 25 500 MPa，泊松比 $\mu = 0.167$。上述材料参数的初始模量 K、切线弹性模量指数 n、破坏比 R_f、黏聚力 c'、摩擦角 φ'、初始模量基数 K_b、体积模量 m、采用同类型工程试验结果。

坝体填筑料邓肯 E-B 模型参数见表 1。

表 1　坝体填筑料邓肯 E-B 模型参数

试样名称	ρ_d/(g/cm^3)	K	n	R_f	φ	c/kPa	K_b	m
沥青心墙下部	2.42	410	0.11	0.68	26.7	325	2 884	0.11
坝壳砂砾料	2.25	1 250	0.30	0.75	41.9	0	920	0.11
过渡料	2.20	970	0.20	0.77	39.5	0	520	0.08
覆盖层	2.18	870	0.31	0.72	41.3	0	869	0.12

注：K 为初始模量，kPa；n 为变形模量和围压关系（无量纲）；R_f 为破坏比（无量纲）；C 为黏聚力，kPa；φ_0 为摩擦角（°）；K_b 为初始模量基数，kPa；m 为反映初始模量随围压变化的速率。

3.2　坝体填筑和蓄水过程模拟

坝体最大坝高 105.26 m，实际填筑高度为 0.8 m，根据同类型工程计算经验，在蓄水前的施工期模型每 3 m 填筑一层，最后 2 步采用 4 m 一层填筑，共计 42 个分析步，蓄水分 31 个分析步蓄水。

3.3　网格剖分及边界条件

本工程的三维有限元网格模型如图 2 所示，模型共有单元 65 682 个，节点 60 588 个。由于坝体底部及两岸岸坡均位于灰黑色凝灰质粉砂岩基础之上，因此将模型底部所有节点进行全部约束。

4　成果分析

通过建立心墙坝三维有限元模型，计算大坝在上述工况下的变形特性分析，结果表明：

（1）当填筑至第 42 步时即大坝填筑完毕后，上游坝体顺河向最大变形量值为 9.5 cm，下游坝体顺河向最大变形量值为 9.6 cm；当蓄水至正常蓄水位时即模型在第 73 步时，在分层蓄水压力的作用下，坝体整体向下游变形，上游侧的变形减小至 6.0 cm，下游侧变形量增大至 14 cm，如图 3 所示。最大沉降量为 35.1 cm（见图 4），占整个坝高的 0.30%，满足规范坝体变形量占坝高小于 1%的要求。由于本工程位于狭窄河谷，坝体受拱效应作用，大、小主应力最大值分别为-1.8 MPa 和-0.70 MPa，如图 5 所示。

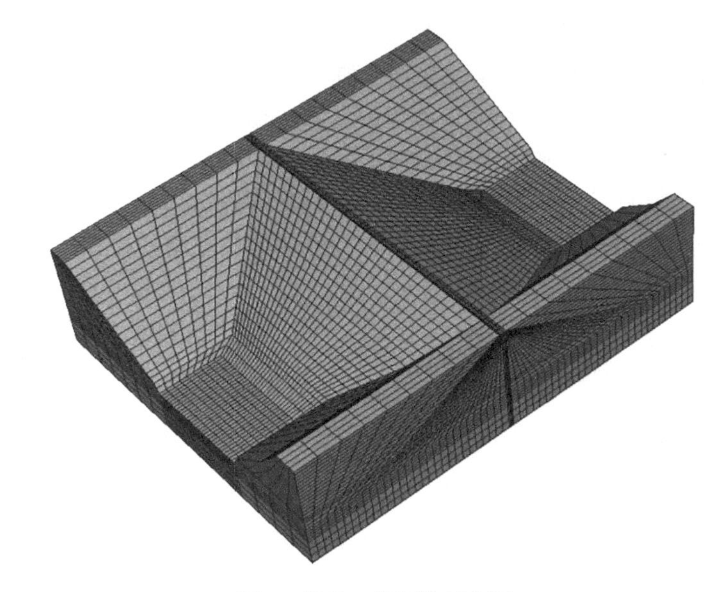

图 2　坝体三维网格剖分图

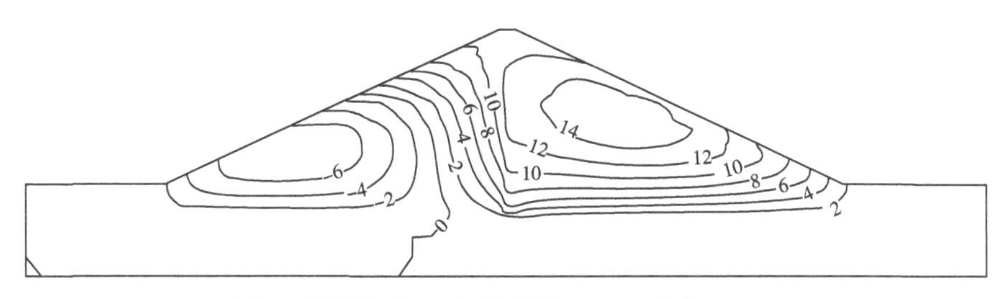

图 3　满蓄期水平位移等值线图　（单位：cm）

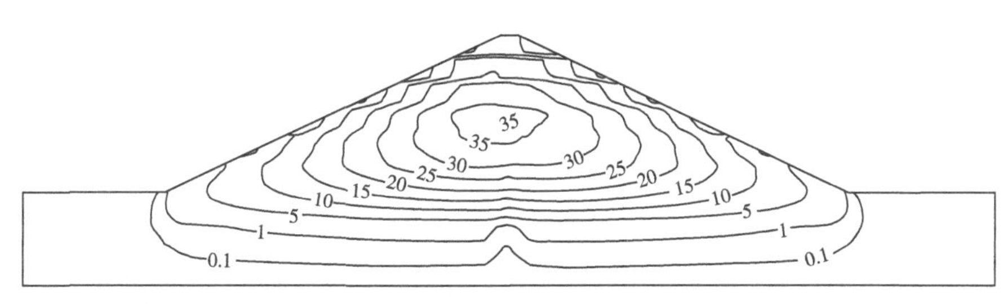

图 4　满蓄期竖向沉降等值线图　（单位：cm）

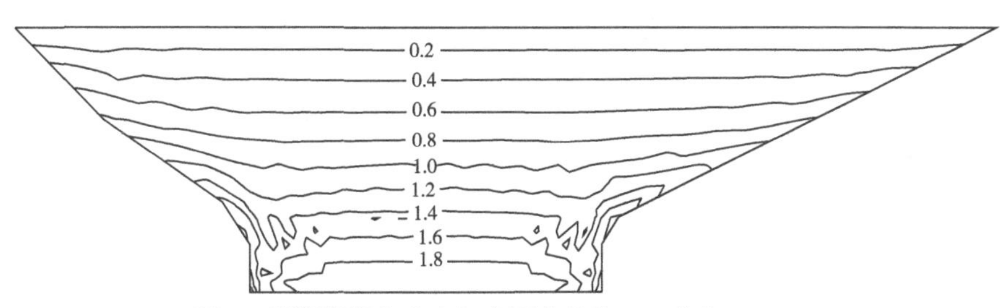

图 5　满蓄期竖向应力与水压力差值　（单位：MPa）

（2）沥青混凝土心墙的小主应力均大于零，没有出现主拉应力区。所得竣工期的大主应力最大值为2.01 MPa，小主应力最大值为1.03 MPa，蓄水期大主应力的最大值为2.06 MPa，小主应力的最大值为1.17 MPa。在心墙下部1/3坝高处，个别单元的第三主应力有较小的拉应力出现，其最大极值为-0.045 MPa。这不会因出现小范围的拉应力而引起拉裂，影响沥青混凝土心墙的防渗性能。满蓄期大部分的主应力比为0.5~0.6，这表明沥青混凝土心墙具有较好的柔性，特别是在心墙的上部具有较高的主应力比，对防止心墙与岸坡混凝土基座的脱开是有利的，同时能满足心墙与过渡料的同步变形。因此，无论是竣工期还是满蓄期，应力水平均较低，表明沥青混凝土心墙不可能产生剪力破坏，安全能力储备很高。

5 结论

本大坝面临着坝设计面临着超高坝体及覆盖层变形控制难的设计难题，通过地形地质及外部边界条件提出满足要求设计方案。本次研究采用了先进的精细化三维非线性应力与变形有限元分析方法，对沥青混凝土心墙大坝的坝体、心墙及基座的应力与变形规律进行了系统分析，竣工期与满蓄期坝体变形均符合沥青心墙坝一般变形规律，满蓄期坝体的最大竖向沉降占坝高的0.30%，统计以上变形成果与同级别坝体沉降相比较小，满足设计要求的坝体的填筑标准，可有效地控制坝体的变形。沥青混凝土心墙在施工期、蓄水期变形不大，大应力与小主应力比值在0.5左右，满足工程运行要求。采用有限元法验证设计合理性，为工程正常运行提供可靠依据，为新疆干旱区的防洪、供水、灌溉提供保障。

参考文献

[1] 吴俊杰．阿尔塔什水利枢纽工程混凝土面板堆石坝抗震工程措施及静，动力有限元计算分析［J］．水利水电技术，2019，50（12）：8，12-16.

[2] 赵妮．尼雅水利枢纽沥青混凝土心墙坝设计与研究［J］．东北水利水电，2020，38（4）：4，5-8.

[3] 邵宇，许国安，朱瑞，等．大西沟沥青心墙坝防渗处理和渗流分析［J］．长江科学院院报，2009，26（10）：76-81.

[4] 李燕波．碾压式沥青混凝土心墙坝三维静动力数值模拟研究［J］．水利科技与经济，2020，26（6）：1-8.

[5] 邓理想，吴俊杰，王景．鳌高水电站深覆盖层泄洪冲沙闸基础地震永久变形分析［J］．水利科技与经济，2022，28（5）：15-22.

[6] 马敬，蒋兵．采用地下混凝土框格梁处理大坝软弱基础的新型策略［J］．水利规划与设计，2021（7）：109-113.

[7] 蒋晓云．关峡水库沥青心墙砂砾石坝心墙设计［J］．甘肃农业，2017（20）：42-44.

[8] 贺佩君．新疆白杨河水库坝型比选分析［J］．陕西水利，2020（3）：157-158，161.

[9] 柳莹，李江，彭兆轩，等．新疆土石坝建设与运行突出问题及对策研究［J］．水利规划与设计，2022（7）：52-58，127.

[10] 张宏军．新疆某碾压式沥青混凝土心墙坝设计［J］．人民黄河，2012，34（3）：101-103.

[11] 张合作，罗光其，程瑞林. 百米级碾压式沥青混凝土心墙坝关键技术探讨 [J]. 水力发电，2018，44（7）：47-50，79.
[12] 吴俊杰. 碾压式沥青混凝土心墙坝应力变形特性分析 [J]. 水利科技与经济，2019（3）：25.
[13] Duncan J M, Byrne P, Wong K, et al. Stress-strain and bulk modulous parameters for finite emement analysis of stress and movements in soils masses [R]. Berkekey: Report No. UCB/GT/80-01, University of California, 1980.
[14] 王凤. 沥青混凝土静三轴试验及心墙坝应力变形特性研究 [D]. 宜昌：三峡大学，2015.
[15] 潘家军，江凌. 沥青混凝土心墙坝非线性有限元应力变形分析 [C] //中国水利水电岩土力学与工程学术讨论会，2006.
[16] 许涛，侯爱冰，杨旭亮. 碾压式沥青混凝土心墙坝静力非线性有限元分析 [J]. 水利规划与设计，2020（12）：136-141.

浅析套阀管灌浆技术在砂砾料坝抗震加固中的应用

杨树红　殷　寒　轧文倩

（新疆维吾尔自治区水利管理总站，新疆乌鲁木齐　830000）

摘　要：2016年中国地震动参数区划图调整，提高了部分地区抗震区划等级，导致已建成投运的部分大坝工程抗震安全不满足现行规范要求，须采取相应的抗震加固措施。由于砂砾料坝体具有较好的可灌性，本文选定卡拉贝利大坝作为研究对象，就套阀管控制灌浆工法在砂砾料坝抗震加固中的应用情况进行研究，通过施工现场试验分析、抗震能力复核等手段，评价大坝采取套阀管控制灌浆加固技术后的抗震稳定情况，为同类大坝工程开展抗震加固处理提供借鉴参考。

关键词：套阀管；灌浆技术；抗震加固；砂砾料坝

1　抗震加固背景

2016年6月实施的《中国地震动参数区划图》（GB 18306—2015），对一些地区的地震区划等级进行了新的调整，在此之前大坝的抗震烈度均是按照2001年8月实施的《中国地震动参数区划图》（GB 18306—2001）进行设计的，若当时大坝抗震设计预留安全裕度不够多，场地地震等级提高后，为确保工程抗震安全，相应区域内的大坝工程均须按现行规范要求开展抗震除险加固。

本文选定位于新疆乌恰县境内克孜河流域的控制性骨干工程——卡拉贝利水利枢纽的大坝建筑物作为研究对象，该工程原场地地震区划为Ⅷ级，大坝抗震设防烈度依据《中国地震动参数区划图》（GB 18306—2001）有关规定，设计地震动参数为50年超越概率2%（375 gal），校核地震动参数为100年超越概率2%（424 gal）。当《中国地震动参数区划图》（GB 18306—2015）将其地震区划提高到Ⅸ级后，其设计地震动参数相应调整为50年超越概率2%（647 gal），校核地震动参数100年超越概率2%（780 gal）。通过对卡拉贝利大坝现有抗震措施情景下的安全裕度复核和极限抗震能力进行计算，其抗震稳定不满足要求，需对大坝采取加固措施。本文就卡拉贝利大坝抗震加固处理时采取的套阀管控制灌浆技术对抗震能力提升情况进行系统分析，并展望该技术在砂砾料坝抗震加固中的发展应用前景。

作者简介：杨树红（1976—），男，正高级工程师，主要从事水利工程建设管理工作。

2 灌浆工法分析

2.1 施工工序

套阀管灌浆工法采用一钻到底、自下而上纯压式分序加密灌浆方式，先下游、再上游、后中间的灌浆工序，同时将每排孔分为三序灌浆。灌浆孔位与设计孔位偏差按不大于 10 cm 控制，终孔孔径不小于 9.1 cm，对 20 m 内孔深的孔底偏斜率要求不超过 2.5%。灌注材料选取析水率低、稳定性好的水泥黏土浆液，形成的胶结体收缩性小，可在开环压力条件下发生碎裂。为提高阀管本身的强度，避免灌浆压力对其产生破坏，本项目选用 5.6 cm 镀锌钢管材质，底部进行封闭处理，阀管轴向每间隔 50 cm 设一环形出浆孔，每环 5 孔，孔径 0.8 cm，为防止下管时砂砾料细粒落入管中，出浆孔外面用弹性橡皮箍圈套紧。

2.2 质量控制

施工作业过程中应加强阀管孔口防护，避免异物落入堵塞管道，影响灌浆的质量和速度。灌浆时若发生冒浆现象，可采用堵塞冒浆处、降低灌浆压力、浓浆灌注、间歇灌浆、加入速凝剂等一种或多种组合方式解决。灌浆作业因故中止后，应尽快恢复灌浆作业，恢复作业时，当注入率与终止前相近时可继续按配比浆液灌注；若注入率变化较大，可加大灌浆压力进行冲洗，待前后速率基本一致后再行灌浆。整孔灌浆工序完成后用导管浓浆自下而上封孔，最上部孔口用砂浆抹平封住孔口。

2.3 质量检查

当前灌浆质量检查方法主要有钻孔取芯、坑探、开挖、弹性波测试等，本文主要采用以下三种方法：

一是声波波速检测。采用双孔对穿声波测试，对灌浆体基本不会造成破坏，通过分析灌浆前、后声波波速变化，判断灌浆对砂砾料力学性能的改善情况。

二是开挖表观检查。该方法属于破坏性检测，即采用机械将灌浆后的胶结砂砾料体垂直开挖，直接观测开挖断面的灌浆情况。

三是试样直剪试验。该方法采用实验室检测与室外检测相结合的方式，将现场取出的胶结砂砾料试样采用剪切设备测定其在干燥状态与天然状态下的物理力学性能指标。

3 试验分析

3.1 可灌性试验

为了验证砂砾料坝体的可灌性，采取在大坝抗震不稳定区域的合适位置钻一个孔深 20 m 的灌浆孔，采用钢管跟管自上而下钻进和自下而上分段套阀法控制灌浆工法。根据一般灌浆经验，确定灌浆试验孔第一段、第二段灌浆段长均为 1 m，第三段为 2 m，以上各段均 3 m，起始灌浆压力设定为 0.1~0.3 MPa，最大压力控制在 1.5 MPa 以内，水泥浆液选定 3∶1、2∶1、1∶1三个水灰比级别。试验数据表明，灌浆孔单位注入量为 112.7~967.3 kg/m，砂砾料坝体的可灌性良好。经超声波检测数据分析，相应区域内坝体灌后比灌前波速提高明显，证明坝料力学性能得到有效改善提升。

3.2 物模灌浆试验

在可灌性试验取得成功的基础上，为了进一步验证套阀管法控制灌浆各技术参数，并减少试验时对大坝运行期间的影响，采用原料场坝料另选址按原坝体填筑参数，填筑一个长 20 m、宽 12 m、高 8 m 的试验体。经对试验体压实指标检测数据分析，试验体与原大坝指标完全相似，可以替代原坝体进行拔管法灌浆试验。

3.2.1　物模表观检查

为直观评价砂砾料试验体灌浆后的胶结、扩散、渗径情况，当灌浆龄期达 14 d 后，采取机械直接开挖方式由外向内、从上至下逐层剥离，通过眼看、手摸、尺子量等直观评价方法，表观效果如图 1 所示。灌浆后砂砾料间的空隙被水泥浆液充填较好，试验体呈胶结和未胶结互层状，胶结厚度为 20～30 cm，局部最大胶结厚度达 130 cm，水平扩散半径为 2.0～2.5 m，最大延伸宽度为 3.0 m；未胶结的砂砾料厚度为 60～100 cm，内部胶结分层分布情况如图 2 所示。

图 1　试验体层状胶结实物

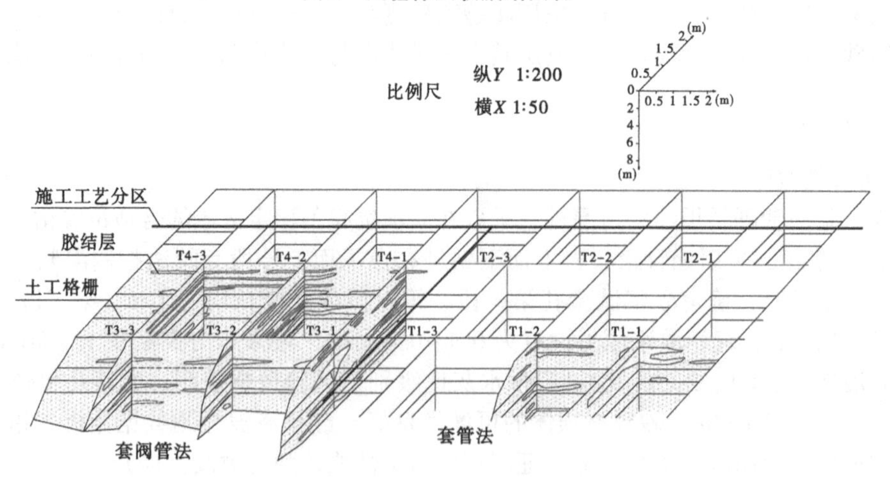

图 2　试验体胶结体分层示意图

3.2.2　抗剪强度试验

为了进一步验证胶结体的物理力学指标（凝聚力 c 及内摩擦角 φ 值），将现场原状样品带回实验室进行直接剪切试验。试验结果表明，胶结后的砂砾料黏聚力提高到 299.10~810.43 kPa，内摩擦角达到了 49.0°~53.0°，灌浆后形成的砂砾料胶结体物理力学性能改善提高明显，有利于增强坝坡稳定性，各试样检测结果如表 1 所示。

表 1　灌浆后胶结砂砾石直剪试验结果

试样编号	取样深度/m	直剪试验（干燥状态）	
		黏聚力 c/kPa	内摩擦角 φ/（°）
T3-1	1.9	739.41	49.5
T3-1	5.6	376.25	49.0
T3-3	1.3	745.08	51.5
T3-3	2.7	810.43	53.0
T4-1	1.9	381.53	52.0
T4-1	2.6	421.70	53.5
T4-1	5.7	331.77	51.5
T4-2	1.2	299.10	50.5
T4-3	1.3	382.92	52.0
T4-3	2.7	368.77	49.0

4　技术参数虑定

4.1　钻孔布置

根据试验时的浆液扩散半径、胶结率、阀管留置坝体内等形成的综合架构相互作用情况进行稳定计算分析，选定灌浆孔间排距均为 4 m，梅花形布置，钻孔底部深入坝坡稳定安全系数 F_s=1.05 区域界面以下 3~5 m。

4.2　灌浆参数

根据试验研究和生产性试验检测结果综合分析，初始灌浆压力选定为 0.3~0.5 MPa，最大灌浆压力控制在 1.5 MPa 以内，单位注浆量控制在 300~500 kg/m。灌浆前采用 1~2 MPa 压力清水开环灌注 5~10 min 后，换用水泥浆液分时序分梯段压力灌浆，自孔口以下 1 m 范围内按 0.1~0.3 MPa 控制，1~3 m 深度范围内按 0.3~0.5 MPa 控制，3~5 m 深度范围内按 0.5~1 MPa 控制，5 m 以上深度范围内按 1~2 MPa 控制，灌浆压力遵循由小到大逐级增加原则，禁止陡然抬升压力。采用双联式灌浆塞，每次同时灌注 1~2 环孔。水泥浆液按 3：1、2：1、1：1水灰比浓度配制，根据压力及注入量变化情况，按由稀变浓原则使用。当灌浆压力保持不变，浆液注入率持续减少或浆液注入率不变而灌浆压力逐渐升高，按原浆液浓度灌注；当浆液注入量达 1 000~1 500 L 或灌注时间已达 30 min，而灌浆压力和注入率均无变化或变化较小时，可改灌较浓浆液；当注入率大于 30 L/min 时，可以提高浆液浓度。

4.3 阀管及封孔参数

根据试验灌浆压力和单位注入量，并考虑永久置留坝体中的防腐要求，选取镀锌钢管材质，管径 89 mm，壁厚 4.5 mm。在设计灌浆压力作用下，当注入率小于 2 L/min 时，为确保封孔强度，最后采用最稠级配浆液进行全孔 20 min 灌注封孔处理。

5 抗震能力复核

在卡拉贝利大坝抗震研究确定的抗震加固工法和处理范围的成果基础上，本文就套阀管控制灌浆对大坝抗震能力提升情况进行计算分析，准确评价大坝的极限抗震能力。根据前期可灌性试验和直剪试验结果，结合试验体灌浆扩散半径和胶结率情况，本文按 10%的胶结率进行复核计算。为了比较砂砾料试验体灌浆前后的力学性质变化，根据胶结率和应力影响范围，采用摩尔-库仑破坏理论计算加固区的抗剪强度 τ_f 平均增量；未胶结砂砾料仍采用室内外直剪试验确定的综合强度参数，即非线性强度参数为 $\varphi_0=54°$、$\Delta\varphi=7.94°$，线性强度参数为 $c=151$ kPa，$\varphi=43°$。

基于直剪试验成果，在考虑灌浆管永久置留于砂砾料中的情景下，按抗剪强度增量算术平均值 26 kPa 计算。在设计地震动作用下，根据加速度分布云图观察，坝体顺河向加速度反应在河谷中央坝顶达到最大，加速度为 13.72 m/s²；坝体竖向加速度反应在坝顶达到最大，加速度为 9.32 m/s²；根据动力时程线法计算，下游坡最小安全系数为 0.831，滑动持时为 0.34 s，累积塑性滑动位移为 17.59 cm。在校核地震动作用下，顺河向最大加速度反应在河谷中央坝顶达到 15.07 m/s²，竖向最大加速度反应在坝顶达到 10.45 m/s²；下游坡最小安全系数为 0.694，滑动持时 0.84 s，累积塑性滑动位移 37.77 cm。动力反应及稳定分布变化情况如图 3~图 6 所示。

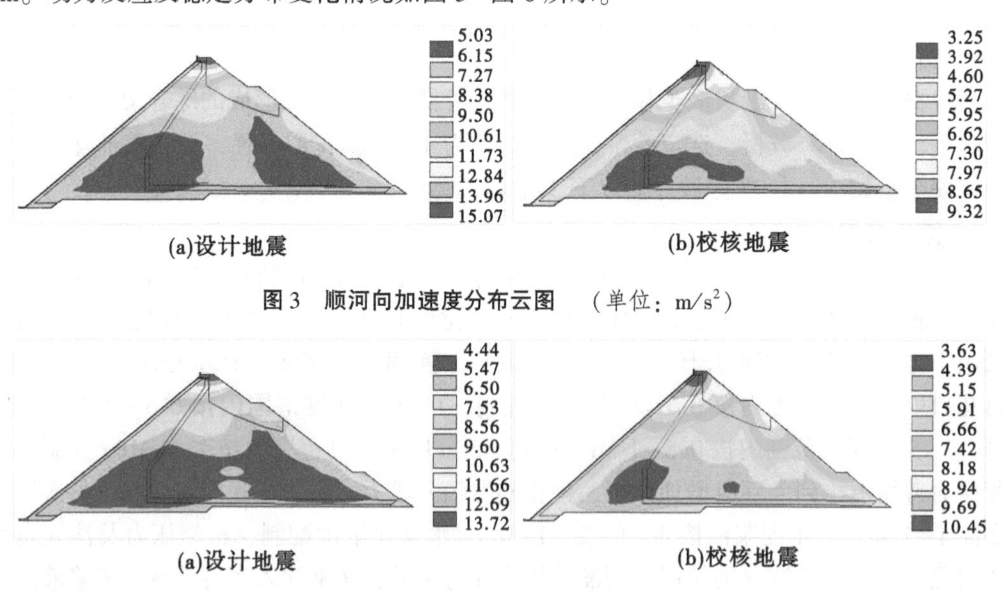

(a)设计地震　(b)校核地震

图 3　顺河向加速度分布云图　（单位：m/s²）

(a)设计地震　(b)校核地震

图 4　竖向加速度分布云图（单位：m/s²）

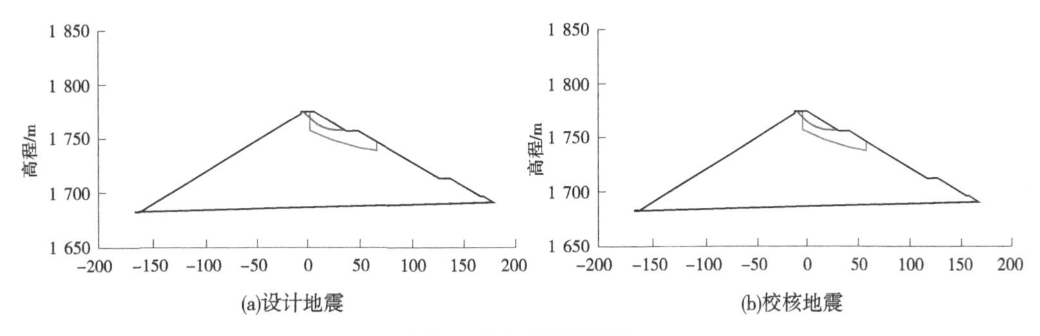

图 5　最危险滑弧示意

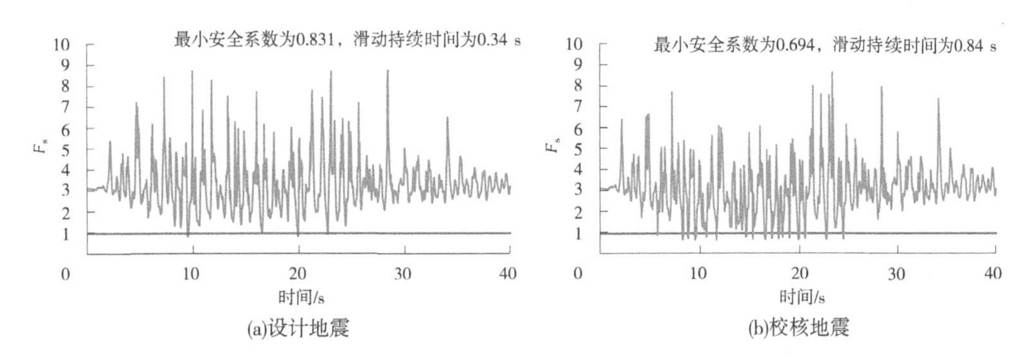

图 6　下游坝坡抗震稳定最小安全系数时程曲线

试验检测结果表明，套阀管灌浆后使砂砾料试验体的抗剪强度增幅约为 12%，阀管加注浆液与胶结砂砾料体形成凝结结构后，其抗剪强度增幅约为 15%。经过稳定计算分析，坝体在设计地震动和校核地震动两种不同工况作用下，其最大累计塑性滑动位移均低于规范允许的 60 cm（见图 7），坝坡均能满足给定地震荷载作用条件下的抗稳定要求，充分证明套阀管控制灌浆技术可以用于砂砾料大坝的抗震加固设计。

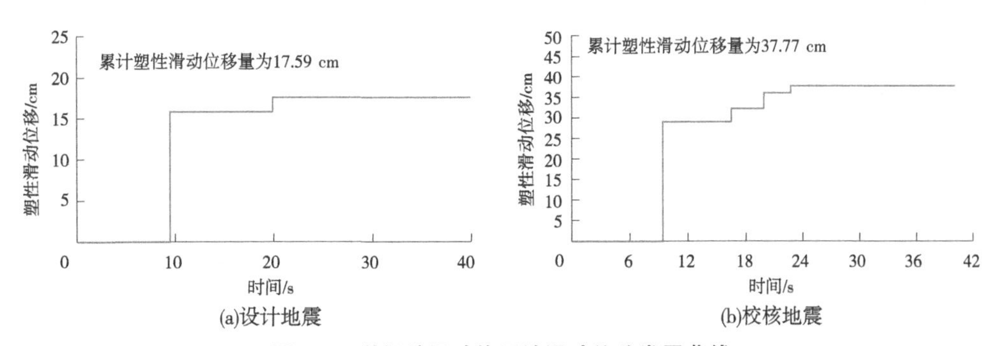

图 7　下游坝坡滑动体累计滑动位移发展曲线

试验研究发现，由于砂砾料试验体胶结形态和胶结率在不同区域有所差异，强度检测结果存在差别，鉴于坝料填筑的差异性、试验样本的代表性和隐蔽灌浆的不确定性，必须加强灌浆过程质量控制和质量检测，确保抗震加固处理可靠有效。

6 结语

针对卡拉贝利大坝因地震背景变化后造成的抗震能力不满足现行规范要求的问题，若工程设计初期抗震安全裕度预留不足，场地地震等级提高后，区域内已建成的大坝均存在相同问题。卡拉贝利大坝也是目前全国第一座运行后完成抗震加固的工程，物模试验和加固施工成果通过声波检测、开挖表观检查、剪切强度试验、动力反应及坝坡稳定计算等方法，能够验证加固后的大坝满足稳定安全要求，充分说明套阀管控制灌浆技术选定的设计参数合理，采取的工艺方法合适，施工可操作性强，具有很强的推广应用价值。该技术在卡拉贝利大坝抗震加固中的应用处于世界领先水平，对指导砂砾料大坝抗震加固具有重要现实意义，推动了大坝抗震加固技术的创新发展。

参考文献

[1] 中国国家标准化管理委员会．中国地震动参数区划图：GB 18306—2015［S］．北京：中国质检出版社，中国标准出版社，2015.

[2] 中国国家能源局．水电工程水工建筑物抗震设计规范：NB 35047—2015［S］．北京：中国电力出版社，2015.

[3] 肖亮．水平向基岩强地面运动参数衰减关系研究［D］．北京：中国地震局地球物理研究所，2011.

[4] Scharer K，Burbank D，Chen J，et al. Kinematic models of fluvial terraces over active detachment folds：Constraints on the growth mechanism of the Kashi-Atushi fold system，Chinese Tian Shan［J］．Geological Society of America Bulletin. 2006，118：1006-1021.

[5] 周正华，等．新疆喀什卡拉贝利水利枢纽工程场地地震安全性评价报告［R］．北京：中国地震局地震工程研究中心，2006.

[6] 杨树红．坚硬爆破坝料碾压试验孔隙率偏大原因分析［J］．水利建设与管理，2015（10）：29-33.

[7] 丁灿阳，冯雅杉，等．全球 MW≥7.0 强震震级与断层滑动尺度的关系［J］．大地测量与地球动力学，2023（11）：1-12.

[8] 于荣萍，朱凯斌，等．高面板坝土工格栅加固机制及抗震加固效果分析［J］．中国水利水电科学研究院学报，2023，21（3）：245-253.

[9] 赵剑明，杨树红，等．强震区高混凝土面板砂砾石坝抗震关键技术研究报告［R］．北京：中国水利水电科学研究院，2021.

[10] 赵剑明，杨树红，等．卡拉贝利面板坝抗震措施的大型振动台模型试验和抗震安全裕度复核补充研究报告［R］．北京：中国水利水电科学研究院，2021.

[11] 赵剑明，杨树红，等．卡拉贝利面板坝考虑抗震加固措施的大坝抗震安全评价和抗震安全裕度复核研究报告［R］．北京：中国水利水电科学研究院，2021（12），9-63.

[12] 陈杰，杨树红，等．基于中国地震动参数区划图变化情景下的卡拉贝利大坝抗震安全评价研究［J］．中国水利水电技术，2024（3）：35-42.

平原水库能力提升措施研究

赵　妮　刘贵元　陈　思

（新疆水利水电规划设计管理局，新疆乌鲁木齐　830000）

摘　要：为全面落实“节水优先、空间均衡、系统治理、两手发力”治水思路，逐步打通新疆发展的水脉经络，进一步提高水资源集约节约水平，平原水库作为重要的水利设施之一，在确保灌溉、供水等基本功能的同时，也存在蒸发渗漏大、淤积严重、次生盐碱化等问题，水库淤积和蒸发渗漏直接导致水库调节库容及供水水量的减少，影响了水库整体综合效益的正常发挥。本文通过对新疆水库建设情况的调查和分析，提出平原水库能力提升的有效措施，以适应日益复杂的气候和水资源管理需求，为当地水资源的可持续利用提供有力支持。

关键词：平原水库；能力提升；改扩建

1　引言

新疆水资源短缺，供需矛盾突出，是制约新疆经济高质量发展和生态文明建设的首要问题和关键因素。党的十八大以来，习近平总书记深入剖析我国水利发展现状，科学地提出了“节水优先、空间均衡、系统治理、两手发力”治水思路，指明了水利未来发展方向。中华人民共和国成立前，新疆水利基础设施十分落后，仅有3座平原水库，20世纪50年代开始实施大规模的屯垦戍边、兴修水利，在这一时期修建的水库多以平原水库为主，形成了“上引下蓄”的水利工程分布格局。经过多年的建设实践，结合干旱区水资源特点以及合理配置、高效利用的要求，新疆确立了“山区水库—引水渠首—防渗渠道—配套工程—节水灌溉—地表水与地下水联调—排水控制”等工程优化组合的水资源开发利用模式。

相较于山区水库，平原水库坝高较低，施工简单，因此在技术力量比较薄弱的地区多选择平原水库作为水资源调蓄的首选形式。随着经济社会的发展，平原水库功能已由原有较单一的灌溉调蓄功能向灌溉、城镇和工业供水、人饮水源地、沉沙池（节水灌溉大首部）等综合性功能转变，同时结合水环境治理、生态水利相关措施，积极推进水利风景区建设。平原水库作为水源、人工湿地，通过丰蓄枯用、水资源优化配置，对提高人民群众生活水平、改善生态环境、促进社会和国民经济的发展具有重要作用。

根据2021年水资源公报数据，2021年全疆用水总量为571.4亿m^3，其中农业用水522.8亿m^3，占到91%，全疆农业用水占比大，未来主要的节水方向是农业节水。近

作者简介：赵妮（1986—），女，高级工程师，主要从事水利规划、水资源研究工作。

年来，通过重大节水供水工程的加快建设，以及大中型灌区续建配套与节水改造持续推进，农业节水工作已经取得了一定成效，全疆骨干渠系（干支渠）防渗率达到了69.3%。未来随着灌区现代化改造、田间高标准农田建设的深入实施，渠系防渗率将会进一步提高，农业节水水平得到改善。为积极探索农业节水新措施，我们探索研究提出在干旱区实施新时代"坎儿井"式输配水系统模式，即"水库（渠首）+渠道+沉沙调节池+管道+高标准农田"系统建设，该模式已在南疆部分区域得到了实践应用，主要是充分利用水库海拔高程、水资源调配能力等特点，对骨干输水系统"明改暗"，配备必要的沉沙调节设施，田间输配水系统管道化、标准化，形成深度节水，但也优先选择水源有保障（水库有调节沉沙能力）、工程可自压输水且管护简单，有二次沉沙建设条件且环境影响小、高标准农田程度高和地下水超采灌区、兵地融合有示范作用区域作为先行试点。而平原水库作为农业节水的水源工程，在农业节水中发挥着重要的作用。

新疆大多数平原水库至今已运行几十年，均进行了水库除险加固工程建设，基本解决了水库安全运行问题，并相应配套了运行管理设施，但仍存在运行管理水平低、资源性缺水、蒸发渗漏、水库淤积和有效库容持续减少等问题。加之，在水资源"三条红线"总量控制下，平原水库自身调蓄能力不足的问题开始凸显，已影响到水资源的高效利用，从某种程度上制约了新疆经济社会的发展。如何解决平原水库现状调蓄能力不足、泥沙淤积和蒸发渗漏等问题，提出有效的解决措施，成为未来水库建设发展的重要研究课题。

2 平原水库现状

新疆早期修建的水库大部分为平原水库，平原水库在20世纪80年代之前曾对新疆灌溉农业的迅速发展发挥了巨大的作用。截至2020年，新疆共建成水库671座（含兵团151座），总库容236.44亿m^3，其中山区水库273座，总库容171.94亿m^3；平原水库398座，总库容64.49亿m^3。平原水库数量占到了59%，但库容仅占27%。主要情况见表1、图1~图3。

表1 全疆（含兵团）已建水库建设情况统计

分区	小计		山区水库		平原水库		大型		中型		小型	
	数量	库容/亿m^3	数量	库容/亿m^3	数量	库容/亿m^3	数量	库容/亿m^3	数量	库容/亿m^3	数量	库容/亿m^3
北疆	413	137.05	187	106.11	226	30.94	21	100.62	84	28.22	308	8.21
南疆	189	95.45	44	62.79	145	32.66	16	67.79	58	23.61	115	4.05
东疆	69	3.94	42	3.04	27	0.90	0	0	11	2.44	58	1.49
合计	671	236.44	273	171.94	398	64.49	37	168.41	153	54.27	481	13.76

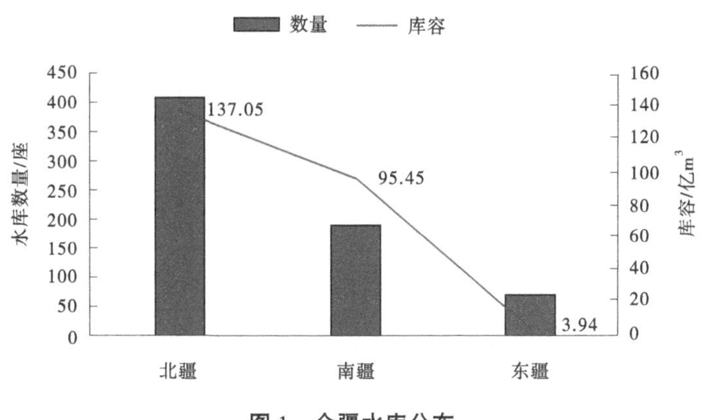

图 1　全疆水库分布

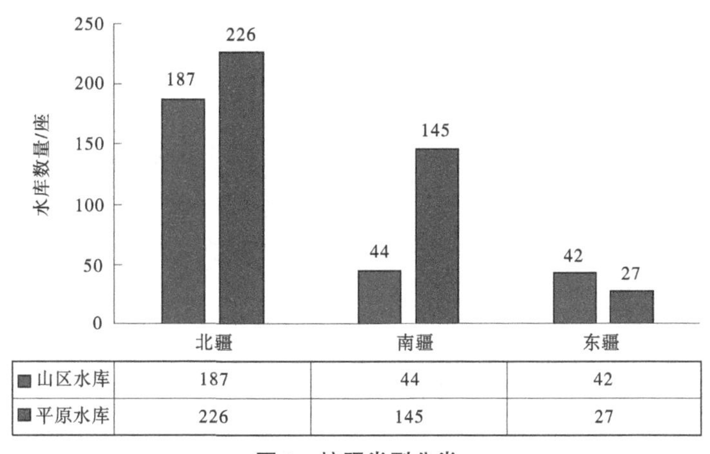

	北疆	南疆	东疆
山区水库	187	44	42
平原水库	226	145	27

图 2　按照类型分类

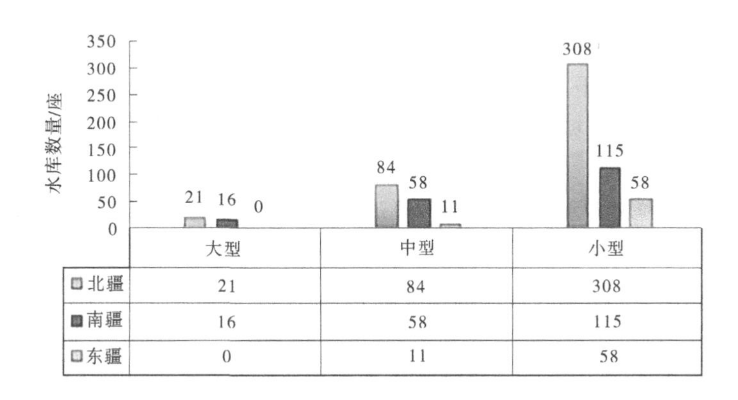

	大型	中型	小型
北疆	21	84	308
南疆	16	58	115
东疆	0	11	58

图 3　按照工程类别分类

这些平原水库大多建设时间早，且平原水库淤积快，蒸发量大，一部分平原水库老化失修，目前处于病险状态，由于资金相对缺乏，更新改造进程缓慢，这些老化、病态的水库运行安全得不到保障，已有部分存在质量和安全隐患。为保证经济可持续发展和社会繁荣稳定，自"六五"开始对病险水库进行了除险加固处理。1998 年以来，大部分病险水库已完成了前期勘探工作，到 2000 年底，加固病险水库 105 座，积累了大量的设计和施工经验。"十四五"期间实施一批大、中、小型水库除险加固，自 2020 年以后新鉴定为"三类坝"的病险水库，除遭遇高烈度地震、超标准洪水等原因发生的大中型病险水库外，按照隶属关系由各级人民政府负责实施除险加固，确保 2025 年底前全面完成病险水库除险加固工作。

截至 2020 年，全疆（含兵团）灌溉面积 1.24 亿亩，高效节水面积 5 668 万亩，高效节灌率为 45.6%，节水灌溉方式对灌溉水量的保证程度较地面灌溉方式有很大的提升，对水质的要求也有很大程度的提高。正是因为平原水库对灌溉水量进行了调节，并发挥了沉沙池的作用，降低了灌溉水中的泥沙含量，才使高效节水灌溉措施在全疆得到推广和应用，并取得了较好的效果。

3　平原水库的作用及存在的问题

3.1　平原水库的作用

平原水库对于调节水资源的时间分布不均，缓解水资源的供需矛盾发挥了重要作用，有效地解决了季节性缺水问题，随着"城镇化、新型工业化、农业现代化"建设的不断推进，平原水库为其提供了可靠的水源和水质保障。主要表现如下。

3.1.1　灌溉功能

新疆的平原水库大多建设于中华人民共和国成立后至 20 世纪八九十年代的屯垦成边历史时期，为周边灌区提供灌溉用水是平原水库的基本功能。平原水库对于新疆灌区的农业经济发展起着重要的作用，在一定程度上解决了灌溉水量不足，尤其是春旱问题，作为补充水源，为农业抗旱和灌溉提供用水，还为城乡生活用水和工业化发展提供了水源和水质的保障，在脱贫攻坚战中发挥了重要的作用。同时发挥了沉沙池的作用，降低了灌溉水中的泥沙含量，才使高效节水灌溉措施在全疆得到推广和应用，并取得了较好的效果。如某师图木舒克的水库功能主要以农业灌溉为主，调节灌溉面积达 7.07 万 hm^2，小海子水库（5.0 亿 m^3）、永安坝南库（1.1 亿 m^3）和前进水库（0.95 亿 m^3）后期除险加固后还新增了城乡供水功能，解决了约 40 万人的生活用水问题。

3.1.2　防洪功能

平原水库多为注入式水库，通过在河流上修建取水建筑物和引水渠道将水引至库内。在河流发生洪水的时候，平原水库可以通过引水通道分洪，蓄滞一部分洪水，从而起到削减洪峰的作用，保障河道两岸安全。部分水库还承担发电反调节的作用。如位于塔里木干流上的某师的上游水库（1.8 亿 m^3）、胜利水库（1.08 亿 m^3）都有引洪入库功能。

3.1.3　改善环境功能

平原水库多分布在流域的泉水溢出带或自然洼地，水库建成后，原有的天然湿地由人工湿地所取代。平原水库已成为绿洲人工水环境生态区的重要组成部分，是灌区不可再生资源，水库在防止流域内湿地萎缩退化、防止次生盐渍化、保护流域内生物多样性、防风固沙、防止土壤沙化、加强湿地调控能力以及增加绿洲的人口承载能力和生产力等方面起到了很好的保护作用。

平原水库面积较大，在其蓄水运行的过程中，大部分时间会保持一定的水面，大面积的水体具有较大的比热容，具有调节气候的功能，可以缓解气温的骤变，对周边环境也有一定的降温、增湿、空气净化等效果。某师的新井子水库（0.86 亿 m^3），水面面积 5.1 万 km^2，是国家水利风景区，可供游客垂钓和开发水上飞舟游览项目。

3.1.4 生态景观功能

水是生物的基本需求，平原水库建成后形成烟波浩渺的人工湖泊，经过长时间运行后，在自然演变的作用下就可以形成良好的生态系统，使得局部生态环境得以改善，吸引鸟类等生物在其内生活繁衍，科学规划加以利用，便可形成良好的生态景观，打造旅游观光风景区，同时平原水库大力发展以养殖、旅游为主的多种经营，有力促进了经济的可持续发展。如塔里木河流域的大西海子水库（0.98 亿 m^3）等，正常蓄水位时水库水面面积达 50.5 km^2，是塔里木河下游重要的生态调蓄“水池”和鸟类栖息地。

3.1.5 反调节功能

部分水库对距离较近的大型水利枢纽调峰发电的不稳定流进行调节，可使下泄水流均匀稳定，满足河道下游河段的工农业用水及河道整治工程安全要求，有效缓解“电调”与“水调”的矛盾，对于充分发挥大中型水利枢纽综合效益具有不可替代的作用。如某师的多浪水库（1.2 亿 m^3），冬季时将上游引水式电站下泄水量引至库内，可满足春灌需求。

3.2 平原水库存在的问题

3.2.1 安全问题

20 世纪 80 年代前新疆建设水库 200 余座，大多数是平原水库，至今已服役 40~50 年。随着服役期的延长，水库坝体内外性态的变化（淤积量增加、调蓄能力减弱），坝体材料的内在和外在变化（防渗土料过饱和、混凝土碳化等），均会导致大坝安全度下降，服役寿命缩短。针对这个问题，各级水利部门也相继开展了大规模除险加固工程，以期解决大部分水库的运行安全问题，但具体工程内容主要还停留在一般性的坝基防渗、加固坝体、更新金属结构设施等层面，对于长期运行后的坝体耐久性，尚缺少深层次的研究。部分工程运行若干年后又发现新的问题，需再次进行除险加固。根据统计，全疆超过 60.4%平原水库已经运行 30 年以上，已经超过了规范规定的水库设计使用年限。水库长期老化失修会加剧水库的病险状态，由于资金相对缺乏，更新改造进程缓慢，再加上冬季寒冷，长年的水毁、冰冻，使每年都有大量的水库主体工程受到不同程度的破坏，使这些老化、病态的水库运行安全得不到保障。如西克尔水库 1996 年由于受到强烈地震影响对坝体进行了加固处理，1998 年、2000 年再次受到地震等其他因素的影响，2002 年再次对水库开展了除险加固工作。

3.2.2 蒸发、渗漏问题

平原水库的建设场址较为局限，往往水库坝基下含有深厚的透水层，为节约工程造价，水库的筑坝材料多为就地取材，坝型多为土石坝，坝体及坝基土颗粒间存在着大量的孔隙和裂隙，部分水在高水头作用下透过坝体或坝基，水库很容易发生渗漏。同时，平原水库水深较浅，蓄水面积广，蒸发强烈，造成宝贵的水资源大量浪费。如西克尔水库（1.004 亿 m^3），近 7 年自布哈拉渠首引水至西克尔水库的水量平均为 13 890 万 m^3，而西克尔水库近 7 年平均放水量为 6 952 万 m^3，西克尔水库近 7 年蒸发、渗漏平均损失量达到了 6 938 万 m^3，占蓄水量的 50.0%，水资源浪费现象非常严重。

3.2.3　*淤积问题*

新疆中小河流较多，水流含沙量普遍较高，特别是天山南坡和东昆仑北坡一带，河流输沙模数高达 1 000~4 000 t/（km^2·a）。水库蓄水抬高水位后，水流挟沙能力降低，大量泥沙在库区逐渐沉淀淤积。大部分中小型水库由于建设年代较早，对泥沙淤积问题认识不够，大坝一般未设置排沙底孔，同时为应对水资源短缺，含沙量较高的洪水也常被拦蓄库内，造成水库库区泥沙大量淤积。山区水库中泥沙淤积最典型的水库如北疆博州的五一水库（见表 2），水库总库容 0.196 亿 m^3，运行 10 余年后库容仅有约 0.08 亿 m^3，淤积库容占总库容的 58.2%；水库泥沙淤积严重不仅严重影响兴利调度，而且给防洪带来巨大压力。根据资料显示，1992 年以来，克孜尔水库年出入库沙量比值仅为 14.5%，大量泥沙淤积在库内，截至 2017 年，库容损失率达到 52.7%，严重影响水库效益的发挥。

表 2　新疆典型水库淤积情况

行政区域	水库	淤积时段	原总库容/亿 m^3	淤积后总库容/亿 m^3	淤积库容/亿 m^3	淤积库容所占比例%		
						总库容	死库容	兴利库容
博州	五一水库	2002—2015	0.196 0	0.081 8	0.114 2	58.2	—	—
昌吉州	头屯河水库	1981—2006	0.203 0	0.138 8	0.064 2	32.0	—	—
阿克苏	克孜尔水库	1991—2013	6.4	4.89	2.51	39.0	88.0	29.0

3.2.4　*次生盐碱化*

平原水库建成运行后，如果水库存在较大的渗漏量，随着水库水位的上升，水库周围地下水位和土层中的毛细管水也随之升高，导致水库周围浸没、湿陷等现象产生，水分蒸发后矿物质留在地面，造成下游及库周土壤盐渍化现象。平原水库周边多为农田和村庄，大面积的浸没、盐渍化等问题将造成粮食减产，严重影响农业生产。如巴楚县的小海子水库（5.0 亿 m^3），该水库是利用天然洼地兴建的，周围地势较低，历史上就有盐渍化的影响，修建水库之后，更加加剧了盐渍化程度，水库的水质只能作为灌溉用水。

4　平原水库能力提升措施研究

平原水库由于存在泥沙淤积和蒸发渗漏等问题，造成水库有效库容减少，调蓄能力降低，影响了水库正常效益的发挥；随着全疆经济社会的发展，工程性、资源性、结构性、水质性缺水问题并存，水资源供需矛盾仍旧突出，不能简单地从调整水库运行调度方案（调整水库蓄水和供水时间、水量等方面）上来解决。因此，应针对问题，从工程技术、经济的角度开展专题研究，本文论证通过清淤、挖潜等措施提升已建平原水库的供水能力的可能性，并提出对新建水库进行科学的规划，从而保证各业用水，为全疆社会稳定和长治久安的发展建设提供可靠的基础条件。

4.1 清淤

针对水库淤积问题，目前理论上有工程减沙、水力减沙和机械清淤等方式，其中工程减沙需要新建工程，如冲沙池、引洪渠等；水力减沙是充分利用水库的泄洪排沙建筑物将泥沙排出；机械清淤是借助机械设备将淤沙挖除。

平原水库的显著特点是库盘面积较大，水力坡降小，水流挟沙能力非常有限，基本无法展开水力排沙；另外，由于水资源十分紧缺，平原水库设计上基本未考虑水力减沙措施。

机械清淤就是通过挖泥船、吸泥泵、挖掘机等对水库的淤沙进行清除。机械清淤没有工程减沙和水力减沙存在的问题，不仅能有效地解决水库淤积问题，恢复水库原有功能，而且具有相对其他方案投资较少、施工工期较短的特点，起到资源再生的作用；但在施工中需要着重考虑清淤泥沙的出路问题。如兵团第一师、第六师和第八师已经陆续开展了水库机械清淤工作，清淤机械分别采用了挖泥船和挖掘机，其中挖泥船清淤综合单价 12~15 元/m^3，挖掘机清淤综合单价 118~127 元/m^3，兵团各师需要采取清淤措施的水库共计 52 座，总投资接近 90 亿元。

4.2 改扩建

对已建平原水库改（扩）建主要包括两方面内容：①对已建平原水库进行加高，主要针对淤积较严重的水库，清淤难度较大或难以实施，在保持水库原设计库容不变的条件下，对水库进行加高；②在水库引水系统上修建沉沙设施，将泥沙淤积在库外，便于清淤。

水库具备改（扩）建需满足以下条件：①引水注入式水库，引水系统水位高程可以满足水库设计水位增高的要求；②水库坝体增高后，上下游增加的管理或淹没范围不存在征地问题或征地可行性较高；③水库大坝坝体及建筑物具备增高的条件；④水库引水系统上具备修建沉沙设施的条件，包括地形条件、征地等。如阿勒泰地区的某水库，通过加高后可增加库容接近万立方米。如第一师的五团水库（980 万 m^3），扩建增加 1 020 万 m^3，扩建后库容 2 000 万 m^3。水库引水系统上修建沉沙设施，将泥沙淤积在库外，便于清淤，如塔里木水库，原水库增高库容库总库容由现状 2 463.5 万 m^3 扩大至 9 860 万 m^3。

4.3 缩库

南疆平原水库中大型水库居多，水库水面面积大，水面浅、蒸发量大。为了减少蒸发损失量，可以采取缩库措施，根据现场调研，缩库主要有以下两种方案：①在保持库容不变的条件下抬高水位，增加坝高，缩小水库淹没面积；②采用山区水库替代平原水库部分库容，水库库容减少，坝线长度和水库淹没面积减小。如大石峡水利枢纽兵团配套上游水库缩库改造工程，降低上游水库设计蓄水位至 1 029. 8 m，水面面积由 108 km^2 缩减至 66 km^2，缩减水面面积约 42 km^2，年节水量可达到 1. 02 亿 m^3，使师市塔里木灌区总用水量严格控制在“三条红线”内，节余库损水量可用来缓解阿拉尔市城市发展用水短缺的现状，为城市经济高质量发展提供水资源保障。

4. 4 降等与报废

随着新疆经济社会的发展，不断提高对水库风险的认知度，对水库安全的要求也越来越高，面对平原水库存在的风险现实，降等和报废是解决水库病险问题的有效途径。同时，随着水库使用年限的增长、水库大坝安全管理要求和国民经济发展需求的提高，新疆降等和报废的水库数量将不断增加。根据《水库降等与报废标准》（SL 605—2013），水库的降等和报废均需从库容与功能指标、工程安全条件、经济社会与环境影响和运行管理三个方面进行分析评价。截至 2019 年底，新疆全区拟降等水库 10 座，拟报废水库 19 座。

4. 5 修建山区水库替代平原水库调蓄功能

针对平原水库蒸发损失大等问题，充分发挥已建、在建水利工程使用效率，落实山区水库替代平原水库灌溉功能节水改造，提高节约集约利用水平。通过已建和在建山区水库替代平原水库部分灌溉功能，缩小或废弃平原水库的蓄水面积，降低平原水库水位，减少无效蒸发损失。如在新建下坂地水利枢纽的同时废弃叶尔羌河流域原有的 40 座平原水库中的 16 座。工程建成后要替代 16 座平原水库，合理调整其他 24 座平原水库的蓄水时间，减少蒸发、渗漏损失，提高叶尔羌河流域水资源利用率和灌溉保证率。为实现叶尔羌河向塔河输水 3. 3 亿 m^3 的目标创造有利条件。替代平原水库后，实现了三个效果：一是 50%年份蒸发渗漏损失减少约 1. 03 亿 m^3，75%的年份约为 0. 68 亿 m^3，进一步减少了蒸发渗漏损失，有效提高了水资源利用量；二是对水资源进行了重新调配，更加科学地利用水资源，实现空间均衡，下坂地与平原水库联调后较之前的 40 座平原水库，在 50%年份减少的蒸发渗漏损失相当于增加 4. 3 亿 m^3 的水资源量，75%年份约为 3. 54 亿 m^3，很大程度上实现缓解春旱、促进生态良好发展、满足发电用水等多个目标；三是南疆地区煤电缺乏，下坂地的建设为克州、喀什两地的居民提供了优质电量，且减少了洪水对两岸的威胁，从替代的角度看，修建山区水库替代平原水库不仅可行而且效益巨大。但也存在潜在挑战和可持续性问题，还需要不断地探索和研究。

5 结语

平原水库作为我国水资源管理中的关键组成部分，在城市化和气候变化的背景下，其能力提升显得尤为紧迫和重要。通过本文的研究，对平原水库能力提升措施进行了深入探讨，从多个方面寻找了可行的、全面的提升方案。还要从流域管理、综合规划和水资源调度等方面综合进行考虑，结合环境保护与修复、信息技术应用和社会参与与管理体制的多管齐下，形成全面提升水库能力的整体解决方案。

立足新疆水资源实际，强化水资源刚性约束，研究平原水库能力提升措施的落脚点还是节水，旨在提高水资源利用效率，全面构建现代化节水灌溉农业。通过上述综合措施的实施，平原水库的能力将得到有效提升，不仅能够更好地满足城市和农田的用水需求，还能够更加稳定、安全地发挥其防洪和调蓄等功能，为当地水资源的可持续利用提供有力支持，构建起更为健全的水资源安全保障体系。

参考文献

[1] 马军，杨玉生，彭兆轩．新疆坝工各坝型建设历史及发展趋势分析［J］．水利规划与设计，2021（7）：58-61.
[2] 毛远辉，李江．南疆水资源禀赋及节水潜力分析［J］．水利规划与设计，2023（4）：10-14，22.
[3] 毛远辉，刘江，张鲁鲁．南疆干旱区“坎儿井”式输配水系统模式研究［J］．陕西水利，2023（10）：96-98.
[4] 李江，李志军，张鲁鲁．南疆农业节水潜力与措施分析［J］．中国水利，2023（3）：30-34，50.
[5] 杨明，刘意江，罗永明，等．上游水库库盘淤积初步分析［J］．塔里木农垦大学学报，2002（3）：27-29.
[6] 陈浩，钟鸣，沈阳．开发新井子水库风景旅游区的设想［J］．塔里木农垦大学学报，2004（1）：41-42.
[7] 张德敏，黄骁勇，张芃．塔里木河大西海子至台特玛湖段生态修复对策［J］．中国水土保持，2004（11）：16-17.
[8] 杨萌，许尚杰，张禾，等．探究山东省平原水库的蓄水安全［J］．黑龙江科技信息，2014（16）：206.
[9] 尹舒倩．新疆喀什西克尔水库震后除险加固设计［J］．西北水电，2021（5）：69-73.
[10] 王峰．克孜尔水库泥沙淤积现状及排沙问题探讨［J］．水利科技与经济，2014，20（12）：74-76.
[11] 谢晓勇，侍克斌，张永山．恰拉水库周边土壤盐渍化分析及防治措施初探［J］．水电能源科学，2015，33（1）：132-135.
[12] 韩术生，王昕，苗惠昌．宿鸭湖水库清淤扩容方案及效益分析［J］．河南水利与南水北调，2020，49（12）：78-80.
[13] 朱家胜，张士辰，尹江珊，等．我国小型水库降等报废现状及对策研究［J］．水利水电技术（中英文）．
[14] 彭穗萍．下坂地水库替代部分平原水库可行性分析论证［J］．西北水力发电，2002（2）：8-11.
[15] 张玉平．阿尔塔什水库水资源配置节点模型探讨［J］．水利规划与设计，2009（3）：13-15，52.

浅谈淖毛湖区域供水方案中的两库联调

张成峰　王世刚

（哈密托实水利水电勘测设计有限责任公司，新疆哈密　839000）

摘　要： 在淖毛湖区域的用水规划和水资源配置方案中，通过现有两座水库的联合调度，在水库不扩容的前提下，可多引取地表水 1 000 万 m^3，以满足当地工农业发展的需要；通过多方案比选确定了最优调度方案，为后续工程的建设规模提供了依据；工程实施后，极大地缓解了区域水资源供需矛盾。

关键词： 淖毛湖；峡沟水库；四道白杨沟水库；联合调度

1　自然地理概况

伊吾县隶属于哈密地区，位于新疆东北部，天山北麓东段，东北部与蒙古国交界，西部与巴里坤哈萨克自治县相邻，南部与哈密市隔山相望。县境东西长 215 km，南北宽 175 km，国境线长 274 km，总面积 19 735 km^2，属典型的大陆型干旱气候。地势南高北低，西高东低，西部、南部为天山山脉，中部为北天山及丘陵山区，由西向东倾斜形成起伏不平的波浪式谷地，东部、北部为平原地区。

淖毛湖镇位于伊吾县城以北 73 km 处，东经 94°7′~95°47′，北纬 43°~47°，东西长约 142 km，南北宽 106 km，面积 8 589 km^2。东北与蒙古国交界，国境线长 187 km。全镇共有人口 6 139 人，由维吾尔族、汉族、哈萨克族、回族等民族组成。镇区内驻有新疆生产建设兵团某师淖毛湖农场、吐哈石油勘探指挥部牛东油田分公司、多家农业开发公司和新疆广汇、华电英格玛等 10 余家矿业开发公司，是新疆东部距边境最近、人口最多的一个边境乡镇。

淖毛湖拥有丰富的土地、风力、石油、煤炭等资源，在全县的经济发展中占有重要地位。

2　区域资源概况

2.1　水资源

淖毛湖区域内共两条河流，伊吾河和四道白杨沟，伊吾河多年平均径流量 6 588 万 m^3，95%频率径流量 4 704 万 m^3；四道白杨沟多年平均径流量 781.5 万 m^3，95%频率径流量 390.8 万 m^3。

根据相关资料，淖毛湖区地下水补给量为 5 441 万 m^3/a，地下水资源量为 4 850 万

作者简介： 张成峰（1967—），男，高级工程师，主要从事水利水电工程勘测设计工作。

m^3/a，地下水可开采量为 3 152 万 m^3/a，现状开采量为 1 142 万 m^3/a，尚可开采 2 010 万 m^3/a。

2.2 矿产资源

淖毛湖境内矿产资源丰富，已探明的矿种 10 余种，石油、煤炭、铁、金、锰、铜、毛矾石、膨润土、石盐等矿产资源可观，具有较强的资源开发优势。其中，煤炭资源优势突出，境内淖毛湖矿区属国家第十四个大型煤炭基地规划矿区之一，现已初步查明煤炭储量为 282 亿 t，预测远景储量超过 400 亿 t，约占新疆储量 2.19 万亿 t 的 1.83%，约占哈密地区储量 5 700 亿 t 的 7%。具有埋藏浅、易开采、储量大、煤质优的特点。煤炭主要品种为长焰煤，发热量为 4 200~5 200 大卡；煤质属低中灰-低灰分，高挥发分，特低硫，特低磷，低熔灰分-高熔灰分，中热值-高热值，不具黏结性，煤类为长焰煤（41CY），有害元素相对较低，是优质的火力发电、煤化工及动力用煤。矿区地理位置优越，交通便利，开采条件较好。

3 淖毛湖区域工业近、远期发展规划

根据新疆维吾尔自治区及哈密地区的发展规划，在“十三五”“十四五”期间，淖毛湖区域将作为重点区域发展煤炭、煤电及煤化工产业。根据《新疆维吾尔自治区淖毛湖矿区总体规划》及国家发展和改革委员会关于淖毛湖矿区总体规划的批复，淖毛湖矿区共划分为 6 个井（矿）田和 1 个勘查区，规划建设规模 2 900 万 t/a，其中 6 个井（矿）田包括 2 个露天煤矿和 4 个井矿。新建煤矿需配套建设相应规模的选煤厂；矿区生产的煤炭产品主要供应矿区的电厂及煤化工项目。

依据《新疆哈密伊吾淖毛湖区域煤炭、电力、化工产业发展规划》，淖毛湖区域煤电化产业发展规划项目主要分布在淖毛湖矿区和淖毛湖工业园区，规划有 6 个矿井项目，3 座火电站，装机容量 1 670 MW（其中 1 座 2×660 MW 电厂、1 座 4×50 MW 荒煤气电厂、1 座 3×50 MW 广汇自备电厂），5 个化工项目，主要包括 80 万 t/a 二甲醚项目、2 400 万 t 煤炭热解分级提质综合利用项目（煤热解项目、焦油加氢项目、天然气液化项目、型焦）；2 个建材项目（1.9 亿块/a 煤矸石砖厂、40 万 m^3/a 蒸压砌块厂）。

根据《淖毛湖区域水资源论证报告》，预计到 2025 年工业需水量为 3 000 万 m^3。

4 区域水资源开发利用及水利工程现状

淖毛湖区域灌溉面积共 8.7 万亩，均采用滴灌。其中，地表水控制面积 5.38 万亩（哈密瓜 3.25 万亩，生态林及城镇绿地 2.13 万亩），引用地表水 2 032 万 m^3。地下水控制面积 2.32 万亩，年开采地下水 1 148 万 m^3。

区域内有控制性调蓄水库两座，即峡沟水库和四道白杨沟水库。

峡沟水库位于伊吾河中游的峡沟河段，属拦河水库，地理坐标东经 94°48′46″、北纬 43°18′17″，位于县城东北 14 km 处。峡沟水库是一座以工业用水和农业灌溉为主，兼顾生态、防洪等具有综合开发任务的小型骨干水利枢纽工程。其总库容为 964.51 万 m^3，其中死库容 129.27 万 m^3，兴利库容 565.3 万 m^3，调洪库容 269.74 万 m^3。水库建成于 2010 年，目前峡沟水库每年为淖毛湖农业供水 2 032 万 m^3，为工业供水 1 589 万

m^3，配套供水设施有淖毛湖干渠，总长 38 km，设计引水流量 6 m^3/s；工业供水管道一条，长 26 km，设计引水流量 1 m^3/s。

四道白杨沟水库位于伊吾县淖毛湖镇境内，库址位于四道白杨沟河出山口沟口以上 500 m，水库地理位置东经 93°53′28″、北纬 43°45′28″，距离伊吾县淖毛湖镇以西 116 km 处，距离伊吾县城 188 km，四道白杨沟水库总库容为 428.0 万 m^3，死库容 74.0 万 m^3，兴利库容 316.0 万 m^3，拦洪库容 15.1 万 m^3，调洪库容 38.0 万 m^3。四道白杨沟水库为多年调节水库，2014 年 10 月已下闸蓄水，在 95%保证率下每年可为下游供水 500 万 m^3。

峡沟水库、四道白杨沟水库联合调度供水工程地理位置见图 1。

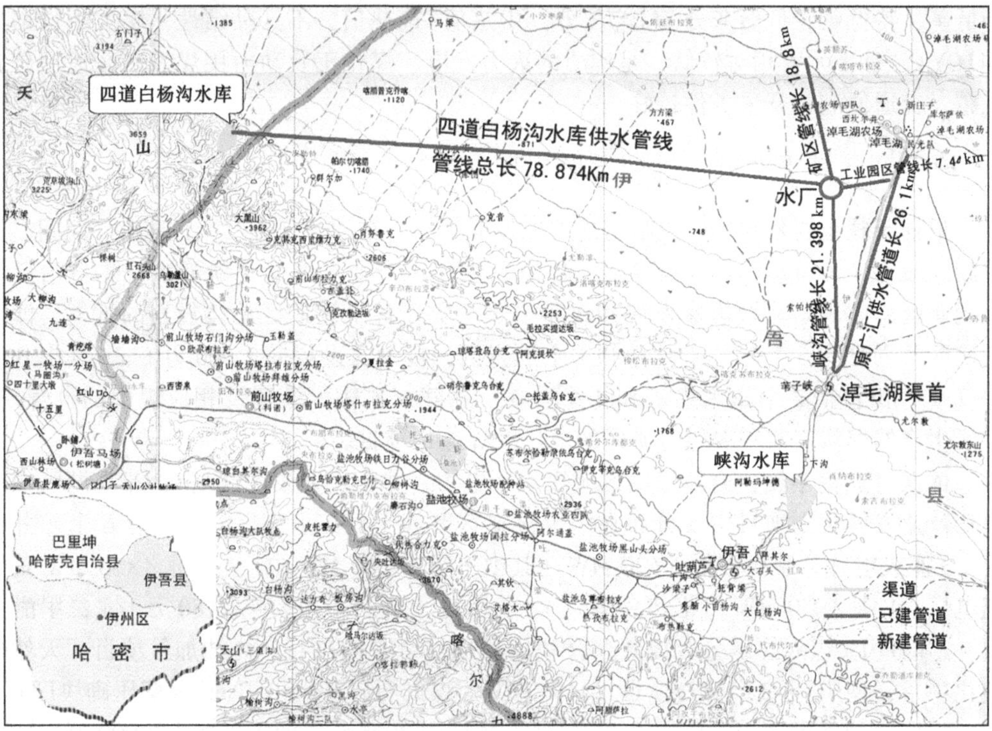

图 1　峡沟水库、四道白杨沟水库联合调度供水工程地理位置示意图

5　用水规划及水资源配置方案

根据工业园区用水规划和淖毛湖矿区相关企业水资源论证报告，设计水平年（2025 年）工业需水量为 3 000 万 m^3/a。根据“优先使用地表水，合理开采地下水”的原则和淖毛湖区域水资源配置方案，上述需水全部由峡沟水库和四道白杨沟水库供给。

淖毛湖工业园区设计水平年（2025 年）工业用水量为 3 000 万 m^3/a，供水设计保证率为 95%。四道白杨沟水库每年供水量为 500 万 m^3，峡沟水库每年还需提供 2 500 万 m^3 水量，伊吾河 95%保证率径流量为 4 704 万 m^3，峡沟水库目前每年为农业灌溉供水 2 032 万 m^3，总水量满足需水总量。但因峡沟水库库容限制，不能对来水进行充分调蓄，经复核计算仍存在阶段性的缺水和弃水，满足不了需水要求。

5.1 峡沟水库供水能力复核

峡沟水库原设计 95%保证率时，可向工业供水 1 589 万 m^3，向农业供水 2 032 万 m^3，因兴利库容较小，在满足淖毛湖区域工、农业用水的同时，还弃水 1 000 万 m^3。

若保证向工业供水 2 500 万 m^3，剩余水量供给农业，经调节计算复核，农业供水量为 1 884 万 m^3，灌溉季节农业缺水 148 万 m^3，非灌溉季节弃水 229. 39 万 m^3。峡沟水库在规模不变的情况下，保证向工业供水 2 500 万 m^3 的兴利调节计算见表 1，工业、农业用水过程见表 2。

通过以上调节计算发现，由于受峡沟水库规模的限制，无法对弃水量进行调节来满足灌溉季节农业缺水量。需通过峡沟水库与四道白杨沟水库联合调度，充分利用两水库规模，对两库的工业供水过程进行调整，通过 2 座水库联合调度来满足工业、农业用水需求。

5.2 联合调度方案

工业年需水量 3 000 万 m^3，每月需水 250 万 m^3，其中峡沟水库为工业年供水量 2 500 万 m^3，平均每月供水量 208. 33 万 m^3；四道白杨沟水库年供水量 500 万 m^3，平均每月供水量 41. 67 万 m^3。

通过对峡沟水库和四道白杨沟水库供水过程进行调整，根据伊吾河的来水特点和工业、农业的用水特点，非灌溉季节工业用水量全部由峡沟水库承担，为 250 万 m^3/月，灌溉季节用水量由峡沟水库和四道白杨沟水库共同承担，来保证工业、农业用水量，两水库供水总量均不变。

根据上述原则，拟定以下七个调度方案，进行比较。

5.2.1 方案一

峡沟水库 95%保证率下，农业供水量 2 031. 96 万 m^3，工业供水量 2 500 万 m^3，四道白杨沟水库供水量 500 万 m^3，峡沟水库 7—12 月、1—4 月 10 个月每月为工业供水 250 万 m^3，5—6 月 2 个月工业不供水；四道白杨沟水库 5—6 月 2 个月每月供水 250 万 m^3，其他月份不供水。

经调节计算：在该供水过程下灌溉季节缺水 84. 95 万 m^3，非灌溉季节余水 165. 05 万 m^3，无法保证用水要求。

供水过程见表 3，兴利调节计算表略。

5.2.2 方案二

峡沟水库 9—12 月、1—6 月 10 个月每月为工业供水 250 万 m^3，7—8 月 2 个月工业不供水；四道白杨沟水库 7—8 月这 2 个月每月供水 250 万 m^3，其他月份不供水。

经调节计算：在该供水过程下，工业、农业均不缺水，峡沟水库还有余水 86. 66 万 m^3。但四道白杨沟水库 95%保证率下 7—8 月来水量分别为 117. 2 万 m^3、28. 7 万 m^3，兴利库容为 316 万 m^3，总水量为 461. 9 万 m^3，无法满足 500 万 m^3 的供水需求。

表 1　兴利调节计算

月份	来水量 $W_{来}$/万 m^3	用水量/万 m^3	($W_{来}-W_{用}$)/万 m^3		水库月末蓄水量/万 m^3	水库平均蓄水量/万 m^3	平均水面/万 m^2	水量损失/万 m^3					供水量/万 m^3	($W_{供}-W_{用}$)/万 m^3		水库月末蓄水量/万 m^3	弃水量/万 m^3
								蒸发		渗漏		损失量					
			+	−				标准	$W_{蒸}$	标准	$W_{渗}$			+	−		
1	2	3	4	5	6	7	8	9	10	11	12	13	14	15	16	17	18
1	315.2	208.33	106.87		515.73	566.76	50.03	22.6	1.13	0.65%	3.68	4.81	213.1	102.05		515.74	0
2	324.6	208.33	116.27		617.79	656.18	53.65	34.9	1.87	0.65%	4.27	6.14	214.5	110.13		617.79	33.35
3	343.4	208.33	135.07		694.57	694.57	55.47	70.8	3.93	0.65%	4.51	8.44	216.8	126.62		694.57	126.62
4	334	253.3	80.7		694.57	694.57	55.47	121.8	6.76	0.65%	4.51	11.27	264.6	69.43		694.57	69.43
5	329.3	444.13		114.83	694.57	629.66	52.39	208.1	10.9	0.65%	4.09	15	459.1		129.83	694.57	0
6	366.9	416.18		49.28	564.74	533.43	48.88	202.1	9.88	0.65%	3.47	13.35	429.5		62.63	564.74	0
7	602.1	825.73		223.63	502.12	385.36	41.49	178	7.39	0.65%	2.5	9.89	835.6		233.52	502.11	0
8	625.6	853.5		227.9	268.59	198.93	28.48	173.5	4.94	0.65%	1.29	6.23	859.7		234.14	268.59	−94.82
9	395.1	444.13		49.03	129.27	129.27	22.22	149	3.31	0.65%	0.84	4.15	448.3		53.18	129.27	−53.18
10	385.7	253.3	132.4		129.27	193.57	28.04	90.2	2.53	0.65%	1.26	3.79	257.1	128.61		129.27	0
11	357.5	208.33	149.17		257.87	330.69	38.35	36	1.38	0.65%	2.15	3.53	211.9	145.64		257.88	0
12	324.6	208.33	116.27		403.51	459.62	45.49	23.2	1.06	0.65%	2.99	4.04	212.4	112.22		403.52	0
合计	4 704	4 531.96	836.73	664.69	515.73			1 310.2	55.07		35.57	90.64	4 622.6	794.7	713.3	515.74	

表 2　工业、农业用水过程线

单位：万 m³

月份	1	2	3	4	5	6	7	8	9	10	11	12	合计
工业用水	208.33	208.33	208.33	208.33	208.33	208.33	208.33	208.33	208.33	208.33	208.33	208.33	2 500.00
农业用水				44.97	235.80	207.85	617.40	645.17	235.80	44.97			2 031.96
合计	208.33	208.33	208.33	253.30	444.13	416.18	825.73	853.50	444.13	253.30	208.33	208.33	4 531.96

表 3　供水过程

单位：万 m³

方案		月份												合计
		1月	2月	3月	4月	5月	6月	7月	8月	9月	10月	11月	12月	
	农业用水	0	0	0	44.97	235.8	207.85	617.4	645.17	235.8	44.97	0	0	2 031.96
方案一	工业用水	250	250	250	250	0	0	250	250	250	250	250	250	2 500
	用水过程线	250	250	250	294.97	235.8	207.85	867.4	895.17	485.8	294.97	250	250	4 531.96
方案二	工业用水	250	250	250	250	250	250	0	0	250	250	250	250	2 500
	用水过程线	250	250	250	294.97	485.8	457.85	617.4	645.17	485.8	294.97	250	250	4 531.96
方案三	工业用水	250	250	250	250	83.33	83.33	83.33	250	250	250	250	250	2 500
	用水过程线	250	250	250	294.97	319.13	291.18	700.73	895.17	485.8	294.97	250	250	4 531.96
方案四	工业用水	250	250	250	125	125	125	125	250	250	250	250	250	2 500
	用水过程线	250	250	250	169.97	360.8	332.85	742.4	895.17	485.8	294.97	250	250	4 531.96
方案五	工业用水	250	250	250	150	150	150	150	150	250	250	250	250	2 500
	用水过程线	250	250	250	194.97	385.8	357.85	767.4	795.17	485.8	294.97	250	250	4 531.96
方案六	工业用水	250	250	250	166.67	166.67	166.67	166.67	166.67	166.67	250	250	250	2 500
	用水过程线	250	250	250	211.64	402.47	374.51	784.07	811.84	402.46	294.97	250	250	4 531.96
方案七	工业用水	250	250	250	178.57	178.57	178.57	178.57	178.57	178.57	178.57	250	250	2 500
	用水过程线	250	250	250	223.55	414.37	386.42	795.97	823.74	414.37	223.55	250	250	4 531.96

5.2.3　方案三

峡沟水库8—12月、1—4月9个月每月为工业供水250万 m^3，5—7月3个月每月为工业供水83.33万 m^3；四道白杨沟水库5—7月3个月每月供水166.67万 m^3，其他月份不供水。

经调节计算：在该供水过程下，工业、农业均不缺水，峡沟水库还有余水75.76万 m^3。

5.2.4　方案四

峡沟水库8—12月、1—3月8个月每月为工业供水250万 m^3，4—7月4个月每月为工业供水125万 m^3；四道白杨沟水库4—7月4个月每月供水125万 m^3，其他月份不供水。

经调节计算：在该供水过程下，工业、农业均不缺水，峡沟水库还有余水77.48万 m^3。

5.2.5　方案五

峡沟水库9—12月、1—3月7个月每月为工业供水250万 m^3，4—8月5个月每月为工业供水150万 m^3；四道白杨沟水库4—8月5个月每月为工业供水100万 m^3，其他月份不供水。

经调节计算：在该供水过程下，工业、农业均不缺水，峡沟水库还有余水79.07万 m^3。

5.2.6　方案六

峡沟水库10—12月、1—3月6个月每月为工业供水250万 m^3，4—9月6个月每月为工业供水166.67万 m^3；四道白杨沟水库4—9月6个月每月为工业供水83.33万 m^3，其他月份不供水。

经调节计算：在该供水过程下，工业、农业均不缺水，峡沟水库还有余水81.67万 m^3。

5.2.7　方案七

峡沟水库11—12月、1—3月7个月每月为工业供水250万 m^3，4—10月7个月每月为工业供水178.57万 m^3；四道白杨沟水库4—10月7个月每月为工业供水71.43万 m^3，其他月份不供水。

经调节计算：在该供水过程下灌溉季节缺水2.67万 m^3，非灌溉季节余水82.58万 m^3，无法保证用水要求。

5.3　调度方案选择

方案三、方案四、方案五、方案六均可满足下游用水要求，调蓄过程中，峡沟水库的最大缺水量分别为493.85万 m^3、556.30万 m^3、529.70万 m^3、510.44万 m^3，而峡沟水库兴利库容为565.3万 m^3，方案四和方案五水库已接近和达到正常蓄水位，无多余调蓄库容。方案三和方案六尚剩余一定的调蓄库容，在来水频率小于95%的年份则可加大水库的调蓄能力，增加峡沟水库供水量，减少下游地下水开采量。方案三和方案六相比，从四道白杨沟水库多年径流资料调节来看，四道白杨沟水库500万 m^3 水3个月放完，保证率较低只有75%，且流量较大，管线投资大；方案六四道白杨沟水库月供水量最小，相应的由此确定的四道白杨沟供水管道管径较小，较经济。

经以上各方案比选，选定方案六，即峡沟水库95%保证率下，农业供水量2 032万m^3，工业供水量2 500万m^3，四道白杨沟水库供水量500万m^3，工业供水过程为峡沟水库10—12月、1—3月6个月每月为工业供水250万m^3，4—9月6个月每月为工业供水166.67万m^3；四道白杨沟水库4—9月5个月每月为工业供水83.33万m^3，其他月份不供水。

6 结语

根据哈密市委实施优势资源转换、生态立区、工业强区的发展战略，伊吾县的经济要按科学发展观的要求进一步实现跨越式超常规的发展，就必然要推动新型工业化建设，实施资源优势转换与新型工业化建设重点要依托淖毛湖丰富的煤炭资源推动煤电项目的建设。

淖毛湖的水资源量在干旱缺水的哈密地区相对丰富，但现有水资源开发利用量仍不能满足今后大规模资源开发和经济社会发展的需求，存在一定的工程性缺水和结构性缺水。

水资源是制约淖毛湖工业园区建设和发展的主要因素，两座水库联合调度，在水库不扩容的情况下可多从伊吾河引取地表水1 000万m^3，目前峡沟、四道白杨沟供水管道已建设完成，实现了两库联调，很大程度上缓解了淖毛湖区域水资源供需的矛盾，对于淖毛湖优势资源转化尤其是煤炭资源的转化，实现经济社会的超常规、跨越式发展具有十分重要的意义。

参考文献

[1] 郭生练，陈炯宏，刘攀，等．水库群联合优化调度研究进展与展望［J］．水科学进展，2010，21（4）：496-503.

[2] 赵鸣雁，程春田，李刚．水库群系统优化调度新进展［J］．水文，2005，25（6）：18-23.

[3] 汪业林．白莲崖水库建成后的三库统一管理思路与分析［J］．中国水利，2006（22）：57-58.

[4] 黄艳．长江流域水工程联合调度方案的实践与思考：2020年防洪调度［J］．人民长江，2020，51（12）：116-128，134.

[5] 陈敏．长江流域水库群联合调度实践的分析与思考［J］．中国防汛抗旱，2017（1）：40-44.

水库工程高边坡开挖施工期静力分析及稳定性研究

王　健　郝永志

（新疆水利水电勘测设计研究院有限责任公司，新疆乌鲁木齐　830000）

摘　要：大石门水利枢纽工程大坝后坝坡左侧岸坡自然坡度63°~70°，上部为上更新统砂卵砾石层，中部为中更新统砂卵砾石层，下部为侏罗系泥岩、砂岩夹煤层，岩石裸露。为保证电站厂房的运行及厂区安全，对大坝下游左岸砂砾石岸坡进行削坡处理，砂砾石岸坡削坡高度约134 m，该边坡级别为Ⅲ级。本文采用有限元法开展了高边坡开挖施工期静力分析及稳定性研究，结果表明，边坡开挖前模型整体较为稳定，安全系数达到1.35，最危险滑动体出现在待开挖的边坡范围附近，最大剪应变率为5.48×10^{-3}；边坡开挖后模型整体较为稳定，安全系数达到1.47，最危险滑动体出现在开挖边坡范围下游侧30 m左右的范围内，最大剪应变率为4.23×10^{-3}。

关键词：左岸砂砾石高边坡；稳定性计算；安全系数

边坡稳定分析尤其是百米级的高边坡稳定分析越来越受到人们的重视。高边坡在施工期和运行期的稳定性决定了工程安全运行的成败。1994年8月深圳水库受特大暴雨影响，水库岸坡出现长60 m、宽40的裂缝，威胁水库安全运行。窄口水库溢洪道开挖破坏了原有边坡性态，闸室右侧边坡产生体积约18.6万m^3的滑塌体，对溢洪道安全运行造成威胁。黄金峡水库左岸高边坡相对高差280 m，通过“削坡压重”的处理方式提高了其边坡稳定性，提高了边坡运行的安全可靠性。

1　工程概况

大石门水利枢纽工程位于新疆巴州且末县境内的车尔臣河干流上，坝址位于车尔臣河出山口与支流托其里萨依交汇口下游约300 m处，地理坐标为东经85°51′51″、北纬37°30′24″。工程区距且末县城约98 km，距库尔勒市约756 km，距乌鲁木齐约1 200 km，是一项以灌溉、防洪为主，兼有发电等综合利用的水利工程。

根据新疆防御自然灾害研究所《新疆且末大石门水库工程项目场地地震安全性评价报告》（2009年5月出版，新震函〔2009〕85号文批复）结果：坝址区50年超越概率10%、50年超越概率5%、50年超越概率2%及100年超越概率2%的场地基岩动峰值加速度分别为260.9 gal、363.0 gal、516.5 gal、643.3 gal，场地地震基本烈度为

作者简介：王健（1984—），男，高级工程师，主要从事水利水电勘测设计研究工作。

Ⅷ度。

大坝后坝坡左侧岸坡自然坡度63°~70°，其下部岩性为侏罗系泥岩、砂岩夹煤层，上部2 216 m高程以上为Q_2^{al}、Q_3^{al}砂砾石层，厚约134 m。左岸边坡，坡高壁陡，坡顶拔河高达166 m，上部为上更新统砂卵砾石层，厚35~40 m；中部为中更新统砂卵砾石层，厚95~100 m，下部为侏罗系泥岩、砂岩夹煤层，岩石裸露，出露基岩顶板高程约2 216 m。

该左岸高边坡紧邻厂址区，最近距离约40 m，蓄水后边坡易失去稳定，对厂房产生不利影响，拟对该高陡边坡进行削坡处理。厂房左岸砂砾石边坡底部开挖高程2 216 m，边坡开挖边坡1∶1，每10 m设一马道，马道宽2 m，在高程2 266 m及2 306 m处各设一级8 m宽马道。底部砂砾石与基岩接触面马道宽5 m，并设2 m高混凝土挡土墙作拦护，以拦护可能沿坡面滑落的砾石块，保证厂房安全，挡土墙底部设排水孔排泄砂砾石坡面水。另外，高边坡中段及底层开挖平台处各设置一道被动防护网对落石进行多级拦护。图1为左岸高边坡平面示意图。

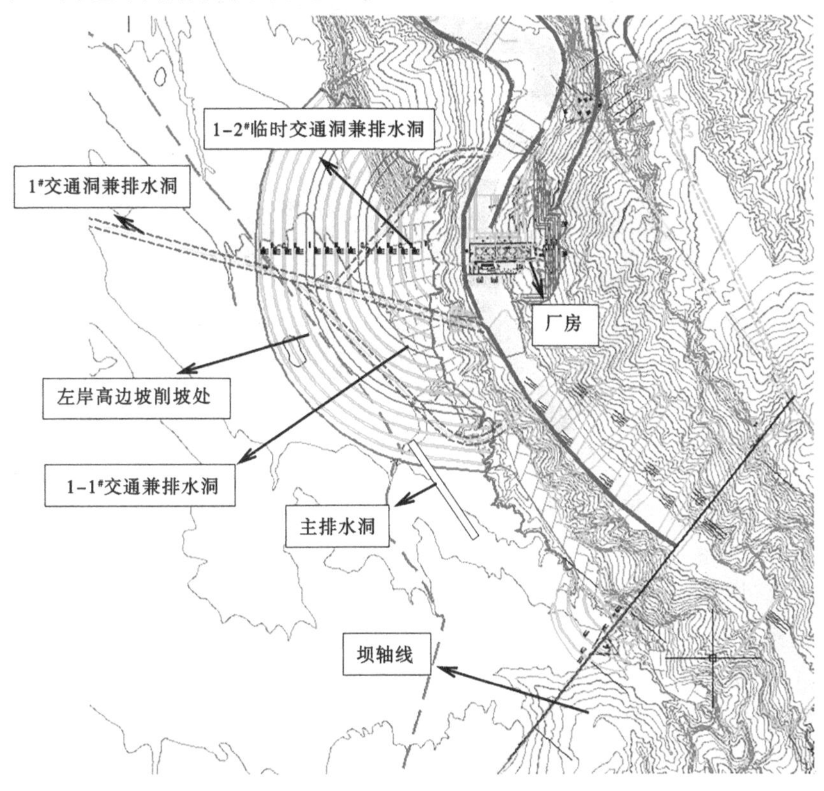

图1　左岸高边坡平面示意图

2　静力计算模型

2.1　静力计算模型

在此计算的削坡处理中采用从上到下分级削坡的方式，开挖过程中暂不考虑护坡处理。考虑到大坝上游库水位对下游高边坡的影响，模型上游边界选取到大坝上游280 m

处，模型下游边界选取到大坝下游 940 m 处，以河谷中心线作为右侧边界，以此向左延伸至 930~1 270 m 的范围，基岩向下取至高程 2 046 m 的范围。

开挖前网格模型划分为 97 771 个单元，90 800 个节点；开挖后网格模型划分为 94 864 个单元，87 836 个节点。根据项目横断面图，将模型共划分成 8 个组别，分别为 Q_3^{al} 砂卵砾石层、Q_2^{al} 砂卵砾石层、侏罗系泥岩砂岩夹煤层、防渗帷幕、排水洞位置、预设排水管位置、开挖 1（开挖部分 Q_3^{al} 砂卵砾石层）、开挖 2（开挖部分 Q_2^{al} 砂卵砾石层），如图 2 所示。

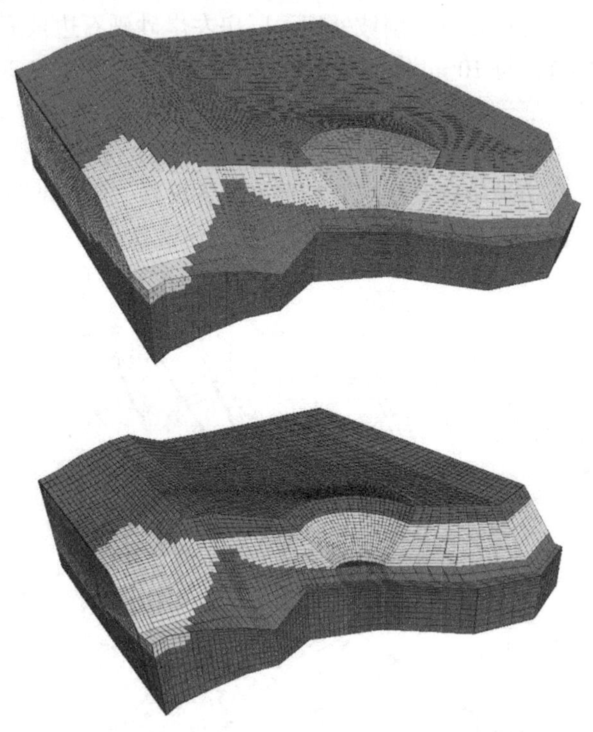

图 2　左岸高边坡削坡前、后网格模型示意图

2.2　静力边界条件

模型计算过程中，地应力仅以岩土层自重作为考虑，即进行初始应力计算，设置计算模型的位移边界：上游边界（$Y=0$ m）、下游边界（$Y=1\ 220$ m）约束 y 方向位移；左侧边界（$X=0$ m）约束 x 方向位移、右侧边界（河谷中心线）约束法向方向位移；模型的底面（$Z=0$ m）为固定边界，约束三个方向的位移。

根据地层资料，地层主要分为三层，即 Q_3^{al}砂卵砾石层、Q_2^{al}砂卵砾石层、侏罗系泥岩砂岩夹煤层，在 FLAC3D 计算中，岩土体采用的是摩尔-库仑弹塑性材料模型，需要输入的土体力学参数包括：体积模量（K）、剪切模量（G）、弹性模量（E）、泊松比（μ）、密度、黏聚力（c）、内摩擦角（φ）等；因此，根据 FLAC3D 提供的弹性力学公式换算求得：

$$K = \frac{E}{3(1-2\mu)},\quad G = \frac{E}{2(1+\mu)}$$

式中：E 为弹性模量、μ 为泊松比。具体计算参数参考值如表 1 所示。计算中侏罗系泥岩砂岩夹煤层的弹模取 5 GPa；Q_3^{al} 砂卵砾石层天然状态下黏聚力取 23 kPa，饱和状态下取 14 kPa；Q_2^{al} 砂卵砾石层天然状态下黏聚力取 25 kPa，饱和状态下取 18 kPa；侏罗系泥岩砂岩夹煤层天然状态下黏聚力取 265 kPa，内摩擦角取 35.5°。

表 1　岩土体计算参数参考值

岩性	天然状态			饱和密度/(g/cm³)	天然状态			饱和状态		天然状态	
	湿密度/(g/cm³)	干密度/(g/cm³)	含水率/%		孔隙比	弹性模量/GPa	泊松比	c/kPa	φ/(°)	c/kPa	φ/(°)
Q_3^{al} 砂卵砾石	2.18	2.17	0.3	2.36	0.23	0.5	0.31	13~14	33	20~23	35
Q_2^{al} 砂卵砾石	2.19	2.18	1.0	2.37	0.22	0.7	0.30	16~18	34	21~25	36
侏罗系泥岩、砂岩夹煤层	2.78	2.77	—	—	0.013 4	3~7	0.25	250	33	260~270	35~36

根据相关工程经验，砾岩的抗剪断峰值强度 $f=0.727\sim0.839$，$c=0.03\sim0.10$ MPa，且受地下水、降水等外界条件影响的同时，更受内部胶结程度和颗粒粒径等砾岩结构特性影响，具有离散系数大的特点；五一水库砾岩抗剪断强度取值 $f=0.727$，$c=0.06\sim0.10$ MPa。因此，建议在工程实施过程中，Q_3^{al}、Q_2^{al} 砂卵砾石层这类复杂土层的相关力学指标，有必要通过现场原位试验，进一步佐证以获取更加接近实际的土层参数。

2.3　边坡开挖期应力应变情况

2.3.1　天然状态下应力应变分析

模型建立后，在自重作用下的初始应力场，最大竖向应力 $\sigma_{zz}=8.74$ MPa（模型中 Z 方向为竖直方向，故此时 σ_{zz} 为竖向应力，以压为正、拉为负），地应力自上而下递增，在自由面附近因临界面的释放作用自重应力较小。初始地应力状态如图 3 所示。

在对模型施加重力作用后，网格单元将持续更新节点位移，直至达到不平衡力比值 1×10^{-5} 计算结束。此过程中，模型也会发生一定的变形，如图 4 所示反映向高边坡外侧的位移情况。可见，在自重应力作用下，单元整体向边坡外侧移动，且最大位移发生在大坝下游待开挖边坡及其下游侧边坡范围。在后面计算中可以关注该范围内的断面稳定性。

2.3.2　施工开挖过程应力应变分析

靠近厂房的高边坡对厂房的威胁最大，在其附近选取 5 个典型断面进行施工期应力释放后位移变化分析，选取断面位置如图 5 所示。

剖面 1 竖向累计位移最大达到 8.6 cm，表现为向上回弹，发生在开挖后新坡面中部位置，且越往边坡内侧位移越小；远离边坡范围出现少量的沉降位移，不明显。侧向

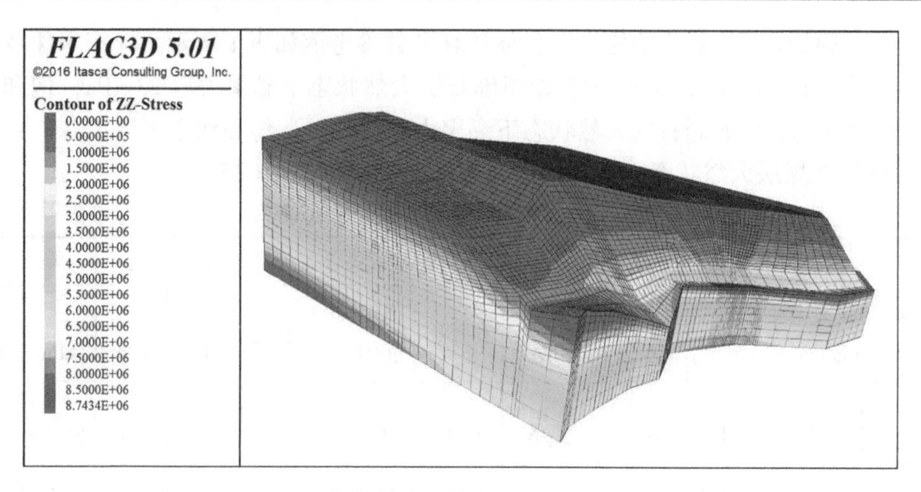

图 3　初始地应力状态　（单位：Pa）

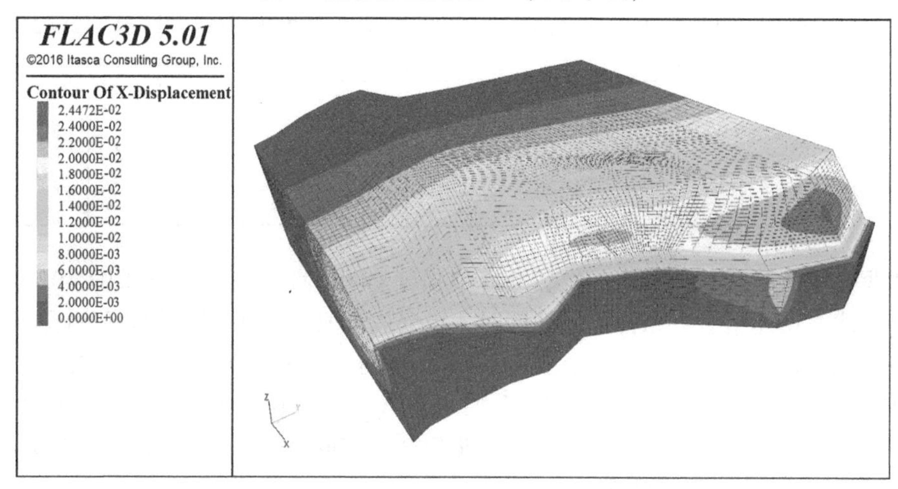

图 4　初始 X 方向位移状态　（单位：m）

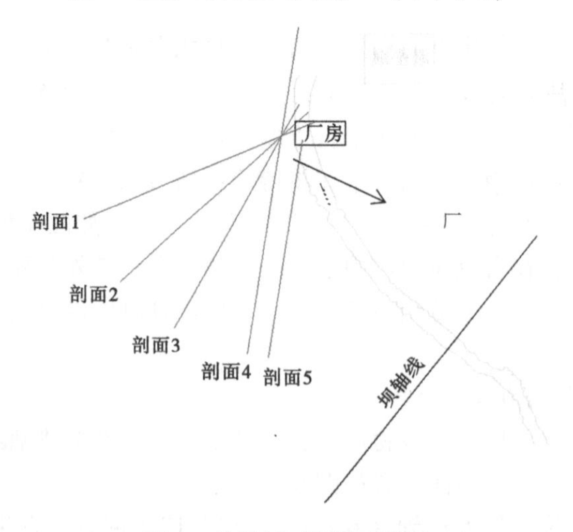

图 5　典型剖面位置示意图

累计位移最大达到 2.2 cm，表现为向边坡外侧位移，发生在靠近开挖后新坡面内侧中部位置，且越往边坡内侧位移越小；在边坡底部基岩附近出现向边坡内测位移，最大达 1.0 cm。开挖后，坡面整体有向上回弹和向坡外侧位移趋势。

剖面 2 竖向累计位移最大达到 7.4 cm，表现为向上回弹，发生在开挖后新坡面中部位置，且越往边坡内侧位移越小；远离边坡范围出现少量的沉降位移，不明显。侧向累计位移最大达到 2.3 cm，表现为向边坡外侧位移，发生在靠近开挖后新坡面内侧中上部位置，且越往边坡内侧位移越小；在边坡底部基岩附近出现向边坡内测位移，最大达 1.0 cm。开挖后，坡面整体有向上回弹和向坡外侧位移趋势。

剖面 3 竖向累计位移最大达到 5.5 cm，表现为向上回弹，发生在开挖后新坡面中部位置，且越往边坡内侧位移越小；远离边坡范围出现少量的沉降位移，不明显。侧向累计位移最大达到 2.0 cm，表现为向边坡外侧位移，发生在靠近开挖后新坡面内侧上部位置，且越往边坡内侧位移越小；在边坡底部基岩附近出现向边坡内测位移，最大达 0.9 cm。开挖后，坡面整体有向上回弹和向坡外侧位移趋势。

剖面 4 竖向累计位移最大达到 3.1 cm，表现为向上回弹，发生在开挖后新坡面中部位置，且越往边坡内侧位移越小；远离边坡范围出现少量的沉降位移，不明显。侧向累计位移最大达到 1.2 cm，表现为向边坡外侧位移，发生在靠近开挖后新坡面内侧上部位置，且越往边坡内侧位移越小；在边坡底部基岩表层出现向边坡内测位移，最大达 0.9 cm。开挖后，坡面整体有向上回弹和向坡外侧位移趋势。

剖面 5 竖向累计位移最大达到 2.6 cm，表现为向上回弹，发生在开挖后新坡面中部位置，且越往边坡内侧位移越小；远离边坡范围出现少量的沉降位移，不明显。侧向累计位移最大达到 1.1 cm，表现为向边坡外侧位移，发生在靠近开挖后新坡面内侧上部位置，且越往边坡内侧位移越小；在边坡底部基岩表层出现向边坡内测位移，最大达 0.7 cm。开挖后，坡面整体有向上回弹和向坡外侧位移趋势。

通过计算结果看出，剖面 1 的位移最大，对厂房的威胁也最大，也是需要重点关注的断面；随着剖面向顺河向偏转，位移越来越小（竖向位移变化较水平位移明显得多），最大位移基本上都发生在开挖后新坡面中部位置。开挖边坡后，新坡面表层土易松动，施工时注意加固措施。

2.3.3 施工期典型断面的稳定安全性分析

通过有限元软件计算，可以得到整个模型在边坡开挖前后的安全系数来确定边坡的稳定性，同时可以预测最危险滑动体的位置以便后期施工采取相应的工程措施进行防护。

模型整体较为稳定，安全系数达到 1.35，最危险滑动体出现在待开挖的边坡范围附近，最大剪应变率为 $5.481\,9\times10^{-3}$，位于坡脚附近，也是滑动体最有可能滑出的位置，如图 6 所示，这在一定程度上说明在此处削坡的必要性。

应变率均发生在坡脚附近，速度矢量也反映了滑动面有从坡脚附近滑出的趋势。其中剖面 1 和剖面 2 的剪应变率云图出现贯通，且滑动面外侧区域各网格点速度明显大于其他区域，说明当折减系数达到 1.35 时这一区域已经出现明显滑动即发生了破坏；而其他几个剖面未贯通，说明当出现最危险滑动的时候，剖面 1 和剖面 2 位置最先滑动，

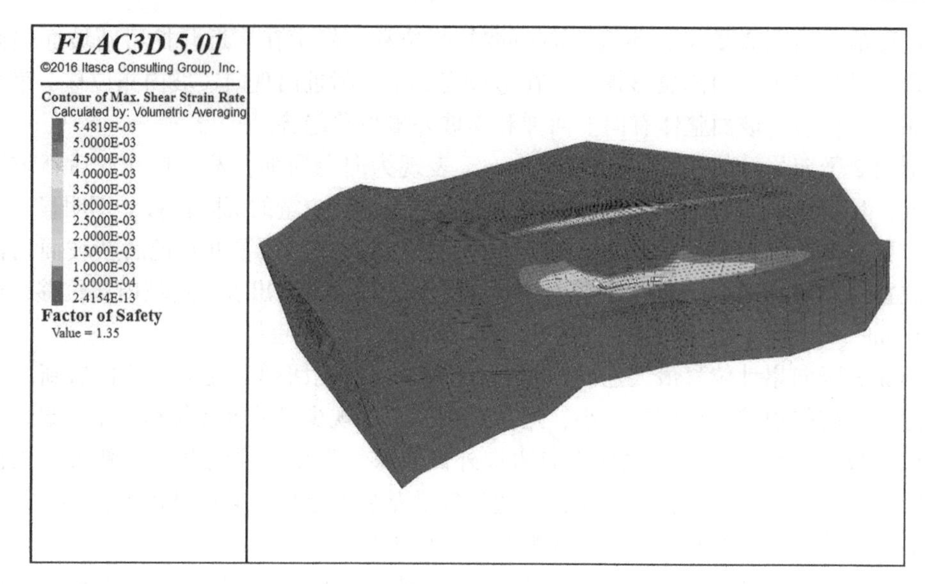

图 6　边坡开挖前模型整体稳定性

是工程防护重点区域。

2.4　边坡开挖后整体稳定安全系数分析

通过有限元计算可知，高边坡模型整体较为稳定，安全系数达到 1.47，最危险滑动体出现在开挖边坡范围下游侧的边坡处，最大剪应变率为 4.23×10^{-3}，位于下游边坡坡脚附近，也是滑动体最有可能滑出的位置。与开挖前相比，模型整体安全系数提高了，且最危险滑动体不再是开挖边坡范围内而转移至开挖边坡下游侧 30 m 附近，这在一定程度上说明开挖边坡后明显提高了边坡安全系数。

通过边坡开挖后各典型剖面的剪应变率云图及速度矢量可见，开挖边坡范围内的最大剪应变率相比开挖前降低了很多，因为最危险滑动体不再是开挖边坡范围，开挖边坡后新坡面的安全系数有了提高。其中，剖面 2 和剖面 3 的剪应变率云图虽然发生贯通，但当折减系数达到 1.47 时这一区域的剪应变率相比较下游边坡很小，即不会发生滑动；当出现最危险滑动的时候，下游侧的边坡最先滑动。

同时需要注意的是，边坡开挖体两侧土体由于受到卸荷的影响，加上地质条件的复杂性，表层土体易松动，开挖时需要特别注意。

3　结语

（1）高边坡开挖施工期静力分析及稳定性研究，包括静力计算模型、静力边界条件、岩土体力学参数、边坡开挖期应力应变情况、施工期典型断面的稳定安全性分析。

模型上游边界选取到大坝上游 280 m 处，模型下游边界选取到大坝下游 940 m 处，以河谷中心线作为右侧边界，以此向左延伸至 930~1 270 m 的范围，基岩向下取至 170 m 左右的范围。开挖前网格模型划分为 97 771 个单元，90 800 个节点；开挖后网格模型划分为 94 864 个单元，87 836 个节点。

（2）剖面 1 的位移最大，对厂房的威胁也最大，也是需要重点关注的断面；随着剖面向顺河向偏转，位移越来越小，最大竖向位移基本上都发生在开挖后新坡面中部位置，而最大水平位移逐渐向上部转移。

（3）边坡开挖前模型整体较为稳定，安全系数达到 1.35，最危险滑动体出现在待开挖的边坡范围附近，最大剪应变率为 5.4819×10^{-3}。其中，剖面 1 和剖面 2 的剪应变率云图显示贯通，而其他几个剖面未显示贯通，说明当出现最危险滑动的时候，剖面 1 和剖面 2 位置最先滑动，是工程防护的重点区域。

（4）边坡开挖后模型整体较为稳定，安全系数达到 1.47，最危险滑动体出现在开挖边坡范围下游侧 30 m 左右的范围内，最大剪应变率为 4.23×10^{-3}。各典型剖面的最大剪应变率相比开挖前降低了很多，因为最危险滑动体不再是开挖边坡范围，开挖边坡后新坡面的安全系数有了提高，这在一定程度上说明削坡的效果很明显。

参考文献

[1] 曹洪，房营光．深圳水库高边坡的稳定性分析［J］．岩石力学与工程学报，2004（6）：906-910.
[2] 刘东雨．窄口水库溢洪道右岸高边坡稳定性分析［J］．河南水利与南水北调，2007（9）：49-50.
[3] 鲁艺．黄金峡水库坝肩高边坡稳定性分析［J］．陕西水利，2013（4）：81-82.
[4] 郝永志．大石门水库古河槽帷幕灌浆效果检查分析［J］．东北水利水电，2022，40（8）：14-16，71.
[5] 陈平，陈特，谢道强，等．基于拟静力法的某水电站高边坡［J］．水利技术监督，2022（8）：167-168.
[6] 李江，柳莹，杨玉生，等．大石门水利枢纽设计若干关键技术问题研究［J］．水利规划与设计，2022（9）：77-84，95.
[7] 杨造仁．玉龙喀什水利枢纽工程 P1 石料场开挖高边坡稳定性分析［J］．东北水利水电，2023，41（9）：57-59.
[8] 郝永志．一种新帷幕灌浆方法在深古河槽中的应用［J］．水利规划与设计，2022（7）：143-147.
[9] 郝永志．大石门水利工程深厚砂砾石覆盖层防渗处理设计［J］．水利规划与设计，2019（2）：139-144.
[10] 郝永志．新疆大石门水利枢纽建筑物工程布置及关键技术［J］．中国水利，2018（16）：49-51，61.
[11] 郝永志．地震作用下砂砾石高边坡稳定性三维分析［J］．水利科技与经济，2017，23（12）：32-37.

新疆干旱区土石坝混凝土护坡的设计要点

张成峰　王世刚

（哈密托实水利水电勘测设计有限责任公司，新疆哈密　839000）

摘　要：本文结合工程实例，通过对不同公式的计算分析，并借鉴试验资料，提出了当地土石坝混凝土护坡的合理厚度和布置形式，对部分水库护坡破坏的原因进行了分析，目的是为今后的混凝土护坡设计提供参考。

关键词：哈密地区；混凝土护坡；合理厚度

哈密地区中小型水库较多，坝型多为碾压式土石坝，护坡是坝体的关键部位之一。混凝土护坡较浆砌石及干砌石护坡具有美观、施工速度快、质量好、造价低、材料供应充足等特点，因而被广泛采用。但由于混凝土护坡受力复杂，一些因素还不能准确掌握，难以确定合理的混凝土护坡厚度，导致在一些工程中运行不够理想，时常发生破坏，花费大量的人力、物力、财力进行护坡维护。本文根据哈密地区的气候特征，结合工程设计实例，通过计算分析，并借鉴试验资料，提出合理的混凝土护坡厚度和布置形式，可为今后的混凝土护坡设计提供参考。

1　气候特征

哈密地区位于新疆维吾尔自治区东北部，地处欧亚大陆腹地，远离海洋，属典型的大陆性干旱气候，全区气候干燥，具有夏季炎热、冬季寒冷、多大风、降水稀少、蒸发量大、气温日温差大等气候特征。冬季历时四个半月左右，多年平均气温 1.5~8.0 ℃，最冷月份 1 月平均气温-11.3~-18.1 ℃，历年极端最低气温-43.6 ℃。多年平均最大风速 12~20 m/s，瞬时最大风速达 35.0 m/s。多年最大冻土深度 2.53 m。水库冰厚 0.5~1.0 m。

2　护坡厚度的确定

护坡破坏的主要原因有波浪淘刷、基土冻胀、冰拔破坏等。

根据气候特征，按照抗冰冻设计规范，哈密为严寒地区，又因风大、风多，所以护坡厚度的确定必须综合考虑两种气候条件下的波浪和冰拔力等破坏因素，基土冻胀则可以通过换填等措施解决。

2.1　按波浪要素确定护坡厚度

《碾压式土石坝设计规范》（SL 274—2020）规定，对具有明缝的混凝土板护坡，

作者简介：张成峰（1967—），男，高级工程师，主要从事水利水电工程勘测设计工作。

当坝坡坡度系数 m 为 2~5 时，在浮力作用下稳定的面板厚度可按式（1）计算：

$$t = 0.07\eta h_p \sqrt[3]{\frac{L_m}{b}} \frac{\rho_w}{\rho_c - \rho_w} \frac{\sqrt{m^2 + 1}}{m} \tag{1}$$

式中：η 为系数，整体式大块护面板取 1.0，装配式取 1.1；b 为沿坝坡向板长，m；h_p 为累积频率为 1%的波高；ρ_c 为混凝土密度，$\rho_c = 2.4$ t/m³；ρ_w 为水的密度，$\rho_w = 1$ t/m³；L_m 为波长；m 为坡率。

以峡沟水库的初步设计资料（见表 1）为例，对于尺寸为 3 m×3 m 的现浇混凝土护坡板计算出 t=0.10 m。

表 1　峡沟水库风浪要素计算结果

计算参数	计算工况	
	正常运用情况	非常运用情况
计算风速/(m/s)	22.35	14.9
吹程/m	1 745	1 750
坝前水深/m	30.17	32.95
平均波高 h_m/m	0.442	0.285
平均波周期 T_m	2.95	2.37
平均波长 L_m/m	13.58	8.07
累积频率为 1%的波高 h_p	1.07	0.69
单坡的坡度系数 m	2.4	2.4
风壅水面高度/m	0.006	0.003
平均波浪爬高 R_m/m	0.851	0.524
波浪爬高 $R_{5\%}$/m	1.58	1.01
斜线来波折减系数 K_β	0.80	0.80
折减后的波浪爬高 $R_{5\%}\times K_\beta$	1.264	0.808

《土坝设计》中也给出了类似于式（1）的经验公式，混凝土护坡在浮力作用下靠自重维持自身稳定的厚度为：

$$t = K \frac{0.225(2h)}{\gamma_c - 1} \frac{\sqrt{1 + m^2}}{m} \tag{2}$$

式中：K 为安全系数，取 1.25~1.50；$2h$ 为波浪高度；γ_c 为混凝土的容重；其余符号含义同前。

同样用峡沟水库的资料，由式（2）得出的 t=0.10~0.12 m。该公式计算结果与规范公式接近。

本地区以往水库的运行经验说明，按式（1）、式（2）确定的护坡厚度偏小，有些水库的护坡尺寸同样为 3 m×3 m，厚度为 10~15 cm，但历经几次大风天气，有的还未运行到冬季，就发生了大面积破坏，伊州区五堡水库即是最典型的工程实例。

五堡水库位于哈密市以西 58 km 处五堡镇境内，地理坐标为东经 92°48′50″~92°50′30″、北纬 42°52′40″~42°53′10″。水库总库容 724.69 万 m^3，兴利库容 553.01 万 m^3，调洪库容 121.68 万 m^3，死库容 50 万 m^3，校核洪水位为 508.22 m，正常蓄水位为 507.32 m，汛期限制水位 505.56 m，设计洪水位 507.28 m，死水位为 501.24 m。五堡水库始建于 1959 年 9 月，2005 年进行除险加固，水库大坝包括主坝、Ⅰ号副坝、Ⅱ号副坝和Ⅲ号副坝。大坝为均质土坝，最大坝高 17.8 m，坝顶高程 508.43 m，防浪墙顶高程 508.93 m。主坝坝长 815 m，坝顶宽 5 m，上游坝坡高程 505.2 m 以上为 1∶3，以下为 1∶3~1∶5，下游坝坡 1∶2.5。上游坝坡采用 C20F200W4 混凝土护坡，板厚：正常蓄水位以上混凝土护坡板厚 0.1 m，以下混凝土护坡板厚 0.15 m；护坡板尺寸：从坝顶往下第三块混凝土板尺寸 3.64 m×3 m，其他混凝土板 3 m×3 m。坝体防渗采用复合土工膜（110 g/m^2 无纺布/0.25 mmPE/110 g/m^2 无纺布），复合土工膜上、下采用厚 0.1 m 粗砂垫层作为保护层，坝前坡在冬季水位变化区高程 502~504 m，粗砂垫层下部增设厚 0.2 m 砂砾石防冻垫层。

五堡水库自 2005 年除险加固完工后，遭遇 2006 年大风天气，水库区域刮起 10 级大风，上游混凝土板护坡即被风浪淘刷，出现了裂缝，后采取了水泥浆灌缝处理。又受 2014 年 4 月大风天气影响，主风向主坝长度约 900 m 混凝土护坡均受到不同程度破坏。主坝体 0+000~0+065、0+160~0+815 段上游护坡从坝顶往下第二块板有一条贯穿缝，缝宽 5~10 cm（见图 1），其余板有不同程度的抬动；第二块板整体向下滑动、沉降，板间缝宽 5~12 cm，下沉 5~12 cm，如图 2 所示。大部分填缝材料被淘空，缝下产生的空洞深 10~30 cm，如图 3 所示。

图 1　五堡水库主坝上游混凝土护坡（1）

图 2　五堡水库主坝上游混凝土护坡（2）

图 3　五堡水库主坝上游混凝土护坡（3）

2.2　护坡的抗风浪试验

为确定合理的护坡厚度，王甫洲水利枢纽曾做过室内试验。王甫洲枢纽坝体采用复合土工膜防渗，坝体断面上游坡 1∶2.75，下游坡 1∶2.5，坝体结构形式从上到下依次为 22 cm 厚混凝土护坡、砂砾石保护层 20 cm、中细砂保护层厚 10 cm、土工膜、中细砂保护层厚 10 cm。该水库多年平均最大风速 17 m/s，设计计算风速为 25.5 m/s，水库吹程为 7 km，计算最大设计波高 1.71 m，护坡形式、厚度、尺寸的设计是通过抗波浪冲击和抗浮稳定试验后确定的，在波浪水槽中用造波机对板厚 0.18 m、0.2 m 、0.22 m

及板中开孔与不开孔等情况进行试验，波浪持续作用后观察板是否振动。根据试验结果，最终设计采用现浇混凝土护坡，未设排水孔，分块尺寸 3 m×3 m，厚度 0.22 m。

王甫洲枢纽的多年平均最大风速、设计计算风速与峡沟水库接近，因水库吹程大，最大设计波高大于峡沟水库。但王甫洲通过试验确定的混凝土护坡厚度可作为本地区借鉴的依据。

2.3　按抗冰冻要求确定护坡厚度

冰对护坡的作用力可以分为冰的膨胀推力、冰块的撞击力和冰拔力。其中，因护坡厚度较薄，遭受冰拔破坏的现象较为常见，比如巴里坤县的二渠水库。

二渠水库地理位置介于东经 93°11′~93°13′、北纬 43°38′~43°40′，距巴里坤县城 12 km，控制灌溉面积 3.3 万亩。水库于 1977 年底动工，1979 年底竣工投入使用。水库大坝由主、副坝组成，大坝全长 5 km，其中主坝长 3.8 km，副坝长 1.2 km，为均质土坝，最大坝高 13 m，坝顶宽主坝段 4.4~7.7 m，副坝段 3.0~4.4 m。2002—2004 年间进行除险加固，水库坝顶高程为 1 660.4 m，防浪墙顶高程为 1 661.3 m，水库正常蓄水位 1 658.8 m，死水位 1 653.43 m，设计洪水位 1 659.63 m，校核洪水位 1 659.82 m。总库容 1 724 万 m^3，调洪库容 374.22 万 m^3，兴利库容 1 205.08 万 m^3，死库容 145 万 m^3。上游坝坡设计边坡 1∶3.0，在冬季低水位 1 655.65~1 658.50 m 高程范围设 0.2 m 厚混凝土防浪护坡，高程 1 658.50~1 660.40 m 范围设 0.1 m 厚混凝土防浪护坡，护坡下设 0.1 m 厚苯板保温层，下游坝坡设计边坡为 1∶2.5。经过多年运行，坝体混凝土护坡在冰推冰拔作用、库区风浪等综合因素作用下，上游混凝土护坡出现破坏，混凝土板断裂、错台、下滑。护坡板错台高度 5~12 cm，裂缝宽度 1~3 cm，沿坝面下滑 9~60 cm，现状破坏情况（2022 年 9 月）如图 4~图 7 所示。

图 4　二渠水库上游混凝土护坡（1）

图5　二渠水库上游混凝土护坡（2）

图6　二渠水库上游混凝土护坡（3）

图7　二渠水库上游混凝土护坡（4）

通过对现场混凝土护坡破损情况进行分析，初步判定出现护坡板破损、下滑的原因为：①冬季水库一直处于蓄水状态，水位不断上升，在水位不断变化的作用下，冰层膨胀产生的静冰压力将护坡推起造成的破坏，冰推作用使护坡板滑动或者出现局部隆起，对于尺寸较小的护坡板，沿水面附近几块混凝土板受冰推后，因受上部护坡阻挡而出现隆起架空。②冰层和护坡板冻结在一起时，库水位上升，护坡板被拔起、旋转或松动。库水位下降时，因冰块与护坡冻结在一起，护坡受到向冰面下降的弯矩，故护坡板翘起。库水位下降愈快，冰拔现象愈严重。③当春季解冻时，库内冰盖碎裂成块，在风力与水力作用下向坝坡涌进，大量冰块被推上坝坡，导致坝坡被冲击破坏。④二渠水库现状护坡板厚度为10~20 cm，板下设有10 cm厚保温苯板，大坝为均质土坝，大坝土体的孔隙基本上被水充满，土体与保温苯板之间摩擦系数小，护坡板更容易滑动，受冰推冰拔、库区风浪、水位变化等综合因素的作用，护坡上下位移，板之间相互挤压，导致板破损。

总之，冬季水库封冻后，当库水位上升时，远处冰层会随库水位的上升而上升；当库水位下降时，远处冰层会随库水位的下降而下沉，而近坝坡处因护坡处冰层与护坡原已冻结在一起，冰层对护坡产生冰拔作用，严重时会使护坡破坏。

文献［3］给出了计算冰拔力的公式，具体如下：

（1）水位上升时［见图8(a)］。最不利情况是冰层与混凝土板上部黏结。冰盖下水位升高 h，冰盖在断面 a—b 不至于断裂时最大承受的力矩：

$$M = \frac{\delta^2}{2} \times \frac{\sigma_p \sigma_c}{\sigma_p + \sigma_c} \tag{3}$$

式中：δ 为冰盖厚；σ_p 为冰的极限抗拉强度，取800 kN/m^2；σ_c 为冰的极限抗压强度；取800 kN/m^2。

黏结的冰盖长度：

$$l = \sqrt{\frac{2M}{\gamma h}} \tag{4}$$

式中：h 为库水位升高时高出冰面的高度。

冰盖对混凝土板铅直向上的拔力为 $P = \sqrt{2\gamma h M}\, l$。

计算拔力时须扣除板上黏结的冰盖重量、混凝土板自重和水压力。

（2）水位下降时［见图8(b)］。最不利情况是冰层与混凝土板下部黏结。

冰盖能保持的最大长度 l 为：

$$l = \sqrt{\frac{2M}{\gamma_b \delta}} \tag{5}$$

式中：γ_b 为冰的密度，取9 kN/m^3。

考虑悬吊着的冰盖长度和板的自重进行混凝土板的稳定计算即可得出板的厚度。水位下降时，冰层厚度变化对护坡厚度的影响较水位上升时显著，峡沟水库水位下降时，不同冰盖厚度得到的混凝土护坡厚度见表2。

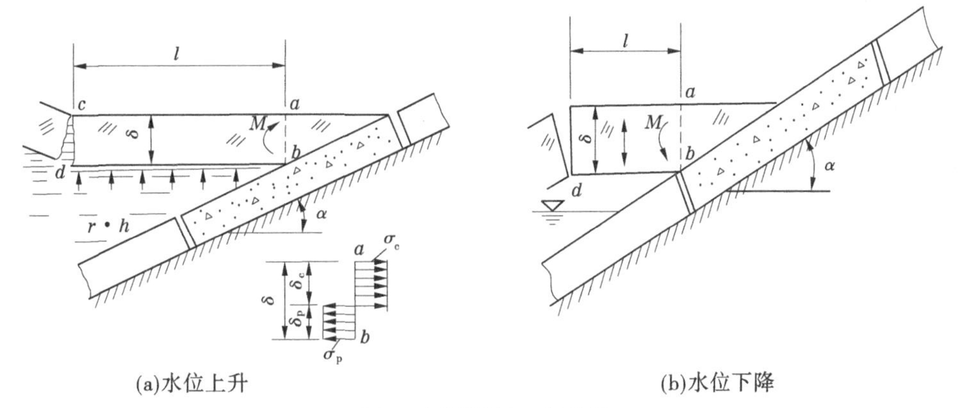

(a)水位上升

(b)水位下降

图 8 不同设计工况示意

表 2 峡沟水库护坡厚度计算结果

冰厚/m	最大承受力矩/(kN·m)	冰盖长度/m	冰盖对 b 点产生力矩/(kN·m)	混凝土护坡厚度/m
0. 10	2. 0	2. 11	2. 0	0. 02
0. 20	8. 0	2. 98	7. 99	0. 08
0. 30	18. 0	3. 65	17. 98	0. 18
0. 35	24. 5	3. 94	24. 45	0. 25
0. 40	32. 0	4. 22	32. 05	0. 32
0. 50	50. 0	4. 71	49. 91	0. 50

因为一些因素还不能准确掌握，如冰与混凝土板的黏结情况、混凝土板之间的连接作用等，上述抗冰冻计算也是粗略和近似的。

2.4 峡沟水库混凝土护坡的设计

针对部分水库护坡破坏严重的情况，峡沟水库对护坡的设计比较重视。峡沟水库位于哈密伊吾县境内，在伊吾河中游的峡沟河段，属拦河水库，地理坐标东经 94°48′46″、北纬 43°18′17″，位于县城东北 14 km 处。总库容 964. 51 万 m^3，控制灌溉面积 5. 38 万亩，承担向工业供水等任务。大坝为碾压式沥青混凝土心墙坝，沥青混凝土心墙坝主要由防渗心墙、心墙上下游过渡层、坝壳砂砾石组成。设计坝顶宽 6. 5 m，坝顶长 216. 31 m，坝顶填筑高程 1 488. 38 m，防浪墙顶高程 1 489. 093 m，坝基高程 1 452 m，最大坝高 36. 38 m。

上游坝坡坡度为 1 : 2. 4，下游坝坡坡度为 1 : 2. 2。上游坡为防止波浪淘刷及冰层、漂浮物的损害，采用厚 20 cm 的 C20、F200 现浇混凝土板护坡，现浇混凝土板采用的分块尺寸为 3 m×3 m。错缝布置，缝宽 20 mm，用沥青砂板填缝。下游护坡采用 8 cm 厚 C20 预制六棱块混凝土板护坡。上游护坡自正常蓄水位 1 483. 48 m 向下至 1 457. 5 m 之间每块板设 4 个排水孔，孔间距为 1. 5 m，排水孔为 ϕ 100 的 PVC 管。在排水管下方做反滤层，第一层反滤 50 mm×50 mm，粒径为 5~20 mm；第二层反滤 30 mm×30 mm，粒径为 20~40 mm。

根据《水工建筑物抗冰冻设计规范》（SL 211—2006），结合抗风浪计算和王甫洲枢纽的试验，峡沟水库最终确定混凝土护坡设计厚度取 20 cm。本地区的大柳沟等水库混凝土护坡厚度均为 20 cm，从 2009 年水库建成运行至今，经历了各种恶劣气候条件的考验，护坡完好，说明护坡的设计较为合理。

3 结语

哈密为严寒地区，同时多大风天气，土石坝混凝土护坡的设计须同时考虑风浪和冰冻的影响。根据《碾压式土石坝设计规范》（SL 274—2020）、《土坝设计》中的分析计算方法，借鉴王甫洲枢纽的试验和一些水库护坡的运行情况，以峡沟水库的设计为例，新疆哈密地区土石坝混凝土护坡的设计厚度以 20~25 cm 为宜。根据护坡板下坝料的具体情况可设排水孔，也可不设。若设排水孔，应在做反滤设计的同时做好板间缝的填缝设计，缝间可填沥青砂板或高压闭孔板等材料。

护坡是土石坝坝体的关键部位之一，护坡的设计关系到工程的正常运行和维护费用。本文对本地区有关水库的护坡设计和破坏原因进行了总结分析，以期为今后的相关设计提供借鉴。

参考文献

[1] 中华人民共和国水利部．碾压式土石坝设计规范：SL 274—2020 [S]．北京：中国水利水电出版社，2020.

[2] 中华人民共和国水利部．水工建筑物抗冰冻设计规范：SL 211—2006 [S]．北京：中国水利水电出版社，2006.

[3] 陈明致，顾淦臣，郭诚谦．土坝设计 [M]．北京：水利电力出版社，1978.

[4] 王柏乐．中国当代土石坝工程 [M]．北京：中国水利水电出版社，2004.

浅谈施工组织设计在阿尔塔什水利枢纽工程建设中的作用

贾运甫[1]　魏香鸿[1]　克里木[2]

（1. 新疆水利水电勘测设计研究院有限责任公司，新疆乌鲁木齐　830000；
2. 新疆水利水电规划设计管理局，新疆乌鲁木齐　830000）

摘　要：阿尔塔什水利枢纽为叶尔羌河上一座以生态、灌溉、防洪、发电为开发目标的控制性水利枢纽工程。工程在设计和施工方面需克服“三高一深”的技术难题。本文通过分析施工组织设计中的施工导流、主要建筑物的施工程序及方法、施工交通及总布置设计的关键点，从施工组织设计方面考虑如何解决工程技术难题。

关键词：施工组织设计；施工导流；主体工程施工；施工总布置

1　引言

施工组织设计是确保水利水电工程顺利实施的关键环节，它对合理组织工程施工、安排工期及配置资源、提高施工效率、保障工程质量、降低工程造价具有重要意义，同时是确保施工安全、应对环境影响以及促进技术创新等方面的重要前提。本文以阿尔塔什水利枢纽工程为例，通过梳理工程施工组织设计，理解它对工程建设的重要意义，推动水利水电工程的发展，为经济和社会发展作出贡献。

阿尔塔什水利枢纽工程位于新疆喀什的叶尔羌河上，是一座以生态、灌溉、防洪、发电为开发目标的控制性水利枢纽工程。坝址两岸基岩裸露，为横向谷，两岸地形不对称，右岸边坡高陡，自然坡度55°~80°，局部近直立；左岸自然坡度35°~40°，最大坡高426 m。拦河坝设计为混凝土面板砂砾石堆石坝，最大坝高164.8 m，电站装机容量755 MW，为大（1）型Ⅰ等工程。本工程土石方明挖约956.7万m^3、洞挖约183.3万m^3，土石方填筑约2 729.3万m^3，混凝土浇筑148.6万m^3，钢筋钢材约10.71万t，各种金结设备制安1.29万t。坝基为深厚覆盖层，河床钻孔揭露最深达93.9 m；大坝坝体与深厚覆盖层复合高度超过257 m；大坝右岸坝肩为高陡边坡，边坡处理及加固高度超过610 m，施工难度大。工程因其在设计和施工方面“三高一深”的技术难题，被称为“新疆的三峡工程”。合理的施工组织设计对工程能否顺利建设，能否按照既定节点发挥效益起着至关重要的作用。需通过对施工导流、工程施工方案、施工总体布置、施工进度安排等多方面综合分析研究，寻找最合理的施工组织设计方案。

作者简介：贾运甫（1982—），男，高级工程师，主要从事施工组织设计、水工设计工作。

2 施工导流

2.1 导流方式、标准及程序

根据挡水建筑物形式、枢纽布置及地形地质条件、坝体填筑强度及高程，初期导流采用一次性截断河床、上下游围堰挡水、隧洞泄洪的导流方式。

本工程为大（1）型Ⅰ等工程，大坝为1级建筑物。导流建筑物为4级，导流设计标准采用20年一遇洪水。工程总工期为74个月，大坝施工共划分为5个时段。各导流时段、标准、流量及方式见表1。

表1 施工导流度汛特性

<table>
<tr><th rowspan="2">导流时段</th><th rowspan="2">导流标准/%</th><th rowspan="2">洪峰流量/(m^3/s)</th><th colspan="4">挡水建筑物</th><th colspan="3">泄水建筑物</th></tr>
<tr><th>形式</th><th>水位/m</th><th>拦蓄库容/亿 m^3</th><th>堰（坝）顶高程/m</th><th>形式</th><th>孔口尺寸（宽×高）/（m×m）</th><th>下泄流量/(m^3/s)</th></tr>
<tr><td>第2年10月初至第3年9月底</td><td>5</td><td>5 590</td><td>围堰</td><td>1 702. 42</td><td>0. 81</td><td>1 704. 0</td><td>导流洞</td><td>11×13. 5</td><td>2 524. 58</td></tr>
<tr><td>第3年10月初至第5年7月底</td><td>1</td><td>8 786</td><td rowspan="17">坝体临时断面</td><td>1 713. 77</td><td>1. 45</td><td>1 715. 0</td><td>导流洞</td><td>11×13. 5</td><td>2 927. 08</td></tr>
<tr><td rowspan="6">第5年8月初至第5年9月底</td><td rowspan="3">设计 0. 5</td><td rowspan="3">10 201</td><td rowspan="3">1 769. 65</td><td rowspan="3">8. 62</td><td rowspan="3">1 775. 0</td><td>中孔泄洪洞</td><td>8×8</td><td>821. 27</td></tr>
<tr><td>1#深孔</td><td>5. 5×6</td><td>684. 19</td></tr>
<tr><td>2#深孔</td><td>5. 5×5. 5</td><td>919. 88</td></tr>
<tr><td rowspan="3">校核 0. 2</td><td rowspan="3">12 094</td><td rowspan="3">1 773. 27</td><td rowspan="3">9. 36</td><td rowspan="3">1 775. 0</td><td>中孔泄洪洞</td><td>8×8</td><td>940. 25</td></tr>
<tr><td>1#深孔</td><td>5. 5×6</td><td>703. 38</td></tr>
<tr><td>2#深孔</td><td>5. 5×5. 5</td><td>943. 65</td></tr>
<tr><td rowspan="4">第5年10月初至第6年5月底</td><td rowspan="2">设计 0. 5</td><td rowspan="2">1 604. 4</td><td rowspan="2">1 758. 42</td><td rowspan="2">6. 18</td><td rowspan="2">1 775. 0</td><td>中孔泄洪洞</td><td>8×8</td><td rowspan="2">943. 26</td></tr>
<tr><td>1#深孔</td><td>5. 5×6</td></tr>
<tr><td rowspan="2">校核 0. 2</td><td rowspan="2">1 889</td><td rowspan="2">1 759. 36</td><td rowspan="2">6. 38</td><td rowspan="2">1 775. 0</td><td>中孔泄洪洞</td><td>8×8</td><td rowspan="2">1 004. 07</td></tr>
<tr><td>1#深孔</td><td>5. 5×6</td></tr>
<tr><td rowspan="6">第6年6月初至第7年4月底</td><td rowspan="3">设计 0. 5</td><td rowspan="3">10 201</td><td rowspan="3">1 776. 61</td><td rowspan="3">10. 05</td><td rowspan="3">1 785. 0</td><td>中孔泄洪洞</td><td>8×8</td><td>1 037. 87</td></tr>
<tr><td>1#深孔</td><td>5. 5×6</td><td>720. 63</td></tr>
<tr><td>2#深孔</td><td>5. 5×5. 5</td><td>965. 06</td></tr>
<tr><td rowspan="3">校核 0. 2</td><td rowspan="3">12 094</td><td rowspan="3">1 778. 4</td><td rowspan="3">10. 42</td><td rowspan="3">1 785. 0</td><td>中孔泄洪洞</td><td>8×8</td><td>1 086. 69</td></tr>
<tr><td>1#深孔</td><td>5. 5×6</td><td>729. 71</td></tr>
<tr><td>2#深孔</td><td>5. 5×5. 5</td><td>976. 34</td></tr>
</table>

2.2 导流建筑物设计

2.2.1 导流洞设计

导流洞布置在左岸，为有压洞，与2#深孔放空排沙洞采用“龙抬头”方式结合，由进口明渠段、闸井段、洞身段、扩散段、消力池段、泄槽段、护坦段及出口明渠段组成。

考虑导流洞进口淤积、截流难易程度及投资等因素，本工程导流洞进口闸井底板高程为1 666.0 m，比河床高程高约2.0 m。进口闸井采用岸塔式，闸井长17.6 m，宽19 m，采用单孔闸井方案，平板封堵闸门孔口尺寸11 m×13.5 m×1（*B*×*H*×孔数），封堵水头19 m，动水启门水头40 m（对应下闸30 h）；封堵后最高挡水水位约1 784.30 m（封堵水位），最大挡水水头约118.3 m。

洞身段长805 m，与2#深孔放空排沙洞结合采用“龙抬头”形式结合，设计纵坡为0.015、0.01。洞身段围岩多处于弱风化岩体内，围岩类别为Ⅳ类，由于隧洞上覆岩体厚度适中，围岩类别以Ⅲ类为主，且岩层走向与隧洞轴线垂直，成洞条件好，同时考虑施工简单方便，洞室断面偏大，选择城门洞型断面，断面尺寸11 m×14 m（*B*×*H*），施工期导流洞洞内流速20.5 m/s，后期达30 m/s以上。故导流洞采用全断面混凝土衬砌，为防止冲刷破坏，导流洞过流面采用C60抗冲耐磨混凝土。

导流洞出口段上部覆盖含碎石低液限粉土层，厚度为13~26 m，结构中密，底部基岩以白云质灰岩、灰岩为主，岩层顺层结构面发育，且多有泥质充填，岩体抗冲蚀能力较弱。挑流消能对出口下游冲刷较严重，堆积物较多，尾水波动与雾化都较大且适用于小流量的消能建筑物。与挑流消能相比，底流消能具有流态稳定、冲刷轻微、消能效果较好、对地质条件和尾水变幅适应性强、尾水波动小等优点。根据模型试验结果显示，导流洞20年一遇（全年）下泄流量2 524.58 m^3/s时，出口临底流速最高达20.55 m/s，出口消能率为40.69%。根据下泄流量，考虑地形地质条件和模型试验结果，导流洞出口消能选择底流消能的消能方式。消力池采用分离式结构，断面形式为梯形，底板与边墙表层配抗裂温度筋。池长80 m，底宽30 m，池深6.0 m，纵坡为0，底板高程1 651.0 m。其中，表层采用30 cm厚C60抗磨蚀混凝土；两侧边墙坡比1：0.3，采用2.0 m厚贴坡混凝土衬砌。

2.2.2 围堰设计

上游围堰设计堰顶高程为1 704.0 m，最大堰高40 m，堰顶长544.5 m，堰顶宽10.0 m，与截流堤结合布置，上游坡1：2.25，下游坡1：1.5。根据混凝土面板坝布置，围堰后坡脚距任意料填筑坡脚线约15 m，围堰轴线距离坝轴线432.6 m。堰体采用150 g/0.5 mm/150 g两布一膜防渗，斜墙顶高程为1 703.2 m，土工膜两侧分别设1层1.8 m厚的垫层料。上游迎水面采用厚0.5 m的堆石护坡。

由于河床覆盖层较深，本阶段针对上游围堰基础防渗进行了两个方案的比较。方案一采用混凝土防渗墙防渗：围堰基础采用悬挂式C15混凝土防渗墙防渗，防渗墙最大深度约30.0 m，墙厚0.6 m；方案二采用高喷灌浆防渗：围堰基础采用高喷灌浆防渗，高喷灌浆最大深度约30.0 m，设计为单排，孔距为1.0 m。

虽然混凝土防渗墙比高喷灌浆施工工期较长、投资较大，但根据地质勘探结果，堰基覆盖层上部为含漂石砂卵砾石层，上部为全新统漂卵砾石层，颗粒粗大，粒径>5 mm的颗粒含量约75.2%，根据已建工程的实践经验，对含漂石的砂砾石覆盖层，混凝土防渗墙防渗效果相对较好。经技术比较，上游围堰基础防渗形式采用30 m深悬挂式混凝土防渗墙防渗。

2.2.3 生态放水洞设计

根据水库初期蓄水计划，工程于第5年7月底下闸蓄水，下闸水位1 682.515 m。下闸后至水位蓄至1 697.8 m期间由导流洞闸井右侧生态基流放水闸放水，下泄流量41 m^3/s。生态放水闸布置在导流洞闸井右侧布置生态放水闸，生态放水闸长17.6 m，宽9.1 m，底高程1 672.0 m，顶高程1 718.0 m，布置平板封堵门1道，尺寸2.5 m×4.0 m，工作弧门1道，尺寸2.5 m×2.5 m。

3 主体工程施工

3.1 主要施工特点

（1）坝址处叶尔羌河自西向东流，河道较顺直，为宽“U”形河谷，河谷底部宽260~450 m。坝址右岸坡陡峻，自然坡度大于70°，在高程1 845 m以上近直立；左岸地形相对较缓，自然坡度为30°~50°。坝址区仅Ⅰ级阶地在坝线下游右岸零星分布；左岸有高出河床20 m的Ⅱ级阶地分布，阶面宽60~120 m，零星堆积砂卵砾石。左右岸Ⅰ、Ⅱ级阶地可作为枢纽区施工布置场地。

（2）坝址两岸大部分基岩裸露，河谷呈不对称的“U”形，右岸坡陡峻，边坡走向近东西，在高程1 845 m以上近直立，右岸坡高达566 m。其中，坝顶以上坡高约406 m，地形陡峭，开挖施工场地狭小，出渣道路难以布置，只能考虑重机道。锚杆、钢绞线及锚墩（梁）混凝土浇筑用的材料通过重机道、卷扬提升系统和人工运送的方式进入现场，材料运输相当困难。高边坡施工是工程施工的难点。

（3）本工程防渗墙面积1.47万 m^2，墙体厚1.2 m，最大墙深96 m，属超深防渗墙，对施工技术、施工质量、施工管理要求较高。本工程覆盖层为冲积砂卵砾石层，底部颗粒偏粗，孔隙大，透水性较大为 $10^{-1}\sim10^{0}$ cm/s，施工过程中可能存在槽孔坍塌、大孤石、漏浆等情况，在此深度和地层下的防渗墙施工技术难度大。

（4）大坝采用混凝土面板堆石坝，坝顶高程1 825.8 m，最大坝高164.8 m，坝顶长度795 m，坝顶宽度12 m，上游坝坡1∶1.7。在下游坡设15 m宽纵坡为8%的“之”字形上坝公路，道路间坝坡1∶1.6。混凝土面板坝土石方开挖和填筑工程量均较大，总开挖量218.96万 m^3，总填筑量达2 552万 m^3。趾板开挖（尤其右岸）难度大，坝体填筑施工强度高、施工干扰较大。做好大坝工程的土石方开挖、坝体填筑、施工道路布置的施工组织措施至关重要。

（5）本工程建设规模大，坝址两岸山体陡峭，单项建筑物地形条件复杂，爆破料场开采条件差。

（6）右坝肩高边坡处理、右坝肩趾板开挖及基坑处理施工，存在立体交叉，施工干扰大，安全问题突出。

3.2 总体施工要求

根据本工程主要施工特点，总体施工要求如下：首先截流前完成高边坡处理施工；为缩短工期，在导流洞施工的同时，应由上而下进行大坝左右岸坡削坡部分趾板基础的开挖；截流前应由上而下完成 1 670 m 高程以上岸坡及趾板基础土石方开挖，并且进行部分左右岸滩地段坝体的填筑；岸坡段混凝土防渗墙安排在截流前施工，河床段混凝土防渗墙安排在截流后施工；截流后，尽早进行大坝覆盖层开挖及河床部位趾板基础的开挖，基础开挖完毕后进行趾板混凝土浇筑及坝体填筑施工；坝体分六期填筑；趾板分两期浇筑完成，第一期浇筑于第 3 年 3 月至第 3 年 4 月底，完成河床趾板浇筑，第二期浇筑于第 3 年 5 月至第 3 年 9 月底进行；混凝土面板分三期进行浇筑，第一期浇筑 1 729 m 高程以下部分，第二期浇筑 1 729~1 776 m 高程部分，第三期浇筑 1 776 m~防浪墙底。

3.3 基础防渗墙施工

本工程河床处地形平坦，防渗墙可分左右两段施工，先填筑左岸施工平台，施工平台端头水流冲刷部位采用铅丝笼防护，左岸防渗墙施工完后，将施工平台拆除，再填筑右岸施工平台，右岸防渗墙施工完后，将施工平台拆除。防渗墙施工分两期进行，先施工一期槽段，再施工二期槽段，如图 1 所示。采用“三主两副”方式，副孔宽 1.8 m，二期槽以防后期过水断面减少引起坍塌，不宜布置较长，也为 7.2 m。这种槽段布置既便于 2~3 台冲击钻机同时施工一个槽的主孔（或 2 台钻机配合抓斗同时施工一个槽的副孔），又适合副孔劈打与凿眼，使钻机的布置和调配游刃有余，可大大提高钻机的使用率。

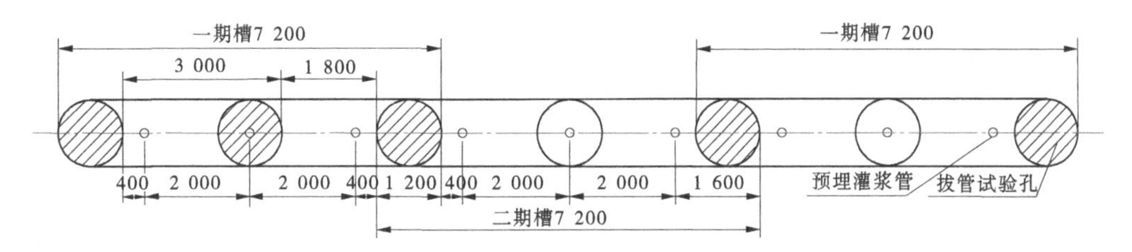

图 1　防渗墙施工分期布置图　（单位：mm）

参照国内已有的深厚覆盖层防渗墙施工经验，根据不同墙深，可采用两钻一抓法或钻劈法进行成槽施工。即主孔采用冲击钻机钻凿，副孔采用“钻抓法”施工。主孔拟采用 CZ-9 冲击钻机造孔，抽桶出渣；用 HS855HD 重型抓斗抓取副孔上部的地层。为避免槽孔塌孔，采用膨润土进行固壁。防渗墙混凝土浇筑采用导管法浇筑。混凝土搅拌车运送混凝土，溜槽进入导管浇筑。槽孔内混凝土必须连续浇筑，并连续上升至高于设计规定的墙顶高程以上 0.5 m。

3.4 坝体填筑施工

本工程坝体填筑主要包括堆石料填筑、砂砾料填筑、垫层料填筑、过渡料填筑等，填筑总量 2 404.69 万 m^3。坝体填筑共分 6 期，为降低后期填筑高峰强度，结合地形条件，坝体左岸阶地面宽，场地条件好，截流前即可先行填筑。

大坝工程除垫层小区料、垫层料、过渡料由筛分系统加工生产外，上游盖重区、坝壳料区的砂砾料、堆石料均可利用开挖有用料，共计利用开挖料填筑压实方约 317.7 万 m^3，其中砂砾石开挖料直接上坝量 15 万 m^3，二次倒运料（砂砾料、石渣料、土料）约 302.7 万 m^3。大坝填筑采用汽车运输上料方式，上坝交通根据坝料来源分为左右岸和上下游填筑道路直接上坝填筑。

坝料运输主要采用 PC450 液压反铲装车，40 t 自卸汽车运输。坝壳料卸料以进占法为主，局部采用后退法，有益结合。进占法铺料，SD32 推土机平料，采用石料运输途中坝外加水和坝面补水相结合的方式，32 t 自行式振动碾与坝轴线平行进退错距法碾压；垫层料、过渡料填筑卸料采用后退法。采用后退法铺料，SD32 推土机平料，坝面铺料区进行洒水，26~32 t 自行式振动碾与坝轴线平行进退错距法碾压。大坝分期、分区施工特性如下：

（1）1 683 m 高程以下。大坝建基面高程为 1 661 m，填筑高度约 22 m，坝体总填筑量为 317.11 万 m^3，约占坝体填筑总量的 13%。主要利用下基坑路修筑坝体填筑路，填筑道路随坝体上升而逐渐抬高。

（2）1 683 m 高程至坝顶高程 1 730 m 高程，高约 47 m，填筑量 674.1 万 m^3，约占坝体填筑总量的 28%。上游左岸通过 13#-1 路，下游左岸 12#路、右岸 3#路与坝后“之”字路相连。

（3）1 730 m 高程至坝顶高程 1 777 m 高程，高约 47 m，填筑量 885.9 万 m^3，约占坝体填筑总量的 36%。上游左岸通过 13#-1 路，下游右岸 3#路与坝后“之”字路相连。

（4）1 777 m 高程至坝顶高程 1 792 m 高程，高约 15 m，填筑量 361.99 万 m^3，约占坝体填筑总量的 15%。填筑交通利用右岸 3#路与坝后“之”字路。

（5）1 792 m 高程至防浪墙底高程 1 822.3 m 高程，高约 30 m，填筑量 161.87 万 m^3，约占坝体填筑总量的 7%。填筑交通利用右岸 3#路与坝后“之”字路。

（6）1 822.3 m 至坝顶填筑为 P2 爆破料，填筑量 3.72 万 m^3，利用 3#路与坝后“之”字路上坝填筑。

坝体分区、分期填筑特性见表 2。

表 2　坝体分区、分期填筑特性

填筑分期	工程量/万 m^3	填筑时段	填筑高程/m	平均月强度/（万 m^3/月）	平均上升高度/（m/月）
第一期	317.11	第 2 年 6 月至第 2 年 11 月	1 683	52.86	3.7
第二期	674.1	第 2 年 12 月至第 3 年 11 月	1 730	62.41	6.4
第三期	885.9	第 3 年 12 月至第 5 年 4 月	1 777	60.68	4.6
第四期	361.99	第 5 年 5 月至第 5 年 11 月	1 792	51.71	5
第五期	161.87	第 5 年 12 月至第 6 年 10 月	1 822.3	18.4	3.1
第六期	3.72	第 7 年 5 月	1 825.6	3.72	3.3
合计	2 404.69				

3.5 面板混凝土施工

本工程混凝土面板顶部厚度为0.4 m，面板底部厚度为0.96 m。在混凝土面板内设单层双向钢筋网，河床部位混凝土面板宽度受压区宽为12 m（48块），岸坡部位受拉区面板宽6 m（左岸11块，右岸21块）。

面板施工共分为三期，一期于第4年汛前3月初至5月底完成1 729 m高程以下面板的施工，最大高差68 m，最大斜长134 m；二期于第6年汛前3月初至5月底完成1 776 m高程以下面板施工，最大高差47 m，最大斜长93 m；三期于第7年3月初至4月底进行剩余面板的施工，最大高差46 m，最大斜长91 m。混凝土面板浇筑分期特性见表3。

表3　混凝土面板浇筑分期特性

浇筑分期	工程量/万 m^3	浇筑时段	浇筑高程/m	浇筑面积/（m^2/月）	平均月强度/（万 m^3/月）
第一期	5.06	第4年3月1日至5月31日	1 729.00	19 286.3	1.69
第二期	3.77	第6年3月1日至5月31日	1 776.00	18 164.1	1.34
第三期	2.80	第7年3月1日至4月30日	1 822.3	20 663.4	1.84

面板浇筑采取“跳仓方式”进行“自下而上”浇筑。无轨滑模采用15 t卷扬机牵引，卷扬机底部采用8~10 t混凝土块压重，混凝土浇筑时，其滑升速度控制在2 m/h范围左右。面板混凝土由6 m^3混凝土罐运输车运输，通过混凝土布料车入仓，混凝土布料车由两台15 t卷扬机牵引，混凝土抹面采用人工传统抹面工艺及自动抹面系统工艺，长流水养护不少于90 d。

3.6 右岸高边坡处理施工

右岸高边坡施工内容主要包括危岩体治理、预应力锚索、预应力锚杆、砂浆锚杆、钢筋挂网、喷射混凝土、锚梁及锚墩混凝土。其中，危岩体的治理工程是阿尔塔什大坝标工程施工的重点和难点。危岩体处理石方开挖量达23.8万 m^3，主要集中在堆石坝面板正上方区域。

由于右岸边坡较陡，开挖面狭窄，根据右岸危岩体分布特点及面板坝右岸高边坡处理要求，为避免机械、人员在其上部施工时存在整体滑塌风险，采取自上而下分区分层开挖清除及支护。对于由岩体发生崩塌后在边坡表面形成的崩落岩体堆积区、大块石、孤石采取一次性爆破清除；坡面部分采用人工清撬表面松动危石及浮石；对于大体积危岩体采用浅孔台阶法控爆施工；坡面部位采取光爆施工，以增加坡面平整度及岩体整体性。由于施工工期限制，考虑到工程支护对大坝基坑施工影响相对较小，危岩体处理采取先开挖，主动防护网配合被动防护网支护，再进行深度支护的施工顺序。

右岸高边坡支护材料运输方式分为水平运输和垂直运输两种。水平运输采用人工扛运等方式进行，垂直运输采用索道吊运、人工吊运、人工扛运、人工抬运、人工递送等方式进行。通过人工配合悬臂吊、索道将支护材料倒运至边坡上部集料平台或排架上部材料中转平台。然后采用人工通过脚手架通道、人行栈道等交通方式扛运或者递运至作业面。材料转运线路见图2。

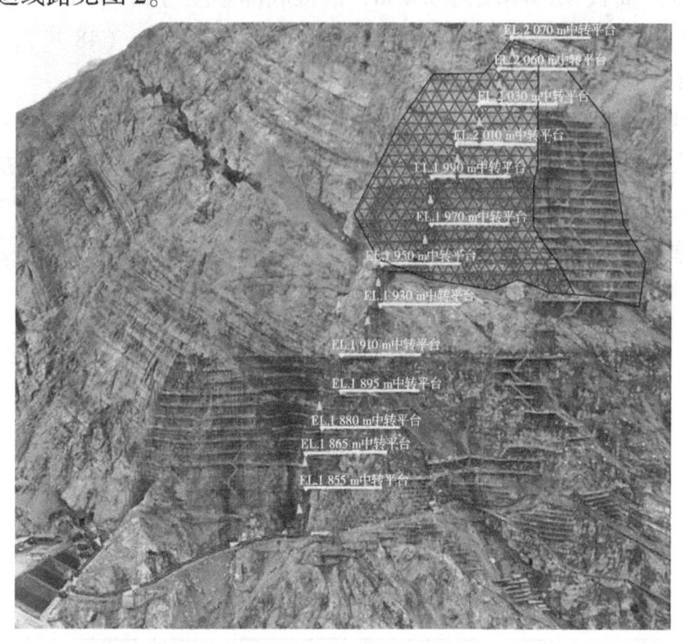

图2　材料转运线路

4　施工交通及施工总布置

4.1　施工交通

工程位于新疆喀什地区莎车县境内阿尔塔什村，距乌鲁木齐公路里程约1 553 km。采用以公路运输为主、铁路运输为辅的交通方案，外来物资材料总运输量约为107.14万t。

至大坝及发电厂房共布置两条永久进场道路，全长约 45 km。道路路线采用场内三级公路标准，设计车速 20 km/h，设计荷载为公路-Ⅱ级。路基断面组成：0.5 m 路肩+2×3.25 m 行车道+0.5 m 路肩。

根据工程的枢纽布置、地形条件、料场、存弃渣场分布情况，本工程施工期间场内道路共布置有 15 条。其中，左岸永久道路 2 条，施工临时道路 3 条；右岸永久道路 3 条，施工临时道路 7 条，分别衔接至各施工区。施工道路总长 69 km。其中坝体填筑主要施工道路行车道宽设计为 9 m。场内共设置 6 座跨越河流和建筑物的交通桥，总跨度约 720 m；共布置 5 条交通洞，总长度约 6 920 m。

4.2 施工总布置

根据本工程枢纽布置和地形特点，大坝和厂房形成了各自独立工区，为了使施工总布置方案有利生产、方便生活、便于管理、节约用地、符合环保要求，施工总布置结合建筑物布置采用分散与集中相结合的布置方式。

坝址处叶尔羌河自西向东流，河道较顺直，为宽“U”形河谷，河谷底部宽 260~450 m。坝址右岸坡陡峻，自然坡度大于 70°，在高程 1 845 m 以上近直立；左岸地形相对较缓，自然坡度为 30°~50°。坝址区仅Ⅰ级阶地在坝线下游右岸零星分布；左岸有高出河床 20 m 的Ⅱ级阶地分布，阶面宽 60~120 m，零星堆积砂卵砾石。左右岸Ⅰ、Ⅱ级阶地可作为枢纽区施工布置场地；厂址位于坝址下游右岸，距坝址直线距离约 5.5 km。厂址区岸坡走向近 SN，坡高坡面大多基岩裸露，岩层走向与边坡近平行，倾岸内，为反向坡。厂址下游右岸分布有Ⅰ级阶地，阶面宽 20~150 m，可作为厂房区施工布置场地。

拦河枢纽区和电站厂区附近施工期临时生活设施、主要生产设施、利用料堆放场及弃渣场等采用集中布置方式，使其便于管理和协调，减少施工占地；沿发电洞洞线各施工支洞口所需的风、水、电、混凝土生产系统等采用就近分散布置方式。全场施工期间临时办公及生活福利设施建筑面积 4.8 万 m^2，占地面积 20.0 万 m^2；临时生产用房建筑面积 1.15 万 m^2，占地面积 14.52 万 m^2；仓储系统总建筑面积 1.0 万 m^2，占地面积 5.5 万 m^2。

工程建设各阶段的场地布置除应满足本阶段需要外，还应为下阶段创造有利条件，避免前后阶段倒置或被迫改迁。筹建准备工程主要包括施工交通工程及施工导流工程等。筹建准备工程完成的施工场地平整、施工临时房屋及部分施工工厂设施等可作为主体工程的施工临时设施。

合理利用建筑物开挖土石方，减少建筑物弃料对周围环境的影响。由于本工程有大量的开挖出渣，尤其在施工准备期，导流洞施工时便有大量出渣，这些弃渣除部分运到指定渣场堆放外，部分弃渣用于路基填料，部分堆至利用料堆放场，用于坝体填筑。左右岸建筑物开挖有用料在时序上考虑尽量直接利用，时序安排不开的考虑二次利用。厂房开挖弃渣料也较大，部分可用于机械设备堆放场及钢管加工厂场地平整。根据各建筑物施工进度安排、开挖料可利用量、施工总布置情况对本工程土石方开挖料流向分析可知，工程总开挖料利用率为54.15%，其中直接利用率约为25.71%，二次倒运利用率为28.44%。

施工总布置设计，要力求紧凑合理节约用地，利用部分弃渣场平整部分场地，并尽量考虑利用荒地、滩地、坡地。枢纽区及厂房区工程前期主要进行土建工程施工，机电及金属结构设备到货时，前期弃渣场已形成平台，机电及金属结构设备堆放场地可利用弃渣场平台。砂石料加工系统靠近开采区边缘布置，钢筋及木材加工厂不单独设置，采用与混凝土拌和系统联合设厂布置的方案，以达到节约用地的目的。本工程土石料场、弃渣场、利用料堆放场、施工临时生产、生活用房及场内永久、临时道路共占用土地531.1万m^2。

5 施工总进度

根据本工程布置条件，经计算施工总工期为74个月，其中施工准备期18个月，主体工程施工期48个月，完建期8个月。控制性形象目标进度主要为截流、坝体填筑、下闸封堵、初期蓄水及首台机组发电。

本工程计划第1年4月初开工，第2年9月底截流，第5年10月初开始导流洞封堵改建；第5年7月底下闸蓄水；第6年9月底首台机组具备发电条件；第7年5月底工程完工。施工关键线路为：工程开工$\xrightarrow{18个月}$导截流工程$\xrightarrow{1个月}$大坝工程$\xrightarrow{47个月}$完建工程$\xrightarrow{8个月}$结束。

6 结语

阿尔塔什水利枢纽工程于2015年截流，2019年下闸蓄水，工程建设工期与初步设计阶段规划基本一致。根据现场统计，施工期平均填筑强度为60.5万m^3，其中填筑第3年4月创造了坝体单月填筑强度171.51万m^3的国内填筑纪录，全年平均月强度超过130万m^3。阿尔塔什水利枢纽工程的顺利实施，验证了规划设计阶段施工组织设计是合理的，体现了施工组织设计对工程建设的重要意义，为其他同类型工程的设计、建设提供了工程经验。截至目前，阿尔塔什水利枢纽已顺利投产，工程运行良好。

参考文献

[1] 邓铭江，吴六一，汪洋，等．阿尔塔什水利枢纽坝基深厚覆盖层防渗及坝体结构设计［J］．水利与建筑工程学报，2014（2）：149-155.

[2] 陈晓，王旭红．阿尔塔什“三高一深”工程地质问题的勘察研究［J］．四川地质学报，2011，31（52）：72-76.

[3] 石育铭．阿尔塔什水利枢纽工程施工导流设计综述［J］．陕西水利，2015（4）：93-94.

[4] 许德顺，李亚军，栗浩洋．阿尔塔什水利枢纽工程高边坡危岩体治理方案［J］．四川水力发电，2019（3）：37-40.

[5] 李乾刚，石永刚，孙晓晓．阿尔塔什面板坝600 m级高陡边坡防护施工技术研究［J］．四川水力发电，2019（3）：8-11.
[6] 齐江鹏，张康．阿尔塔什水利枢纽坝址区土石方平衡规划设计［J］．黑龙江水利科技，2014（9）：46-50.
[7] 李乾刚，石永刚，孙晓晓，阿尔塔什大坝填筑砂砾石料高强度开采施工技术［J］．四川水利，2019（4）：111-114.
[8] 李振谦，李乾刚，曹巧玲．阿尔塔什高面板堆石坝施工技术研究［J］．四川水力发电，2020（3）：1-6.

水利水电工程可行性研究中环境影响评价的主要功能及作用

李京阳　柳　莹

（新疆水利水电规划设计管理局，新疆乌鲁木齐　830000）

摘　要： 水利水电工程在防洪、灌溉、发电等方面发挥重要作用的同时，对天然生态环境也造成了巨大影响。环境影响评价具有为政府决策提供科学依据的重要作用，为了使水利水电工程建设与环保理念有效融合，工程前期设计阶段更加重视环境影响评价工作。本文分析了水利水电工程建设对环境的主要影响，介绍了环境影响评价的主要功能，并总结水利水电工程环境影响评价工作需注意的要点，结合工程实际案例分析了具体做法，期望起到一定的参考作用。

关键词： 水利水电工程；环境影响评价；生态环境

我国《中华人民共和国环境影响评价法》《中华人民共和国环境保护法》以法律形式明确了建设项目执行环境影响评价制度和环境保护措施与主体工程同时设计、同时施工、同时投产的“三同时”制度。要求对可能造成环境影响的建设项目，需编制环境影响评价文件，对产生的环境影响进行全面评价，并提出环境保护措施及环境监测计划，经有审批权的生态环境主管部门审批通过后，建设项目方可开工建设。在环境影响方面，与其他工程相比，水利水电工程有突出的特点：影响地域范围广阔，影响人口众多，对当地社会、经济、生态环境影响巨大。随着整个社会对环境问题越来越重视，对环境质量要求越来越高，环境问题已成为水利水电工程建设中的制约性因素，环境影响评价也变得愈发重要。

1　水利水电工程建设对环境的影响

水利水电工程对环境产生的影响是复杂而多面的，在调节河川径流、合理配置水资源、提供清洁能源、防洪及灌溉农田、支撑经济社会高质量发展方面具有不可替代的作用。但是，任何事情、任何事物都具有两面性，在我国整体经济建设中，水利建设发挥其重要作用的同时，也对生态环境产生了一定的影响。

1.1　径流分配时空格局的改变

水利工程通过运行调度，可以在枯水期向下游调配水源，增加下游的水量，使得河流的流量分配在时域上得以平衡。但水库的建设和水流的调度可能改变地表径流的形成

作者简介： 李京阳（1994—），女，工程师，主要从事水利水电研究工作。

和分布，同时影响地下水的补给。如水库和水电站的建设会改变河流的水动力学特性，影响径流的时空分布，在水库上游，水位上升形成蓄水区，水流速度减缓，导致上游径流减少。这对于流域水文循环、地下水位和河流沿程的水资源利用具有深远的影响。

1.2 生态系统的变化及生物多样性受损

水利水电工程通常布置有水库大坝、堤岸、水闸、溢洪道、水工隧洞、涵洞与涵管、取水建筑物等主要水工建筑物，这些设施可以用于储存和调控水流，但也会对整个河流生态环境产生影响。如水利枢纽工程的建设会使原有连续的天然河流生态系统被分隔为不同的区域，变成不连续的环境单元。这可能导致水生生物的迁徙和栖息地的破坏，从而影响当地的生物多样性。特别是一些鱼类的迁徙通道可能会被阻断，影响其繁殖和生存，使得局部水域的鱼类资源减少，影响不同水域生物种群间的基因遗传交流，最终导致生物多样性受损。

1.3 水质及河流沉积的影响

水利水电工程可能改变水体的温度、流速和营养物质的分布，如水库大坝建成后，水库水流变缓，并且长时间出现局部水体静止的情况，这与自然流向条件下的河道环境是完全不同的，可能使得底部的有机物质分解缓慢，导致水体富营养化和产生有害藻类，从而影响水质。另外，大坝可能导致下游河段的沉积问题，改变河道形态，影响水文过程，增加河床侵蚀和河岸的退缩风险。

2 水利水电工程可行性研究阶段环境影响评价的主要功能

2.1 环境影响评价

环境影响评价是指对建设项目实施后可能造成的环境影响进行分析、预测和评估，提出预防或减轻不利影响的对策和措施。环境影响评价是一个综合性的评价，应当综合考虑规划和建设项目对各种环境因素及其所构成的生态系统可能造成的影响，综合考虑正面影响和负面影响，科学衡量利弊得失，为政府决策提供科学依据。

2.2 水利水电工程环境影响评价的功能与作用

水利水电工程的环境保护工作贯穿项目建设的全过程。根据相关水利行业标准要求，水利水电工程项目建议书阶段需进行环境影响初步评价，可行性研究阶段应开展环境影响评价专题报告编制工作，初步设计阶段需进行环境保护设计。

环境影响评价的功能与作用是借助预先调查，了解工程影响范围的主要环境，以及周围的社会环境，分析污染源及其种类和分布，确定整体环境质量；预估工程会对环境造成的影响；根据法律法规的要求以及当地土地的划分情况，给出预防影响或控制影响的对策，控制其带来的负面影响；从生态环境角度出发，分析水利水电工程的建设是否可行，帮助政府部门决策；基于保护环境的目的，为工程提供更优的设计方案，保证工程的环保。

因此，在水利水电工程可行性研究阶段，应全面开展环境影响评价工作，确定工程涉及的敏感环境点和环境保护目标；依据国家保护要求，对工程涉及的敏感生态保护目标，明确环境制约因素评价结论；对工程涉及的各类环境因子进行全面的影响预测和评价；综合评价工程设计方案的环境合理性，并提出环境保护对策措施；针对重点生态与环境保护目标，提出环境保护对策措施，并且确定环境保护专项投资。

2.3 环境影响评价工作流程

环境影响评价工作包括环境现状调查评价、工程分析、环境影响预测与评价、环境保护对策措施及投资估算、公众参与、编制环境影响评价文件等内容。具体工作流程如图1所示。

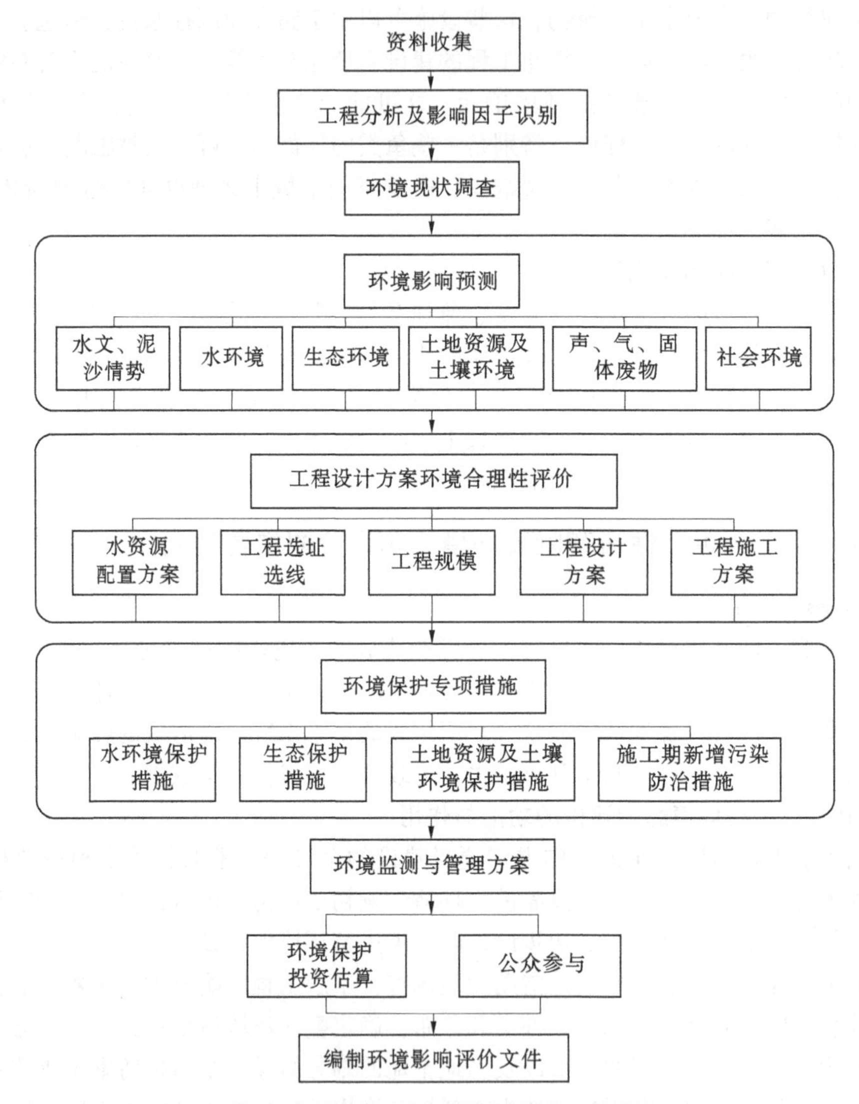

图1 水利水电工程环境影响评价工作流程

3 水利水电工程环境影响评价工作注意事项

3.1 工程方案与相关规划及“三线一单”管控要求符合性分析

工程在前期设计阶段，首先需注意要符合资源与环境保护相关法律法规和政策，与主体功能区规划、生态功能区划等相协调。其次，工程任务、工程规模、工程等级、选址选线等工程主要内容，要总体满足流域综合规划、水资源综合规划、工程规划、流域水污染防治规划、流域生态保护规划等相关规划、规划环评及审查意见要求。

此外，工程选址选线、施工布置原则上不应占用自然保护区、风景名胜区、生态保护红线等敏感区内法律法规禁止占用的区域和已明确作为栖息地保护的区域，并与饮用水水源保护区的保护要求相协调。

3.2 环境现状调查

对工程建设区及影响区应全面开展环境现状调查与评价工作，确定工程是否涉及环境敏感区、生态保护红线及其他环境保护目标，评价环境质量现状，分析主要环境问题及变化趋势。

3.3 环境影响预测评价

确定环境保护目标，从水文情势、水环境、生态环境、社会环境等方面开展环境影响预测评价。

(1) 关于水文情势影响预测，由于水库、水电站、供水输水及河道整治等不同类型的水利水电工程对河流水文、泥沙情势影响有显著差异，因此应结合不同类型的工程特点进行预测分析。

(2) 水环境影响预测评价按时段应分为施工期和运行期，评价内容应根据工程特点、规模、环境敏感程度、影响特征等因素确定，大致包括水温预测、水质预测、水库富营养化预测、对地下水的影响等内容。

(3) 生态环境预测可分为陆生生态环境及水生生态环境。针对水生生物影响预测，应重点关注对鱼类资源的影响。水利水电工程建成后，大坝造成生态景观破碎，阻隔了鱼类的洄游通道，同时水文情势、水温、水质等生境条件变化都将对鱼类资源产生影响。

(4) 当工程建设对环境存在累计影响时，应明确累计影响的影响源，分析工程建设及运行期可能发生累计影响的条件、方式和途径，应预测在时间上和空间上的累计环境影响。

(5) 对于水利水电工程，较为常见的“环境敏感区”是自然保护区、风景名胜区、水源保护区及其他重要湿地、重要野生动物栖息地等。若工程选址选线无法避让此类敏感区，应从对其影响的性质、影响时间长短、影响范围大小、影响剧烈程度等方面开展影响预测评价工作。

4 环境影响评价在某水利工程中的应用

4.1 工程概况

大河沿水利枢纽工程位于新疆维吾尔自治区吐鲁番市大河沿镇北部山区，大河沿河上游。大河沿河发源于海拔 4 000 m 以上的天山山脉东部博格达山南侧，流域地形北高南低，多年平均径流量 1.01 亿 m^3。

大河沿水库总库容 3 024 万 m^3，为Ⅲ等中型工程，水库正常蓄水位 1 615 m，调节库容 2 098 万 m^3。工程主要由挡水大坝、溢洪道、灌溉洞及泄洪放空冲沙兼导流洞组成。挡水建筑物采用沥青混凝土心墙坝，最大坝高 75.0 m，大坝为 2 级建筑物，永久建筑物溢洪道、灌溉洞和泄洪放空冲沙兼导流洞为3级建筑物。工程任务包括城镇供水、农业灌溉和重点工业供水。

4.2　环境现状调查

大河沿河流域地处吐鲁番盆地北部，该处地处欧亚大陆腹地，为极端干旱的温带内陆荒漠气候，年热量丰富、极端干旱、高温多风，降雨极端稀少且年分布极不均匀，蒸发强烈，无霜期长，风大风多。

由于大河沿河流域独特的自然地理特征以及极度干旱的自然气候特点，流域植被覆盖主要以低矮灌木、草场为主，陆生野生动物种类相对较少，陆生野生动物主要以小型陆生脊椎动物为主。大河沿河上、中游河道由于河道窄，水流急，水温较低，底质以砂石为主；下游河道河床宽阔，经常断流，因此没有生长水生植物的条件，仅在下游灌区河道周边生长着芦苇和蒲草。

大河沿河流域具有极度干旱的自然环境特征，生物种类呈现简单和干旱化的特征。

4.3　环境影响预测与评价

大河沿河流域水资源供需矛盾较为突出，夏洪、春旱现象十分严重，且地表水利用率不高，造成灌区地下水开采量增大，地下水位下降。经分析，工程环境保护目标主要包括水环境质量、生态环境质量、大气及声环境质量。

结合本流域环境现状特征及大河沿水库工程特点，本节重点针对水文情势影响预测内容进行分析。

4.3.1　对库区水文情势的影响

大河沿水库建成后，坝址断面水位由原来的1 546.2 m提高到1 615 m（正常蓄水位），坝前水位抬升68.8 m，库区范围较原来面积变大，坝前水深增加，库区水体流速从库尾到坝前逐渐减小，水体流态趋缓。坝前水位基本在死水位（1 582.5 m）~正常蓄水位（1 615 m）之间变化，将产生最大约32.5 m的消落带。大河沿水库建库前后正常蓄水位时库区水域特征变化见表1。

表1　正常蓄水位时库区水域特征变化

项目	单位	建库前	建库后	差值
水库（域）面积	万 m^2	0.01	99.6	99.59
水库（域）体积	万 m^3	0.01	2 648	2 647.99
坝前水位	m	1 546.2	1 615	66.8
坝前水深	m	0.2	69	68.8

由表1可知，大河沿水库建成后，正常蓄水位时库区容积增加2 647.99万 m^3，水域面积增加99.59 km^2，坝前平均水深增加68.8 m。

4.3.2　对坝址断面水文情势的影响

本次采用设计枯水年（$P=95\%$）和设计偏枯水年（$P=75\%$）两种来水情况分析坝址断面来水量及泄水量的变化情况。根据大河沿水库来水及坝址下游用水量分析，每年枯水期的7月至次年2月，坝址下游河道下泄流量小于天然来水量，最大减水率

42.62%；3—6月春旱季节，坝址处的下泄水量大于天然来水量，其中4—6月的水量变化较大，最大变化率为167.38%。

由水文情势分析可知，水库建成后，受水库运行调度的影响，坝下河段水文情势较建库前有较大程度的变化，库区原有急流河段淹没，水位抬高，水面变宽，水流变缓甚至静水，急流生境萎缩，水文水动力学特征由河流向湖泊转变。工程兴建将形成减水河段、库区水温分层现象，造成库区水导致鱼类生存空间萎缩。

总体来说，大坝阻隔、下泄水量减少以及下泄低温水等将造成本工程坝后河段鱼类资源量的降低。

4.4 对策与措施

工程建成后提高了吐鲁番市城镇供水保证率，促进地区经济可持续发展，可以改善灌区的灌溉条件，解决春旱缺水的问题，保证灌区的农业经济稳步增长。但也造成一定的环境问题，针对前文中提出的水文情势变化带来的不利影响，工程设计阶段应采取下泄生态基流改善下游生态环境的减缓措施。

根据我国河流控制断面生态环境需水量计算的常用方法，本工程生态基流丰水期可按坝址断面多年平均流量20%～30%确定，枯水期可按坝址断面多年平均流量10%确定。

5 结语

水利水电工程在环境影响方面有突出的特点，水文情势影响、水环境影响、生态环境影响、淹没影响、下游水资源利用影响、社会影响是水利水电工程建设中最常见的环境问题。笔者认为虽然我国目前愈发重视环境保护工作，但是在实际工程前期设计阶段，环境影响评价工作还不够重视，地位不高。为使工程在为社会、经济、生态发挥重要作用的同时，减少不利影响，水利水电工程建设在前期设计阶段应重视环境影响评价工作，应站在环境保护的角度，将环境保护贯穿工程建设设计全过程，对水利水电工程建设的可行性研究阶段进行科学合理的研究论证，从水利水电工程设计选址、施工组织设计及运行期管理等角度，全面服务于水利工程建设，使工程建设能保持可持续性发展。

参考文献

[1] 李振海，赵蓉．环境影响评价在水利水电工程建设中的主要功能及作用：以张峰水库工程为例[J]．水利发展研究，2009，9（12）：37-41.

[2] 唐甲和．水利工程对生态环境的影响分析及保护对策探讨[J]．环境与发展，2017，29（8）：190-191.

[3] 段家贵．水利工程生态环境影响评价的指标体系研究[J]．水利规划与设计，2014（5）：51-52，60.

[4] 李培科，韩华伟．水利工程对生态系统健康性与完整性影响研究[J]．人民黄河，2020，42（S2）：95-96.

[5] 黄晓波．水利水电类建设项目环境影响评价指标体系构建与案例研究[D]．长沙：中南林业科

技大学，2017.
[6] 生态环境部环境工程评估中心．环境影响评价相关法律法规［M］．北京：中国环境出版集团，2021.
[7] 水利部水利水电规划设计总院．水工设计手册：第3卷　征地移民、环境保护与水土保持［M］．北京：中国水利水电出版社，2014.
[8] 新疆吐鲁番大河沿引水工程可行性研究报告［R］．湖南：湖南省水利水电勘测设计研究总院，2015.
[9] 周振民，刘俊秀，范秀．河道生态需水量计算方法及应用研究［J］．中国农村水利水电，2015(11)：126-128，132.

新疆硫磺沟煤矿废水排放及综合利用技术概述

贾运甫[1]　克里木[2]

（1. 新疆水利水电勘测设计研究院有限责任公司，新疆乌鲁木齐　830000；
2. 新疆水利水电规划设计管理局，新疆乌鲁木齐　830000）

摘　要：新疆硫磺沟煤矿地处头屯河右岸，因河道治理项目施工，导致河水大量渗入矿井，渗水量大且处理困难。多年以来，不但造成了水资源的巨大浪费，威胁到了煤矿的安全生产，同时也对头屯河流域生态环境造成了巨大威胁。本工程结合工程区地形特点，通过“两库+连接管道”的布局方式，不但解决了水资源保护、煤矿安全生产、环境保护的问题，同时也为下游绿化提供水源，做到了水资源的综合利用。

关键词：水资源；综合利用；煤矿水灾；环境保护

1　引言

煤矿是人类宝贵的财富，作为不可再生资源深埋于地下。在煤矿生产的过程中往往会伴随瓦斯爆炸、火灾、水灾等安全事故，其中水灾主要为地表水、地下水通过塌陷区裂隙或井口灌入井巷，造成灾害。特别是断层与含水层或地表水沟通时，补给丰富，威胁更大，故必须采取有效的探、防水措施，完善的排水系统将矿井水排出。本文主要根据新疆硫磺沟煤矿矿井水问题，探索出一套解决矿井水排放和废水的综合利用方法。

新疆硫磺沟煤矿位于昌吉市头屯河上游河畔，是一座生产能力达 150 万 t/a 的大型煤矿，隶属昌吉市管辖。煤矿的生产对昌吉市、乌鲁木齐市的经济社会发展具有重要意义。煤矿东距乌鲁木齐市约 40 km，北距昌吉市 50 km，向南可达庙儿沟、天山林场等地，其间均有公路相通，交通方便。

2010 年，头屯河流域河道治理工程防洪堤施工过程中，煤矿井田的东部相邻区域进行了大量土石方开挖，严重破坏地表形态，导致头屯河河床下原始岩层遭到破坏，河水渗流到煤矿矿井下，矿井涌水量最大达 1.5 万 m^3/d，严重影响了矿井安全。煤矿随即采用注浆、封堵等方式对渗漏点进行处理，井下施工防水密闭，采取可控性疏放河道渗透水，将水引流通过管道至井下水仓进行外排。但仍有每天约 6 000 m^3 的渗水进入矿井，年渗水量达 143.04 万 m^3。多年以来，煤矿将矿井水排往后山距矿区 150 m 处，

作者简介：贾运甫（1982—），男，高级工程师，主要从事施工组织设计、水工设计工作。

再经 5 km 左右的沟谷间接排往头屯河二类水体，对头屯河流域生态环境造成了巨大威胁。

2 工程建设的必要性

2.1 保护环境需要

根据原《新疆硫磺沟项目环境影响报告书》的批复，煤矿矿井水可通过地埋式管道输送至头屯河渠首站以下排放。因工程建设困难，该管道一直未建设，致使矿井废水排往后山距矿区 150 m 处，并间接排往头屯河二类水体，违反了在饮用水水源保护区内设置排污口的环境保护要求。为切实保护头屯河环境，项目需尽早建设。

2.2 保护水资源的需要

煤炭开采中会伴生大量的矿井水，传统方法是将矿井水排到地表，继而蒸发，造成了水资源的严重浪费。毫无节制的排水不仅大大浪费水资源、增加了矿产成本，而且还导致地面塌陷、地下水资源流失、水质恶化等环境问题。地面水源受到广泛污染，处理成本日益提高，而矿井水来源于地下水，矿井水污染程度轻，处理容易，成本低，是一笔宝贵的水资源。矿井水资源化，不但可减少废水排放量，免交排污费，而且节省大量自来水，节约水资源，为矿区创造明显的经济效益；矿井水资源化开辟了新水源，减少了淡水资源开采量；实现“优质水优用，差质水差用”的原则，可解决该地区严重缺水状况，缓解城市供水压力，也使水资源的利用更加经济合理；矿井水资源化将会减除矿井水对地表水系的污染，堵住污染源，美化矿区环境，保护地表水资源。矿井水的主要来源为头屯河的渗水，为头屯河水资源的一部分，从保护水资源的角度出发，本项目需尽早建设。

2.3 煤矿生产的需要

煤矿水灾是煤矿建设和生产的主要灾害之一，当进入煤矿的水量超过矿井的正常排水能力时，就会酿成淹井事故。由于煤田水文地质条件极为复杂，煤矿突水事故时有发生，不仅严重破坏煤矿的正常建设和生产，造成巨大的经济损失，而且还时刻威胁矿工的生命安全。如果渗水不能排出井外，意味着煤矿不能正常生产。所以矿井水必须及时排出井外，以确保煤矿正常、安全的生产。

3 工程建设的可行性

3.1 项目建设的依托工程

根据昌吉市“绿色崛起·美丽昌吉”建设规划，拟在昌吉市三工滩建设“万亩生态林”，总绿化面积 10 万亩。按照 3 L/（m^2·d）的绿化用水量及半个月一次的灌溉频率估算可知，“万亩生态林”总用水量约 240 万 m^3/a。根据项目区需水预测，绿化用水需求远大于排水量。非灌季（每年 10 月中旬至次年 4 月中旬）矿井外排水量平均约 45 万 m^3。为接纳该部分水量，计划在本次排水管线终点（硫磺沟镇三工滩）建设 52 万 m^3 的蓄水库，专门用于宽矿矿井水的冬储夏灌。经综合分析，项目建设可行，矿井渗水可供三工滩 4 640 亩生态林灌溉用水。

3.2 水量及水质

煤矿井田的东部相邻区域，开挖过程中严重破坏地表形态，采掘了河床 9-15 露头煤，开挖形成长约 460 m、上部宽 80 m、底部宽 60 m、深 38 m 的采掘坑；同时在河道开挖过程中，揭露老窑巷道 6 条，导致头屯河河床下原始岩层遭到破坏，河水渗流到矿井下，经多年观测，矿井年外排水量为 124.37 万~171.10 万 m^3/a。

排水最终排向硫磺沟镇三工滩综合利用于万亩生态林绿化，回用水水质需达到《城市污水再生利用　绿地灌溉水质》（GB/T 25499—2010）相关浓度限值。矿井水硫化物采用预曝气处理，采用水力循环澄清池处理工艺，处理规模为 1.0 万 m^2/d。采用碱式氯化铝（PAC）和聚丙烯酰胺（PAM）联合投加方式的混凝。流程为：矿井水经预沉淀池初步沉淀后，通过计量泵加入碱式氯化铝，经管道混合后，进入混凝反应池，在反应池中加入聚丙烯酰胺作为助凝剂。根据水质、水量和运行条件等因素确定投药量，使混凝效果保持在最佳状态，以满足处理工艺的要求。可保证出水水质达到再生利用的要求。

4　工程布置及主要建筑物设计

工程主要任务：解决煤矿矿井污水处理后的排放问题；污水处理后为下游昌吉市三工滩 4 640 亩公墓地提供绿化、生态林灌溉用水，获得水资源变废为宝的效益。工程设计年排水量 150 万 m^3，为Ⅴ等小（2）型工程，主要建筑物级别为 5 级。

工程跨越水源保护区，工程布置受环境保护的制约，必须采取保证率高的布置方式，在满足排水任务的同时，必须保证矿井水不外泄。综合地形地质条件，建筑物布置采用“两库+连接管道”的形式，即由首部事故备用池、排水管线、末端蓄水库、事故泵站、管线检修放空池等建筑物组成。

根据排水系统运行方式，排水管道规模需矿井水外排与事故状态下水量的叠加，设计取 480 m^3/h。末端蓄水库作为下游生态用水水源工程，所需的调节容积为 52.0 万 m^3，死容积为 1.0 万 m^3，总容积为 53.0 万 m^3。事故备用水库主要承担管道常规检修期排水、管道紧急事故排水及夏季坡面冲沟洪水，设计容积 9.0 万 m^3。

首部事故备用池充分利用天然洼地地形窄长条状的特点，布置近似长方形水库，对地形等高线 1 124.0 m 以下洼地表面清废后形成的容积，满足 9 万 m^3 的设计容积。水库库盘平面最大开口长约 450 m，宽约 110 m，池底位于沟口挡水坝的正前方，底部长 85 m、宽 10 m，池底高程 1 112.5 m，池顶高程为 1 124.0 m。从底部按天然坡面坡比向上至池顶高程，水库顶部设 5.0 m 宽交通通道与挡水坝顶连接，形成环向交通道路，水库顶圈全长约 1 060 m。挡水建筑物最大坝高 12.5 m，坝长约 60 m，坝体及全库盘采用土工膜防渗。采用规格为 300 g/m^2/0.8 mm/300 g/m^2 的两布一膜，为长丝纺粘针刺非织造布聚乙烯复合土工膜。

排水管道全长 15.3 km，起点接矿井高位水池，沿线穿越硫磺沟镇、天山水泥厂、头屯河水库等。末点位于昌吉市三工滩附近，线路中部留有分水口向沿线草地及绿化带分水，管线顺头屯河左岸布置。管线最大落差为 252 m，全线采用自流排水，管材采用螺旋焊钢管，外防腐采用 0.8 mm 厚 PE（改性聚乙烯）热浸塑，内防腐采用 0.35 mm

厚喷热固性环氧树脂粉末。共布置2座托管桥，1处过路顶管。管线外露地面部分做保温处理，保温方式为聚氨酯保温瓦片+镀锌钢板。沿线设置防漏监测系统，实时对管道漏水进行监控。共设置9个事故备用水池，每个水池容积为50~100 m^3。管线放空时，管道内矿井水可排入事故备用水池。管道检修完成后，采用水车将水池内水抽走排出。

末端蓄水库为注入式平原水库。蓄水库设计利用天然地形采取挖填方式，挖填后形成满足工程设计规模的蓄水库容积。水库占地范围约为7.06万 m^2，总库容53.0万 m^3。坝型采用复合土工膜斜墙坝，全库盘铺设土工膜进行防渗，最大坝高为14.5 m，坝顶部周长约为854 m。

5 工程建设的意义与技术特点

5.1 布置方式独特性

采用“两库+连接管道”的新颖布局方式。

鉴于工程的任务和环境保护的要求，既要保障矿井水及时排放，又要保障生态环境安全。结合工程区地形特点，工程区首部巧妙利用天然洼地作为事故备用水库；管线穿越地形条件复杂、高差大，采取埋管+明管结合布置的形式；末端“簸箕型”地形特点可布置为蓄水库作为调蓄水库；沿线根据地形特点在低洼处设置9个管道放空水池，用于管道检修期管内水的排放。“两库+连接管道”的布局方式既保证矿井水在正常情况下及时通过管道排向末端水库，又保证管道事故检修情况水不外泄。本工程新颖的布局方式同时解决了水资源、综合利用、煤矿安全生产、环境保护等诸多问题。

5.2 确保煤矿正常、安全生产

煤矿水灾是煤矿建设和生产的主要灾害之一，由于工程水文地质条件极为复杂，煤矿突水事故时有发生，它不仅严重破坏煤矿的正常建设和生产，造成巨大的经济损失，而且还时刻威胁矿工的生命安全。如果矿井废水不能及时排出，意味着煤矿不能正常生产，进一步影响到煤矿相关产业的正常运转。本工程的建设保障了矿井水及时排出井外，且紧急情况下启用备用水库及事故放空池，确保煤矿正常、安全地生产，保障了人民生命财产的安全。

5.3 保护头屯河流域生态环境

煤矿矿井水为工业废水，工程区附近即为二级水源保护区，且工程穿越居民区。本工程通过布置事故备用水库、沿线事故放空水池，以及防漏监测系统等综合措施，确保不会发生矿井水外泄事故，有效地保护了头屯河流域的生态环境，避免环境污染，保障了下游工农业、居民生产生活、生态用水的安全。

5.4 水资源再生，废水再利用

煤矿开采中会伴生大量的矿井水，传统方法是将矿井水排到地表，继而蒸发，造成了水资源的严重浪费，毫无节制的排水不仅大大浪费水资源，增加了矿产成本，而且还导致地面塌陷、地下水资源流失、水质恶化等环境问题。本工程矿井水的主要来源为头屯河的渗水，本身为头屯河水资源的一部分，工程的建设可有效保护水资源，将矿井废水“资源化”，是变废为宝的典型运用。

5.5 节能减排与可持续发展

工程管线起末点地面高差约 250 m，但需跨越山峰，不具备自流排水的条件。考虑后期管理运行方便，降低运行成本，节约物质资源和能量资源，减少废弃物和环境有害物排放。工程设计采取降低局部山峰海拔高度、适当加大山峰前管道管径、减少水头损失的综合措施，最终实现了全线自流排水，达到了“节能减排”的目的。

煤矿上游同时开发有屯宝、宝平两大煤矿，这两座煤矿同时也存在废水排放的问题。得益于本工程的顺利建设并成功运行，目前两处煤矿计划将废水接入本排水系统，从根本上解决头屯河流域源头水污染的问题，有力保障了流域生态环境治理工作，本工程为类似问题处理提供持续利用意义。

5.6 选线经济合理

工程管线全线 15.7 km，布置两座水库，管线跨越硫磺沟镇居民区、S101 国防公路、天山水泥厂、头屯河水库等建筑设施，沿线地形地质条件复杂，山体陡峻，起、终点落差达 250 m，本工程通过合理的布置和选线，成功解决了上述难题。

5.7 建筑物设计合理、先进，节省工程投资

建筑物布置首先考虑利用已有的自然条件，首部事故备用水库充分利用天然洼地地形窄长条状的特点，仅在沟口布置不到 60 m 长的坝体即可形成 9.0 万 m^3 容积的水库；末端蓄水库设计为半挖半填水库，通过挖填平衡设计计算，坝体填筑全部利用开挖料，水库土方开挖仅为 22.0 万 m^3 左右，即形成了 53 万 m^3 容积的水库；管道采用托管桥、顶管、傍山栈道等多种设计形式穿越复杂地形和建筑设施。

5.8 先进的土石方平衡设计理念

本工程主要由 2 座水库和 15 km 长管线组成，工程建设将产生大量的土石方开挖弃料，同时坝体填筑也需要大量土石方料。本工程在建筑物整体布置和选型时就先行考虑土石方平衡调配，将水库开挖料用作坝体填筑和土工膜保护层料，管道填筑料首先考虑利用开挖料等。工程土石方开挖总量约 40.0 万 m^3，填筑约 38.6 万 m^3。土石方填筑直接利用和二次利用比例为 100%，工程整体未产生任何弃渣，有效降低了投资，避免了水土流失。

6 结语

本工程自 2021 年建成运行以来，运行良好，解决了困扰煤矿已久的污水排放问题，避免对头屯河水体造成污染；同时也解决了生态林灌溉用水问题；实现了保障煤矿安全生产、保护当地环境、“变废为宝”的目标要求；切实体现了“绿水青山就是金山银山”理念；实现了经济效益、环境效益和社会效益的统一，实现了新的治水理念，达到人水和谐。其工程质量和建筑物各项性状指标良好，符合国家相关规范要求。对其他同类型工程的设计、建设具有重要的参考和借鉴意义。

参考文献

[1] 胡博，等．矿井废水处理技术研究进展［J］．矿产保护与利用，2021（1）：46-51.
[2] 程洋．论煤矿环境污染与废水处理技术［J］．自然科学，2023（5）：23-26.
[3] 蒋良权，封磊．双密封复合涂塑钢管在复杂地形的施工运用［J］．陕西水利，2015（3）：61-62.
[4] 李云飞，汪歆蕾，张飞，等．基于水听器声波探测的供水管道泄漏检测系统［J］．传感器与微系统，2023（5）：83-86.

车尔臣河灌区取水工程改造分析

高文强[1]　伊布拉音·大木拉[2]　叶然·道肯[2]

（1. 中水北方勘测设计研究有限责任公司，天津　300222；
2. 新疆水利水电规划设计管理局，新疆乌鲁木齐　830000）

摘　要： 车尔臣河灌区是且末县唯一的一片绿洲，位于塔克拉玛干大沙漠边缘，生活生产环境恶劣。由于主水源车尔臣河为高含沙河流，灌区在引水灌溉的同时，大量泥沙随之进渠入地，引起灌区耕地沙漠化。大石门水库的建成蓄水，为灌区用上清澈库水提供了很好的条件。根据地形地质条件，本文对新建大石门水库取水口进行了分析，并提出可行的建设方案。分析成果可为车尔臣河灌区优化用水管理提供参考。

关键词： 且末县；车尔臣河灌区；大石门水库；取水工程

新疆车尔臣河灌区地处气候极端干旱的塔克拉玛干沙漠东部，农业生产环境十分脆弱。因地处边疆少数民族地区，经济落后，水利基础设施建设滞后，以引水为主的供水结构保证率低、水质含沙量大，造成工程性缺水问题更为突出，严重影响和阻碍了灌区及且末县农业经济的发展。大石门水库作为车尔臣河上唯一的控导性工程，分析研究新建取水方案，对充分发挥水库工程效益、改变车尔臣河灌区的用水条件、促进灌区现代化发展具有重要意义。

1　改造目的及技术措施

1.1　改造目的

本次取水工程改造分析的目的在于研究从大石门水库取水的合理方案，解决灌区现状引水防沙的问题，延长渠首寿命，提高灌区供水保证率。改造方案应在引水工程安全和满足设计输水、分水功能的基础上，确保工程的建设和后期运维管理的可操作性。

1.2　技术措施

针对车尔臣河的水沙特点和已建工程的实际运用情况，为提高灌区春、秋季的引水保证率和水源工程的引水防沙效果，本次规划拟实现车尔臣河流域规划思想，将引水口上移，修建西岸总干渠，从车尔臣河上游的大石门电站尾水渠向灌区引水，新建取水闸及总干渠，建立清水入灌区通道，改善出库水源泥沙含量沿河道逐渐增加情况。考虑到输水线路长，拟配套建设沉沙池，进一步降低灌区引水含沙量，保证田间高效节水灌溉工程的正常稳定运行，延长使用寿命。

作者简介： 高文强（1977—），男，高级工程师，主要从事水利工程规划设计工作。

2 取水工程改造

2.1 取水工程布置调整

车尔臣河灌区已建河道自流取水口6处，本文拟优化调整为单口取水，新建取水口位于大石门水库电站尾水渠下游，出库后沿左侧山体开挖隧洞将水引出后，接输水明渠。改造后的取水工程起于大石门水库坝后电站尾水渠，止于车尔臣河第一分水枢纽，总长约32 km，全线包括引水闸、引水隧洞及输水明渠。

2.2 引水闸设计

新建引水闸采用C25钢筋混凝土结构，设置两孔平板引水闸，闸门尺寸为2 m×3 m，闸底板高程2 178 m，采用平底宽顶堰，闸前设置拦污栅及检修闸门、分闸室段和下游连接段两部分。闸室段顺水流方向总长度为10 m，闸室为2孔，单孔净宽2.0 m，闸室总净宽4.0 m。水闸底板高程2 178.0 m，底板厚1.0 m，上下游两端均设深1.0 m齿脚，底板下部设10 cm厚C15素混凝土垫层；闸墩高8.0 m，中墩厚1.5 m、边墩厚1.2 m；闸墩上部设钢筋混凝土排架及工作桥。闸室段钢筋混凝土结构强度等级均为C25W4F300。下游连接段接引水隧洞。

2.3 引水隧洞设计

2.3.1 基本情况

新建引水隧洞布设长8 km，地面海拔2 170~2 360 m。由上更新统洪积卵石层，风积砂质粉土组成。地势南高北低，地面多由风积砂形成的堆状、垄状沙丘覆盖，植被稀少，该地貌单元内发育有规模大小不同的冲沟，冲沟发育，方向呈南北向，冲沟形态多呈“U”形。该河段河流急剧下切，在垂直方向上呈多层阶梯状地形，河道深切，最大切割深度可达200 m。

2.3.2 工程布置

引水隧洞进口设在大石门电站尾水渠引水闸后，设计引水流量25 m^3/s，加大流量30 m^3/s，进口底板高程2 178 m。隧洞出口位于车尔臣河左岸阶地上，出口底板高程2 162 m，出口渐变段后接输水明渠。

2.3.3 断面形式

引水隧洞围岩为半胶结砂卵砾石，开挖施工中控制不好时开挖断面很容易形成城门洞形，难以达到设计效果。因隧洞加大流量不大，隧洞断面尺寸不大，综合施工及投资考虑，隧洞形式采用城门洞形。

2.3.4 洞径分析

《水工隧洞设计规范》（SL 279—2016）规定：在恒定流情况下，隧洞内水面线以上的空间不宜小于隧洞断面面积的15%，且高度不应小于400 mm。参照已建工程经验，本工程隧洞设计净空面积暂按大于15%控制。断面尺寸满足施工最小洞径要求。考虑施工条件及隧洞开挖排水问题，隧洞纵坡不宜太陡，通过比较不同洞径，确定隧洞断面采用宽3.2 m、高4.2 m的城门洞形，设计纵坡采用0.002。

2.3.5 结构设计

隧洞埋深10~160 m，洞室围岩为第四系中、上更新统砂卵砾石层内，结构密实，泥质半胶结。隧洞大部分洞段位于地下水位以上。根据工程地质特征对围岩分类，洞室围岩以Ⅴ类围岩为主。

（1）一次支护设计。

Ⅴ类围岩洞段，全洞室采用150 mm挂网喷混凝土，网格钢筋ϕ8 mm，间排距0.15 m×0.15 m。顶拱设ϕ25，L=4.5 m超前锚杆，间距为0.2 m，排距3 m。遇围岩破碎严重情况，视开挖情况适当加密超前支护，遇围岩破碎严重且渗水情况，增加超前支护的同时，增加超前小导管排水。设置I20工字钢钢拱架支撑，间距0.8 m。局部涌水及穿越断裂层洞段，采用超前注浆处理，注浆导管长4.5 m，间距0.5 m，排距2 m。视渗水情况，随机布置排水孔。穿越断裂层全洞室采用150 mm挂网喷混凝土，采用I20工字钢支护，间距0.5 m。

（2）二次衬砌设计。

无压隧洞钢筋混凝土衬砌按非限裂原则设计。

隧洞断面形式为城门洞形，尺寸3.2 m×4.2 m。衬砌采用C25钢筋混凝土，Ⅴ类围岩衬砌厚度取60 cm，受力钢筋采用HRB400级钢筋。混凝土的弹性模量为2.80×10^4 MPa，衬砌容重25 kN/m^3，混凝土保护层采用50 mm。按正常使用极限状态验算时，最大裂缝宽度允许值采用0.3 mm。计算方法采用结构力学边值法，采用理正水工隧洞衬砌计算软件。理正水工隧洞衬砌分析软件采用衬砌的边值问题及数值解法：将衬砌结构的计算化为非线性常微分方程组的边值问题，采用初参数数值解法，并结合水工隧洞的洞型和荷载特点，计算水工隧洞衬砌在各主动荷载及其组合作用下的内力、位移及抗力分布。无须假定衬砌上的抗力分布，由程序经迭代计算自动得出。作用于衬砌上的各种荷载主要有围岩压力、内水压力、外水压力、自重和灌浆压力。经计算，引水隧洞混凝土衬砌配筋见表1。

表1　引水隧洞不同围岩类别混凝土衬砌配筋

围岩类别	衬砌厚度/m	隧洞尺寸/m	裂缝宽度/mm	配筋结果
Ⅴ	0.6	3.8×4.5	0.28	双筋5ϕ25

（3）隧洞防渗及灌浆设计。

本工程按隧洞分缝距离为10 m，环向伸缩缝中设橡胶止水，缝内充填闭孔泡沫板。为提高输水隧洞承受内、外水压力的能力，混凝土衬砌与围岩间进行回填灌浆，以更好地发挥围岩承载作用，改善衬砌受力条件。顶拱120°范围内预留回填灌浆孔，排距1.5 m，布置3孔，回填灌浆孔深入围岩10 cm，回填灌浆压力0.2 MPa。隧洞衬砌遇有围岩塌陷、溶洞及较大超挖时，应在该部位预埋灌浆管及排气管。隧洞设计参数见表2。

表2　引水隧洞水力要素及设计参数

加大流量/(m^3/s)	对应流速/(m/s)	糙率	净宽×净高/(m×m)	洞长/m	进口高程/m	出口高程/m
30	2.52	0.014	3.2×4.2	8 000	2 178	2 162

2.4 明渠段设计

隧洞出口接输水明渠至第一引水枢纽段长 24 km，地面平均纵坡约 1/80，为 3 级建筑物。

2.4.1 断面选择

渠道横断面应满足：①渠床稳定或冲淤平衡；②有足够的输水能力；③施工、管理、运用方便；④工程造价较小；⑤满足综合利用对渠道的结构要求。

渠道常用横断面形式有梯形、矩形、复式断面、U 形等。梯形断面广泛适用于大、中、小型渠道，其优点是施工简单、边坡稳定，便于应用混凝土薄板衬砌；矩形断面适用于坚固岩石中开凿的石渠，多用于傍山部位以及渠宽受限制的城镇工矿区；复式断面适用于渠床位于不同土质的深挖方渠道。

隧洞出口至第一引水枢纽渠道沿线浅部地层主要为第四系松散沉积物所覆盖，岩性为上更新统风积（Q_3^{eol}）粉土，局部厚度 5~25 m，风成黄土一般分布在山麓地带，风积沙丘在河流下游地区，河道左岸阶地少量零散分布，土体松散，下伏上更新世-中更新世洪积（Q_{2-3}^{pl}）砂卵砾石层，一般厚度 45~105 m，稍密-密实状，为主要的渠道地基层，参考灌区现状已建工程及综合分析，渠道断面采用梯形断面较为适宜。

2.4.2 衬砌形式选择

渠道衬砌的主要作用：①减少渗漏损失，提高渠道水的利用系数，便于降低由于渠道渗漏引起的地下水位上升，有效地防止土壤沼泽化和次生盐碱化等；②减少渠道糙率，加大流速，增大输水能力，防止渠道冲刷破坏，减少土方开挖量。目前，我国各地常用的渠道衬砌材料有土料、水泥土、石料、沥青混凝土和混凝土等。

根据各干渠的纵坡情况、工程地质条件以及渠道防渗技术规范对各项设计指标的要求，选用的护砌材料应有较好的防渗性，同时结合项目区地下水埋深情况、车尔臣河来水的泥沙资料、施工难易程度以及天然建筑材料的分布和储量，并参考项目区常规的护砌材料及现状运行的干渠衬砌形式，渠道衬砌结合本地区已实施类似工程经验，选择以下两种不同的衬砌方案进行比较：①全断面现浇混凝土板方案，具有坚固耐用，输水速度快，利用率高，维护管理方便，适应灌区发展要求的优点。②细粒混凝土砌卵石防渗方案，从抗冲耐磨能力考虑，此方案能满足要求，但从灌区目前已经实施该方案工程效果来看，由于施工问题，实际效果难以达到设计要求，渠道衬砌往往从细石混凝土首先发生破坏。鉴于此段干渠渠道设计底坡较陡，渠道内流速较大（约 3.8 m/s），对渠道冲刷较为严重，考虑渠道抗冲耐磨能力、施工情况及运行安全性能方面，选用 C20 全断面现浇混凝土衬砌方案。

2.4.3 水力计算

新建明渠采用梯形实用经济断面，结合施工情况，渠道断面采用底宽 3.2 m、渠深 2.0 m 的实用经济断面。渠道内边坡系数 1.75，渠道外边坡系数 1.5，设计渠底纵坡 1/100，沿明渠设置 53 座跌水建筑物。过水断面采用 20 cm 厚度 C20 现浇混凝土衬砌。干渠渠道一侧岸顶布置交通道路，道路宽度 4.5 m，为泥结碎石路面，并对靠近村庄及城镇部分进行安全防护，渠道两侧设置安全隔离防护网。

2.5 沉沙池设计

新建总干渠自大石门水库至第一引水枢纽处长度 32 km，输水线路较长，考虑大石门水库排沙运行时电站不发电或遇特殊情况无法向下游灌区提供灌溉流量，此时利用在第一引水枢纽左岸引水闸进行引水，第一引水枢纽及左岸 3 孔引水闸已进行过除险加固改造处理，可以作为灌区备用引水工程。灌区规划到 2035 年基本建成高效节水灌溉示范区，应按照节水灌溉对水质含沙量的要求，对进入灌区的泥沙含量进行控制。

根据泥沙计算分析，车尔臣河第一分水枢纽断面处，河道 6—8 月平均含沙量约 7 kg/m^3，0.05 mm 以上悬移质含量占 44%左右，根据泥沙颗粒级配曲线及出池断面泥沙要求，采用定期冲洗式沉沙池。沉速计算公式采用情况如下：

（1）当粒径等于或小于 0.062 mm 时，采用斯托克斯公式：

$$\omega = \frac{g}{1\,800}\left(\frac{\rho_s - \rho_w}{\rho_w}\right)\frac{d^2}{v} \tag{1}$$

$$v = \frac{0.017\,75}{1 + 0.033\,7t + 0.000\,221t^2} \tag{2}$$

（2）当粒径为 0.062~2.0 mm 时，采用沙玉清天然沙沉速公式：

$$(\lg S_a + 3.790)^2 + (\lg \Psi - 5.777)^2 = 39.0 \tag{3}$$

$$S_a = \frac{\omega}{g^{1/3}\left(\frac{\rho_s}{\rho_w} - 1\right)^{1/3} v^{1/3}} \tag{4}$$

$$\Psi = \frac{g^{1/3}\left(\frac{\rho_s}{\rho_w} - 1\right)^{1/3} d}{10v^{2/3}} \tag{5}$$

当粒径大于 2.0 mm 时，采用沙玉清紊流区沉速公式 $\omega=4.58\sqrt{10d}$ 计算；粒径组平均沉速应使用其上下限粒径沉速的几何平均值。

式中：t 为水温,℃；D 为泥沙粒径，mm；ρ_s 为泥沙密度，g/cm^3；ρ_w 为清水密度，g/cm^3；ω 为泥沙沉速，cm/s；g 为重力加速度，cm/s^2。经计算，粒径组平均沉速为 1.03 cm/s。

（3）沉速率。

池段下断面分组含沙量变化按式（6）计算：

$$S_{i(k+1)} = S_{ik}e^{-a_{ik}\frac{\bar{\omega}_i L_k}{q_k}},\ a_{ik} = K\left(\frac{\bar{\omega}_i}{u_{*k}}\right)^{0.25},\ u_{*k} = \sqrt{g\bar{R}_k\bar{J}_k},$$

$$\bar{v}_k = \frac{v_k + v_{k+1}}{2},\ \bar{J}_k = \frac{\bar{v}_k^2}{\bar{c}_k^2\bar{R}_k},\ \bar{R}_k = \frac{R_k + R_{k+1}}{2},\ \bar{c}_k = \frac{1}{n}\bar{R}_k^{1/6} \tag{6}$$

式中：S_{ik}、$S_{i(k+1)}$ 为池段上下断面分组含沙量；a_{ik} 为 k 池段 i 粒径组的恢复饱和系数，u_{*k} 为 k 池段水流摩阻流速，m/s；$\bar{\omega}_i$ 为粒径组的平均沉速；q_k 为 k 池段单宽流量；i 为粒径组编号按粒径由小到大排序；K 为综合经验系数；v_k、v_{k+1} 为 k 池段上断面、下断面流速，m/s；$\bar{J}_k$ 为 k 池段平均水力坡度；$\bar{v}_k$ 为 k 池段平均流速，m/s；R_k、R_{k+1} 为 k 池段上断面、下断面水力半径，m；$\bar{R}_k$ 为 k 池段平均水力半径，m；c_k 为 k 池段平均谢才系数；n 为糙率系数，一般各池段相同；k 为池段编号由工作段进口至池末或溢流堰区首端排序。经计算，沉沙池段分组沉降率为 84%。

（4）淤积量及冲洗计算。

水利工程定期冲洗式沉沙池设计冲洗周期内淤积体积可按式（7）计算：

$$V_s = \frac{S_0 Q \eta T}{1\,000 \rho_d} \tag{7}$$

式中：V_s 为淤积体体积，m^3；S_0 为设计冲洗周期内入池平均含沙量，kg/m^3；Q 为沉沙池工作流量，m^3/s；η 为总沉降率；T 为设计冲洗周期，s；ρ_d 为淤积物干密度，t/m^3。

（5）冲洗计算

排沙道采用无压排沙形式，冲沙计算按下式进行：

$$v_c = \omega_{75}\sqrt{\frac{h}{d_{75}}}\left(\frac{100S_e}{1\,000 + 0.63S_e}\right)^{1/4} \tag{8}$$

式中：S_e 为冲沙水流中的含沙量，可取 20～85 kg/m^3，本文取 50 kg/m^3；d_{75} 为泥沙粒径，m，在淤积物中小于该粒径沙重占 75%；ω_{75} 为泥沙沉速，m/s，在淤积物中小于该粒径沙重占 75%；h 为冲沙时的平均水深，m。

经计算，新建沉沙池工作段长度为 100 m、宽 37 m、深 4.5 m，设 4 厢，两厢交替冲洗运行，工作段末端设 1 孔冲沙闸，定期冲沙，冲沙流量为 4.4 m^3/s 排入车尔臣河。出池泥沙含量降低至 2.45 kg/m^3。沉沙池一侧设置旁通渠道，在不需要沉沙处理时引水直接入灌区渠道。

3 结论

（1）本次取水工程改造分析了从大石门水库取水的工程改造方案，以解决灌区现状引水防沙的问题，延长渠首寿命，提高灌区供水保证率。

（2）针对车尔臣河的水沙特点和已建工程的实际运用情况，为提高灌区春、秋季的引水保证率和水源工程的引水防沙效果，分析将引水口上移至大石门水库电站尾水渠。同时考虑到输水线路长，配套建设沉沙池进一步降低引水含沙量，延长工程使用寿命。

（3）改造后的取水口位于大石门水库电站尾水渠下游，取水工程包括引水闸、引水隧洞及输水明渠，总长约 32 km。新建引水闸为两孔平板闸，C25 钢筋混凝土结构，闸门尺寸 2 m×3 m，分闸室段和下游连接段两部分，其中闸室段顺水流长 10 m。引水隧洞采用断面宽 3.2 m、高 4.2 m 的城门洞形。隧洞后明渠长 24 km，采用底宽 3.2 m、渠深 2.0 m 的实用经济断面，一侧岸顶布置宽 4.5 m 的泥结碎石交通道路，靠近村庄及城镇部分两侧设安全隔离防护网。新建沉沙池工作段长 100 m，宽 37 m，段末端设 1 孔冲沙闸定期冲沙，沉沙池一侧设旁通渠道，在不需要沉沙处理时引水直接入灌区渠道。

参考文献

[1] 吴持恭，等．水力学［M］．3版．北京：高等教育出版社，1996.
[2] 沙玉清．泥沙运动学引论［M］．北京：中国工业出版社，1965.

新疆某碾压式沥青心墙坝坝体稳定性评价

秦文保

（新疆兵团勘测设计院集团股份有限公司，新疆乌鲁木齐　830000）

摘　要：鉴于狭窄河谷地区高沥青混凝土心墙坝所面临的变形控制难、防渗体易破坏等诸多设计难点，结合工程特点提出适合心墙坝体结构、坝壳料设计方案。采用中国水利水电科学研究院自编程序 STAB2009 瑞典圆弧法、毕肖普简化法对本工程大坝边坡稳定进行计算。结果表明：坝体在各个工况下两种方法计算出的结果基本相当，且坝坡最小安全系数均有一定的安全储备。说明大坝结构设计合理，以期在今后 150 m 级沥青心墙坝工程设计时提供借鉴。

关键词：狭窄河谷；高沥青心墙坝；瑞典圆弧法；毕肖普简化法

1　引言

近年来，随着国家西部大开发和援疆政策的深入实施，地区经济发展质量、效益和水平明显提高，一批能源企业和建材企业相继建成投产，农副产品加工业和民族传统手工业规模不断壮大，促进地区经济持续稳定增长。由于土石坝具有复杂地形适应强、施工周期短、建造成本低等显著优势，是新疆地区首选的重要坝型。加之新疆石油资源丰富，沥青品质极高，因沥青混凝土优越的防渗、适应变形及自愈能力被广泛应用于水利工程的心墙坝中。新疆阿克苏地区在推进新型工业化战略方面，重点提出要坚持把经济结构战略性调整作为加快转变经济发展方式的主攻方向。加强农业基础地位，提升和壮大制造业，发展新兴产业，加快发展服务业，促进经济增长向依靠一、二、三产业协同带动转变。坚持把资源整合作为转变经济发展方式的必要手段。开展以煤炭为重点的矿产资源整合，以棉花为重点的农产品资源整合，以土地资源集约、节约利用为重点的土地资源整合，建立重点优势资源有序管理，有偿配置开发利用的管理机制，发挥各级政府对资源配置的引导作用，确保大企业、大集团、大工程、大项目的资源需求，确保重点优势资源对经济社会可持续发展的保障能力。实施以市场为导向的优势资源转换升级战略，以大企业、大集团、大工程、大项目为龙头，加快培植地区产业格局，着力提高优势资源转换的质量、水平和效益；实施区域协调发展战略，重点发展园区经济和中心城市、集镇，强化节能减排，倡导循环经济，严格控制人口过快增长，提高人口素质，促进人口资源环境协调发展，把阿克苏地区建成全国重要的油气生产加工、南疆煤电能

作者简介：秦文保（1975—），男，高级工程师，主要从事水利水电工程勘测设计工作。

源、纺织、钢铁基地，新疆经济发展的重要增长极和宜居宜业的南疆中心城市。在新疆阿克苏修建的 WQ 水库，该水库具有灌溉、工业供水兼顾发电等综合利用功能。然而大坝设计面临着狭窄河谷及高坝的问题，即库盘河谷相对窄狭，切割深度大，河谷多呈“V”形地貌形态，最大坝高为 97.5 m 的特点。土石坝坝坡较缓，对整个工程投资影响较大；如果较陡，在建设、施工、运行过程中又非常危险，合理的坝坡坡比对设计、施工、运行人员至关重要。然而，国内外已建或在建的高沥青混凝土心墙坝中，由于各种因素导致坝坡失稳或异常漏水，严重时威胁到整个大坝安全运行或对下游厂房及工作人员造成重大隐患，因此合理设计坝坡对大坝的安全运行至关重要。大坝边坡的稳定分析方法，主要是建立在极限平衡理论基础之上的，假定土体为理想塑性材料，达到极限平衡状态时，土体将沿某一滑裂面产生剪切破坏而失稳。瑞典圆弧法与毕肖普简化法是当前在土石坝稳定分析中常用的两种方法。毕肖普法是条分法的一种，将滑动面假定为圆弧面，且考虑每个土条侧面的力，同时认为所有土条底部圆弧面上的抗滑安全系数 K 均相同，即最终所求得整个圆弧面平均安全系数 K。瑞典圆弧法是对作用于每个土条进行力与力矩的平衡分析，得出在极限平衡状态下土体稳定的安全系数。

本文根据《碾压式土石坝设计规范》（SL 274—2020）的要求，采用上述两种方法进行比较计算，采用中国水利水电科学研究院的边坡稳定程序 STAB2009 计算，以便达到合理控制坝坡的要求。

2 工程概况

WQ 水库工程主要承担下游农业灌溉、工业用水兼顾发电任务，总库容为 5 000 万 m^3，正常蓄水位 1 900 m，坝高 97.5 m，控制灌溉土地面积为 33 万亩，工程等别为Ⅲ等，工程规模为中型。工程由拦河坝、右岸溢洪洞、泄洪冲沙洞、灌溉供水发电洞、电站厂房组成。坝址区设计震烈度Ⅷ度，大坝设防烈度Ⅷ度。

2.1 坝体结构设计

大坝与上游围堰永久结合，顶高程 1 954.00 m 以上坝坡取 1：2.25，上游护坡采用现浇 C30、F200 混凝土护坡，厚 0.25 m，分块尺寸 5 m×5 m，结构缝宽 2 cm，采用 2 cm 厚高压闭孔板嵌缝。在护坡上设置排水孔。下游马道间坝坡为 1：1.8，采用 30 cm 厚混凝土干砌石网格梁护坡，混凝土框格厚 0.3 m、高 0.4 m，下游坡设之字形坝公路，路宽 8 m，纵坡 8%。最大断面下游综合坡度约 1：2.198，坝体横剖面图如图 1 所示。

2.2 坝体防渗体设计

坝体填筑分区从上游至下游分为围堰砂砾料区、堆石料区、过渡料区、碾压沥青混凝土心墙、过渡料区、堆石料区。堆石料区位于过渡层外侧，底部位于坝基，采用爆破料场料填筑。围堰砂砾石碾压后填筑层厚 0.8 m，相对密度 $D_r \geq 0.85$。大坝堆石料碾压后填筑厚度 0.8 m。过滤料位于心墙的两侧，水平宽度 3 m 等宽布置，由砂砾石料场筛除 80 mm 以上粒径的砂砾料获得粒径小于 50 mm 含量为 30%~40%，粒径小于 0.075 mm 含量不大于 4%，相对密度不低于 0.85。

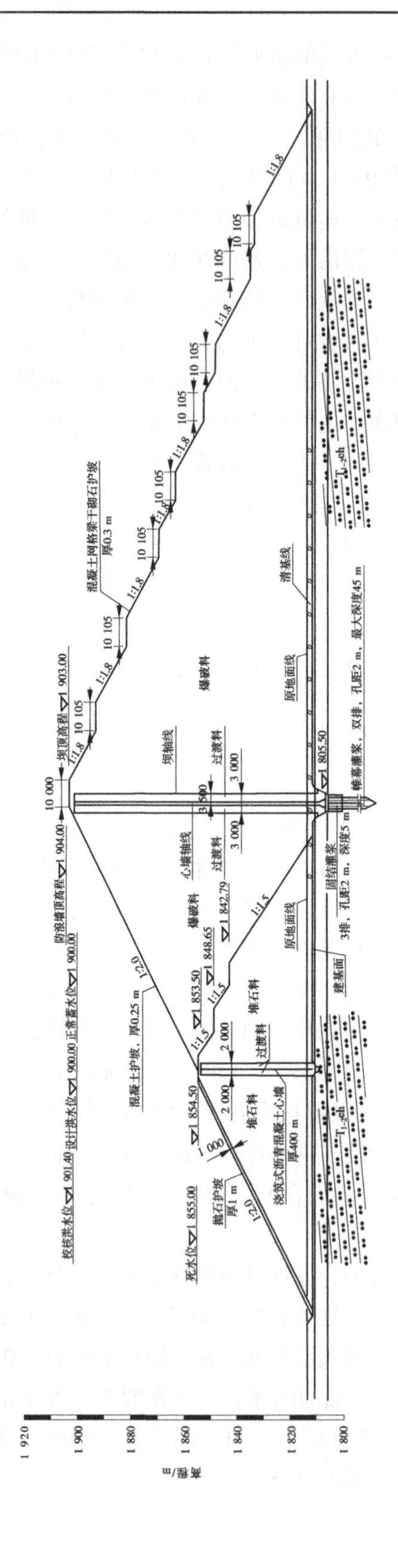

图 1　沥青混凝土心墙坝方案大坝标准横剖面图

碾压式沥青混凝土心墙机械化施工程度高，施工方法简单易控、进度快、沥青用量少，是高坝中常采用的形式。从国内的相似工程来看，三峡茅坪溪、四川冶勒均采用碾压式沥青混凝土心墙。考虑本工程挡水坝属高坝（最大坝高 97.5 m）、地震设防烈度Ⅶ度，结合目前国内碾压式沥青心墙的发展现状，确定防渗采用碾压式沥青混凝土。防渗体采用碾压式沥青混凝土心墙，垂直布置，墙体轴线偏向上游，距坝轴线 3.5 m。心墙顶宽 0.8 m，底宽 1.2 m，在底部做放大脚与基础相连。

2.3 坝基防渗设计

沥青混凝土心墙防渗体建基于弱风化层上部，基岩上设厚 1.0 m、宽 6 m、强度等级为 C30 的混凝土基座与沥青混凝土心墙防渗体相接。基础进行固结灌浆，排距 2 m，孔距 2 m，梅花形布置，垂直开挖面孔深 5 m。基础下部设 2 道灌浆帷幕，孔深以深入 $q \leqslant 5$ Lu 线以下 5 m 控制，即左坝肩帷幕灌浆深度为 105 m，右坝肩帷幕灌浆深度为 77 m。河床部分心墙基础位于弱风化上限，在心墙底部浇筑厚 1 m、宽 6 m 的混凝土盖板，并采用双排帷幕灌浆，控制标准以小于 5 Lu 线以下 5 m 为准。左、右坝肩均设灌浆平洞，按 $q \leqslant 5$ Lu 的控制标准，左、右坝肩平洞长度分别为 85 m 和 125 m，设 2 排帷幕灌浆孔，孔距 2 m。对坝壳基础内节理裂隙与出漏的断层，采用混凝土塞进行回填处理，并对塞下不良部位加强固结灌浆。

3 计算边界及参数

取大坝标准剖面进行坝体抗滑稳定计算，工况包括施工期、稳定渗流期、库水位降落期和正常运用遇地震工况，具体内容有施工期的上、下游坝坡稳定，稳定渗流期的上、下游坝坡稳定，水库水位降落期的上游坝坡稳定，正常运用遇地震的上、下游坝坡稳定。坝坡稳定分析计算参数见表 1。

表 1　坝坡稳定分析计算参数

序号	筑坝材料	线性指标		天然容重	饱和容重
		φ/（°）	c/kPa	kN/m^3	kN/m^3
1	围堰砂砾石	38.9	0	22.1	23.1
2	堆石料	40.5	0	23	24
3	过渡料	39.5	0	22.3	23.3
4	沥青心墙	20	200	24.0	24.3

3.1 地震设防烈度

本地区地震动峰值加速度为 0.15g，确定本地区地震基本烈度为Ⅶ度，主要建筑物的地震设防基本烈度为Ⅶ度。

3.2 抗滑稳定最小安全系数

根据《水利水电工程等级划分及洪水标准》（SL 252—2017）的规定，本工程为Ⅲ等中型工程，由于水库最大坝高 97.5 m，根据规范本水库大坝的级别提高一级大坝级别为2级。根据《水利水电工程边坡设计规范》(SL 386—2007)规定，本工程正常运用条件1.35，非常运用条件Ⅰ为1.25，非常运用条件Ⅱ为1.15。

4 成果分析

根据《碾压式土石坝设计规范》(SL 274—2020)规定要求，大坝在施工期、运行期及骤降的各个工况时，应分别计算其稳定性。控制稳定的有施工期（包括竣工时）、稳定渗流期、水库水位降落期和正常运用遇地震四种工况，通过瑞典圆弧法与毕肖普法在正常蓄水位和设计洪水位形成稳定渗流场时，水位越高，对坝坡的边坡稳定越不利。正常蓄水位+Ⅶ度地震时坝体的上、下游边坡稳定性相对较差，由于坝体填筑料为砂砾石，采用线性方法对边坡稳定进行计算时，边坡失稳的滑弧主要出现在坝坡的浅表位置（见图2），因此两种方法计算出的结果基本相当，且最小安全系数均存在一定的富裕度。各种工况下，坝坡抗滑稳定安全系数最小值均大于规范允许值（见表2），因此可以认为坝体能够满足抗滑稳定要求。

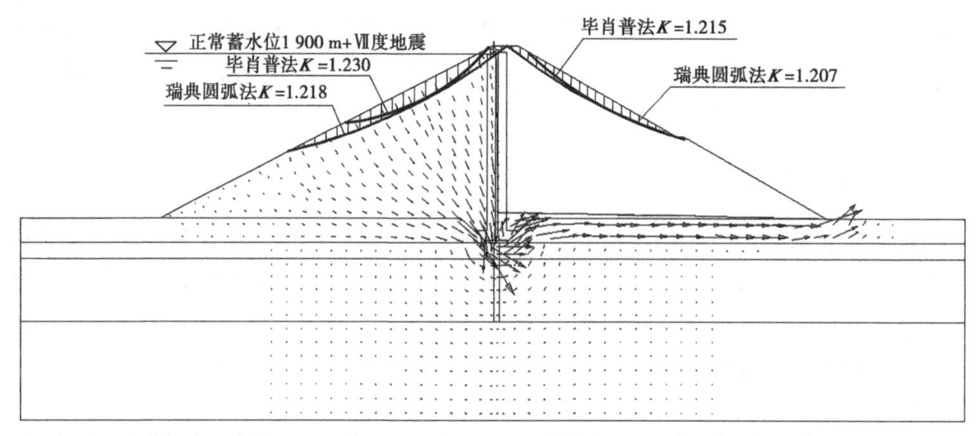

图2 正常蓄水位+Ⅶ度地震瑞典圆弧法与毕肖普法边坡稳定分析成果

表2 坝坡稳定最小安全系数

工况	计算位置	瑞典圆弧法	毕肖普法	允许安全系数
正常蓄水位	上游坝坡	1.647	1.650	1.35
	下游坝坡	1.463	1.464	1.35
设计洪水位	上游坝坡	1.646	1.647	1.25
	下游坝坡	1.462	1.464	1.25
水位骤降	上游坝坡	1.558	1.597	1.25
施工期	上游坝坡	1.645	1.647	1.25
	下游坝坡	1.379	1.464	1.25
地震Ⅶ度	上游坝坡	1.218	1.230	1.15
	下游坝坡	1.207	1.215	1.15

5 结论

本工程大坝面临着“一狭一高”的设计难题，通过地形地质及外部边界条件提出满足要求设计方案，并采用中国水利水电科学研究院的边坡稳定程序STAB2009中的瑞典圆弧法、毕肖普法对本工程边坡稳定进行计算时，边坡失稳的滑弧主要出现在坝坡的浅表位置，两种方法计算出的结果基本相当，采用该法验证设计合理性，为工程正常运行提供可靠依据。

参考文献

[1] 吴俊杰．阿尔塔什水利枢纽工程混凝土面板堆石坝抗震工程措施及静、动力有限元计算分析[J]．水利水电技术，2019，50（12）：8，12-16.

[2] 赵妮．尼雅水利枢纽沥青混凝土心墙坝设计与研究［J］．东北水利水电，2020，38（4）：4，5-8.

[3] 邵宇，许国安，朱瑞，等．大西沟沥青心墙坝防渗处理和渗流分析［J］．长江科学院院报，2009，26（10）：76-81.

[4] 李燕波．碾压式沥青混凝土心墙坝三维静动力数值模拟研究［J］．水利科技与经济，2020，26（6）：1-8.

[5] 邓理想，吴俊杰，王景．鳖高水电站深覆盖层泄洪冲沙闸基础地震永久变形分析［J］．水利科技与经济，2022，28（5）：15-22.

[6] 马敬，蒋兵．采用地下混凝土框格梁处理大坝软弱基础的新型策略［J］.2021（7）：109-113.

[7] 蒋晓云．关峡水库沥青心墙砂砾石坝心墙设计［J］．甘肃农业，2017（20）：42-44.

[8] 贺佩君．新疆白杨河水库坝型比选分析［J］．陕西水利，2020（3）：157-158，161.

[9] 柳莹，李江，彭兆轩，等．新疆土石坝建设与运行突出问题及对策研究［J］．水利规划与设计，2022（7）：52-58，127.

[10] 张宏军．新疆某碾压式沥青混凝土心墙坝设计［J］．人民黄河，2012，34（3）：1000-1379.

[11] 张合作，罗光其，程瑞林．百米级碾压式沥青混凝土心墙坝关键技术探讨［J］．水力发电，2018，44（7）：5，7-13.

[12] 吴俊杰．碾压式沥青混凝土心墙坝应力变形特性分析［J］．水利科技与经济，2019（3）：44-49.

[13] Duncan J M，Byrne P，Wong K，et al. Stress-strain and bulk modulous parameters for finite emement analysis of stress and movements in soils masses［R］. Berkekey：Report No. UCB/GT/80-01，University of California，1980.

[14] 王凤．沥青混凝土静三轴试验及心墙坝应力变形特性研究［D］．宜昌：三峡大学，2015.

[15] 潘家军，江凌．沥青混凝土心墙坝非线性有限元应力变形分析［C］//中国水利水电岩土力学与工程学术讨论会.2006.

[16] 许涛，侯爱冰，杨旭亮．碾压式沥青混凝土心墙坝静力非线性有限元分析［J］．水利规划与设计，2020（12）：1672-2469.

新疆河流泥沙特性分析及水库清淤措施研究

彭兆轩[1]　柳　莹[1]　丁志宏[1,2]　肖振华[3]

（1. 新疆水利水电规划设计管理局，新疆乌鲁木齐　830000；
2. 中水北方勘测设计研究有限责任公司，天津　300222；
3. 新疆水土保持生态环境监测总站，新疆乌鲁木齐　830000）

摘　要： 新疆因独特的地理环境，大多数河流含沙量较大，尤其是南疆。多泥沙河流造成的水库淤积问题直接影响了工程的安全运行及下游灌溉生活用水保证率，缩短水库寿命，降低水资源利用率。本文系统梳理了南北疆河流分布及泥沙特点，分析了水库淤积成因及危害，总结了当前有效的排沙措施，结合新疆典型工程实例，通过空库排沙和人工塑造异重流排沙相结合的方式，水库清淤效果显著，可为其他类似工程提供借鉴。

关键词： 含沙量；水库淤积；工程安全；排沙措施

新疆地貌轮廓鲜明，高耸宽大的山脉与广阔平坦的盆地相间排列，具有“三山夹两盆”的地貌特征，在其独特的地理环境影响下，逐渐形成典型干旱气候，降水稀少、蒸发强烈，年均降水量仅有154 mm，而蒸发量却达到了1 500~3 400 mm，近1/4的面积被沙漠覆盖，加之用水结构不合理、水资源利用率低、地下水超采严重等因素，导致水土流失日益严峻，荒漠化加剧。新疆境内河流输沙模数区域性差异较大，河流泥沙主要来源于降雨融雪汇流对流域表面的侵蚀以及水流对河道的冲刷，通常分为悬移质泥沙和推移质泥沙，北疆输沙模数为20~400 t/（km^2·a），南疆输沙模数为1 000~4 000 t/（km^2·a）。河流含沙量大，势必造成水库泥沙淤积，不仅影响水库的调节功能、防洪功能以及灌溉供水能力，而且扩大水库淹没面积，导致水库上游地下水位升高，土壤出现沼泽化和盐渍化，影响农业生产，威胁城镇和交通安全，并产生一系列社会问题。面对新疆多泥沙河流这一现状，研究并解决水库淤积问题成为当前业界首要任务之一。

1　新疆河流泥沙分布与特性

1.1　新疆河流分布

据统计，全疆有大小河流3 441条（扣除重复管辖的共计3 355条），其中自治区管辖河流23条（扣除重复管辖的共13条），地、州管辖河流179条，县级管辖的河流1 639条，县级及以上级别管辖的河流合计1 841条，如表1所示。

作者简介： 彭兆轩（1993—），男，工程师，主要从事水利水电工程设计研究数值仿真计算。

表 1　全疆河川数量及径流量情况

分区	河流数量/条					1956—2012 年系列			
	合计	自治区管辖	地、州管辖	县级管辖	乡级管辖	多年平均径流量/亿 m^3	降水量/mm	地表水资源量	水资源总量
全疆总计	3 441	23	179	1 639	1 600	879	158.86	806.91	853.51
乌鲁木齐市	50	2	1	47		10.49	252.70	10.69	11.19
克拉玛依市	8	2	2	4		0.04	88.29	0.04	0.46
昌吉州	120	2	8	65	45	30.55	176.96	30.57	34.50
博州	100	1	4	28	67	25.73	311.11	26.14	28.37
伊犁州（直）	246	2	3	69	172	165.15	549.86	162.42	165.69
塔城地区	266	2	2	100	162	52.937	272.85	53.40	57.81
阿勒泰地区	272	1	43	78	150	123.48	239.83	102.86	106.96
哈密地区	197		1	56	140	10.33	62.01	10.52	12.99
吐鲁番地区	50	1		49		6.136	47.85	6.07	8.02
巴州	759	1	8	631	119	105.386	96.69	109.45	114.34
阿克苏地区	151	5	15	127	4	103.79	140.60	67.80	75.61
克州	368	1	24	83	260	82.89	269.67	62.78	63.98
喀什地区	287	2	5	49	231	71.92	187.77	70.74	75.59
和田地区	567	1	63	253	250	89.99	134.30	93.35	97.86

注： 1. 河流条数没有扣除不同地州重复统计数。
2. 因无近 40 年统计资料，河川径流量依据 1984 年自治区水文总站统计成果，条数为 570 条，较小河流没有统计在内。统计值比目前实际径流量小。

全疆河川多年平均径流量总计 879 亿 m^3（含泉水径流量）。径流量地区分布不均，北疆面积 44.8 万 km^2，占全疆总面积的 27%，径流量为 408.439 亿 m^3，占全疆河流总径流量的 46.5%；而南疆面积 121.3 万 km^2，占全疆总面积的 73%，径流量为 470.561 亿 m^3，占全疆河流总径流量的 53.5%；可见北疆产水量远较南疆丰富。径流量的地区分布差别较大，径流量超过 100 亿 m^3 的有四个地州，占全疆总径流量超过 1/3，哈密、吐鲁番、乌鲁木齐市仅各占 1%左右。大部分河流流程较短，径流量较小。多年平均径流量大于 10 亿 m^3 的河流有 18 条，仅占河流总数的 3%，而其径流量为 531.552 5 亿 m^3，占河流径流总量的 65.6%。全疆多年平均径流量大于 10 亿 m^3 的河流如图 1 所示。

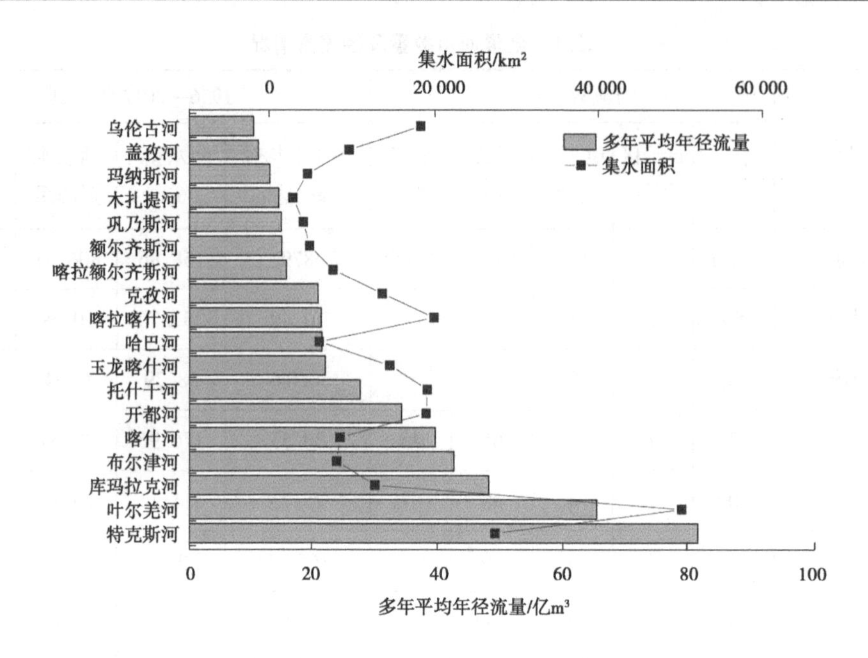

图1　全疆多年平均径流量大于10亿 m^3 的河流

1.2　水沙特性分析

南北疆输沙模数差异较大，北疆阿尔泰山、准格尔西部山区、伊犁河谷、天山北坡及开都河流域，由于气候湿润、降水充沛、植被良好，输沙模数为20~400 t/（km^2·a），年输沙量之和仅占新疆主要河流年输沙量的13.7%。南疆的天山南坡库马拉克河至木扎提河一带以及东昆仑北坡为全疆高输沙模数区域，其输沙模数为1 000~4 000 t/（km^2·a），输沙量占新疆主要河流年输沙量的86.3%。从最大含沙量上分析，提孜那甫河（玉孜门勒克站）1989年最大含沙量高达1 090 kg/m^3，喀拉喀什河（乌鲁瓦提站）1978年最大含沙量达401 kg/m^3，尼雅河（尼雅站）1999年最大含沙量达897 kg/m^3。从多年平均含沙量上分析，南疆河流含沙量普遍较大，多年平均含沙量基本超过2.0 kg/m^3，如塔里木河干流4.85 kg/m^3、玉龙喀什河4.92 kg/m^3、叶尔羌河4.97 kg/m^3，尼雅河更是高达12.9 kg/m^3；北疆河流含沙量普遍较小，但天山北坡河流泥沙含量较高，如北坡中段的巴音沟河多年平均含沙量为5.67 kg/m^3、玛纳斯河2.2 kg/m^3、奎屯河0.97 kg /m^3、金沟河2.13 kg/m^3等，都远高于北疆河流平均含沙量0.69 kg /m^3。南北疆典型河流多年平均径流量和多年平均输沙量如图2所示。总体来说，新疆大部分河流多为坡陡流急、流程短小的山溪河流，冰川、永久积雪和季节性融水是主要水源，所以大部分河流泥沙含量较高。

经过梳理不难发现，新疆河流输沙量在年内分布极不均匀，其与河流径流量成正比关系，夏季冰川融雪和暴雨洪水期流速大，水量集中，水流挟沙能力大，河流泥沙含量迅速增加，是含沙量高峰期，连续最大的4个月输沙量主要集中在6—9月，输沙量占年输沙量的99.3%。以巴州且末县石门水库为例，由水库典型年日流量和日含沙量关系图中可以发现，随着汛期的到来，日流量逐渐增大，同时日含沙量也在逐渐增大，两者基本同步变化，呈现正相关性，如图3所示。

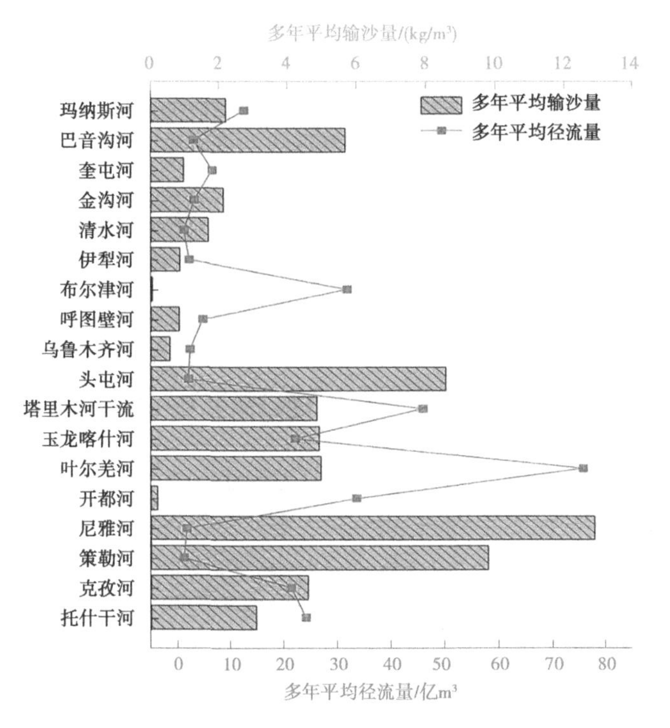

图 2　南北疆典型河流多年平均径流量与含沙量的关系

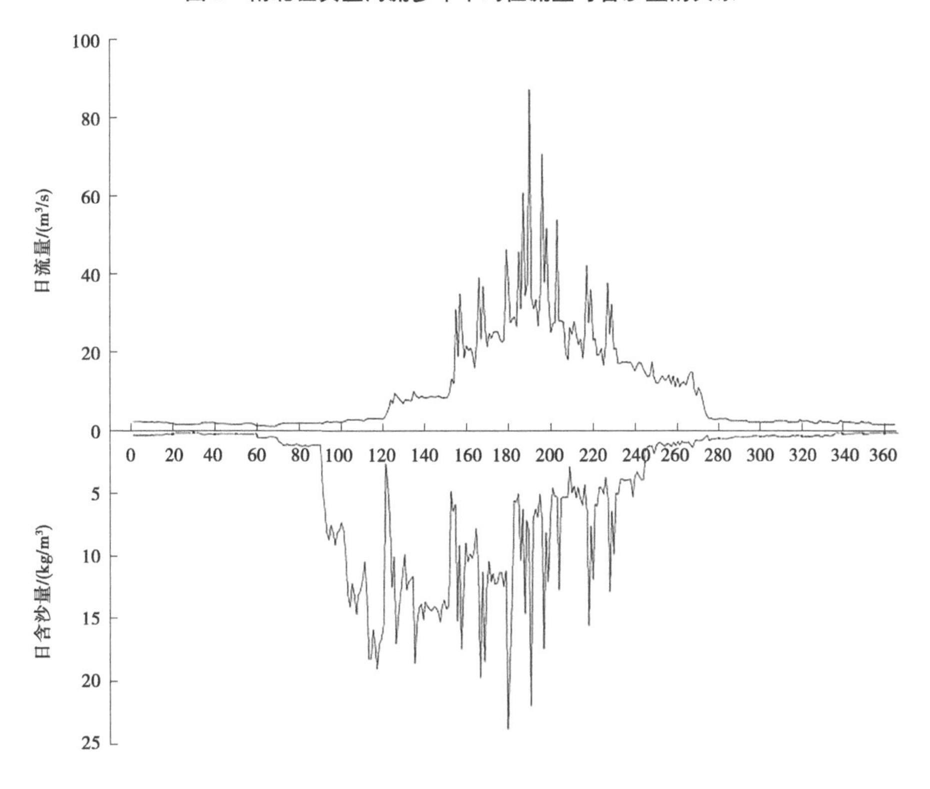

图 3　石门水库典型年日流量和日含沙量的关系

1.3 泥沙淤积成因及危害

新疆水库特别是南疆水库多建于季节性多沙的河上，上游植被稀疏，水土流失严重，汛期洪水含沙量高，水库建成运用后，随着水库水位的抬高，过水断面扩大，水力坡降变缓，水流速度减小，导致水流挟沙能力降低，从而改变河道的泥沙运动规律，导致大量泥沙在库区逐渐沉淀淤积。

新疆水库淤积形态主要为三角洲淤积和椎体淤积。三角洲淤积是淤积体的纵剖面呈三角形形态，多见于库容较入库洪量较大的水库，库水位较高且变幅较小，挟沙水流进入回水末端后，随水深的沿程增加，水流流速逐渐减小，相应挟沙能力也减小，泥沙不断落淤。椎体淤积是纵剖面呈椎体形态，多见于多沙河流上的中小水库，水库的壅水段短，库水位变幅大，底坡大，坝不高，含沙水流往往将大量泥沙带到坝前形成椎体淤积。

泥沙淤积侵占了有效库容，较大程度降低了水库的调蓄能力和一定的防洪能力，丰水丰沙及大洪水给水库带来的泥沙淤积已直接影响到水库运行调度，导致水库蓄水与供水、蓄水与防洪、蓄水与发电之间的矛盾日益突出，缩减了水库设计使用年限。随着水库淤积量的不断增多，将不能保证设计及保证率以内年份的正常蓄水，直接影响下游灌区农业供水及兴利效益的发挥。水库泥沙淤积直接威胁着水库工程综合效益的发挥，也带来了极为严重的后果。

2 清淤措施

2.1 非工程措施

2.1.1 滞洪排沙

当入库洪水流量大于泄水流量时，会产生滞洪壅水，滞洪期内整个库区仍保持一定的行近流速，部分粗颗粒泥沙淤积在库中，细颗粒泥沙可被水流带至坝前排出库外，这就是滞洪排沙。滞洪排沙的效率受排沙时机、滞洪历时、开闸时间、泄量大小等因素的影响。一般来说，开闸及时，滞洪历时短，下泄量大，则排沙效率高。汛期沙量集中，这时利用滞洪排沙往往能得到较好的排沙效果。如黄河三门峡水库初期采用蓄水拦沙，很快造成库区泥沙淤积，事后被迫降低运用水位，改用滞洪排沙的运用方式，对控制库区淤积起到了一定的作用。

2.1.2 蓄清排浑

水库拦蓄含沙量低的水流，对汛期含沙量高的洪水则不予拦蓄，尽量排出库外，一般对于具有一定发电、灌溉和调沙要求的水库，汛期要保持一定的低水位控制运用但不泄空，就可利用异重流和浑水排沙。由于汛期为排沙期，既调水又调沙，可以减轻水库的淤积，在一定时段内保持冲淤平衡和长期存在一定的可用库容。如黄河三门峡水库1973年以后采用汛期泄流排沙、汛后蓄水使库区泥沙冲淤基本平衡，水库淤积得到基本控制。目前，多沙河流水库多采用这种运用方式。但这种运用方式弃水量较大。

2.1.3 异重流排沙

在水库蓄水期间，当入库洪水形成潜入库底向坝前运动的异重流，若能适时打开排沙孔闸门泄放，就可以将一部分泥沙排走，减少水库的泥沙。异重流排沙的效果与洪水流量、含沙量、泥沙粒径、泄量、库区地形、开闸时间、低孔尺寸和高程有关。入库洪水含沙量大，粒径细，泥沙就不容易沉降，容易运移到坝前排除。黄河小浪底水库曾多次采用该方式排沙，取得了较好的减淤效果。

2.1.4　泄空排沙

将水库放空，在泄空过程中回水末端逐渐向坝前移动，库区原来淤积的泥沙会因回水下移而发生冲刷，特别在水库泄空的最后阶段突然加大泄量，冲刷效果更加显著。泄空排沙实际是沿程冲刷和溯源冲刷共同作用的结果，沿程冲刷消除回水末端的淤积，把泥沙带到坝前，溯源冲刷又把沿程冲刷带来的泥沙冲走排出库区，并逐渐向上游发展，逐步改变上游水力条件使冲刷能继续进行。实际上，泄空排沙是通过消耗一定的水量换取部分兴利库容的恢复。采用这种办法要因地制宜，进行技术经济效益分析后确定。

2.1.5　基流排沙

水库泄空后继续开闸，让含沙量不饱和的常流量畅泄冲刷主槽，减少库区泥沙淤积，这种排沙方式称为基流排沙。基流排沙的特点是冲沙量和水流含沙量自冲刷开始至终结由大到小，最终趋于相对稳定，基流排沙的效果取决于常流量及其含沙量的大小，流量大、含沙量小，则排沙效果好。

2.2　工程措施

工程措施主要指人工排沙，目前最常用的是利用吸、抽、挖的办法，将库中淤积的泥沙排出库外。虹吸法是利用水库自然水头，借助操作船、吸头、管道、连接设备组成的系统装置进行排淤，其优点是不泄空水库，不受季节限制，较经济，但虹吸高度一般不大于8 m。气力泵法是以压缩空气为动力的，由泵体、压缩空气分配器及空压机组成，并附有悬吊系统、移船系统、操作船及吸泥管等，其优点是输沙管磨损小，维修方便，排出水流的含沙量高，可深水操作，比挖泥船经济等。挖泥船是利用绞刀、耙头、吸斗、抓斗、链斗、铲斗等设备进行挖泥（沙），其优点是机动性好，不受时间、地域限制，耗水量小，但其作业深度有限，费用较高，多用于中小水库或大型水库的局部区域。

目前，虹吸法、气力泵法水库清淤使用较少，挖泥船作业应用较多。挖除泥沙可资源化处理，在泥沙颗粒较粗的河流上挖出泥沙可做混凝土骨料，而在泥沙颗粒较细的河流上挖出泥沙可用于烧制砖瓦等建材，对于当前砂石料开采因破坏环境而受限的情况下，挖沙可取得可观的经济效益。

3　典型水库清淤实例

3.1　工程概况

克孜尔水库位于新疆阿克苏地区拜城县境内，塔里木河水系渭干河干流木扎提河与支流克孜尔河的汇合处，是一座以灌溉、防洪为主兼有水力发电等综合利用的大型水利枢纽工程。原设计总库容为6.4亿m^3，设计灌溉面积320万亩，属于Ⅰ等大（1）型工程。至2017年底，水库正常蓄水位1 149.6 m，相应库容为2.858亿m^3，死水位1 135 m，相应的死库容0.014亿m^3，水库多年平均入库悬移质输沙量为1 190万m^3，多年平均入库推移质输沙量为100万 m^3，则库沙比为18.9，属于泥沙问题非常严重的水库。

3.2 水库淤积现状

自1991年建成投入运行至2006年，水库1 150 m高程以下泥沙淤积总量已达1.79亿 m^3，剩余库容4.28亿 m^3。经计算，死库容和兴利库容的库容损失率分别为66.5%、19%，水库现状淤积量已大大超过设计水平20年的泥沙淤积量。库容减少后，直接影响到水库效益的发挥，致使防洪标准降低，水库大坝现状防洪标准设计洪水由1 000年一遇降至500年一遇，校核洪水由10 000年一遇降至5 000年一遇。水库长期严重的泥沙淤积使工程效益逐年下降，灌溉保证率越来越低，严重影响下游农业生产的发展。克孜尔水库典型库容与淤积库容的关系如图4所示。

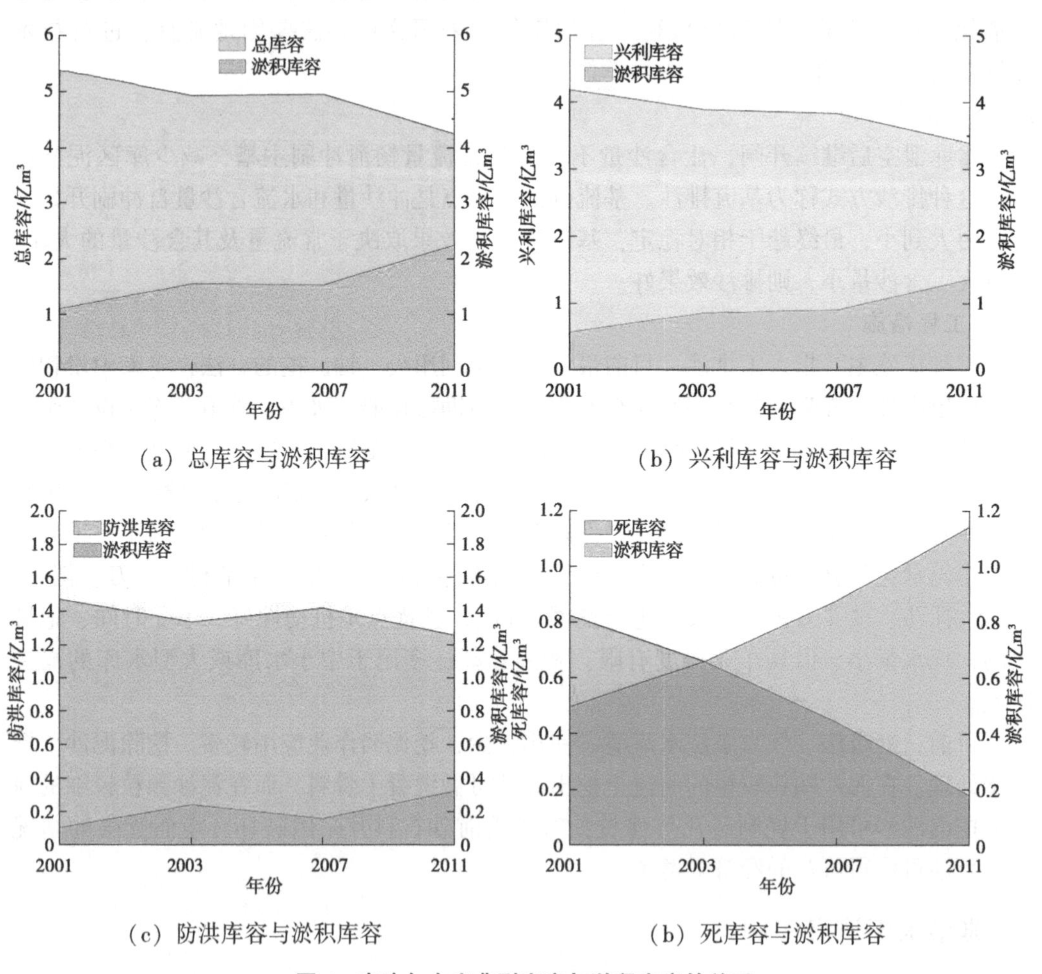

(a) 总库容与淤积库容　(b) 兴利库容与淤积库容

(c) 防洪库容与淤积库容　(b) 死库容与淤积库容

图4 克孜尔水库典型库容与淤积库容的关系

3.3 水库清淤排沙措施

3.3.1 空库排沙

2017年4月，水库水位在死水位时闸门全开，进行为期14 d的初次空库冲沙，出库流量保持在40 m^3/s 左右。经观测，水库敞泄期间上游进库沙量2.19万t，出库沙量248.78万t，水库实际清淤246.59万t，空库排沙量占全年排沙量360.91万t的

68.93%。排沙比约400.00，最高可达1 384.71。整个冲沙期，日均出库输沙率大多大于1 000 kg/s，最大输沙率近6 000 kg/s。输沙率变化过程如图5所示。

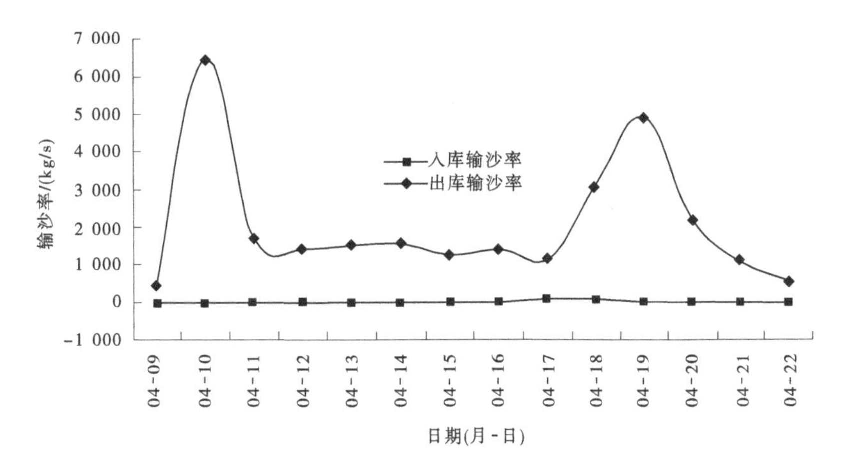

图5　2017年空库冲沙期出入库输沙率变化过程

2018年4月空库冲沙时间为21 d，出库流量维持在30 m^3/s左右，经观测，进库泥沙总量0.36万t，出库泥沙总量91.59万t，水库清淤约91.23万t，空库排沙总量占全年总排沙量173.08万t的52.92%。与2017年相比，冲沙时间长7 d而排沙总量减少155.36万t，排沙比大多低于300.00，最高达434.91，日均出库输沙率大多小于1 000 kg/s，最大仅1 470 kg/s。输沙率变化过程如图6所示。

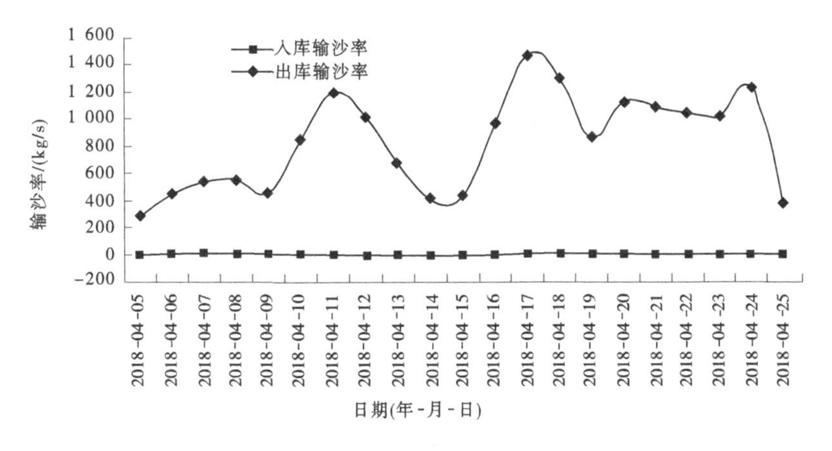

图6　2018年空库冲沙期出入库输沙率变化过程

3.3.2　人工塑造异重流排沙

采取异重流排沙有一定的效率，但由于水库自然条件下形成异重流的次数很少，水库现状异重流排沙效率较低，排沙比不足10%。针对这一情况，可采用人工塑造异重流，在克孜河上游设置导流堤，将来水挑向河道左岸，水流沿左岸顺势而下，通过顺坝把泥沙导入人工排沙明渠，再引流至泄水建筑物。经观测，主河槽已经改道走向左岸排沙孔，进而异重流的距离显著缩短，在汛期的水位保持在 1 140 m，泥沙基本随异重流排出库外，排沙效果为未采取工程措施时的 6 倍，排沙效果非常显著。汛期排沙效果如图 7 所示。

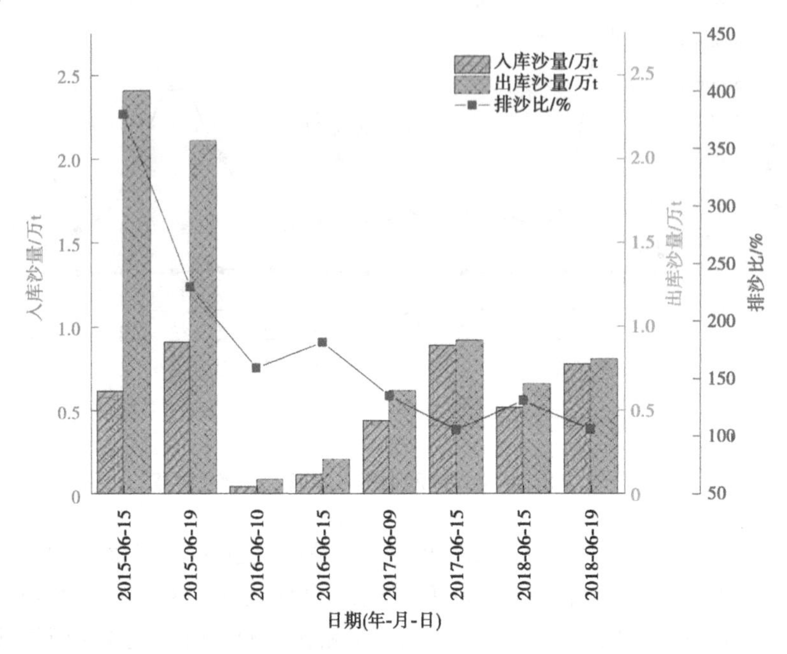

图 7　水库异重流出、入库沙量变化过程

4　结论

（1）河流输沙量年内分配不均，其与河道径流量呈正相关，汛期径流量较大时含沙量较高，泥沙随洪水入库，如未及时排出，将造成水库淤积。

（2）空库排沙和异重流排沙效果虽然较为明显，但因受到上游来水及下游灌溉人饮等限制，排沙时间较短且排沙量有限，在实际工程中应将工程措施和非工程措施有机结合，互为补充，可进一步提升水库排沙效率，保障水库的安全运行。

（3）水库泥沙问题危及大坝运行安全，在水库日常调度中应引起高度重视，加强水库泥沙监测、淤积规律和发展趋势的研究，结合工程实际制订减缓水库淤积的措施，保持有效库容及可持续发展。

参考文献

[1] 赵妮．新疆多泥沙河流水库泥沙处理措施［J］．水利规划与设计，2020（1）：147-151.

[2] 刘焕芳，宗全利，金瑾，等．西北旱寒区渠系泥沙防控研究：以新疆为例［J］．水利与建筑工程学报，2021，19（6）：1-9.

[3] 王进．新疆库车河流域泥沙特性分析［J］．地下水，2023，45（3）：240-242.

[4] 钱雪梅．新疆克孜尔水库泥沙淤积现状及水库排沙调度分析［J］．水利科技与经济，2013，19（2）：61-63.

[5] 肖俊，张桂林，郭华，等．新疆克孜尔水库能力提升工程：非工程措施排沙效果初探研究［J］．珠江水运，2022（7）：56-59.
[6] 杨顺刚．克孜尔水库空库冲沙效果分析［J］．大坝与安全，2021（4）：14-17.
[7] 木合塔尔·坎吉．克孜尔水库异重流排沙分析及塑造技术探究［J］．地下水，2021，43（2）：125-127.
[8] 刘思海，侍克斌，张宏科，等．克孜尔水库泥沙淤积分析及排沙对策探讨［J］．人民黄河，2018，40（7）：18-21.

输水工程

新时代“坎儿井”工程的设计思路及其在水资源配置中的作用

郑柏杨[1]　古丽娜[2]　韩军颖[1]

（1. 中水北方勘测设计研究有限责任公司，天津　300222；
2. 新疆水利水电规划设计管理局，新疆乌鲁木齐　830000）

摘　要：修建水库是调节水资源时空分布不均，解决水资源调控矛盾的重要途径之一。近几十年，我国修建了许多水库工程，其中以地表水库为主，对于新疆地区地质构造、水资源分布及用水情况来说，坎儿井工程逐渐成为新疆地区重要的水资源调蓄工程，因其具备与地表水库相同的供水、灌溉等能力，同时具有蒸发损失少、水体不易被污染、征地范围小、投资小、减小因开采地下水产生的地面沉降等优势，在新疆地区广泛应用，工程的建设对促进新疆地区经济社会快速发展、实现水资源优化配置有着重要意义。本文总结了坎儿井工程的概念、工程规模的设计思路，以博河流域为例分析了坎儿井工程在流域内水资源配置的作用。

关键词：坎儿井；水资源配置；灌溉工程；地下水库

地下水库的概念在20世纪初期就被提出，荷兰、美国等国家相继开始了对地下水开采及人工回补的相关研究，在1972年日本长崎设计并施工建成世界第一座有坝地下水库。1975年，北京大学和河北省地理研究所的专家在南宫考察时发现古河道具备建设地下水库的条件，1977年开发为地下水库，是我国修建的第一座地下水库工程，是我国地下水库研究发展的开端。“坎儿井”工程是结合新疆地区自身特点，总结经验，建成的适应地区发展的、具备水资源调蓄能力的地下水库工程。

1　“坎儿井”的概念

在2 000多年前，新疆地区就已经建设“坎儿井”工程，最早出现于吐鲁番地区，坎儿井是根据新疆自身的水资源年内年际分布、水文地质特点及用水过程等因素建设的一种地下水利工程，也是新疆特有的文化景观。“坎儿井”工程主要由四部分组成，第一部分是人工开挖的竖井，主要起到集水、通风、排土、人工通道及定位的作用；第二部分是存在一定纵坡的暗渠，主要作用是输水及集水功能；第三部分是明渠，是水库的直接引水工程；第四部分是涝坝，起到蓄水功能。

“坎儿井”工程是可以与地表水库相互替换、互为补充的水资源调蓄工程，地表水

作者简介：郑柏杨（1991—），女，工程师，主要从事水利水电工程规划设计工作。

库是在山沟或河流拦河形成人工湖泊，“坎儿井”工程是将水蓄存在地下岩土的空隙中，通过地下砂砾石孔隙、岩石裂隙或溶洞区域形成地下截水墙，或通过人工修建地下截水墙，拦蓄地下水或潜流而形成有确定范围的贮水空间，构成地下水库。地下水库无法通过自身的蓄排能力进行调蓄，需要人工的干预实现其调蓄功能，包括人工回补、建坝等工程措施，通过回灌的方式将多余的地表水蓄至地下的储水层内，从而实现调节流域内年内或年际水资源时空分布不均、丰枯变化大等问题，提高河道水资源利用率。相比地表水库，“坎儿井”工程有蒸发损失少、水体不易被污染、征地范围小、投资小、减小因开采地下水产生的地面沉降等优势，对于年内及年际水资源变化较大、较为干旱的地区具有很大的建设意义。

2 “坎儿井”工程规模的设计思路

坎儿井最早出现在吐鲁番盆地，是地区适应水资源年内及年际丰枯不均导致灌溉缺水问题的主要解决方式之一。目前，新疆坎儿井在地区生活、生产等方面都发挥着举足轻重的作用，是促进地区经济社会快速发展的重要支撑，在当地农业灌溉、生活用水等方面起着重要作用，是地区人与自然可持续发展的纽带之一。当流域内用水远小于来水的情况下，它可以有效储蓄富裕水量，在缺水时段，既可以灌溉使用，也可以为人民生活和牲畜用水提供保障。

2.1 分析建库条件

地下水库最基本的建库条件是有合适的地质储水构造和稳定且水质较好的水源；其次，还要考虑环境因素、生态因素、社会因素等。

新疆的坎儿井按其成井的水文地质条件来划分，可分为三种类型：①山前潜水补给型，这类坎儿井直接截取山前侧渗的地下水，集水段较短；②山溪河流河谷潜水补给型，这类坎儿井集水段较长，且出水量较大，在吐哈盆地分布较广；③平原潜水补给型，这类坎儿井分布在灌区内，地层多为土质，水文地质条件较差，出水量相对较小。“坎儿井”工程的储水构造主要是通过地下土壤中的孔隙、裂隙等构造，形成相对封闭的储水空间，由地下分水岭、不透水层和人工筑坝等边界形成一个稳定的不透水空间，使其具备存蓄能力，同时该水库位置需具备稳定且水质良好的水源。地下水库的存蓄能力需满足两个条件：第一，地下水库要具备足够的储水空间，并保证空间内的水流动性较好，且储水空间相对封闭，减少水库的渗漏损失；第二，地下水库要具备良好的回补条件及取水能力，保证在水库运行时能实现取用水的流畅。

2.2 制约因素

地下水库也存在一些制约因素，环境因素对工程的建设可行性有着至关重要的影响。水库建成后，在运行过程中，首先要保证河道生态基流的正常下放，且不影响河道的水质，在地下水库取水时，库水位下降很大，要确保水位下降对水库上下游地下水位不存在较大影响。其次，地下水库的运行对河道及两岸植被、动物及水生生态均存在一定影响，施工期及运行期对土壤环境存在影响。最后，要分析流域内是否存在环境敏感区，并进行影响判断。

2.3 工程规模计算

地下水库工程是要利用地下水库存蓄流域内的“富裕水”，通过集水廊道和辐射井将储水构造中的水取出引至下游需水断面，为下游生活、灌溉及工业等提供水源保障，解决项目区地下水超采和各行业用水挤占生态用水等问题。在计算水库规模时，主要分为以下几个部分：

（1）根据地下水库所在流域内水资源配置情况，确定水库的供水对象，分析其供水能力和用水需求的匹配程度，确定工程任务。

（2）结合河道天然径流资料及回补工程入渗能力等因素，考虑河道生态基流下放要求且不影响下游工程原引水过程的前提下，计算水库引水断面的可入库过程，确定地下水库回补水量过程。由于地下水库主要依靠不透水层形成储水空间，因此水库建成后渗漏量很少，相对水库的库容微乎其微，可忽略不计。

（3）分析库区所在位置地质条件，包括基岩类型、覆盖层厚度、透水情况等，分析天然结构是否能构成封闭空间，若可以，则该位置具备建设无坝地下水库的条件；若不能，可考虑人工修建地下截渗墙的方式使其构成完整的封闭结构，实现壅高地下水，形成有效库容。

（4）水库的特征指标。

与传统的地表水库类似，地下水库也存在特征水位、库容等指标。调蓄下限水位是指在现有科技和经济条件下，以不引发环境负效应为前提的地下水库的最低蓄水位，低于此临界水位，地下水库将失去调控能力，调蓄下限水位和地下水库隔水底板之间的蓄水体积为死库容；正常蓄水位是指在地下水库维持长期蓄水而又不引起环境负效应的前提下，地下水库可以发挥最大蓄水效应时达到的水位，正常蓄水位与地下水库隔水底板之间的蓄水体积为总库容，正常蓄水位与调蓄下限水位之间的蓄水体积为调蓄库容，在设计时，要综合考虑全区要素，利用集水廊道进行地下水开发利用前的最高地下水位，即初始水位作为正常蓄水位。

在长期蓄水有利于环境改善、至少不会导致生态环境进一步恶化的前提下，水库的正常蓄水面要满足地下水面埋藏深度大于极限蒸发深度，地下水位过高也会导致土壤次生盐渍化等生态环境问题，要保证地下水位埋藏深度可保障生态环境的良性发展；地表水回补能力要大于工程取用水量，确保不会过度超采，且补排平衡。

地下水库的特征库容包括总库容、死库容以及调蓄库容，通常利用等高程分区分层计算法计算以孔隙介质为储水空间的地下水库库容，如式（1）所示。

$$V = \sum_{i=1}^{m} \sum_{j=1}^{n} \Delta h_{ij} \mu_{ij} A_i \tag{1}$$

式中：V 为地下水库特征库容，m^3；m 为地下水库水文地质分区个数；n 为地下水库沿高程分层的个数；Δh_{ij} 为地下水库第 i 个分区第 j 个含水层的厚度，m；μ_{ij} 为地下水库第 i 个分区第 j 个含水层的给水度；A_i 为地下水库第 i 个分区的面积，m^2。

3 以博河流域为例分析“坎儿井”工程在水资源配置中的作用

新疆地处亚欧大陆腹地，是古丝绸之路的重要通道，是中国向西开放的重要门户和丝绸之路经济带核心区，秉持统筹谋划推动高质量发展、构建新发展格局和共建“一带一路”，坚持共商、共建、共享原则，把基础设施“硬联通”作为重要方向，把规则标准“软联通”作为重要支撑，推动共建“一带一路”高质量发展。

新疆具有与8个国家接壤等地缘优势，为保鲜要求极高的特色农产品提供了运距短、成本低的市场条件，且作为“一带一路”建设的核心区域，具有丰富的自然环境和独特的农业资源，昼夜温差大、日照充足的自然条件造就了高品质的农产品。农产品贸易对新疆农业经济稳定发展，保障新疆国民经济收入具有重要的推动作用，更是发挥着连接国内国际“两种资源、两大市场”的纽带作用。新疆地区农业资源丰富，与周边国家农业资源禀赋各异，农产品贸易竞争性较弱，互补性较强，发展的潜力很大，提高当地农产品产量，对推动区域农业高质量发展，共建“一带一路”具有重要意义。

博尔塔拉自治州位于新疆西北部、天山西段北麓，南与伊犁地区毗邻，东西分别与经合、温泉两县相连，北部与哈萨克斯坦共和国接壤，是我国少数民族聚居区和边境区域。由于博州地区地处天山西段山麓，地势较为平坦，又属温带大陆性气候，所以在气候和地形上适合发展农业，农业在国民经济中占有重要地位。在全州人民的共同努力下，农产品数量成倍增长。农业发展为自治州社会进步、民族团结和边疆稳定作出了积极贡献，已成为农村经济发展的重要支柱产业，农牧民的生活与全国人民同步向小康社会迈进。

博河流域灌区属于干旱缺水地区，农业是博河流域经济发展中重要的一部分，目前主要种植玉米、棉花、油料、小麦等经济效益较高的农特产品和经济作物，但现状灌溉水源缺乏，播种效益较低，农产品产量无法得到保障，在一定程度上制约了当地农业发展水平和进出口贸易的发展。流域内灌溉用水量较大，灌溉用水量约占全流域总用水量的88%，且在灌溉期供水过程的水量保证和时间及程度对产量质量的影响也非常大。2020年博尔塔拉州分行业用水量见图1。

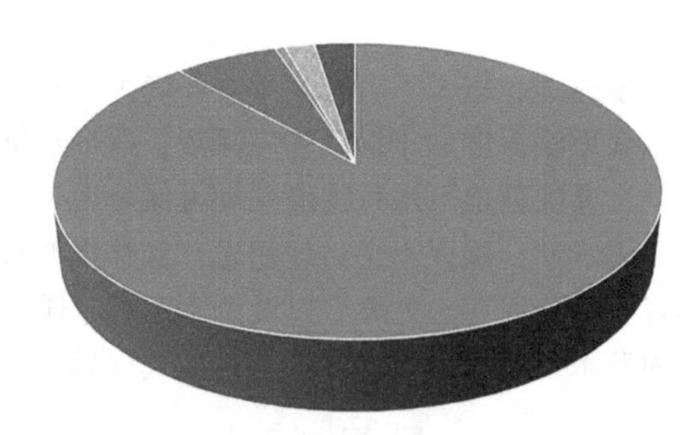

图1　2020年博尔塔拉自治州分行业用水量

早在“十一五”期间，博河流域的相关规划中就提出要发展高效节水灌溉，新建改造各级防渗渠道、更新改造机电井，以提高水资源利用率为目标，并形成了较完善的拦、引、提、排灌溉网络。渠系水利用系数有一定的提高，灌溉定额也有一定的下降，农业用水所占比例有所下降，但农业灌溉仍是第一用水大户，人们从根本上认识到水资源合理开发利用的重要性，但限于径流季节性分配不均、工程供水能力不足等因素，制约着当地经济的发展。随着农业结构战略性调整和大力推广喷、滴灌等先进节水技术及进一步加强以水利为主的农业基础设施建设，以较少的水生产出较高的经济效益，大力挖掘节水潜力，进一步提高水的利用率、水的生产率和土地面积产出率已成为建立节水型社会的必要措施。但是所做的这些坚持统筹规划、适度开发、合理调控、节约水资源的工作并不能从根本上解决博河流域内灌区的灌溉缺水问题，也无法改善流域河道来水和用水过程不匹配、灌区季节性缺水状况。博河流域天然径流量和灌溉用水量见图 2。

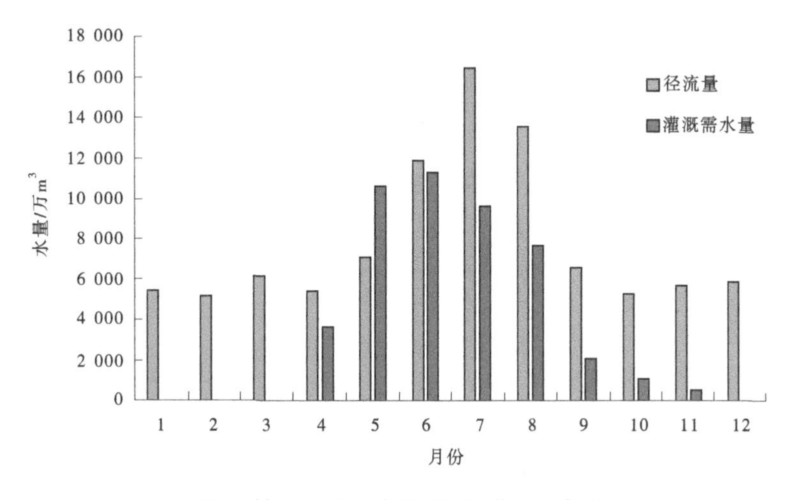

图 2　博河流域天然径流量和灌溉用水量

博尔塔拉河博乐水文站年内春夏两季径流分配约占年总径流量的 48%，灌溉用水高峰期主要发生在春季和夏季，此时是各种农作物用水最集中的时期，且河道生态流量要求较高，在优先保证河道生态基流下放的前提下，出现灌溉期可用水量远小于灌溉期灌溉需水的情况，导致作物各生长期的需水量根本无法得到保证，供需不平衡成为制约当地农牧业发展的主要因素。

对于博河流域现状供需矛盾突出的地区，急需修建具备调蓄能力的水库工程，结合博河的地质、地形、水文等因素综合考虑，河道上游没有合适修建山区水库的条件，支流已修建多座中小型山区水库，不具备新建具有较强调蓄能力的山区水库的条件，河道旁侧开挖水库工程投资较大。对于博河流域来说，借助地下深厚砂砾石的储水空间建设“坎儿井”工程，是适应地区情况、经济合理可行的方式。

“坎儿井”工程的水源包括大气降水入渗补给量、侧向径流补给量、河道渗漏补给量、运河与引渠渗漏补给量与地表水灌溉入渗补给量之和，其中以地表水灌溉入渗补给为主要入库水源，目前国内外采取的含水层人工补给方法主要有地面入渗法以及地下灌注法。博河流域冬闲水和夏洪水水量丰沛，水质较好，为修建地下水库提供了稳定可靠的地下水人工回灌水源；部分河段地下水埋深浅，含水层厚度巨大，透水性较强，有利于地表水和地下水的交换及地下水的存储、开采和回补。

对博河流域生活、生产、灌溉等用水来说，“坎儿井”工程可采取春—夏—秋灌溉期开采地下水和非灌溉期博河冬闲水回补方式，在用水高峰期将地下水取出，形成地下水水位降落漏斗，再利用冬闲水对降落漏斗进行回补，从而达到地下水的采补平衡，有效解决了灌溉期用水集中、灌溉高峰期缺水的问题，在冬季、春季等用水较少的时段，通过人工回补工程将地表水存蓄在地下储水空间内，均衡年内不均的水资源变化，解决博河流域水资源时空分布不均的矛盾，增强流域水资源调控能力，为博河流域农业灌溉提供稳定水源，且具备为生活、生产供水的能力，提高了地区灌溉供水保证率和工业及居民生活用水安全系数，有利于解决区域经济发展与水资源不匹配等问题，推动地区农业规模化、产业化发展，进而带动加工、农资、物流和运销等相关服务产业的蓬勃发展，为周边农民创造更多就业和增收的机会，保证少数民族团结，确保地区少数民族群众与全社会同步进入小康，增强边疆社会稳定。

4　结论

“坎儿井”工程的建设，可以实现地表水和地下水时间、空间上的相互转换循环，是优化区域水资源配置、解决地区季节性和区域性缺水问题、改善水资源时空分布不均、提高地区水资源利用率、增强流域水资源调控能力、保障地区经济快速稳定高质量发展的有效途径之一。

参考文献

[1] 李旺林，束龙仓，殷宗泽．地下水库的概念和设计理论［J］．水利学报，2006，37（5）：613-618.
[2] 黄超，万朝林．新疆坎儿井研究及未来的发展［J］．产业与科技论坛，2022，21（13）：58-61.
[3] 王从荣，尤爱菊，束龙创．地下水库研究的现状及展望［J］．浙江水利科技，2018，219（9）：68-71.

浅析新疆水闸安全鉴定工作

樊　静[1]　王江华[1]　吐尔逊江·买买江[2]

（1. 新疆水利管理总站，新疆乌鲁木齐　830000；
2. 塔里木河流域干流管理局，新疆巴州库尔勒市　841000）

摘　要： 本文根据新阶段水闸工程安全鉴定工作的要求，梳理了新疆水闸安全鉴定工作的开展情况，通过对水闸安全鉴定成果的分类分析，介绍了水闸存在的普遍问题及问题的成因，具有一定的代表性和普遍性，为后期工程维修养护或除险加固工作提供各项安全性评价结论，为水闸安全鉴定及相关工作的开展提供参考。

关键词： 水闸安全鉴定；标准化管理；除险加固；安全运行

1　水闸安全鉴定的背景

水闸工程作为一种低水头水工建筑物，具有挡水和过水的双重功能，在农业灌溉、防洪安全、生态供水、航运、发电等方面起着重要的作用。

水闸安全鉴定工作是判定水闸工程安全类别的依据，2015 年水利部修订完善了《水闸安全评价导则》（SL 214—2015）（简称《导则》），按照修订后的《导则》来进行水闸安全鉴定工作，可使水闸安全评价工作更规范，为保障水闸工程的安全运行打下坚实基础。

2021 年，水利部办公厅根据《水闸安全鉴定管理办法》的有关规定，印发了《关于加强水闸安全鉴定工作的通知》，要求编制“十四五”大中型水闸安全鉴定总体方案。新疆根据要求开展了深入排查管辖范围内大中型水闸安全鉴定摸底情况，以 2020 年底为节点，全面摸清超过安全鉴定规定时限的水闸数量和“十四五”期间每年安全鉴定到期的水闸数量，按照“超期水闸全部鉴定、到期水闸及时鉴定”的目标开展了大中型水闸安全鉴定工作。

2021 年新疆编制了“十四五”大中型水闸安全鉴定实施计划（见图 1），自 2021—2025 年分年度实施完成 317 座大中型水闸安全鉴定任务。

2　新疆水闸基本情况

新疆现有的 334 座大中型水闸，2011—2019 年，有 28 座病险水闸利用中央预算内资金完成了除险加固建设任务；2021—2023 年，有 62 座大中型病险水闸利用新疆专项资金完成除险加固建设任务。加固后的水闸经过安全鉴定后，大部分工程达到了一类、

作者简介： 樊静（1969—），女，高级工程师，主要从事水闸、泵站、标准化工程管理工作。

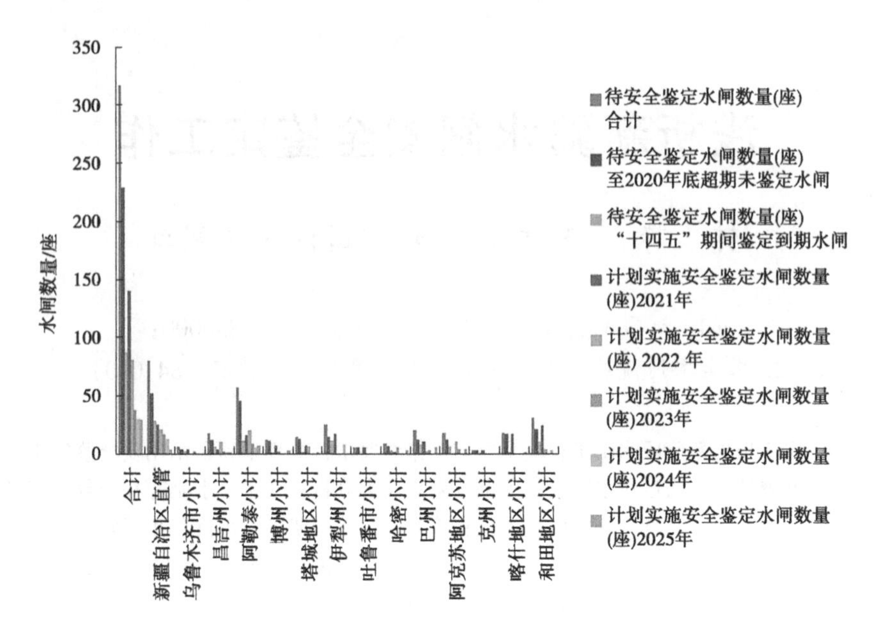

图 1 "十四五"大中型水闸安全鉴定实施计划

二类工程的安全类别。其余大部分水闸修建于 20 世纪 70—90 年代，在设计、施工质量、闸址选择、闸后消能设施等方面存在很多问题：其中多数水闸是"边勘测、边设计、边施工"，工程质量先天不足；有的闸址选在河道较宽的地段，不利于排沙引水；有的闸后消能设施设计不符合要求等，这些原因导致水闸工程隐患较多，带病运行。长期以来，仅靠每年的维修养护，做一些修修补补的应急工作，不能保障水闸工程的安全运行。

3 水闸工程安全鉴定的要求和目的

《导则》对水闸工程安全鉴定做了具体要求：①水闸实行定期安全鉴定制度。首次安全鉴定应在竣工验收后 5 年内进行，以后应每隔 10 年进行一次全面安全鉴定。②运行中遭遇超标准洪水、强烈地震、工程发生重大事故后，应及时进行安全检查，如出现影响安全的异常现象，应及时进行安全鉴定。③闸门等单项工程达到折旧年限，应按有关规定和规范适时进行单项安全鉴定。

对水闸工程进行安全鉴定，相当于为水闸工程做了一次体检，安全鉴定成果被运用于指导水闸工程的后期管理。

4 安全鉴定的工作内容

按照《水闸安全鉴定规定》（SL 214—98）要求，水闸安全鉴定工作涵盖现状调查、现场安全检测、工程复核计算和安全评价等内容。主要内容归纳如图 2 所示。

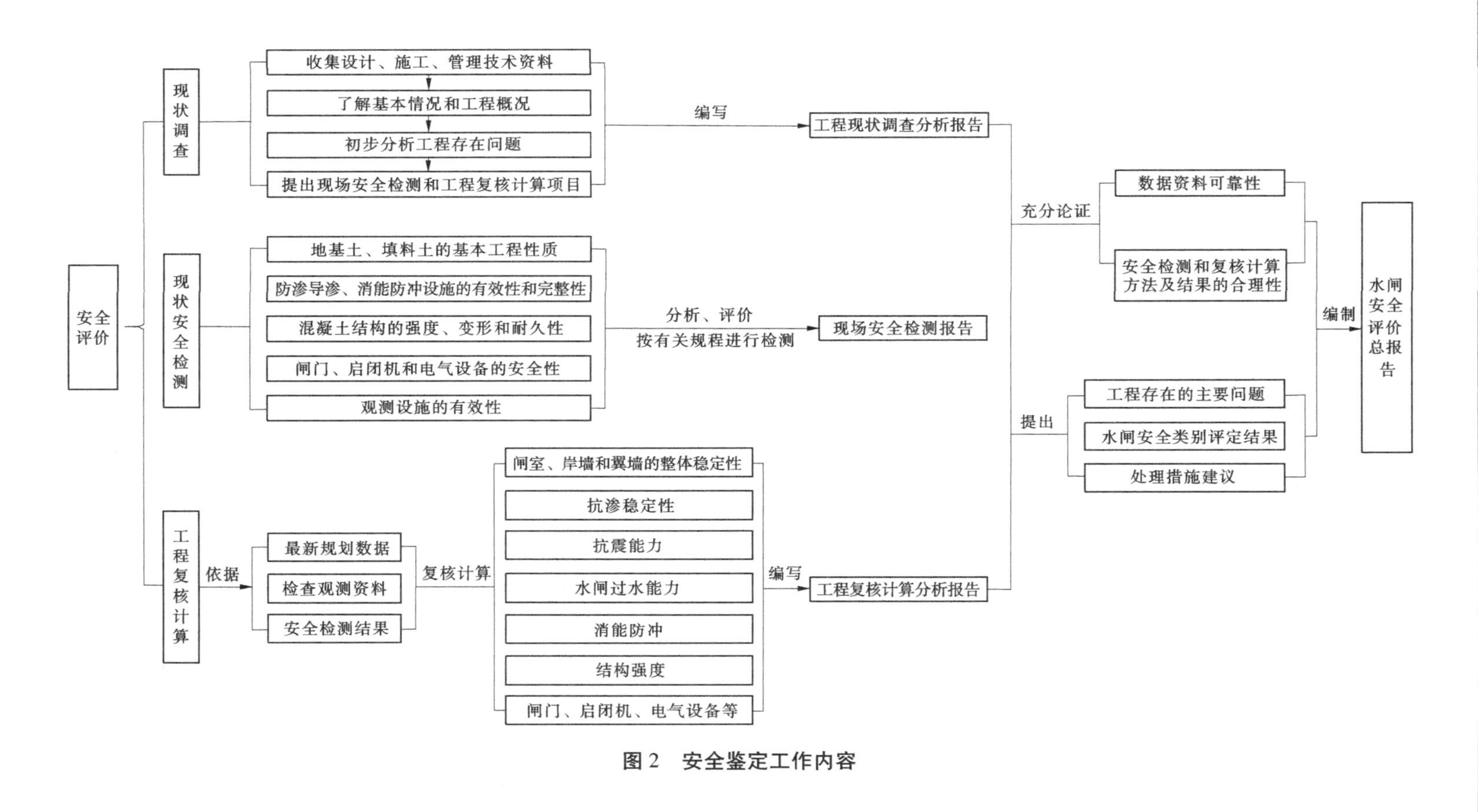
安全评价
现状调查
现状安全检测
工程复核计算
收集设计、施工、管理技术资料
了解基本情况和工程概况
初步分析工程存在问题
提出现场安全检测和工程复核计算项目
编写
工程现状调查分析报告
地基土、填料土的基本工程性质
防渗导渗、消能防冲设施的有效性和完整性
混凝土结构的强度、变形和耐久性
闸门、启闭机和电气设备的安全性
观测设施的有效性
分析、评价
按有关规程进行检测
现场安全检测报告
依据
最新规划数据
检查观测资料
安全检测结果
复核计算
闸室、岸墙和翼墙的整体稳定性
抗渗稳定性
抗震能力
水闸过水能力
消能防冲
结构强度
闸门、启闭机、电气设备等
编写
工程复核计算分析报告
充分论证
数据资料可靠性
安全检测和复核计算方法及结果的合理性
提出
工程存在的主要问题
水闸安全类别评定结果
处理措施建议
编制
水闸安全评价总报告

图2 安全鉴定工作内容

5 安全鉴定的类别和分类原则

（1）水闸安全类别划分为四类。一类闸：运用指标能达到设计标准，无影响正常运行的缺陷，按常规维修养护即可保证正常运行。二类闸：运用指标基本达到设计标准，工程存在一定的损坏，经大修后，可达到正常运行。三类闸：运用指标达不到设计标准，工程存在严重损坏，经除险加固后，才能达到正常运行。四类闸：运用指标无法达到设计标准，工程存在严重安全问题，需降低标准运用或报废重建。

（2）水闸安全分类原则。按安全性分级均为A级评定为一类闸，为A级+B级或全部B级的则评定为二类闸，含C级的评定为三类闸，当防洪标准渗流安全和结构安全等影响水闸安全的关键性指标中含C级的评定为四类闸。对不符合流域规划控制要求的水闸，不管安全分级如何，均为四类闸。

6 水闸安全鉴定工作实例

6.1 水闸安全评价实例分析

结合近几年来特别是新导则出台后开展的水闸安全鉴定工作，以塔里木河流域管理局、白杨河流域管理局等单位所属的11座水闸为代表（见表1），总结分析水闸安全鉴定评价情况和针对病险问题采取的维修养护措施或除险加固措施。

表1 水闸安全评价情况统计

序号	水闸名称	工程规模	安全评价等级								安全鉴定类别	备注
			安全管理	防洪标准	渗流安全	工程质量	结构安全	抗震安全	金属结构	机电设备		
1	依干其引水枢纽	大型	较好	C	C	C	C	C	无	无	四类闸	
2	提孜那甫河红卫渠首	中型	较好	B	A	B	C	A	B	B	三类闸	
3	提孜那甫河黑孜阿瓦提渠首	中型	较好	C	A	B	C	C	B	B	四类闸	
4	提孜那甫河汗克尔渠道	中型	较好	C	A	B	C	C	B	B	四类闸	
5	喀拉喀什河引水枢纽	大型	较好	A	A	B	B	B	B	B	二类闸	
6	联合渠首	大型	较好	A	A	B	A	A	B	B	一类闸	
7	开都河第一分水枢纽	中型	较好	A	A	B	A	A	A	A	一类闸	
8	孔雀河第二分水枢纽	中型	较好	A	A	B	A	B	A	A	二类闸	
9	孔雀河第三分水枢纽	中型	较好	C	C	C	C	C	C	A	四类闸	
10	兰州湾渠首	中型	较好	A	A	B	B	B	B	B	二类闸	
11	宁夏宫渠首	中型	较好	B	B	C	C	C	B	B	四类闸	

（1）依干其引水枢纽隶属于塔里木河流域管理局喀什等局，其水源区为莎车县阿瓦提灌区及麦盖提县的提孜那甫河灌区。工程规模为Ⅱ等大（2）型，1956年由自治区水利厅南疆水利工作总队组织灌区群众修建，运行已达67年，长期带病运行，枢纽存在的主要问题包括：挡水及引水设施简陋，受河道水流游荡影响，引水困难，引水保证率低；枢纽上游淤积、下游冲刷破损严重，防洪能力不足，引水道左侧导流堤冲毁严重，汛期投入大量防洪费用，维修资金困难，枢纽得不到有效维护。其安全评价几项指标基本都是C级，无金属结构和机电设备。2021年11月安全鉴定为四类闸。

（2）红卫渠首、黑孜阿瓦提渠首和汗可尔渠首依次排序为分布在提孜那甫河上的三座水闸，均隶属于塔里木河流域管理局喀什管理局。

提孜那甫河红卫渠首位于叶城县江格勒斯乡境内，工程规模为Ⅲ等中型，控制灌溉面积34.76万亩。1997年建成，运行26年来存在不少问题：工程质量存在缺陷，闸室混凝土强度等级不满足现行规范要求；溢流堰岸墙顶高程不满足要求，溢流堰堰后防冲墙冲刷深度不满足要求；闸门侧轮不能正常转动，启闭机无行程控制、荷载限制装置；机电设备接地保护、防雷装置安装不规范。结构安全评价为C级。2021年11月安全鉴定为三类闸。

黑孜阿瓦提渠首位于喀什地区莎车县巴格阿瓦提乡境内，1998年建成投运，主要功能是引水灌溉，控制灌溉面积30万亩，为麦盖提县黑孜阿瓦提乡和兵团农某师青克里克农场提供用水保障。主要建筑物构成包括上下游导流堤、进水闸、泄洪冲沙闸和溢流堰。该渠首经过安全评价结论为：防洪安全性、结构安全和抗震安全三项主要指标均不满足要求；混凝土质量评价闸墩、底板和导流堤护坡局部出现不同程序的冲刷、磨蚀冻融等问题，工作桥混凝土强度不满足设计要求。2021年11月，安全鉴定为四类闸。

提孜那甫河汗克尔渠首，位于麦盖提县尕孜库勒乡汗克尔村，是提孜那甫河下游的末级引水渠首，距喀什市200 km，距麦盖提县25 km。1987年5月建成投运，规模为Ⅲ等中型水闸，控制灌溉面积47.34万亩，担负着麦盖提县新提河灌区的灌溉引水及汗克尔水库、某师前进水库的蓄水任务。汗克尔渠首是一座典型的灌区水闸，经过36年的运行，淤积问题严重，存在主要问题包括：上游导流堤堤顶超高不满足规范要求；闸室混凝土结构不满足规范要求；前进水库进水闸海漫长度不满足规范要求；交通桥抗震不满足规范要求；闸门面板、主梁结构强度及刚度不满足规范要求；电气设备无接地、防雷设施，无法满足运行要求；无工程安全监测和水文测报设施等。其评价指标中结构安全和抗震安全评为C级。2022年汗克尔渠首安全鉴定为四类闸。

（3）位于和田地区的喀拉喀什河引水枢纽隶属于塔里木河流域和田河管理局，工程规模为Ⅱ等大（2）型，为拦河引水式枢纽，采用悬板分层引水结构，正面泄洪，两侧引水，主要建筑物由上游整治段、泄洪闸、两岸引水闸、下游整治段等组成，设计地震烈度为Ⅶ度。2013年，利用中央预算内投资，喀拉喀什河引水枢纽完成了除险加固建设任务后，经运行达到了再次进行安全鉴定的时限。2021年9月，管理单位委托具有甲级资质的设计院对喀拉喀什河引水枢纽进行了安全评价，安全鉴定为二类闸。

（4）新疆托什干河上的联合渠首，位于阿克苏地区乌什县托什干河下游河段，工程规模为Ⅱ等大（2）型，隶属于塔里木河流域阿克苏河管理局。1966年建成，1987年遭遇洪水，渠首失去正常引水功能，1993年，扩建修复。2015年3月至2016年10月利用中央预算内投资完成了除险加固建设，2017年11月竣工验收。2022年3月安全鉴定为一类闸。

（5）开都河第一分水枢纽、孔雀河第二分水枢纽和孔雀河第三分水枢纽均是塔里木河流域管理局所属的开孔河水系上的枢纽。

开都河第一分水枢纽，位于和静县境内，控制灌溉面积108万亩。1996年10月至1998年12月实施了除险加固建设，1999年，遭遇洪水冲击，闸后产生了3.0 m左右深的大冲坑，并且闸后河床卵砾石土体大面积向下游推移了近百米，1999年底，对闸后冲坑进行了加固处理。2018—2022年先后针对枢纽存在的问题进行了维修改造，同时完善了相关的配套观测设施，实现了远程控制并对闸房进行了标准化建设改造。2021年安全鉴定为一类闸。

孔雀河第二分水枢纽，位于库尔勒市南库大道跨孔雀河大桥上游700 m处。始建于1997年7月，1998年10月投入运行，工程规模为Ⅲ等中型。主要建筑物由橡胶坝、两岸泄洪冲沙闸、两岸进水闸组成，主要任务是满足库尔勒市14万亩灌溉需求。2021年11月安全鉴定为二类闸。

孔雀河第三分水枢纽位于库尔勒市，是孔雀河流域规划确定的第三级引水枢纽工程。工程等别为Ⅲ等中型，始建于1989年，1990年10月竣工验收，建筑物由橡胶坝、泄洪检修冲沙闸、普惠干渠进水闸、团结干渠进水闸、交通桥、充放水泵房、上下游护岸、管理设施等组成，控制灌溉面积12万亩。其评价指标中有6项达到C级。2022年2月安全鉴定为四类闸。

（6）兰州湾渠首和宁夏宫渠首均隶属于白杨河流域管理局，兰州湾渠首，位于乌市达坂城区白杨河流域阿克苏河中游，是一座拦河式引水枢纽。建于2010年，主要建筑物由溢流坝、引水闸、泄洪冲沙闸、沉沙槽、导水墙以及上、下游整治段组成。工程规模为Ⅲ等中型，闸址区地震烈度为Ⅶ度，控制灌溉面积2.76万亩，主要保证下游达坂城镇灌区1.46万亩农业和1.3万亩绿化生态灌溉用水，同时可补充下游湿地用水和地下水。2022年10月安全鉴定为二类闸。

宁夏宫渠首，位于吐鲁番市托克逊县，在白杨河河道内。属于典型的“三边”工程，1972年建成，1996年发生特大洪水将渠首全部冲毁，1997年9月重建。主要建筑物由泄洪冲沙闸、引水闸、溢流堰、上下游导流堤等部分组成，为闸堰结合、侧引正排式引水枢纽，工程规模为Ⅲ等中型，闸址区地震烈度为Ⅶ度，控制灌溉面积7万亩。有3项评价指标为C级。2022年10月安全鉴定四类闸。

6.2 相应的维修养护和除险加固措施

上述11座水闸经过安全鉴定后，有6座三、四类闸需要进行除险加固建设，均分别提出了维修养护方案和除险加固方案，通过实施相应加固措施，可以保障水闸在汛期安全运行或工程永久的安全运行。

（1）依干其引水枢纽可研报告审查确定除险加固方案为：拆除重建。在原闸址上游 470 m 处重新选定了闸址位置，选定了闸堰结合式渠首布置方案，主要建筑物由上下游连接段、泄洪闸、泄洪冲沙闸、进水闸、溢流堰等组成。投资估算价格为 2.37 亿元。

（2）黑孜阿瓦提渠首确定除险加固方案为主要建筑物上下游导流堤、进水闸、泄洪冲沙闸和溢流堰拆除重建。

（3）提孜那甫河红卫渠首除险加固措施为：部分建筑物拆除重建，包括溢流堰上游铺盖、下游消能防冲设施、闸前铺盖及进水闸上游右岸扭面及闸房拆除重建，更换闸门及启闭设备，增加安全监测及自动化设施。投资估算 3 134 万元。

（4）提孜那甫河汗克尔渠首除险加固初设方案为：原闸拆除重建，在上闸址处新建渠首，采用全闸曲线形布置方案。主要建筑物由已建泄洪闸、汗克尔水库进水闸、新提河干渠进水闸、前进水库进水闸和上游导流堤等组成。总投资 4 478 万元。截至目前，该项目正在办理用地手续，开工在即。

（5）孔雀河第三分水枢纽，除险加固初步设计方案为拆除重建，推荐在原枢纽位置下闸线布置呈一字形拦河闸方案，主要建筑物由泄洪冲沙闸、普惠干渠和团结干渠进水闸、上下游导流堤等组成。投资估算价为 2 425 万元。

（6）宁夏宫渠首在除险加固之前，要求编制水闸限制运行方案，经主管部门批准后在汛前严格执行。

7 结语

水闸安全鉴定对于水闸工程的安全类别判定十分重要，是水闸工程标准化创建、维修养护和除险加固等工作的重要依据。从工程管理的角度来看，经过安全鉴定后的四类水闸工程，有两种发展趋势：①一类闸和二类闸（完善相关问题后达到了一类闸的标准），便可申请创建标准化工程管理单位；②通过加强维修养护或者实施除险加固，朝着工程安全运行管理方向发展。

安全鉴定工作是一项多领域、全方位、综合性很强的专业评价工作，扎实做好项目的安全鉴定工作对于水闸工程安全运行至关重要。本文是对新疆水闸工程安全鉴定工作的梳理总结和分析，可供相关单位参考借鉴。

参考文献

[1] 中华人民共和国水利部．水闸安全评价导则：SL 214—2015［S］．北京：中国水利水电出版社，2015.

[2] 水利部办公厅《关于加强水闸安全鉴定工作的通知》（办运管〔2021〕123 号）.

[3] 章曙明，邓铭江，等．中国新疆河湖全书［M］．北京：中国水利水电出版社，2010.

[4] 水利部新疆维吾尔自治区水利水电勘测设计研究院．喀拉喀什河引水枢纽安全鉴定报告书［R］. 2021.

[5] 水利部新疆维吾尔自治区水利水电勘测设计研究院．新疆白杨河流域阿克苏渠首除险加固工程可行性研究报告［R］. 2022.

[6] 南京瑞迪建设科技有限公司．兰州湾渠首安全鉴定报告书［R］. 2022.

[7] 南京瑞迪建设科技有限公司．宁夏宫渠首安全鉴定报告书［R］．2022.
[8] 水利部关于《关于推进水利工程标准化管理的指导意见》《水利工程标准化管理评价办法》及其评价标准的通知（水运管〔2022〕130号）．
[9] 新疆峻特设计工程有限公司．新疆叶尔羌河流域提孜那甫河汗克尔渠首除险加固工程初步设计报告［R］．2022.
[10] 新疆伊犁州水利电力勘测设计研究院有限公司．塔里木河流域和田河源流喀拉喀什河渠首上游（上游左岸K2-020~K1-020、上游右岸K0-264~K0-064）河道防洪工程初步设计［R］．2022.

输水隧洞混凝土衬砌裂缝抑制试验研究

苏　珊[1]　曹诗悦[2]　沈志刚[3]　李光雄[3]　李秀琳[1,2]

(1. 新疆水利发展投资（集团）有限公司，新疆乌鲁木齐　830000；
2. 中国水利水电科学研究院材料研究所，北京　100038；
3. 新疆水利水电科学研究院，新疆乌鲁木齐　830000)

摘　要： 近些年建设的大型水工隧洞只要没有采取有效的温控措施，一般都在施工期产生了温度裂缝。本文结合新疆某在建输水隧洞开展现场衬砌抑制试验研究，首先优化原配合比降低混凝土绝热温升，浇筑过程中预先埋设温度计监测衬砌内部温度变化规律，根据实测温度反演计算衬砌温度、应力预测、衬砌开裂风险。试验表明，衬砌裂缝大幅减小但未消除，原因在于新配比混凝土绝热温升速率仍然较快，建议围绕减少围岩约束方面继续开展现场试验。

关键词： 隧洞；衬砌；混凝土；温度应力；抑制

1　引言

我国已建、在建的长距离供水工程众多，随着施工技术的提高尤其是 TBM 的大规模应用，长距离输水隧洞也日益增多。由于隧洞衬砌混凝土一般是受围岩约束极强的薄壁结构，厚度一般为 0.5~1 m，现有规范对混凝土耐久性有较高要求，导致混凝土设计强度等级偏高。混凝土在硬化过程中产生水化热，致使衬砌混凝土内部温度较高，加上围岩的强约束作用产生较大的温度应力，在升温过程内部产生压应力，降温过程内部产生拉应力。当拉应力达到一定程度时，就会在混凝土表面产生裂缝。近些年建设的大型水工隧洞只要没有采取有效的温控措施，一般在施工期产生了温度裂缝。大量贯穿性温度裂缝会严重影响水工隧洞的结构整体性、耐久性和工程造价、施工进度等，温度裂缝成为水工隧洞最为常见的病害之一。因此，对隧洞衬砌混凝土采取温控措施，预防和减少裂缝的发生，是十分必要的。

新疆某引水隧洞采用 C30F150W10 钢筋混凝土全断面衬砌，衬砌后半径为 3.1 m，设计分块长度 12 m。新浇筑衬砌出现较多裂缝，除施工冷缝外还有规律性环向裂缝和沿洞轴向的水平缝，个别洞段在腰线以上存在 45°斜向缝。环向缝主要发生在每仓中间

基金项目： 中国水科院基本科研业务费项目（SM0145B022021）。

作者简介： 苏珊（1976—），女，正高级工程师，博士，主要从事水利水电工程建设管理工作。

通信作者： 李秀琳（1982—），男，正高级工程师，博士，主要从事水工建筑物无损检测与大体积混凝土温控分析工作。

约6 m处将整仓分成2节或每仓约4 m处将整仓分成3节，产生的主要原因是受洞轴向围岩约束越靠近仓中部沿洞轴向温度应力越大。水平缝多发生在左右腰线部位，贯穿整仓12 m，主要是由隧洞铅直向围岩约束的温度应力超标引起的。斜向缝为洞轴向、铅直向温度应力叠加引起。夏季浇筑仓相比较秋冬季裂缝明显偏多，也是受夏季混凝土入仓温度偏高导致温度应力增加。因此，有必要针对条件苛刻的夏季高温期浇筑仓开展衬砌混凝土裂缝抑制研究，以期尽量减少裂缝产生甚至无裂缝，提高衬砌施工质量，确保工程安全。

2 衬砌试验仓

2022年开展夏季高温期隧洞衬砌温控防裂研究，试验仓衬砌实测厚度55 cm，仓长12 m，在腰线部位埋设监测温度计。水泥由282 kg降至247 kg，粉煤灰由71 kg升至106 kg，水胶比由0.43降至0.42。6月23日9：40开浇，24日5：40完工，历时20 h。现场洒水普查仅在左右仰拱发现4条环向短缝，单条长度分别为1.2 m、1.5 m、2 m、3 m，总长7.7 m，见图1。

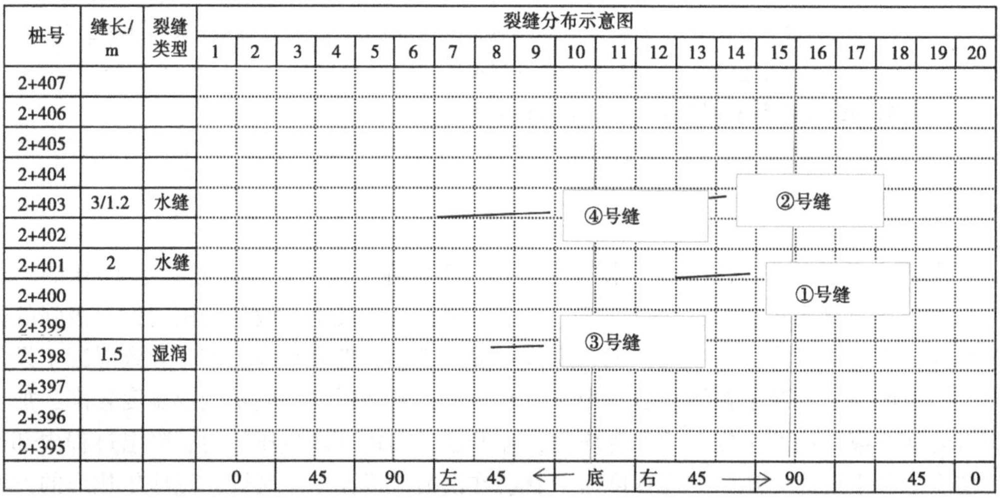

桩号	缝长/m	裂缝类型	裂缝分布示意图																			
			1	2	3	4	5	6	7	8	9	10	11	12	13	14	15	16	17	18	19	20
2+407																						
2+406																						
2+405																						
2+404																						
2+403	3/1.2	水缝										④号缝					②号缝					
2+402																						
2+401	2	水缝																				
2+400																	①号缝					
2+399																						
2+398	1.5	湿润										③号缝										
2+397																						
2+396																						
2+395																						
			0		45		90		左 45 ← 底				右 45 → 90							45		0

图1 衬砌试验仓裂缝展开示意图

鉴于衬砌仰拱中间部位还有裂缝出现且2021年同期未施工，查阅2020年同期浇筑衬砌的裂缝情况，对比分析目前裂缝抑制方案实施效果。2020年浇筑的衬砌每仓裂缝至少5条，单条裂缝最短2 m、最长19.5 m。由此可见，裂缝虽未得到完全抑制，单仓裂缝大幅度减少，裂缝均集中出现在中间仰拱左右侧，说明试验比较理想。

为继续分析高温期试验段裂缝情况，首先分析现场实测数据掌握新配合比混凝土浇筑后温度发展趋势，然后按照现场施工情况采用试验室已有混凝土热力学参数进行仿真分析。最后通过调整放热边界力求计算值与实测值具有较好吻合度，以此为基础进行力学分析，预估衬砌温度应力。最终总结出夏季高温期浇筑衬砌混凝土的温度及温度应力演变规律，有针对性地提出改进意见，指导后续施工。

3 监测数据分析

右侧腰线共埋设5支温度计，衬砌表面温度计在施工期粘贴在钢模台车钢板内侧，待拆模后再粘贴在衬砌表面，埋设信息见表1。

表1 温度计埋设信息

序号	埋设位置	温度计	距衬砌内表面/cm
1	右腰线	T1	45
2	右腰线	T2	30
3	右腰线	T3	15
4	右腰线	T4	5
5	右腰线	T5	0

根据右侧腰线埋设5支温度计绘制各温度计值，展示不同衬砌埋深对应的混凝土温度变化规律，各温度计测值变化规律见图2。绘制内外温差曲线，分析洞内气温及围岩对衬砌温度的影响，相应内外温差曲线见图3。

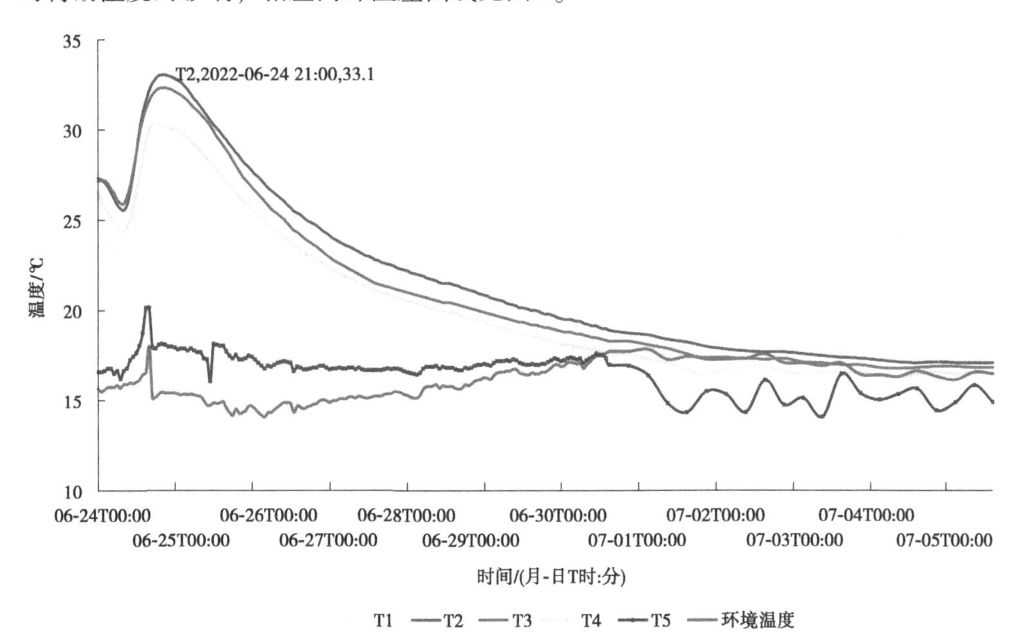

图2 右侧腰线测区温度计监测值

如图3所示，衬砌浇筑完成之后约21 h内部混凝土达到最高温度，表明新配合比混凝土的前期发热速率仍然较快。温度由表及里逐渐增大，最高温度33.1 ℃，混凝土温升10.1 ℃。衬砌前期温升很快，1 d内达到最高温度，之后迅速进入降温期，6 d降温13 ℃（2.2 ℃/d）。

由图3可知，隧洞衬砌相对于整个开挖断面是一种薄层结构，受洞内气温影响较

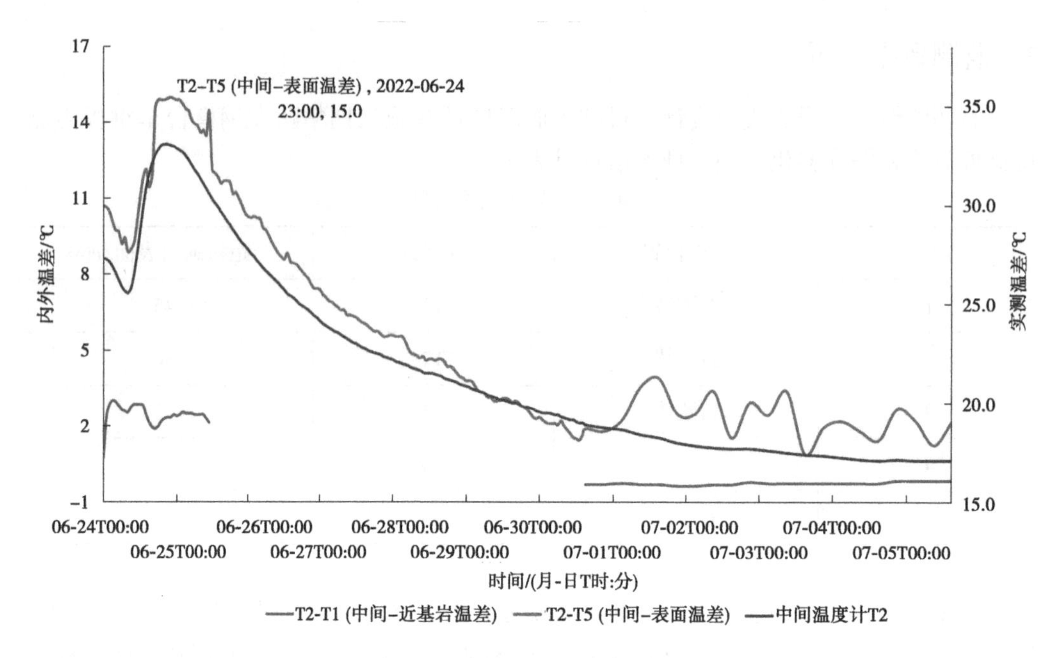

图 3　右侧腰线测区温度计内外温差

大。由于衬砌与基岩接触面未埋设温度计，实测最大内外温差均发生在中间与内表面之间。衬砌内外最大温差 15 ℃，出现时间与衬砌达到最高温度基本相同，由于温升期混凝土刚浇筑完成，混凝土弹性模量较小，衬砌发生裂缝概率小。

4　温控反馈分析

4.1　基本资料及计算边界

洞内气温，浇筑 1 d 内 15 ℃，1 d 之后 14 ℃恒定。围岩温度沿不同深度取值不同，表层温度与洞内气温相同，深层温度取多年平均气温 10 ℃。混凝土的热力学参数参考类似配合比，线膨胀系数采用现场实测值，见表 2。

表 2　混凝土材料热学参数统计

强度等级	比热/(kJ/kg · ℃)	导温系数/(m^2/ h)	热膨胀系数/(10^{-6}/℃)
C30F150W10	0.950	0.003 676	6.87

不同龄期混凝土的绝热温升用公式 $\theta = \frac{\theta_0 t}{t + d}$ 来拟合，其中 θ_0 及 d 为常数，混凝土的绝热温升公式见表 3。

表 3　混凝土材料绝热温升公式

强度等级	绝热温升/℃
C30F150W10	$T = \frac{43.8t}{t + 0.886}$

不同龄期混凝土弹性模量的公式用 $E=E_0(1-e^{-at^b})$ 来拟合，其中 E_0、a、b 为常数，混凝土的弹性模量公式见表 4，弹性模量随龄期变化曲线见图 4。基岩弹性模量 9 GPa。

表 4　混凝土材料弹性模量公式

强度等级	弹性模量/GPa
C30F150W10	$30\times(1-e^{-0.551\,696t^{0.555\,498}})$

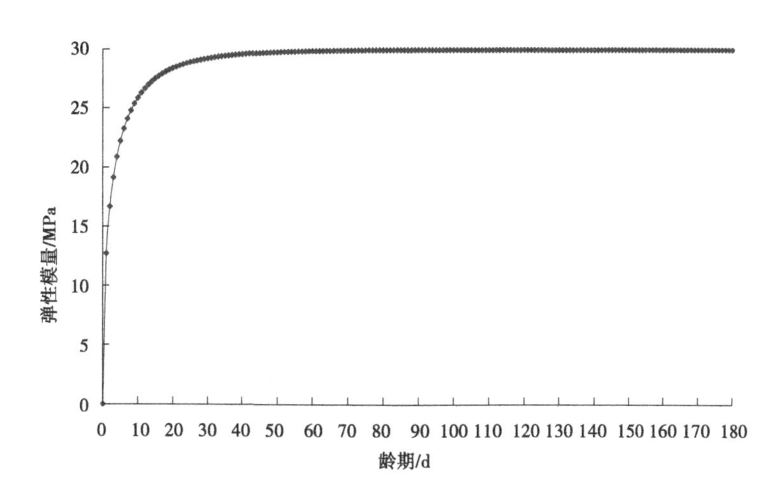

图 4　混凝土弹性模量随龄期变化曲线

混凝土的自身体积变形见表 5。

表 5　混凝土自身体积变形统计　10^{-6}

强度等级	龄期							
	1 d	3 d	7 d	16 d	21 d	28 d	60 d	90 d
C30F150W10	33	33	32	14	3	-11	-52	-77

混凝土的徐变度采用如下公式：

$$C(t,\ \tau)=\left(A_1+\frac{B_1}{\tau}\right)\left[1-e^{-r_1(t-\tau)}\right]+\left(A_2+\frac{B_2}{\tau}\right)\left[1-e^{-r_2(t-\tau)}\right] \tag{1}$$

隧洞混凝土徐变度参数见表 6。

表 6　混凝土徐变度参数统计

A_1	A_2	B_1	B_2	r_1	r_2
8.213 4	4.258 1	89.256	159.541	0.038 595	0.617 143

隧洞衬砌混凝土不同龄期温度应力控制计算式如下：

$$\sigma \leqslant \frac{\varepsilon_p E_c}{K_f} \tag{2}$$

式中：σ 为各种温差所产生的温度应力之和，MPa；ε_p 为混凝土极限拉伸值，重要工程须通过试验确定；E_c 为混凝土弹性模量；K_f 为安全系数，一般采用 1.5~2.0，具体视工程重要性和开裂的危害性而定。

试验段混凝土 7 d、28 d 轴向抗拉强度为 2.11 MPa、3.22 MPa。隧洞工程安全系数 K_f 取 1.5，相应龄期混凝土允许抗拉强度 1.41 MPa、2.15 MPa。

考虑模板保温效果，模板拆除前表面放热系数 443 kJ/(m^2·d·℃)，拆模后混凝土裸露，表面放热系数 1 000 kJ/(m^2·d·℃)。

4.2 温度计与模型对应

根据隧洞对称性，有限元计算取 1/4 隧洞结构进行建模，X 垂直轴向 10 m、Y 轴向 6 m、Z 铅直竖向 20 m，共 8 190 节点、6 984 个空间 8 节点六面体等参单元，坐标原点位于洞段中间圆心处，衬砌厚度 55 cm，模型见图 5。成果整理过程中，尽量选取靠近仪器埋设位置节点，将温度计监测值、仿真计算温度及温度应力曲线绘制在同一图中，判断计算温度与实测值相关性，再判断温度应力变化情况。

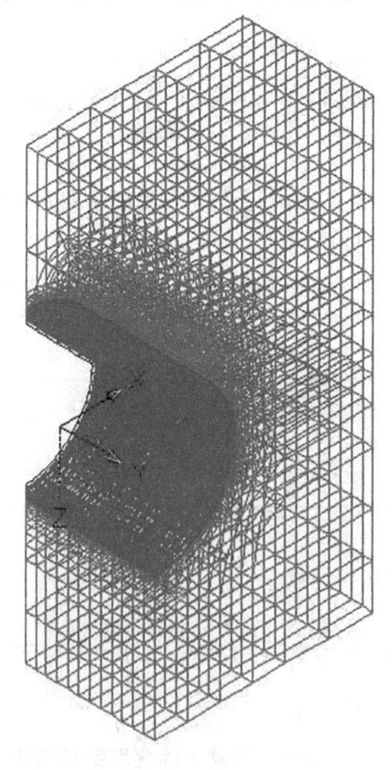

图 5　衬砌围岩有限元模型

衬砌监测点埋设温度计与有限元模型节点对应关系见表 7。

表 7　温度计与空间有限元模型节点坐标关系

序号	X	Y	Z	节点距内表面/m	对应温度计	监测区	说明
1	3.55	6.00	0	0.45	T1	腰线断面	距基岩 10 cm
2	3.40	6.00	0	0.30	T2	腰线断面	
3	3.25	6.00	0	0.15	T3	腰线断面	
4	3.10	6.00	0	0	T5	腰线断面	

4.3　关键点温度及温度应力

4 支温度计、4 个关键节点对应的温度及温度应力过程线见图 6~图 9。

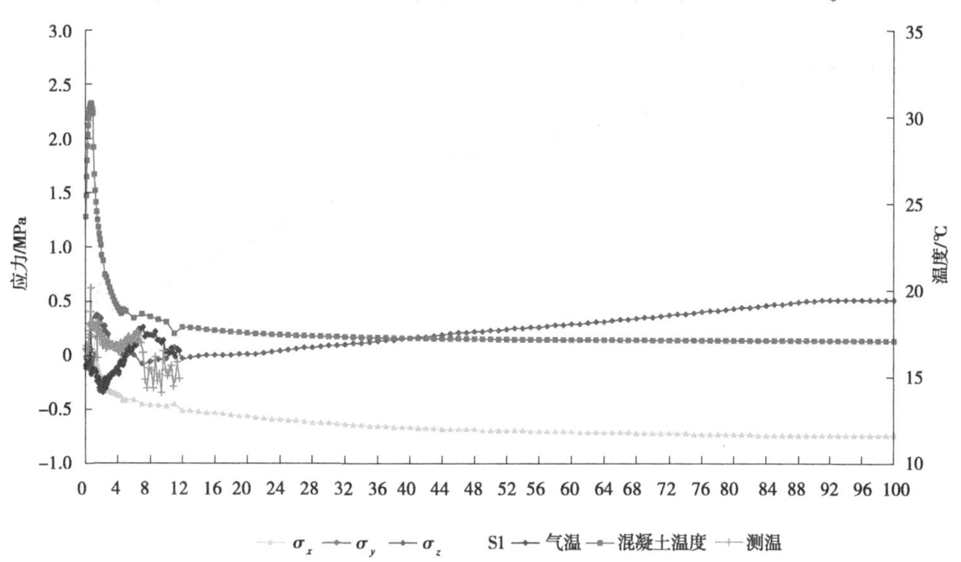

图 6　衬砌内表面点（T5）温度及应力变化过程线

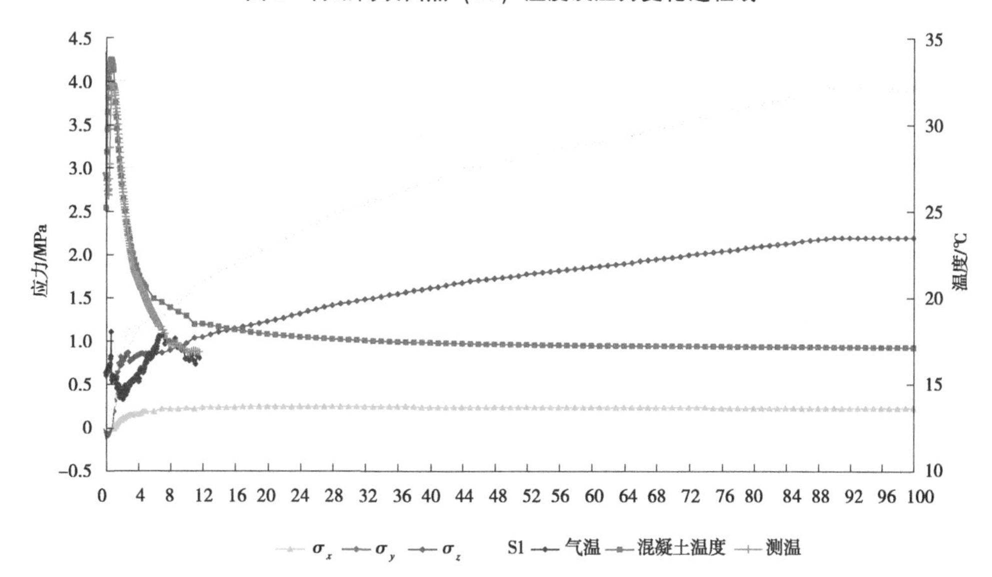

图 7　距衬砌内表面 15 cm 点（T3）温度及应力变化过程线

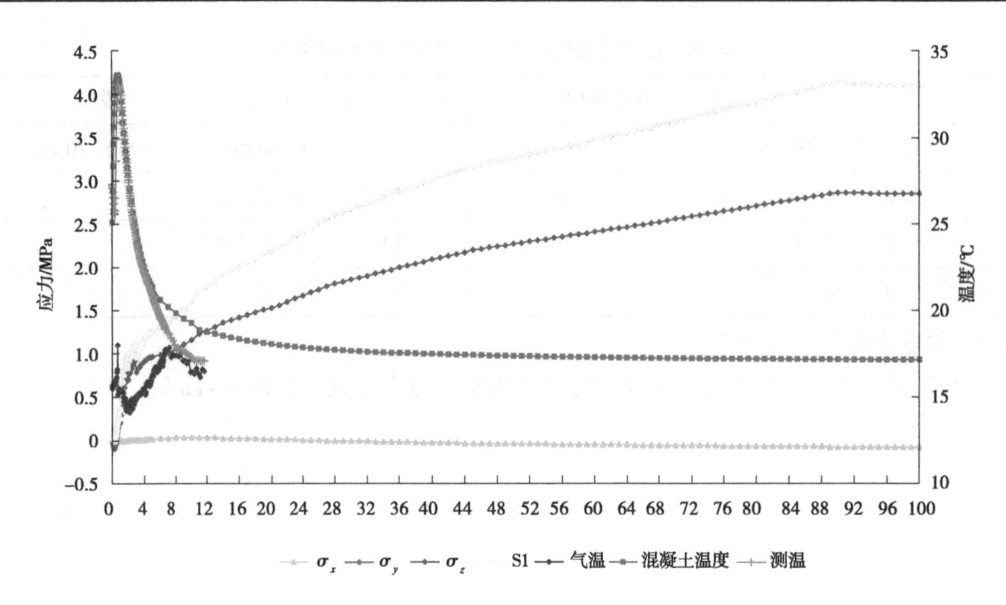

图 8　距衬砌内表面 30 cm 点（T2）温度及应力变化过程线

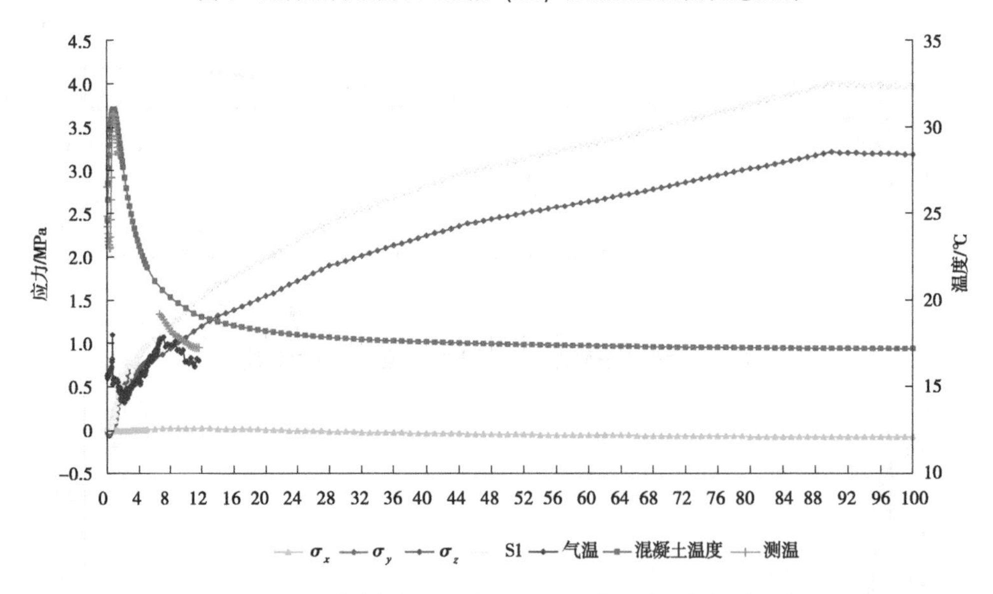

图 9　距衬砌内表面 45 cm 点（T1）温度及应力变化过程线

通过对右侧腰线测区监测与温控仿真分析，得出如下结论：

（1）表面温度计受施工及拆模影响，其余 3 支温度计监测与计算温度吻合较好，说明衬砌混凝土、围岩的热学参数准确，边界散热条件取值合理。1 d 多时间内部混凝土温度最高，之后快速下降，表明当前新配合比混凝土的绝热温升仍然较快，不利于温控防裂。衬砌厚度 55 cm，根据预测 10 d 之后衬砌混凝土内部温度接近洞温。

（2）水流洞轴向应力，降温期全断面呈现受拉状态，中间应力大外侧应力小，中间点 16 d 最大拉应力超过混凝土抗拉强度，存在开裂风险。整个计算过程中应力持续增长，前期受水化热引起内外温差影响，后期受自生体积变形影响，21 d 之后自生体积变形由微膨胀转为微收缩。

（3）铅直方向应力，由表及里承受的拉应力逐渐增加，仍小于轴向应力。最大主应力在衬砌厚度上的分布呈现中间大、表面小的现象，且最大主应力的方向基本与水流方向平行，一旦应力超标，腰线处易产生环向裂缝。

5 结论

针对 2022 年夏季试验段开展温控反馈分析，计算过程模拟实际浇筑工况，并结合现场埋设仪器信息，得出试验段如下温控防裂结论：

（1）监测温度与计算值均表明新配合比混凝土的前期发热速率仍然偏快，1 d 多内部即达到最高温度，后期温降期容易引起轴向应力超标，温控防裂难度依然存在。

（2）腰线测区计算温度值与实测温度值吻合较好，整个计算过程应力持续增加，主要原因为混凝土自身体积变形 21 d 后由微膨胀变为微收缩。建议对混凝土配合比进行调整，尽可能配置出不收缩混凝土。

（3）裂缝虽未得到完全抑制，但是单仓裂缝总长大幅减小，表明温控裂缝抑制方案取得一定成效，为尽可能减少温度裂缝出现，建议继续开展现场试验。先回填围岩避免出现凹凸不平、局部衬砌明显偏厚现象，采用灰岩骨料，掺加膨胀剂，严格控制入仓温度，单仓长度减为 9 m。

参考文献

[1] 宋建臣．引绰济辽隧洞部分混凝土裂缝原因分析及处理建议［J］．东北水利水电，2023，41（8）：61-64.

[2] 李翔宇，李军，王海军，等．长期服役长隧洞衬砌裂缝分布规律与仿真分析［J］．水利水电技术（中英文），2023，54（1）：108-118.

[3] 武云华，李玉峰．隧洞衬砌混凝土裂缝成因及施工改进措施［J］．工程建设与设计，2021（23）：166-168.

[4] 王红帅．北疆某长距离地下引水隧洞衬砌混凝土裂缝原因探讨［J］．水利技术监督，2021（11）：7-10，18.

[5] 武荣成，陈杰．高寒地区水电站引水隧洞衬砌混凝土裂缝的控制［J］．云南水力发电，2021，37（10）：36-40.

[6] 董文津．输水隧洞衬砌温度裂缝调查及处理［J］．河南水利与南水北调，2021，50（8）：88-89，92.

[7] 田振华，李宝石，王经臣．水工隧洞混凝土衬砌裂缝监测与成因分析［J］．水力发电，2017，43（9）：45-48.

[8] 周月霞．水工隧洞混凝土裂缝分析及加固研究［D］．北京：中国水利水电科学研究院，2017.

[9] 赵海波，王安琪．水工隧洞衬砌混凝土裂缝产生原因及预防措施［J］．水利规划与设计，2016（4）：111-113.

[10] 朱伯芳．大体积混凝土温度应力与温度控制［M］．北京：中国水利水电出版社，2012.

车尔臣河灌区工程布局优化分析

高文强[1]　克里木·艾合买提[2]　彭兆轩[2]

（1. 中水北方勘测设计研究有限责任公司，天津　300222；
2. 新疆水利水电规划设计管理局，新疆乌鲁木齐　830000）

摘　要：车尔臣河灌区位于塔克拉玛干大沙漠边缘，是且末县唯一的绿洲，沙漠向西南方向推进，严重威胁绿洲的生存。大石门水库建设后，蓄水发电对灌区用水影响明显，开展灌区工程布局优化，实现清水灌溉，对灌区农业经济稳定发展具有重要意义。本文在分析已建工程布局及存在问题的前提下，对灌区工程骨干总体布局提出了优化设想，研究成果可为今后且末县车尔臣河灌区工程改造提供参考。

关键词：且末县；车尔臣河灌区；大石门水库；工程布局

新疆且末县车尔臣河灌区地处极端干旱地区，农业生产环境十分脆弱，加之灌溉主水源车尔臣河含沙量很高，耕地沙化和弃耕现象逐年严峻，还造成农业用水挤占生态用水的问题，进一步恶化了灌区的生活生产环境。自20世纪90年代启动续建配套与节水改造以来，车尔臣河灌区从2009年到2018年，已连续实施10年，灌区严重病险、“卡脖子”工程基本得到改造，骨干工程配套率和设施完好率明显提高。随着大石门水库的建成蓄水，为清澈库水入灌区创造了条件，积极探寻灌区工程布局优化，是保障灌区用水安全、响应国家新时代大型灌区新要求和实现当地居民生活奔小康美好愿景的必举之措。

1　灌区工程布局现状情况

1.1　灌溉工程布局现状

车尔臣河灌区设计灌溉面积34万亩，灌溉供水体系以引水工程为主，地表水源为车尔臣河，目前已建6个河道自流取水口，并配套建设支渠及以上渠系373条，共719 km。

1.1.1　取水工程

车尔臣河灌区在20世纪50年代先后修建了7座临时性的无坝引水口，60年代经统一规划，合并龙口，并把临时性龙口组建改造为永久性引水渠首。灌区现有渠首工程6座，其中：有坝取水口3处，分别为第一分水枢纽、革命大渠龙口及第二分水枢纽；无坝取水口3处，分别为阿热勒取水口、河东治沙取水口及塔提让取水口。按所处车尔臣河的位置分，右岸取水口2处，左岸取水口4处。最上游的第一分水枢纽和最下游的

作者简介：高文强（1977—），男，高级工程师，主要从事水利工程规划设计工作。

塔提让分水口相距 110 km。

1.1.2 灌溉渠系工程

取水口配套建设的支渠及以上渠系有 273 条，总长 719 km；其中：干渠 11 条，长 161 km；支渠 262 条，长 558 km。按工程规模分，设计流量大于 1.0 m^3/s 的渠道有 49 条，总长 409 km。根据工程现状调查和评估情况，在用良好的总长 299 km，在用故障的总长 110 km，已建渠道衬砌率为 86%，衬砌损毁率 11%。按评估等级分，a 级有 35 条，长 243 km；b 级有 4 条，长 61 km；c 级有 6 条，长 66 km；d 级有 4 条，长 39 km。斗渠工程共 1 065 条，总长度 725 km，其中已防渗长度为 388 km。

1.2 灌溉工程布局存在的主要问题

灌区工程布局存在的主要问题：其一，灌溉工程布局建设缺乏统筹规划，取水口多而散，输水线路长，支渠及以下各级渠系杂乱无章，设施工况良莠不齐，供水保证率低、灌区管理难度大。其二，受当时的施工条件和技术资金等限制，渠系衬砌损坏、渗漏老化和泥沙淤积等问题，严重影响了渠道的输水能力和效率。其三，因已建 6 个取水口，直接从河道取水，引水浇灌的同时，大量泥沙随水带入渠道并进入耕地，渠系损毁和耕地沙化非常严重。车尔臣河泥沙大部分来自河东沙漠的推进和河床两岸的淘刷，因大石门水库位于出山口，在水库投入运用后，取水口来水高含沙及其带来的现状问题仍无法改变，亟待寻求新的可靠取水口位置。

2 灌区工程布局优化分析

2.1 基本原则

（1）围绕灌区功能定位，考虑灌区的工程学、经济学、生态学等属性，科学布局工程体系，充分体现布局“技术可行、经济合理”的原则。

（2）以工程现状布局为基础，充分利用已建渠道建设，以减少新增占地，节约工程投资、尽量保证灌区用水自流的前提下，本着节水、节地、节能、节材的原则，对现有灌区工程布局进行全面复核，提出灌区总体布局优化方案。

（3）针对灌区地形情况，合理规划各控制节点的供水对象和设计灌溉面积。因地制宜，合理布设工程，输配水系统尽量做到“顺、直、便”，尽量避免逆向（从低向高）输水。

（4）从充分利用大石门水库工程效益的角度出发，构建以大石门水库为龙头、现代化工程保障体系为龙骨、车尔臣河水资源为血脉的灌区水资源供水安全保障网。

2.2 工程布局优化

2.2.1 取水工程布局优化

由于车尔臣河上下游不同断面水源含沙量区别较为明显，取水口改造方案应在水源工程安全可靠、取水水量有保障及取水水质能达标的基础上，确保车尔臣河灌区能满足其农业灌溉、农村供水以及且末县城第二供水水源的工程任务。根据“等效益”原则，拟定了三个取水工程布局优化调整方案：一是沿用现状取水口，并在每个取水口后设置一定规模的渠首沉沙池；二是改造整合现状所有取水口，统一从最上游的第一分水枢纽取水；三是改造整合所有取水口，从上游在建大石门水库的坝后电站尾水渠设置新的取水口。

（1）方案一。

取水水源仍为车尔臣河来水。改造思路是通过对现状6个取水口的更新改造提升，和取水口后渠首沉沙池的设置，满足灌区用水含沙量要求；通过二次沉沙工程的设置实现城乡生活供水对水源含沙量的要求。建设内容包括取水口改造工程6处，其中重建5处，除险加固1处（第一分水枢纽），渠首沉沙池建设6处（总容积7.78万m^3），生活供水二次沉沙工程5.40万m^3。改造方案估算投资4.43亿元，考虑沉沙池泥沙含量及充沙清淤周期，方案总费用现值为11.8亿元。方案一具有建设投资较低，与大石门水库原设计供水方式一致的优点，但由于现状取水口含沙量较高、沉沙池清淤周期短、使用年限短，运行期沉沙池更新改造费高，致使工程总费用现值不低；并因有3处无坝取水口，对于下游主流摆荡的车尔臣河来水，常年，存在取不上水的潜在可能，致取水口取水保证率较低；该方案对后期运维管理水平要求较高，管理不到位会直接造成高含沙入灌区；另外由于大河两岸淘刷及沙漠侵蚀现象较为严重，也会造成拦河取水建筑物更新改造费用较高。

（2）方案二。

该方案为现状取水口整合改造利用方案，即通过整合连通灌区现状取水干渠，改造后灌区集中从第一分水枢纽处取用车尔臣河干流水。该方案建设内容为取水口改造1处、沉沙池1处（容积6.02万m^3）、新建灌溉连通渠3.72 km、生活供水二次沉沙工程5.40万m^3。改造工程投资3.02亿元，总费用现值8.30亿元。该方案具备工程投资较小的优点，虽然相对于方案一可在一定程度上减少灌区高含沙水引入的风险，但方案一存在的问题，方案二仍无法完全改观。

（3）方案三。

方案三为新建取水口方案，即取水口整合至大石门水库坝后电站尾水渠，大石门水库坝后电站尾水渠正常尾水位2 183 m，尾水平台高程2 186 m，宽10 m，发电引用流量82 m^3/s，本工程设计取水流量25 m^3/s，规模上满足要求，且不挤占生态用水，可实现整合取水口至大石门水库坝后电站尾水渠取水。鉴于地形限制，将在大石门水库电站尾水渠下游山体中开挖隧洞将水引出后接明渠。因水库电站尾水渠高程较高，有尾水平台场地可以利用，岸塔式进水口施工不需采用全年围堰挡水，利用进口作为隧洞开挖的工作面。考虑到大石门水库在汛期6—8月的相机泄洪排沙期，对取水水质的潜在影响，在第一分水枢纽西岸大渠渠首适宜位置设备用沉沙池。该方案建设内容为新建取水口1处、输水渠32 km、新建灌区内连通渠3.72 km、备用渠首沉沙池1处（容积3.76万m^3）。改造工程投资10.46亿元，总费用现值12.70亿元。方案三具有供水保证率高、水质清澈、能兼顾移民村生活供水、可作为且末县城第二水源工程、后期统一管理方便等优点。因需建设32 km输水管道，建设投资较高，但更新改造费大大减少，总费用现值与方案一接近。

综上分析，方案三可从根本上解决灌区现状引水必引沙而造成的耕地沙化、农民减产减收、水利工程损毁、生态环境恶化等突出问题。因此，认为方案三为最优改造方案，即新建取水口从大石门水库尾水渠取水，并优化灌区灌排渠系工程布局的方案。

取水口改造方案工程布局见图1，方案特征值及优缺点对比情况见表1和表2。

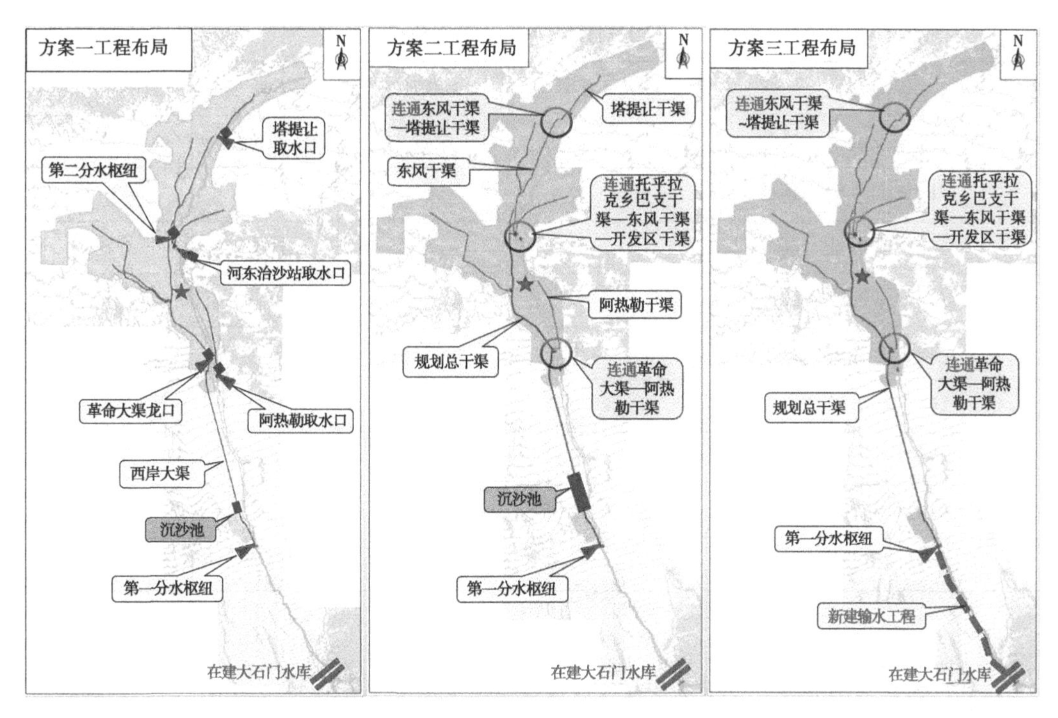

图 1　取水口改造方案工程布局对比

表 1　取水口优化布局方案特性对比

方案	方案一	方案二	方案三
灌区取水口数量/处	6	1	1
取水口位置	车尔臣河现状取水口	车尔臣河第一分水枢纽	大石门水库电站尾水渠
取水工程类型	水闸	水闸	取水塔
渠首沉沙池/处	6	1	1
渠首沉沙池/万 m^3	7.78	6.02	3.76
年均取水断面含沙量/(kg/m^3)	12.14	6.84	1.75
出渠首沉沙池含沙量/(kg/m^3)	3.50	3.50	0.43
新建输水管/km	0	0	32.0
新建连通渠/km	0	3.72	3.72
生活供水二次沉沙/万 m^3	5.40	5.40	0
建设改造投资/亿元	4.43	3.02	10.46
年运行费/亿元	0.21	0.10	0.22
计算期总费用现值/亿元	11.8	8.3	12.7
国民经济内部收益率/%	6.2	6.8	7.6
其中：生态效益/万元	1 321	4 152	9 515

表 2　取水口优化布局方案优缺点对比

方案	方案一	方案二	方案三	较优方案
建设投资及运维费	较小	最小	较大	方案二
计算期总费用现值	较小	最小	较大	方案二
供水保证率高	最低	较高	最高	方案三
水质含沙量控制保障度更高	最差	一般	最好	方案三
生态环境保护	最差	一般	最好	方案三
建后运维管理方便	最差	一般	最好	方案三
城乡生活提供可靠性	最差	一般	最好	方案三
灌区灌溉水利用系数	相当	相当	相当	相当
社会经济生态综合效益	最差	一般	最好	方案三

2.2.2　*输配水工程布局优化*

（1）输水工程改造。

取水口改造后，车尔臣河灌区的输水工程起自大石门水库坝后电站尾水渠，止于车尔臣河第一分水枢纽取水口后第一级电站进水渠，总长约 32 km，即工程布局改造后的灌区总干渠上段。

（2）配水工程优化。

输水工程之后的渠系工程为灌区的配水工程，即自第一分水枢纽开始至灌区斗口，均为车尔臣河灌区的骨干配水工程，包括灌区内总干渠段、干渠及支渠。根据输水工程改造布局及灌区渠系工程现状分布。经工程布局优化，全灌区共布设设计流量≥1.0 m^3/s 的配水工程 48 条，总长 422.60 km，其中干渠长 163.64 km，支渠长 258.96 km。干渠改造布局情况为：

西岸大渠+革命大渠+托乎拉克乡巴格艾日克乡支干渠前段，为改造后的总干渠下段，总长 63.20 km，为现状渠道改造。其中，设计桩号 32+000～35+200 段，为利用车尔臣河第一分水枢纽的三级电站引水渠；设计桩号 35+200～71+870 段为西岸干渠改造段；71+870～84+920 为革命大渠改造段；84+920～95+200 为托乎拉克乡巴格艾日克乡支干渠前段改造段。

阿热勒干渠为工程布局优化后的灌区一干渠，分新建段和现状改造利用段，拟从总干渠设计桩号 ZG71+870 处分水，分水穿河后接入阿热勒干渠，控灌阿热勒干渠现状控灌的 1.60 万亩耕地。布设总长 17.25 km，其中需新建 1.40 km，已有渠道改造利用 15.85 km。

英吾斯塘干渠+萨尔瓦墩支干渠，为本次现代化改造后的灌区二干渠，即二干渠从总干渠设计桩号 ZG84+920 处分水，布设总长 23.38 km，其中英吾斯塘干渠改造利用段长 10.94 km，萨尔瓦墩支干渠改造利用段长 12.44 km。

托乎拉克乡巴格艾日克乡支干渠后段，优化调整为灌区的三干渠，长 4.80 km，控灌巴格艾日克乡 0.63 万亩耕地。

东风总干渠改造后为灌区四干渠，渠道总长 8.82 km，其中设计桩号 G0+000～1+220 为新建分水过河段，过河后接 7.60 km 的东风总干渠，控灌灌区下游 16.33 万亩耕地，下分三条分干渠。恰瓦勒敦开发区干渠改造为四干一分干，设计利用 12.44 km，控制灌溉面积 4.34 万亩；阿克提坎墩干渠和塔提让干渠（通过新建 1.10 km 连接段连接），改造后为四干二分干，长 24.45 km，控灌灌溉面积 6.41 万亩；阔什萨特玛乡干渠改造后为四干三分干，长 14.00 km，控制灌溉面积 3.79 万亩。

（3）输配水工程布局优化成果。

输配工程布局优化改造后，全灌区共布设支渠及以上输配水渠系 79 条，总长 566 km。其中设计流量≥1.0 m^3/s 骨干渠道 49 条，总长 462 km。骨干渠道按建设性质分，现状利用渠道 313 km，维修衬砌 65 km，重建 39 km，因渠系整合需新建 45 km；按渠道等级分，干渠 11 条，总长 195 km；支渠 38 条，总长 267 km。

工程布局优化调整后，渠系结构示意见图 2。

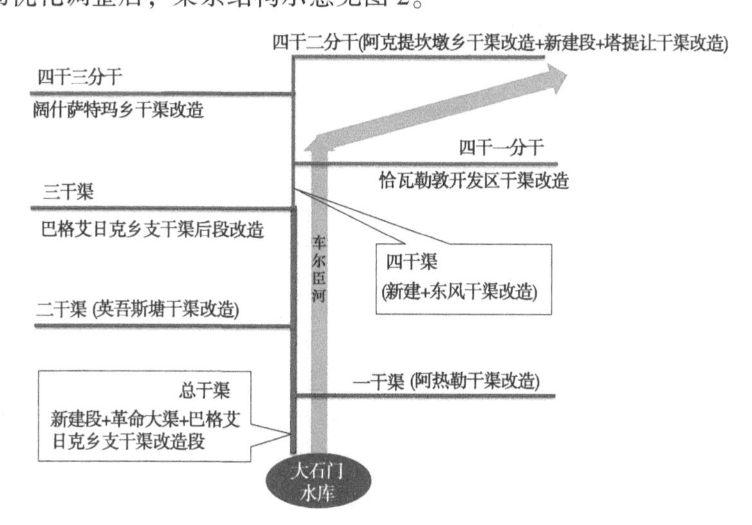

图 2　工程布局优化后渠系结构示意简图

2.2.3　田间工程布局调整

田间灌溉渠系布局随骨干工程优化情况进行调整。经优化，车尔臣河灌区田间斗渠优化为 296 条，总长 474 km，其中：新建 113 km，已建斗渠改造利用 361 km。需实施土地平整 34 万亩，田间机耕道建设 285 km。

3　结论

（1）车尔臣河灌区设计灌溉面积 34 万亩，供水体系以引水工程为主，已建 6 个河道自流取水口，并配套建设支渠及以上渠系 373 条，共 719 km。灌区具有缺乏统筹规划，取水口多而散，渠系杂乱无章，设施良莠不齐，供水保证率低、管理难度大、渠系因引沙损毁和耕地沙化非常严重等一系列问题，亟待寻求新的可靠取水口位置，并对灌区工程布局进行优化。

(2) 本次工程布局优化围绕灌区灌溉和农村供水的功能定位，以充分利用大石门水库工程效益为出发点，构建以大石门水库为龙头、现代化工程保障体系为龙骨、车尔臣河水资源为血脉的灌区水资源供水安全保障网。

(3) 建议车尔臣河灌区的取水形式，由河道多口引水优化为大石门水库取水，新建取水口可在大石门水库电站尾水渠下游山体中开挖隧洞将水引出后，接明渠引入灌区。

(4) 工程布局优化后，骨干渠系规模由现状的 273 条总长 719 km，优化为 79 条总长 566 km，车尔臣河灌区的渠系由杂乱无章变为井然有序。

参考文献

[1] 中水北方勘测设计研究有限责任公司．新疆巴州且末县车尔臣河灌区现状调查分析与评估报告［R］．天津，2020.

[2] 中国灌溉排水发展中心，水利部水规总院．“十四五”大型灌区续建配套与现代化改造编制指南［M］．北京：中国水利水电出版社，2019.

城乡供水一体化工程环状供水方式的探讨

张丽霞　梁新平

（新疆兵团勘测设计院集团股份有限公司，新疆乌鲁木齐　830000）

摘　要： 水是人类赖以生存的基础，是人类生产生活的必需品，饮水安全关系到人民群众身体健康与生命安全，针对新疆城乡点多面广的供水对象，本文提出环状管网供水方式，更有利于运行调度，使工程更经济、供水保证率更高，极大地提高了城乡居民饮水条件，提高了居民的生活质量，可为类似工程提供参考和工程借鉴。

关键词： 城乡供水；环状供水；运行调度

1　引言

新疆现有供水体系供水方式多为单管树状供水方式，输水主管道一旦出现问题，造成整个系统停水，供水可靠度不高。本文提出环状管网供水措施，采用两条或多条干管向集中居民区供水，可使输配水管网呈环状，不但提高了供水系统的可靠性，而且节省了投资。

2　工程供水方案案例

结合新疆城乡居民点分布情况，本文以新和县城乡供水一体化工程环状供水方式为例，对工程供水安全性进行分析。

新和县位于新疆维吾尔自治区西南部，地处天山南麓、塔里木盆地北缘，阿克苏地区中部。新和县城乡供水范围大，输水距离远，各分水厂的相对位置关系及用水相对集中程度相差较大。该区目前现状水源地存在供水量不足、水源地保护实施困难、水质存在变差趋势等问题。县城为新和县政治经济中心，供水保证率要求较高。

2.1　安全性设置方案

2.1.1　北部区安全性设置方案

县城水厂及依其艾日克两乡一镇水厂位于同一厂址区，用水量合计为 2.917 万 m^3/d，占北部区用水量的 85.6%、占总用水量的 62.36%。正常运行情况下，东干管（P-30 管段）与城市连接管（P-35 管段、DN500、4.8 km）形成环状，共同为其供水。当东干管或城市连接管任一管段发生事故时，由另一根管道承担事故情况下的供水任务，即当东干管（P-30 管段）发生事故时，由中干管及西干管共同输水至城市连接

作者简介： 张丽霞（1980—），女，高级工程师，主要从事水文及水资源方向的水利工程设计工作。
通信作者： 梁新平（1980—），男，高级工程师，主要从事水利工程咨询、设计、施工工作。

管（P-35管段），再供至县城及依其艾日克两乡一镇水厂。当城市连接管发生事故时，由东干管承担事故供水任务；西干管或中干管任一管段发生事故时，阔什艾日克加压站及渭干买里加压站供水区仍可满足设计水量的供水要求。

2.1.2　中部供水区安全性设置方案

中部供水区5座加压站位于北部环状管网的下部，位置相对集中，用水量相对较大，占总供水量的21.85%。本次拟在北部环状管以下的东线、中线及西干管下游之间设置连通管，其中：东干管与中干管之间设置P-36管段（DN250、4.5 km）、中干管与西干管之间设置P-27管段（DN400、5.6 km），将中线、东线、西干管之间进行连通，形成中部环状管网，以满足事故供水要求。由于中部5座加压站的供水量均不大，在增加连通管后，经复核计算，任一管道发生事故时，均可满足设计供水要求。

2.1.3　南部供水区安全性设置方案

裁缝铁热克加压站、吾日勒克加压站、塔木托格拉克乡集镇加压站，由于项目区由北向南呈树状扇形扩散分布，这三个水厂之间的距离较远，且最高日供水量共计0.269 2万m^3/d，占总供水量的5.75%。总供水量很小，因此对于该供水区，设置连通管将三个加压站连通时，连通管长度较大，且会增加向三个加压站输水的管道管径，增加投资较多，综合考虑，南部供水区的3个加压站考虑增加清水池的容积，作为事故供水时的安全贮水池功能。工程布置示意见图1。

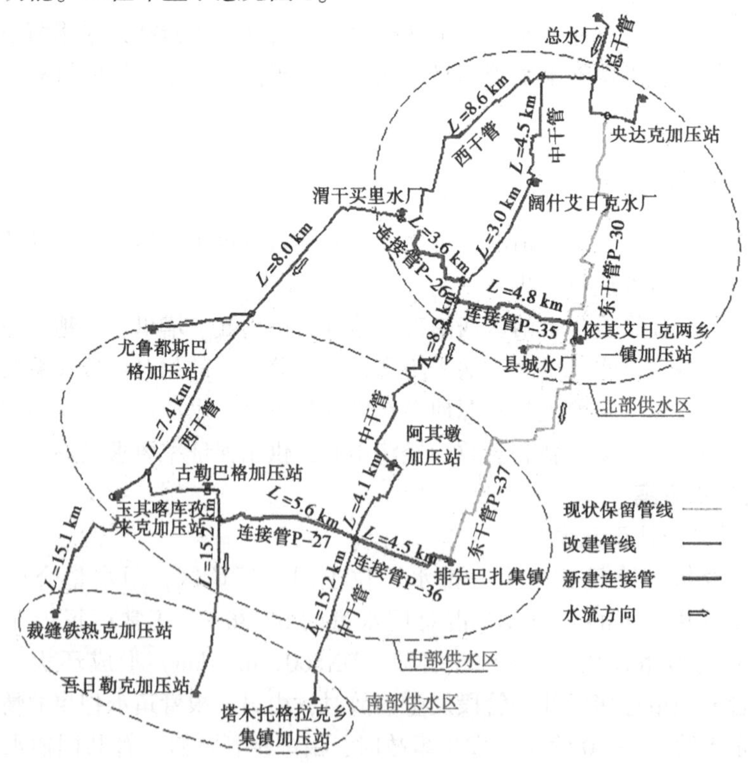

图1　工程布置示意图

2.2 运行调度方案

2.2.1 正常工况

（1）正常情况下，总水厂对水质处理后，通过输水管道将水以相对均匀的流量输送到各分水厂或加压站，各加压站按照供水区需水流量调节供水，高峰期水量调节任务由加压站内设置的清水池承担。

（2）供水低峰季节或低峰时段的小流量供水，可根据自动化监测系统所监测的需水流量及控制点压力情况，切换至各分水厂设置的超越管，超越分水厂由总水厂统一配水。

2.2.2 事故工况

（1）事故排查及抢修方案。

供水系统一旦发生事故，利用自控系统中的各压力监测点的实际压力值与设计压力值范围进行对比排查。当某一压力表中的压力值降至正常运行工况所对应的值范围以下时，则可判定其最近的上段管道发生事故。然后沿管线标识桩进行现场排查，找出事故点。

关闭离事故点最近的检修阀门，开启泄水阀对事故管段进行排空，按原设计标准及技术要求对事故管道或阀门进行更换及修复。

（2）事故供水方案。

发生事故时，对于环状管网布置的北部及中部供水区，城市供水区按事故用水流量进行供水，乡镇水厂可正常供水（需要说明的是，如果乡镇水厂事故不供水，并不能增加城市供水量，主要是受城市连接管或东线干管的管径限制）。

对于南部供水区的3个加压站，由各加压站管理人员及时通知各自供水区用户，将各分水厂清水池内的水量供给用户储备，以作为事故停水期的生活饮用水，但消防储备水量需预留，原则上应要求事故检修在1 d内完成，当特殊情况未完成时，则启动现状各分水厂的水源井，以作为应急供水水源。具体要求如下：

①现状各供水机井及供水系统在本工程建成运行后仍予保留，作为应急水源。

②输水管道发生事故因特殊原因未能及时完成维修时，应优先保证清水池内的净水供给居民饮水，其他各项用水则启动现状的水源及供水工程予以满足。

3 结语

针对新疆城乡点多面广的供水对象，在城乡供水一体化工程中骨干管网采用环状供水方式，改善了管网的水力条件，更有利于运行调度，提高了供水保证率。在同样的供水条件下，由两条或多条干管向管网供水，节省了贮水池的工程投资，使工程更经济、供水保证率更高，极大地提高了城乡居民饮水条件，使城乡居民获得安全饮用水，为今后同类项目探索城乡供水一体化工程环状供水方案提供有价值的参考借鉴。

参考文献

[1] 李发郁．兰州新区供水方案选择分析及建议［J］．农业科技与信息，2013（15）：55-57.

[2] 张明君．农村供水城市化 城乡供水一体化［J］．中国水利，2006（1）：50-52.
[3] 李思远．城乡供水一体化中的水资源配置与供水布局［J］．水利规划与设计，2021（6）：57-61.
[4] 蒋守健．平和县城乡供水一体化规划初探［J］．水利科技，2023（1）：29-30，33.
[5] 王磊．考虑管网压力的城乡供水一体化调度系统设计［J］．海河水利，2023（2）：58-62.
[6] 梁新平．新疆奇台农场自压灌溉工程总体布置方案比选［J］．水利技术监督，2013（3）：52-53.

新疆山溪性多泥沙河流渠首引水规模分析与探讨

王新涛[1]　司马义·买买提依明[2]　李江峰[1]
戚印鑫[1]　玉山江[1]　艾则孜[1]

（1. 新疆水利水电科学研究院，新疆乌鲁木齐　830000；
2. 新疆白杨河流域管理局，新疆乌鲁木齐　830000）

摘　要：如何确定水闸的引水流量，是广大水利工作者研究的重要课题。以北疆某渠首为例，通过灌水率法计算灌区灌溉流量并兼顾冲沙流量，既能够适应将来灌溉水利用系数提高导致灌溉流量减少，又能够满足泥沙二次处理造成的冲沙流量增加，总体能够动态地反映和确定水闸的实际引水流量，为此类水闸引水规模的确定提供了可行的新思路。

关键词：多泥沙；渠首；引水流量；冲沙流量；探讨

“十四五”期间，新疆在全区范围内开展较全面的水闸安全评价工作，为水闸建设、灌区改造和运行管护的提质增效铺开了新局。如此注重水闸的安全评价和进一步的除险加固，无非是为了更大程度地应用其引水灌溉、防沙、防洪、发电、生态等主要功能，从而安全有效长久地服务于灌区。

新疆境内有大小河流570余条，大多为山溪性高含沙河流。这类河流上大都修建有引水渠首，且多建成于20世纪70、80年代甚至更早，受当时各方面条件的限制和制约，普遍存在防洪标准和建设标准偏低、配套设备落后等先天不足问题。经过多年连续运行，很多渠首还存在诸如过洪能力不够或超高不足、渗径偏短或渗流不稳定、工程布局不合理或结构不稳定等病险问题，也有因灌区发展或功能调整造成引水规模偏低或偏高。新疆多沙河流泥沙处理问题，渠系（渠首和渠道）泥沙的防控问题是主要难题，有许多渠首由于泥沙处理把控不精准，造成冲淤报废。上述因素的存在，使得这些渠首经过安全评价环节后，需要采取相应措施进行除险加固或者重建。

一般地，这些引水渠首承担着农田灌溉、引水冲沙、防御洪灾、引水发电、生态维

基金项目：新疆维吾尔自治区公益性科研业务经费资助项目《基于新疆某水利工程挑流消能防护设施研究》，编号：KY2023110。

作者简介：王新涛（1979—），男，主要从事农业水利工程规划设计和科学研究工作。

通信作者：李江锋（1972—），男，高级工程师，主要从事水利工程规划设计和水工模型试验研究工作。

护等工程任务，更多的主要是承担灌区引水灌溉任务。引水流量与过闸洪水流量相较往往占比很小，但是引水比常常达到了70%甚至更高，这也说明了引水规模的确定有着很高的要求，引水流量的计算确定必然是关键环节和重要参数。引水流量的确定直接影响着工程总体布局、结构形式，很大程度上决定了工程成败。

本文以新疆白杨河流域阿克苏渠首为例，对疆内山溪性多泥沙河流上修建的该类渠首引水规模进行分析和探讨。

1 渠首概况

阿克苏渠首工程位于乌鲁木齐市达坂城区阿克苏河出山口，归口新疆白杨河流域管理局管辖。阿克苏渠首是一座拦河式引水枢纽，其作用是保证阿克苏引输水干渠的正常引水，确保下游灌区农业生产正常进行。

阿克苏渠首修建于1972年，是一座底栏栅式引水枢纽。整个工程主要由上下游连接段、底栏栅堰及引水廊道（引水闸）、泄洪冲沙闸、溢流堰构成，原设计引水流量为8.0 m^3/s。由于年久失修，水毁严重，现状实际引水流量只有6 m^3/s。

2021年7月，白杨河流域管理局对于阿克苏渠首投入资金，组织力量开展了水闸安全评价工作，可行性研究阶段引水规模论证工作也提到了日程上来。

2 引水规模的影响因素

阿克苏渠首的主要功能是为下游灌区农田提供灌溉用水。其引水规模的主要影响因素包括灌溉面积、灌水定额、灌溉制度、灌溉水利用系数、含沙量和入渠泥沙粒径等，反映到引水流量这个参数上，就是灌溉流量和冲沙流量两部分内容。灌溉面积、灌水定额、灌溉制度和灌溉水利用系数决定了灌溉流量的大小，含沙量和入渠泥沙粒径决定了冲沙时段和冲沙流量的数值。这两部分流量既可以单独施放，也可以结合施放，这与灌溉时段和冲沙历时以及调度运行有着紧密的联系，引水与防沙排沙往往相伴而生。

单纯按照灌溉流量确定引水规模，不易适应灌区发展变化和现代化改造的要求。灌区若要适当拓展灌溉面积，则引水流量需要增加；灌区现代化改造和灌溉水利用系数的提高，又导致引水流量减少。

片面考虑冲沙流量来确定引水规模，无疑是难以满足灌溉要求的；简单地将灌溉流量与冲沙流量叠加，仍然难以与灌区的动态发展和可持续发展要求相匹配。

在新疆金沟河渠首引水排沙治理措施中，坚持泥沙处理优先于引水的原则，控制年度取水总量，保证冲沙水量，实现有效冲沙排沙。西安理工大学通过构建水沙数学模型，探讨加大干渠输水流量以减少渠道淤积的可行性。有规范规定：考虑专门用于排沙的流量时，可加大相应渠段的设计流量。有研究表明：冲沙流量越大，排沙比越高。但是也不能无端地加大冲沙流量，造成水资源的浪费。这些研究成果定性表达了需要考虑冲沙流量来保证引水排沙，可以通过适当提高引水流量来实现。

依据《新疆引水渠首》资料统计，渠首工程泥沙二次处理所需冲沙流量占引水流量的3%~20%，流量为1~3 m^3/s。在国内一些水电站如虎家崖水电站、锦屏水电站等有关涡管排沙装置的研究中提出，涡管分流比为5.0%~15.0%时，排沙比可达75.0%~90.0%。这些数据定量表述了泥沙二次处理的冲沙流量占引水流量3%~20%的情况下，可以达到较为理想的泥沙处理效果。为了进一步增强泥沙处理的效果，通过针对性的精准排沙，对于阿克苏渠首，考虑入渠泥沙粒径，再结合冲沙渠段水力计算，通过流速判别冲沙能力，初步验证冲沙流量，是一个立足工程应用、结合水沙实情、确定引水规模进行有效引水排沙的新思路。

渠首的工程建设是一次性、永久性的，需要结合引水灌溉、防沙排沙两个主要因素综合考虑、统筹安排，来进行引水规模的确定。

3 引水规模的分析论证

3.1 设计水平年灌水率法论证规模

（1）水平年。本工程设计水平年为2025年。

（2）灌溉设计保证率。阿克苏灌区主要以旱作物为主，设计水平年2025年控制灌溉面积0.435万hm^2，根据《灌溉与排水工程设计标准》（GB 50288—2018）的有关规定，该灌区灌溉设计保证率取75%。

（3）灌溉水利用系数见表1。

表1 设计水平年灌区灌溉水利用系数

方式	渠道水利用系数				渠系水利用系数	田间水利用系数	灌溉水利用系数
	干渠	支渠	斗渠	农渠			
常规灌	0.890	0.870	0.850	0.850	0.559	0.800	0.448
滴灌	0.890	0.870	0.850	0.950	0.625	0.950	0.594
综合	0.890	0.870	0.850	0.850	0.580	0.848	0.492

（4）灌溉制度及灌水率见表2、图1。

表2 阿克苏灌区设计水平年灌溉制度及灌水率计算

作物	作物所占面积/%	灌水次数	灌水定额/（m^3/hm^2）	灌水时间		灌水延续时间/d	灌水率/［m^3/（s·万hm^2）］
				开始	结束		
小麦	6.07	1	675	5月10日	5月17日	8	0.593
		2	675	5月20日	5月28日	9	0.527
		3	675	6月2日	6月10日	9	0.527
		4	675	6月16日	6月25日	10	0.474
		5	750	7月1日	7月10日	10	0.527
		6	750	7月16日	7月26日	10	0.527
		7	600	8月1日	8月10日	10	0.422
		8	1 050	11月1日	11月10日	10	0.738
			5 850				

续表 2

作物	作物所占面积/%	灌水次数	灌水定额/(m^3/hm^2)	灌水时间		灌水延续时间/d	灌水率/[m^3/(s·万 hm^2)]
				开始	结束		
蚕豆	1.06	1	900	6月1日	6月15日	15	0.074
		2	900	6月21日	6月30日	10	0.110
		3	900	7月1日	7月10日	10	0.100
		4	900	7月16日	7月25日	10	0.110
		5	900	8月2日	8月12日	11	0.100
			4 500				
其他(滴灌)	13.80	1	375	5月10日	5月15日	6	0.998
		2	300	5月20日	5月25日	6	0.799
		3	300	5月30日	6月4日	6	0.799
		4	300	6月10日	6月15日	6	0.799
		5	300	6月20日	6月25日	6	0.799
		6	300	7月1日	7月6日	6	0.799
		7	300	7月10日	7月15日	6	0.799
		8	300	7月20日	7月25日	6	0.799
		9	300	7月30日	8月4日	6	0.799
		10	375	8月8日	8月13日	6	0.998
		11	375	11月1日	11月10日	10	0.599
			3 525				
油料(滴灌)	6.25	1	420	5月10日	5月15日	6	0.506
		2	420	6月1日	6月6日	6	0.506
		3	420	6月10日	6月15日	6	0.506
		4	420	6月20日	6月25日	6	0.506
		5	420	6月30日	7月5日	6	0.506
		6	420	7月10日	7月15日	6	0.506
		7	420	7月20日	7月25日	6	0.506
		8	450	7月30日	8月5日	7	0.465
		9	435	8月10日	8月15日	6	0.524
		10	375	11月1日	11月10日	10	0.271
			4 200				

续表 2

作物	作物所占面积/%	灌水次数	灌水定额/(m^3/hm^2)	灌水时间		灌水延续时间/d	灌水率/[m^3/(s·万 hm^2)]
				开始	结束		
蔬菜(滴灌)	11.85	1	375	5月10日	5月15日	6	0.857
		2	375	6月1日	6月6日	6	0.857
		3	375	6月21日	6月26日	6	0.857
		4	375	7月1日	7月6日	6	0.857
		5	375	7月10日	7月15日	6	0.857
		6	375	7月20日	7月25日	6	0.857
		7	375	7月30日	8月4日	6	0.857
		8	375	8月8日	8月13日	6	0.857
		9	375	8月17日	8月22日	6	0.857
		10	375	8月26日	9月1日	7	0.735
		11	375	9月6日	9月12日	7	0.735
		12	375	11月1日	11月10日	10	0.514
			4 500				
经济林	6.90	1	1 050	6月15日	6月24日	10	0.839
		2	1 050	6月30日	7月8日	9	0.932
		3	1 050	7月13日	7月22日	10	0.839
		4	1 050	7月29日	8月8日	11	0.762
		5	1 050	8月15日	8月24日	10	0.839
		6	1 050	9月1日	9月10日	10	0.839
			6 300				
林地	32.77	1	675	6月1日	6月14日	15	1.707
		2	675	7月1日	7月15日	15	1.707
		3	675	7月16日	7月31日	16	1.600
		4	675	8月1日	8月15日	15	1.707
		5	675	8月16日	8月31日	16	1.600
		6	600	9月1日	9月15日	15	1.517
		7	600	9月16日	9月30日	15	1.517
			4 575				

续表 2

作物	作物所占面积/%	灌水次数	灌水定额/(m^3/hm^2)	灌水时间		灌水延续时间/d	灌水率/[m^3/(s·万 hm^2)]
				开始	结束		
苜蓿	21.30	1	600	6月2日	6月10日	9	1.644
		2	600	6月15日	6月24日	10	1.479
		3	600	6月30日	7月8日	9	1.345
		4	600	7月13日	7月22日	10	1.479
		5	600	7月29日	8月8日	11	1.345
		6	600	8月15日	8月24日	10	1.479
		7	600	9月1日	9月10日	10	1.479
		8	1 050	10月20日	10月30日	10	2.589
			5 250				

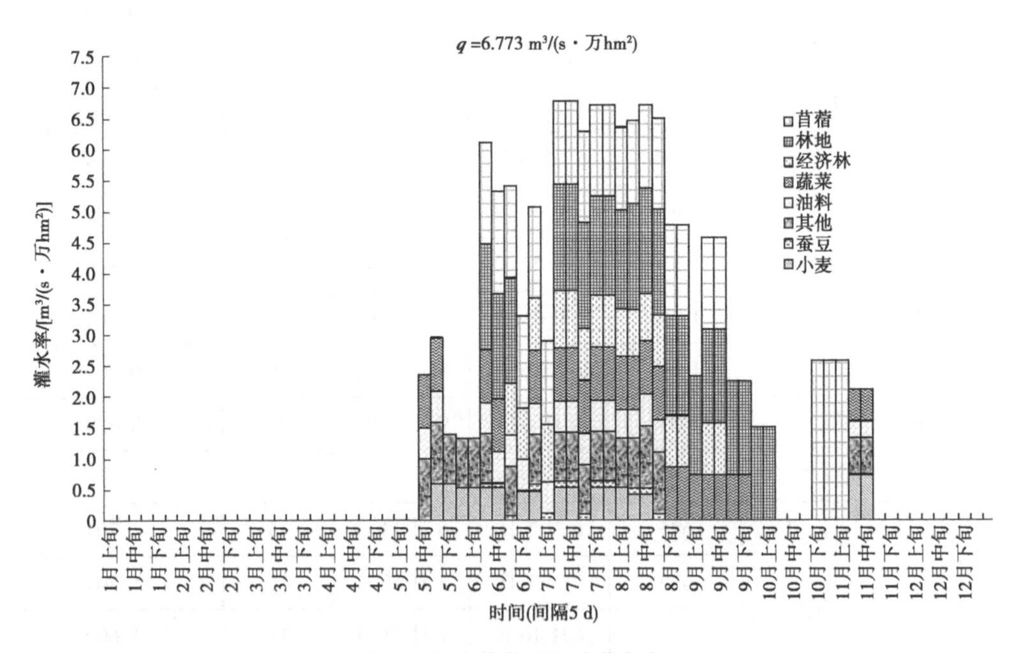

图 1 阿克苏灌区设计灌水率

(5) 经调查，阿克苏渠首引水干渠为续灌渠道，根据灌区的设计水平年灌溉制度和灌水率，复核渠首设计引水流量，按式 (1) 确定：

$$Q_{设} = q \times A/\eta \tag{1}$$

式中：$Q_{设}$为设计流量，m^3/s；q 为设计灌水率，取 6.773，m^3/(s·万 hm^2)；A 为灌区灌溉面积，取 0.435 万 hm^2；η 为灌溉水利用系数，取 0.492。

$Q_{设}=6.773\times0.435/0.492=5.99$ (m^3/s)，取 6 m^3/s；

根据《灌溉与排水工程设计标准》（GB 50288—2018），当设计流量为 5~20 m^3/s，加大百分数取 25%~20%，取 25%。

$Q_{加}$ = 6×1.25=7.5（m^3/s）。

3.2　满足规范要求的灌溉流量+冲沙流量复核论证

随着现代化灌区改造的进程加快，灌区灌溉水利用系数将会逐步提高，那么灌区引水流量将会减少；但是，渠首工程的改造却使得灌区综合效益得到提升，渠首工程泥沙二次处理也会逐步得到重视和资金投入，泥沙二次处理又会消耗一定的水量。这两方面一增一减，能否仍然满足渠首引水流量的长期合理需求，以下开展进一步论证、复核、计算。

3.2.1　灌区灌溉水利用系数提高后所需流量

依据《节水灌溉工程技术标准》（GB/T 50363—2018），中型灌区的灌溉水利用系数不应低于 0.60。该渠首除险加固完成之后，将逐步加快阿克苏灌区的现代化改造，在渠首使用年限内，该灌区灌溉水利用系数是可以达到 0.60 要求的。若按照 0.60 的灌溉水利用系数进行反算流量，前提是灌溉面积、灌水率保持不变，则有：

$$Q_{设1} = q \times A/\eta \tag{2}$$

式中：$Q_{设1}$ 为设计流量，m^3/s；q 为设计灌水率，取 6.773 $m^3/(s \cdot 万\ hm^2)$；A 为灌区灌溉面积，取 0.435 万 hm^2；η 为灌溉水利用系数，取 0.6。

$Q_{设1}$=6.773×0.435/0.6=4.9（m^3/s）。

3.2.2　渠首工程泥沙二次处理所需冲沙流量

（1）按照该灌区灌溉水利用系数提高后所需流量 4.9 m^3/s，还余 1.1 m^3/s（占设计流量的 18.3%）可用于冲沙，也分别符合前述冲沙流量占比和冲沙流量的数值范围。具体再通过水力计算复核其冲沙能力。

（2）现状渠首引水闸下游 100 m 处设有冲沙闸，根据实测，该段 100 m 长干渠纵坡为 i=1/128，衬砌形式为浆砌卵石，弧形底梯形断面，弓口宽 2.4 m，边坡 1∶1.5，渠深约 2.0 m，弧底圆心角约为 70.6°。按照余出的 1.1 m^3/s 冲沙流量，代入该段干渠相关参数进行水力计算，得出水深为 0.38 m，流速 1.47 m/s。该渠首为底栏栅式引水形式，栅条最大间隙 2.5 cm，也就是说，进入干渠的泥沙最大粒径为 2.5 cm（小卵石）。依据《水工设计手册》（第 2 版）表 3.1-13，水深 0.4 m 时，<2.5 cm 粒径的泥沙允许不冲流速为 0.95~1.2 m/s，小于该流量下的流速 1.47 m/s，1.1 m^3/s 冲沙流量能够满足冲沙流速要求。

3.2.3　引水流量分析

即使因节水灌溉面积的增大使得灌溉所需流量减小，但其减小幅度不会很大，即便如此，适当增大冲沙流量也是有益于工程安全有效、长期安全运行的。总体上仍可保证引水流量能够适应动态变化的需要，既能满足灌溉流量需要，又能满足冲沙流量需要。

4　引水规模的确定

阿克苏渠首的主要功能是引水灌溉，根据水资源供需平衡提出了渠首设计引水流量，又通过今后灌区发展可能影响引水流量增减因素的分析论证（灌溉水利用系数提高、渠首工程泥沙二次处理），确定阿克苏渠首设计引水流量为 6 m^3/s，加大引水流量为 7.5 m^3/s。具体操作调度就是（仅针对设计流量）：按照工程合理使用年限 3 等分为 3 个时期，渠首工程改造完成投入运行初期，引水 6 m^3/s 用于灌溉，在需要冲沙的某次灌溉之前，施放 1.1 m^3/s 流量进行冲沙，冲沙时不灌溉；渠首工程运行中期，引水 4.9 $m^3/s \leqslant Q \leqslant 6$ m^3/s 用于灌溉，在需要冲沙的某次灌溉之前，施放 1.1 m^3/s 流量进行冲沙，冲沙时不灌溉；渠首工程运行后期，引水 4.9 m^3/s 用于灌溉，在做好引水排沙措施的同时，施放 1.1 m^3/s 流量进行冲沙，边引水边冲沙，也可以在非灌溉时段仅施放 1.1 m^3/s 流量进行冲沙，冲沙时不灌溉。以上操作调度方式需结合灌区发展实际动态调整，若遇不可预期的较大幅度规模调整，则可以采取专门工程措施进行大的改造。

渠首的引水规模由其引水功能决定，当然仍要保留生态水量需求，还要与工程的防洪功能等相协调。新疆山溪性多泥沙河流渠首主要有灌溉、发电、防洪、生态等诸多功能类型，灌溉功能的地位居乎其要。按照“节水优先、空间均衡、系统治理、两手发力”治水思路，渠首引水流量的确定要优先体现节水的要义，然后兼顾各功能的协调发挥，不应只是简单的叠加，应当找出各功能在所需水量、流量上的最佳契合点，通过详细的分析计算，论证确定引水流量，使得渠首引水规模在工程合理使用年限内，在一定程度上能够适应功能区动态发展的要求。

5 结语

引水渠首是灌区的龙头工程，适宜的引水规模既能够充分利用国家投资，也有利于优化工程布局，使其效益费用比达到最优。渠首工程是一次性投资、永久性建设，但是灌区的灌溉作物面积和构成、灌溉水利用系数，甚至其引水功能都不是一成不变的。如何能够使渠首工程一次性建设的引水规模能够适应将来灌区发展的需要以及可变的需求，需要掌握以下要领：抓住主要，涵盖次要，兼顾必要，改造非要，动态可调，适应需要。也就是说，引水规模的确定应以主要的灌溉功能因素为主，涵盖引清排浑，兼顾小水冲沙，后期仍可辅以改造，使得规模总体可控，局部动态可调，以适应可持续发展的需要。

参考文献

[1] 赵妮．新疆多泥沙河流水库泥沙处理措施［J］．水利规划与设计，2020（1）：147-151.
[2] 李江峰，李娟，尹辉，等．抛石防冲槽消能特性试验研究［J］．水利与建筑工程学报，2020，18（3）：124-129.
[3] 邵杰，孙承，周路宝．大中型病险水闸的成因及除险加固措施分析［J］．水利规划与设计，2019，2：112-115.
[4] 李娜，汪自力，郭博文，等．影响三四类水闸判定的关键因素及对策［J］．人民黄河，2021，43（10）：119-122.
[5] 蒲升阳，李娟，李江峰，等．白杨河流域阿克苏渠首安全评价报告［R］．乌鲁木齐：新疆水利水电科学研究院，2021.
[6] 刘焕芳，宗全利，金瑾，等．西北旱寒区渠系泥沙防控研究：以新疆为例［J］．水利与建筑工程学报，2021，19（6）：1-9.
[7] 戚印鑫，张磊，孙娟，等．白杨河阿克苏渠首除险加固工程可行性研究报告［R］．乌鲁木齐：

新疆水利水电科学研究院，2022.
[8] 钱新妮．多泥沙河流渠首引水排沙综合处理技术［J］．水利技术监督，2021（4）：151-154.
[9] 王新宏，吴巍，雷赐涛，等．东雷抽黄引水灌区退水对干渠减淤的影响［J］．西北农林科技大学学报（自然科学版），2018，46（8）：131-138.
[10] 张耀哲．灌区泥沙问题研究的回顾与展望［J］．水利与建筑工程学报，2021，19（6）：10-17.
[11] 水利部水利水电规划设计总院．水电站引水渠道及前池设计规范：SL 205—2015［S］．北京：中国水利水电出版社，2015.
[12] 杨顺刚．“库中库”泥沙清淤技术在西北干旱缺水地区的适用性技术探讨［J］．水利规划与设计，2020（12）：121-125.
[13] 李新贤，周品，林亚．新疆维吾尔自治区水功能区划［R］．乌鲁木齐：新疆维吾尔自治区水利厅，2007.
[14] 白玉龙，李丽．涡管螺旋流排沙在动力渠上的应用研究［J］．水利规划与设计，2022（2）：112-118.
[15] 水利部水利水电规划设计总院．灌溉与排水工程设计标准：GB 50288—2018［S］．北京：中国水利水电出版社，2018.
[16] 中国灌溉排水发展中心．节水灌溉工程设计标准：GB/T 50363—2018［S］．北京：中国水利水电出版社，2018.
[17] 索丽生，刘宁．水工设计手册［M］．2 版．北京：中国水利水电出版社，2014.

自主研发适于明渠紊流条件下的超声波量测设备的测试分析

盛祥民　王新涛　崔春亮　陈志卿　杨洪江

（新疆水利水电科学研究院，新疆乌鲁木齐　830000）

摘　要： 精准高效地量测水设施作为一种重要的监测手段，有利于提升水资源的精细化调度和管理水平，提高水资源利用效率。国外渠道量测水技术较为成熟，但存在成本高、泥沙淤积等问题，国内对于小型渠道的量测设施还较少，尤其缺乏适用于渠道底坡平缓、水流泥沙含量较高条件下的量水设施。因此，新疆水利水电科学研究院于 2018 年开展适用于新疆多泥沙及底坡平缓的末级渠系超声波量测设备的研究，通过量测数据对比分析发现，在渠道紊流条件下，水流层流流速变化随机性较大，但随着水深条件的变化，水流层流流速的变化幅度呈现规律性变化。同时，该超声波量测设备测量流量的相对误差范围为 2.4%～4.01%，基本能够满足河道量测规范。

关键词： 明渠；紊流；超声波；流速；流量

量测水工作的开展能够有效地促进现代化灌区的水资源优化配置，是现代化灌区自动化、智能化灌溉管理中的重要组成部分，更是计划用水、合理调度及灌溉计量收费的重要依据，同时与我国的社会经济有着密不可分的关系。而随着全球经济和人口的不断增长，水资源的紧缺和不均衡问题日益突出，如何高效利用水资源成为一个亟待解决的问题。精准高效的量测水设施作为一种重要的监测手段，有利于提升水资源的精细化调度及其管理水平，并进一步提高水资源利用的效率。同时，通过数据应用工具的应用，实现对水资源的智能预测和优化决策，为水资源的高效利用和管理提供技术支持和保障。

目前，针对测量水、石油等液体的流量计按结构原理分类，常用的主要有涡街流量计、容积流量计、电磁流量计、孔板流量计、超声波流量计等。而 Lozano 和 Mateos（2009）分别对时差法超声波流量计（Risonic 2000）和多普勒超声波流量计（Argonaut-SW）在灌溉渠道中的实地测量效果进行了检测和对比，使得超声流量计的稳定性得到了很好的证明。

近年来，国外渠道量水已经向自动化、信息化和智能化方向发展，且技术较为成

基金项目： 新疆维吾尔自治区水利科技专项（XSKJ-2022-13）；自治区科技支疆项目（2021E02062）。

作者简介： 盛祥民（1985—），男，高级工程师，主要从事高效节水灌溉产品及灌区量测水设备研究与开发工作。

通信作者： 王新涛（1979—），男，主要从事农业水利工程规划设计和科学研究工作。

熟，如澳大利亚 Rubicon 公司研发的渠道自动化控制系统与测流一体化设备等，已在澳大利亚、美国、印度等多个国家得到应用，但存在成本高、泥沙淤积等问题。国内目前常用的渠道量水方法有流速仪量水、水尺量水和堰槽量水等；但对于小型渠道及田间水量的量测设施还较少，尤其缺乏适用于渠道底坡平缓、水流泥沙含量较高条件下的量水设施。基于此，新疆水利水电科学研究院于 2018 年开展了针对新疆多泥沙及底坡平缓的末级渠系超声波量测设备的研究与开发工作，以期为灌区提供高效率的现代化用水管理调度手段，促进水资源的高效利用。本文针对紊流条件下的明渠流对比分析超声波量测设备的流速流量相对误差，为超声波量测设备在灌区末级渠道测流提供理论依据。

1 超声波量测原理与试验方法

1.1 超声波量测原理

超声波流量计的量测原理就是流速-面积法，主要是由安装在待测渠段边壁上的数组成对超声换能器和主机组成，通过每对换能器可以测得该组超声波对应高度的线平均流速，进而由该线平均流速在水深方向进行积分，并最终获得断面的过流量。相比于多普勒超声测流，时差法超声测流的优点在于使用顺流和逆流传播的时间差来反映流体的流速，克服了声速随流体温度变化而变化带来的误差。其基本原理如图 1 所示。

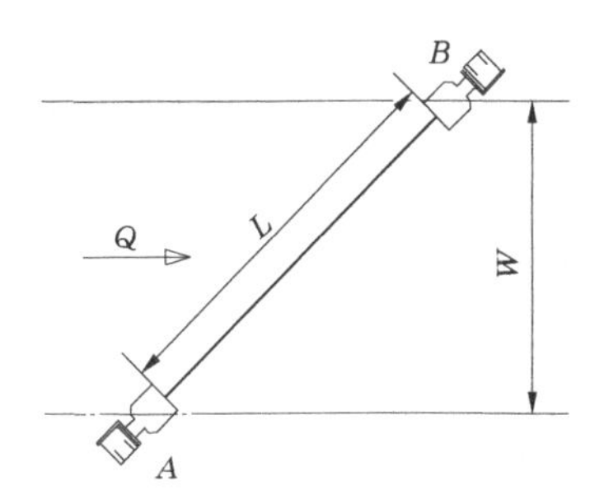

图 1 时差法超声波流量计测流原理

在图 1 中，A、B 代表超声波换能器，L 代表超声波换能器之间的距离，W 代表明渠流渠道的渠壁，Q 代表渠道水流方向。

在超声波声波顺流传播的过程中即由 A 到 B 时，其传播距离和传播速度之间的关系式如下：

$$L = (v_c + v\cos\theta)t_1 \tag{1}$$

在逆流传播即由 B 到 A 时，则有：

$$L = (v_c - v\cos\theta)t_2 \tag{2}$$

由于超声波在水体中传播的速度在同一时间点是相同的，因此通过消去超声波的水中传播速度 v_c 后得到该组超声波换能器测得的水流平均流速 v：

$$v = \frac{L}{2\cos\theta}\left(\frac{1}{t_1} - \frac{1}{t_2}\right) \tag{3}$$

式中：L 为超声波换能器之间的距离，即声路长度；v 为该组超声波换能器测得的水流平均流速；t_1、t_2 分别为顺水和逆水传播的时间；θ 为超声波换能器与渠壁面的夹角。

目前，超声波量测渠道流量的方法，主要是根据渠道的深度变化范围，通过增加多组超声波换能器并测得不同水深对应的水流平均流速，进而沿水深方向进行数值积分，最终得到渠道断面流量，广泛采用的是ISO流量积分模型，如图2所示。

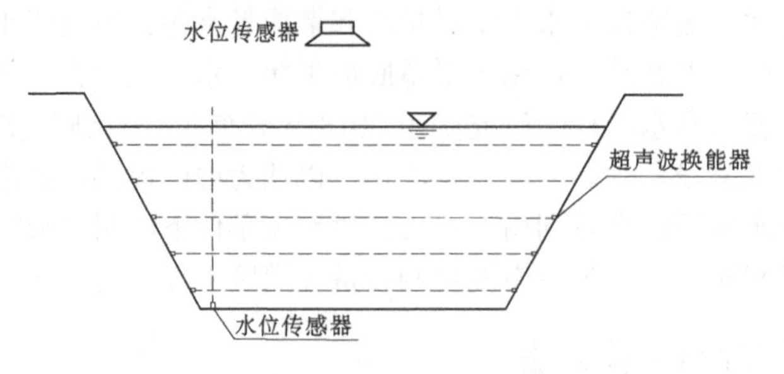

图2 明渠ISO积分模型

1.2 试验材料

试验仪器设备主要为待测超声波量测设备1套、试验水工模型和南京水利科学研究院研制的LGY-Ⅲ型多功能智能流速仪1套。超声波量测设备主要包括单片机、太阳能供电电源及装配超声波换能器的适于末级渠系的超声波箱体。试验水工模型采用原型矩形断面渠道，渠道宽度为1.0 m，渠道深度为1.0 m，渠道底坡为0，实验室水温为20 ℃，其配套试验仪器设施包括水泵、电机、闸阀、渠道及其建筑物等。模型流量计量采用矩形堰（见图3）进行控制和复核。试验装置示意图如图4所示。

图3 下游矩形堰+测针

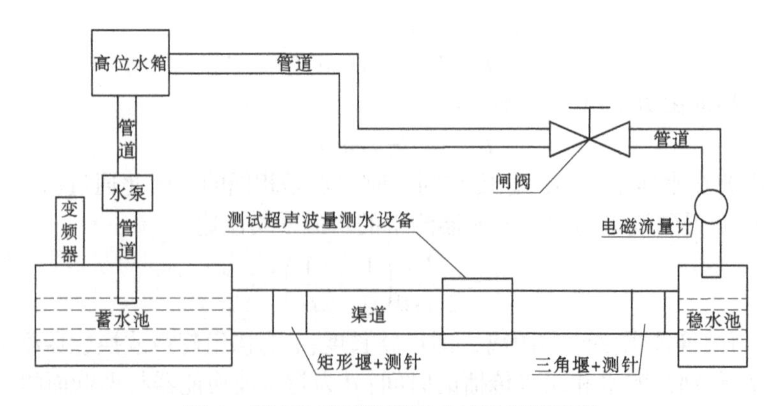

图4 超声波流量量测设备试验装置示意

1.3 试验方法

试验在新疆水利水电科学研究院水工河工试验大厅进行。试验将超声波量测设备按照规范安装到试验渠道中，并在 1 m 宽的渠道内并行架设 5 个转子流速仪进行同步测量，开启水泵，待水位流量稳定后，沿水深方向进行不同水深处的流速测量，并进行数据记录，每个水深对应流速重复测试 3 次，直到超声波换能器出水面完成测试工作。测试装置如图 5 所示。

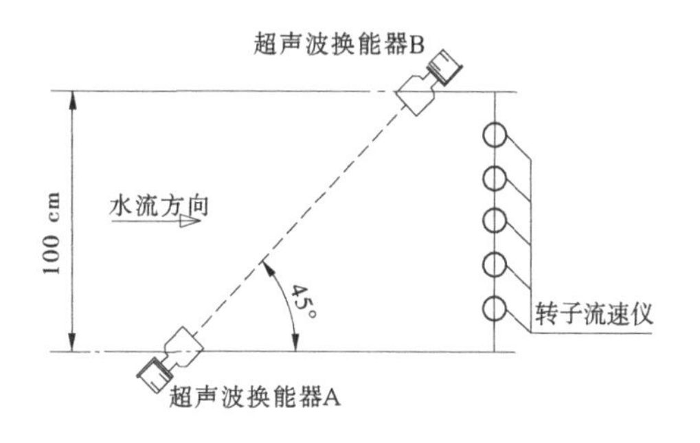

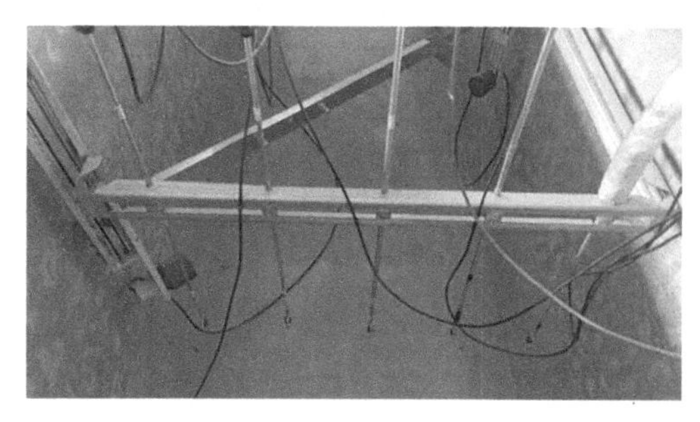

图 5 超声波换能器与流速仪试验装置设计与安装

矩形堰流量计算采用雷白克堰流公式计算流量，其计算公式如下：

$$Q = \left(1.782 + 0.24\frac{h}{P}\right)BH^{3/2} \tag{4}$$

式中：P 为堰高；B 为堰宽；H 为堰上水深。

$$H = h + 0.0011m \tag{5}$$

2 试验数据与结果分析

2.1 不同水深条件下超声波量测设备的水力性能对比

2023 年 9 月 6 日，开展了同一流量条件下不同水深时的超声波量测设备的水力性能流速试验，并根据试验数据进行了流速的相对误差计算，见表 1。

表 1 不同水深条件下超声波量测设备和流速仪量测流速数据统计分析

试验小组编号	水深/cm	超声波测速/(m/s)	流速仪测速/(m/s)	相对误差/%
第 1 组	8.5	0.188 9	0.192 0	-1.63
	13.5	0.190 5	0.188 2	1.24
	18.5	0.191 7	0.185 9	3.11
	23.5	0.184 9	0.182 8	1.18
	28.5	0.190 2	0.193 2	-1.56
	33.5	0.186 5	0.197 0	-5.32
	38.5	0.190 1	0.188 5	0.82

续表 1

试验小组编号	水深/cm	超声波测速/(m/s)	流速仪测速/(m/s)	相对误差/%
第 2 组	8. 5	0. 189 6	0. 183 6	3. 27
	13. 5	0. 188 9	0. 187 0	1. 02
	18. 5	0. 187 3	0. 190 9	-1. 85
	23. 5	0. 198	0. 196 6	0. 68
	28. 5	0. 183 6	0. 194 3	-5. 49
	33. 5	0. 189	0. 197 8	-4. 44
	38. 5	0. 191 5	0. 179 7	6. 54
第 3 组	8. 5	0. 189 6	0. 183 6	3. 27
	13. 5	0. 197 2	0. 196 6	0. 29
	18. 5	0. 193 4	0. 196 3	-1. 45
	23. 5	0. 189 7	0. 185 5	2. 29
	28. 5	0. 194	0. 193 2	0. 43
	33. 5	0. 189 7	0. 187 0	1. 42
	38. 5	0. 187 8	0. 185 1	1. 47

注：通过流速仪最大、最小流速计算得出雷诺数范围为 $177\ 921<Re<195\ 842$。

由表 1 可以看出，超声波测速相对于流速仪测速的相对误差为-5. 49%～6. 54%，其中第 1 组试验数据的相对误差范围为 0. 82%～5. 32%，第 2 组试验数据的相对误差范围为-5. 49%～6. 54%，第 3 组试验数据的相对误差范围为-1. 45%～3. 27%，相对误差较大主要是由于水流处于紊流状态。

由图 6 可以看出：①总体上水流层流速呈现渠道中间流速大，两边流速相对减小；②水流流速随着水位的增加呈增加趋势；③相同水深条件下，渠道中左岸水流流速较右岸水流流速偏大，而随着水位的增加，该水流流速的偏差呈减小趋势，该趋势主要是由渠道水流状态决定；④通过同一组数据比较发现，在距离岸边同一距离条件下，随着水深的加大，其水流流速呈现先减小后增加再减小再增加的变化，同时该变化渠深靠近岸边时的变化幅度相对较大，在渠道中间处其变化幅度相对较小。通过该变化规律发现水流紊流状态在渠道底部表现相对显著。

对图 6 进行综合分析发现，在渠道紊流条件下，水流层流流速变化随机性较大，但结合表 1 来看，随着水深条件变化的情况下，其变化幅度呈现规律性变化。

2. 2　超声波量测设备流量测试数据分析

2023 年 9 月 6 日，开展了不同水深条件下的超声波量测设备的水力性能流速水力性能试验，其中验证模型采用雷白克堰流公式进行流量计算，并根据试验数据进行了流速的误差计算，见表 2。

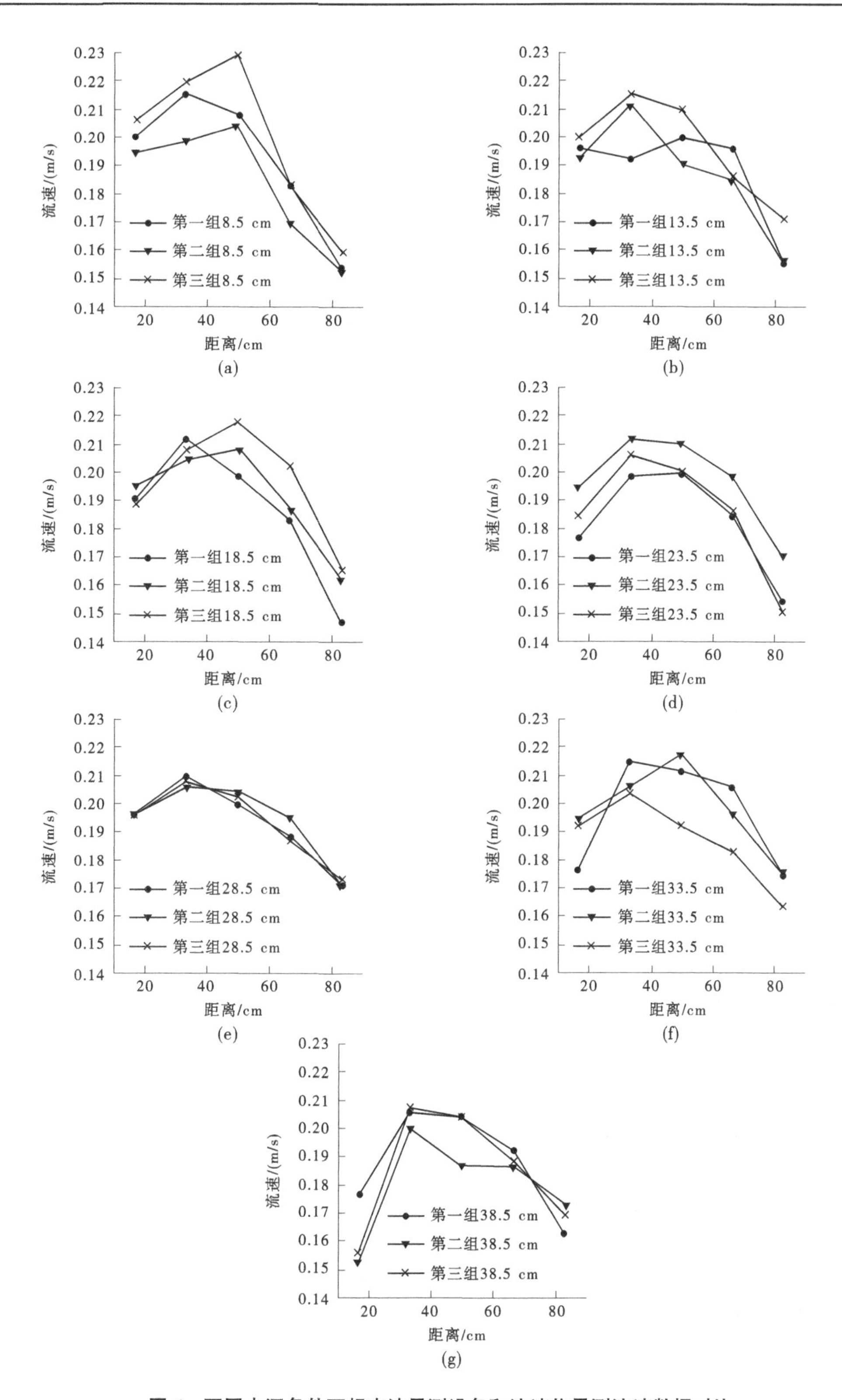

图6　不同水深条件下超声波量测设备和流速仪量测流速数据对比

表 2　水位变化条件下的超声波和矩形堰量测流量的数据统计

测针读数/cm	超声波流量/(m^3/s)	矩形堰流量/(m^3/s)	相对误差/%
24.23	0.074 3	0.075 2	1.26
23.70	0.068 4	0.070 9	3.46
23.37	0.066 1	0.068 2	3.00
22.87	0.063 9	0.064 2	0.52
22.55	0.060 7	0.061 7	1.56
22.00	0.057 6	0.057 5	-0.22
21.10	0.050 7	0.050 8	0.18
20.96	0.049 6	0.049 8	0.36
20.80	0.049 8	0.048 6	-2.40
20.45	0.044 3	0.046 2	4.01
19.97	0.043 5	0.042 8	-1.57

从表 2 中的相对误差看，流量在 0.042 8~0.075 2 m^3/s 内，超声波量测设备测量数据和雷白克堰流公式计算流量的相对误差范围是-2.4%~4.01%，根据《灌溉渠道系统量水规范》（GB/T 21303—2017），流量计的精确度等级在测量范围内应满足基本误差不大于 2.5%的标准，新疆水利水电科学研究院开发的超声波量测设备精度还有待进一步提升。根据《河流流量测验规范》（GB 50179—2015）中 6.1.2 单次流量测验的精度指标，并结合规范中表 6.1.2 流速仪法单次流量测验允许误差，该超声波量测设备基本能够满足河道量测规范。

3　结论

针对明渠紊流条件，进行了不同水深条件下超声波量测设备的水力性能对比与超声波量测设备流量测试数据分析，得出以下结论：

（1）通过试验数据的分析，发现在渠道紊流条件下，水流层流流速变化随机性较大，但在水深条件变化的情况下，其变化幅度呈现规律性变化。

（2）流量在 0.042 8~0.075 2 m^3/s 内，超声波量测设备测量流量值相对雷白克堰流公式计算流量的误差范围为-2.4%~4.01%，满足《灌溉渠道系统量水规范》（GB/T 21303—2017）中流量计的精确度等级要求。

根据灌溉渠道系统量水规范要求的基本误差标准，该超声波量测设备精度还有待进一步提升，因此新疆水利水电科学研究院将继续开展研究工作，进一步提高该设备的精度，以期为新疆水利的发展提供硬件支撑。

参考文献

[1] 麦文慧．含沙水渠道测控一体化闸门测流分析及其数值模拟［D］．银川：宁夏大学，2020.

[2] 钟凯月，周义仁．压力式明渠测流装置的数值模拟研究［J］．节水灌溉，2020（12）：6-9，16.

[3] 刘然，邓忠，姜明梁，等．超声波换能器安装方式对渠道水流特性的影响［J］．节水灌溉，2023（9）：114-119，214.

[4] 杨亚．高精度时差法超声流量计关键技术的研究［D］．宁波：宁波大学，2013.

[5] Lozano D, Mateos L. Field evaluation of ultrasonic flowmeters for measuring water discharge in irrigation canals［J］. Irrigation & Drainage, 2009, 58（2）: 189-198.

[6] Institution B S. Hydrometry. Measurement of discharge by the ultrasonic（acoustic）method［M］. 2004.

[7] 程玺．探头安装方式对超声时差法明渠测流准确度的影响［D］．北京：清华大学，2018.

[8] 韩宇，孙志鹏，黄睿，等．基于回溯搜索算法的灌区优化配水模型［J］．工程科学与技术，2020，52（1）：29-37.

[9] 张国华，谢崇宝，皮晓宇，等．基于自由搜索算法的灌渠配水优化模型［J］．农业工程学报，2012，28（10）：86-90.

[10] LIU Y, YANG T, ZHAO R-H, et al. Irrigation Canal System Delivery Scheduling Based on a Particle Swarm Optimization Algorithm［J］. WATER, 2018, 10（9）: 1281-1294.

[11] 南京水利科学研究院，水利水电科学研究院．水工模型试验［M］．2版．北京：水利电力出版社，1985.

干旱区基于“坎儿井”理念的供水输配水系统路径研究

李志军[1,2]　毛远辉[1]　刘　江[1]　张鲁鲁[3]

（1. 新疆水利水电规划设计管理局，新疆乌鲁木齐　830000；
2. 石河子大学水利建筑工程学院，新疆石河子　832003；
3. 新疆水利水电勘测设计研究院有限责任公司，新疆乌鲁木齐　830000）

摘　要：南疆干旱区用水效率效益不高、集约节约水平较低，已成为水资源开发利用中最为突出的难题，急需实施深度节水，强化水资源节约集约利用。本文在梳理南疆水资源、灌区建设、山区水库和平原水库、地下水储水构造及微咸水分布等现状的基础上，揭示南疆干旱区深度节水面临的形势和问题，研究基于“坎儿井”理念的供水输配水系统的节水新模式。提出南疆干旱区需加大山区水库、小型水库建设力度，加强地下储水构造带及地下水库的研究开发，适度推进管道输水灌溉系统工程建设，进一步摸清微咸水底数、科学制订规划方案、适度进行开发利用，加快推进灌区建设，逐步推广应用新型农艺节水的对策和建议。

关键词：南疆干旱区；坎儿井；供水输配水；节水路径；研究

1　引言

水资源短缺，供需矛盾突出是制约南疆经济社会高质量发展和生态文明建设的首要问题与关键因素。南疆区域面积占全疆面积的73%，而水资源仅占全疆水资源总量的50%，地均水资源量仅为全国平均水平的1/6，春旱、夏洪、秋缺、冬枯的特点明显。目前，南疆可用水资源开发利用程度已达80%以上，农业用水占比92%以上，用水效率和效益不高，已成为水资源开发利用中最为突出的问题。因此，要实现南疆经济社会高质量发展，必须把节水提效作为根本之策，既要提高用水效率，严格控制用水规模，抑制不合理的用水需求，也要提升用水效益，强化水资源节约集约利用，实施深度节水控水行动，在全面落实“节水优先、空间均衡、系统治理、两手发力”治水思路的同时，以水资源高效利用为目标，率先在水资源紧缺、供需矛盾突出的南疆地区，探索南

基金项目：新疆发改委建设新时代“坎儿井”研究课题（2022XFG245）。

作者简介：李志军（1987—），男，高级工程师，主要从事流域综合规划、水资源规划研究工作。
通信作者：毛远辉（1979—），男，正高级工程师，主要从事水利水电工程规划设计工作。

疆干旱区基于“坎儿井”理念的供水输配水系统节水新模式，提出相关对策和建议。

2 南疆基本概况

2.1 水资源基本情况

南疆水资源总量424.4亿m^3，占全区的50.9%。其中：地表水资源量405.9亿m^3，地表水与地下水不重复量18.5亿m^3，加上入境水量72.37亿m^3，减去出境水量7.69亿m^3，扣除羌塘高原、齐普恰普河、塔克拉玛干沙漠等无人区水资源量22.3亿m^3，实际可利用水资源量466.78亿m^3。南疆用水总量379.8亿m^3，占南疆水资源可利用量的81.33%。按水源分：地表水用水量286.9亿m^3，地下水用水量92.3亿m^3，其他水源用水量0.6亿m^3。按行业分：农业用水量364.1亿m^3，占南疆用水总量的95.9%；生活、工业、城镇及生态环境用水量占4.1%。

2.2 灌区基本情况

南疆灌区现有灌溉面积5 778.89万亩，其中：地方4 928.33万亩，兵团850.55万亩，见表1。现有渠道总长96 186.52 km，总防渗长度57 960.22 km，破损长度6 256.67 km，防渗率60.26%，完好率89.21%，见表2。

表1 南疆灌区（灌溉面积）基本情况　　单位：万亩

区域	大型灌区		中型灌区		小型灌区		合计	
	地方	兵团	地方	兵团	地方	兵团	地方	兵团
南疆	3 939.76	663.29	986.07	186.72	2.5	0.54	4 928.33	850.55

表2 南疆渠系情况

区域	渠道总长度/km	总防渗长度/km	破损长度/km	防渗率/%	完好率/%
南疆	96 186.52	57 960.22	6 256.67	60.26	89.21

2.3 灌溉水有效利用系数

根据“国土三调”灌溉面积及2019年用水总量摸底调查数据，南疆现状灌溉水利用系数为0.534，低于西北地区、新疆和全国平均的0.528、0.571和0.565，与发达国家的0.7~0.8相比差距较大。南疆现状渠系水利用系数0.644，田间水有效利用系数0.828，见表3。

表3 南疆灌溉水有效利用系数情况

区域	灌溉水利用系数			田间水利用系数			渠（管）系水利用系数		
	综合	地表水	地下水	综合	地表水	地下水	综合	地表水	地下水
南疆	0.534	0.47	0.723	0.828	0.820	0.849	0.644	0.573	0.852

2.4 高效节水建设

根据“国土三调”成果，南疆5地州耕地面积4 078.8万亩，其中：耕地高效节水面积1 625.35万亩，占南疆地区耕地面积的39.85%。巴州耕地高效节水面积比例达70.75%，已达全疆先进水平；克州耕地高效节水面积比例不足7%，其余地区均在40%以下，高效节水发展整体滞后。详细统计见表4。

表4　南疆高效节水面积统计

区域	现状耕地面积/万亩	现状高效节水面积/万亩			高效节水面积比例耕地/%
		耕地	非耕地	小计	
巴州	762.1	539.21	61.42	600.63	70.75
阿克苏	1 442.6	476.62	37.67	514.29	33.04
克州	113.6	7.4	0.52	7.92	6.51
喀什	1 440	526.09	41.74	567.83	36.53
和田	320.5	76.03	8.74	84.77	23.72
南疆合计	4 078.8	1 625.35	150.09	1 775.44	39.85

2.5　山区水库和平原水库建设

南疆水库共计201座，总库容123.26亿m^3，其中：山区水库54座，库容92.24亿m^3，占总库容的74.83%；平原水库147座，库容31.02亿m^3，占总库容的25.17%，见表5。

表5　南疆山区水库和平原水库建设情况

区域	山区水库		平原水库		合计	
	数量/座	总库容/亿m^3	数量/座	总库容/亿m^3	数量/座	总库容/亿m^3
巴州	13	6.78	12	4.11	25	10.89
和田	17	12.17	45	2.44	62	14.61
喀什	7	33.42	58	15.69	65	49.11
阿克苏	8	21.63	21	8.02	29	29.65
克州	9	18.24	11	0.76	20	19
小计	54	92.24	147	31.02	201	123.26

2.6　地下水储水构造及微咸水分布

2.6.1　地下水储水构造

南疆地区可划分为8个地下水储水构造带，分别为孔雀河、渭干河—迪那河、阿克苏河、叶尔羌河—喀什噶尔河、塔里木河、和田河—克里雅河、车尔臣河、塔克拉玛干沙漠储水构造带。

2.6.2　微咸水分布

微咸水是重要的非常规水源，一般来说，含盐量在0.2%~0.5%的水或矿化度（每升水含有的矿物质含量）在2~5 g/L的水称为微咸水。经初步分析，南疆微咸水分布面积约为 9 985 km²，主要分布在巴州至阿克苏地区、克州与喀什地区、和田地区储水构造带，其中孔雀河三角洲冲积平原区、阿瓦提—琼库勒隆起区潜水及承压水区水质均呈转劣趋势、总体变差；喀什地下水质量大部地区为较差，局部为极差；依萨勒尕江河—若羌河山前戈壁砾石带地下水矿化度小于 1 g/L，由南向北变为 1~3 g/L、3~10 g/L 及大于 10 g/L，在垂向上，潜水水质上部较下部差，矿化度上部较下部高。

3　节水面临的形势及存在的问题

南疆地区，特别是南疆三地州田间高效节水发展困难，已建农业高效节水工程运行率低，河水滴灌供水保证率偏低，水肥管理粗放、节水效果未达预期，泥沙淤积清理困难等问题突出，高效节水工程效益发挥不充分，究其原因，主要存在以下几方面：

（1）农业用水比重大，用水效率效益不高。南疆农业用水占用水量比重约 95%以上，远高于全国 62%的平均水平。人均用水量为全国的 5. 5 倍，单方水粮食产出量仅为 0. 9 kg。全疆综合灌溉定额约 505 m³，其中南疆地区高达 608 m³，部分地方甚至超过 750 m³，用水效率和效益不高。

（2）农业用水方式粗放，节约集约利用水平不高。南疆地区主要以农户为单元分散经营、土地零散、种植结构复杂和林粮兼做的种植模式，对实施高效节水管网布置十分不利，不仅增加工程建设和运行管理费用，还造成后期运行管理难度大的问题，加之传统漫灌用水的粗放方式，造成了农业用水集约利用效率不高。

（3）山区调蓄工程尚显不足，灌区工程有待完善。山区水库的调蓄能力仍有待加强，大量平原水库存在蒸发、渗漏损失严重等问题，水资源优化配置格局尚未完全形成，无法适时适量满足节水灌溉的要求；农田水利基础设施短板突出，骨干输水工程防渗率仅为 64. 35%，灌区续建配套与现代化改造任务依然较重。

（4）“冬春灌”造成水肥流失，加速渠道破坏。南疆灌区受自然条件影响，土壤次生盐渍化的问题极为严重，即使滴灌农田，冬春季都要进行耗水量巨大的大水漫灌洗盐压碱（俗称“冬春灌”），造成严重的水肥流失。这也正是近年来南疆地区在大规模发展滴灌后灌溉定额依然居高不下的一个重要原因。同时，冬灌输水加之土壤盐渍化侵蚀，使得防渗渠道产生冻胀破坏和老化破损的问题。

（5）微咸水安全利用问题存在隐患。近几年，为应对水资源短缺，南疆各流域下游灌区已开采微咸水用于农业灌溉，但利用量一直未单独统计，利用方式和盐分控制措施不明确。微咸水资源家底不清、利用现状不明、盐分安全控制措施不到位问题突出。

4　供水输配水系统节水路径

4.1　水源工程供水形式

水源工程的选择应遵循因地制宜原则，山区水库可以替代平原水库的，水源为山区水库；具备地下储水构造条件适宜建设地下水库的，水源为地下水库，如温宿县台兰河灌区的“横式坎儿井”地下水库，充分利用山前凹陷带的地下储水构造，采用“横向取水、纵向集水”的水工建筑物布置形式，被汪集旸院士誉为现代“坎儿井”；地下水库因各种原因不具备建设条件，而平原水库又因为种种原因无法报废的，对平原水库可采取修建沉沙池的提升改造措施，水源为平原水库+沉沙池。

4.2 山区水库替代平原水库

4.2.1 替换模式

结合新疆山区水库的建设情况，平原水库的分布、功能以及运行情况，考虑山区水库替代平原水库采用完全替换、部分替换和保留现状三种模式。如：2019 年已建成的叶尔羌河流域阿尔塔什水库，将废弃东方红水库、色力勿衣水库等 8 座平原水库，废弃库容 1.46 亿 m^3，可节约水量 0.71 亿 m^3；替代莎车县苏库恰克水库、依干其水库等 2 座平原水库部分灌溉功能，替代灌溉库容 0.83 亿 m^3，节约水量 0.36 亿 m^3；替代兵团前进水库、小海子水库、永安坝南库和永安坝北库等 4 座平原水库部分灌溉功能，替代灌溉库容 2.68 亿 m^3，节约水量 1.1 亿 m^3。

4.2.2 平原水库能力提升

结合南疆平原水库具体实际，可将平原水库能力提升分为清淤、改扩建、缩库和报废等几种形式。

4.3 灌溉系统输配水

4.3.1 灌溉系统模式

利用南疆大中型山区水库调蓄水沙的有利条件，因地制宜选择水源有保障、高效节水灌溉率高、具有自流输水地形条件的灌区，充分利用水库（渠首）、水资源调配能力等特点，对骨干输水系统"明改暗"，配备必要的沉沙调节设施，田间输配水系统管道化、标准化，形成深度节水的南疆干旱区供水输配水系统新模式。

4.3.2 不同模式节水效果分析

（1）供水模式分析。

根据南疆地区山区水库、平原水库与下游灌区之间的地形及地势条件，供水模式有两种：一种为山区水库距离农田较近的灌区，或者平原水库与灌区的高程差可以满足自压灌溉的灌区，可以采用山区（平原）水库+骨干输配水管网（管道）+田间灌溉系统；另一种为水库较灌区较远，需因地制宜在水库下游河道、水库放水渠下游、灌区总干渠选择合适的地点，采用引水渠首+沉沙池+骨干输配水管网（管道）+田间灌溉系统。

（2）不同供水方式节水效果分析。

管道输水和渠道输水是灌溉输水工程中最为重要的形式。与渠道灌溉输水的方式相比，管道输水能有效防止水的渗漏和蒸发损失，其输水过程中的有效利用率可达到 90%以上，而明渠输水的有效利用率只有 60%左右，因此管道输水以其节水明显、利用效率高等特点，已成为世界许多发达国家发展灌溉优先选用的技术措施之一。

以和田昆仑灌区（水源为东方红水库）为例进行渠道输水灌溉系统、管道输水灌溉系统的节水效果分析。

地表水库+渠道节水效果：该方案是在东方红水库引水渠末端，接渠道防渗和节水配套改造输配水系统进入灌区。对灌区内渠道破损严重、渗漏损失大、渠道水利用系数低和渠系建筑物破损严重的骨干渠道进行防渗节水配套改造，防渗改建总长度 25.13 km。通过防渗改造，该片区骨干输水系统渠系水利用系数由 0.72 提高到 0.76，改造前农业需水量 5 012. 40 万 m^3，项目实施后可节水 204. 32 万 m^3，每亩节水 32. 4 m^3，节水量占改造前农业需水量比例为 4. 1%。

地表水库+管道节水效果：该方案在东方红水库引水渠末端接骨干管网系统进入灌区，对原骨干明渠输水系统进行管道化改造。骨干管网系统改造管网共 28 条，总长 98. 92 km，控制灌溉面积 6. 31 万亩，其中总干管 1 条，长度 20. 63 km，设计流量 4. 9 m^3/s，管材采用 PCCP 管，管径 DN2000、DN1600；干管 4 条，长 7. 83 km，设计流量 0. 52~1. 22 m^3/s，管材采用 PCCP 管，管径 DN1000；分干管 23 条，长 65. 58 km，设计流量 0. 05~0. 35 m^3/s，管材采用 HDPE 管，管径 DN400 及 DN600。通过管道化改造，该片区骨干输水系统渠系水利用系数由 0. 72 提高到 0. 86，改造前农业需水量 5 012. 40 万 m^3，项目实施后可节水 685. 85 万 m^3，每亩节水 109 m^3，节水量占改造前农业需水量比例为 13. 7%。

通过对渠道和管道输水灌溉系统的节水效果分析，管道输水方式的渠系水利用系数有较大程度提高，节水效益更高。管道输水方式比渠道输水方式多节水 76. 3 m^3/亩，节水量占改造前农业需水量比例提高 9. 6%，可有效地减少灌溉输水过程中的渗漏与蒸发损失。

4. 4　地下水储水构造及微咸水资源利用

4. 4. 1　地下水储水构造带与地下水库选址研究

南疆选址地下水储水构造带与地下水库 39 处，地下水开采量 119 963 万 m^3/a。其中渭干河—迪那河 10 处，地下水开采量 38 420 万 m^3/a；孔雀河 2 处，地下水开采量 3 800 万 m^3/a；阿克苏河 3 处，地下水开采量 13 000 万 m^3/a；和田河—克里雅河 11 处，地下水开采量 12 618 万 m^3/a；车尔臣河 3 处，地下水开采量 1 387 万 m^3/a；喀什噶尔河—叶尔羌河 8 处，地下水开采量 50 559 万 m^3/a；塔克拉玛干沙漠 2 处，地下水开采量 178. 85 万 m^3/a。

4. 4. 2　微咸水灌溉安全利用

南疆干旱区微咸水利用应采取“非生育期冬春灌洗盐技术+滴水压盐保苗技术+头水压盐技术+节水控盐灌溉制度+微咸水轮灌混灌控盐”的微咸水膜下滴灌农田节水控盐增效水盐调控综合模式。

4. 5　田间高效节水

在深刻认识南疆地区自然地理特点和农业节水发展经验教训的基础上，结合国内外农业节水发展的趋势，南疆田间节水发展主要有以下几个方面。

4. 5. 1　全面完成田间高效节水建设任务

南疆除巴州以外的 4 地州高效节水发展滞缓，急需全面推进实施农业深度节水，力争使现有稳定耕地面积 70%以上实现高效节水。农田高效节水灌溉工程建设应立足区域高效节水灌溉工程建设和运行现状，与“十四五”大中型灌区续建配套与节水改造和高标准农田建设相衔接。按照“先建机制、再建工程”的原则，坚持节水工程建设与农民合作社、专业化服务公司相结合，积极建设集约化现代农业生产体系；调整新建工程布局，坚持集中连片、乡（村）整体推进、渠系田间并重、地表地下水联合利用的模式。

4.5.2 稳步发展精细化地面灌溉技术

南疆灌区大部分地域地形平缓，果树面积比重大，以沟畦灌为代表的地面灌溉在相当长的时期内仍将是重要的灌溉方式之一。而激光控制平地技术是目前世界上最先进的土地平整技术，可实现高精度的农田土地平整，结合大流量供水技术，可使灌水均匀度达到80%以上，田间水利用系数达到0.85以上，使传统的地面畦田灌溉性能得到明显改进。

4.5.3 逐步推广应用"滴水春灌"+"分区冬灌"

近年来，新疆水利水电科学研究院、新疆农业大学在库尔勒、尉犁、沙雅等地的研究成果表明，在非盐渍化和轻盐渍化农田，采用"滴水春灌"技术可节省冬春灌水量50%左右，毛节水量50~100 m^3/亩。南疆需要在摸清各灌区土壤盐渍化程度、土壤质地等关键因素空间分布的基础上，以2~3年为周期，制定"滴水春灌"与"分区冬灌"总体布局规划。

5 结论和建议

（1）南疆山区小型水库的兴建可有效提高水资源利用率。需加大山区小型水库的建设力度，进一步实现水资源的合理配置，同时对有条件的水库实施清淤或加高扩容，进一步提高水资源利用率。

（2）加大南疆地下储水构造及地下水库的研究开发力度。对南疆干旱区选址的39处地下水储水构造带与地下水库，选取开发程度较低、水质良好、距离灌区较近的区域进行先行试点开发，为南疆地区合理开发利用水资源提供经验借鉴。

（3）适度推进管道输水灌溉系统工程建设。要因地制宜，优先选择水源有保障（水库有调节沉沙能力）、工程可自压输水且管护简单、有二次沉沙建设条件且环境影响小、高效节水灌溉率高和地下水超采灌区，通过"水库（渠首）+渠道+沉沙调节池+管道+高标准农田"系统建设，形成南疆干旱区供水输配水系统节水新模式。建议要分期分步实施，对条件成熟的灌区先行开展试点示范；对暂不具备全系统建设的灌区，视条件优先对部分骨干输水系统进行"明改暗"管道化改造，待条件成熟后再逐步推广使用。

（4）南疆干旱区管道输水灌溉系统建设，需进一步摸清现状，因地制宜，科学论证。虽然管道输水具有很多明显优势，但也存在前期投资较大、输水流量受限、运行调控复杂、管道易淤积等问题。建议深入研究上游沉沙措施，对于10万~30万亩灌区，视条件进行建设实施；对于50万亩以上的大型灌区，还存在管径过大、排数过多、输水调控非常复杂等技术难题，需在示范成功的基础上进一步研究论证。

（5）进一步摸清微咸水底数，科学制订规划方案，适度进行开发利用。南疆干旱区微咸水利用是解决水资源短缺的重要途径，微咸水利用宜采用膜下滴灌为主。建议尽快开展南疆微咸水利用现状调查评价工作，摸清南疆微咸水总量、现状利用、分布、灌溉方式及存在的问题，查明利用潜力，制订微咸水安全利用规划方案。

（6）南疆田间高效节水需做好"十四五"大中型灌区续建配套与节水改造和高标准农田建设的衔接工作。在技术应用上，要全面完成高效节水建设任务，稳步发展精细化地面灌溉；在非盐渍化和轻盐渍化区逐步推广应用“滴水春灌”+“分区冬灌”节水控盐技术。

参考文献

[1] 李江，李志军，张鲁鲁．南疆农业节水潜力与措施分析［J］．中国水利，2023（3）：30-34，50.

[2] 毛远辉，刘江，张鲁鲁．南疆干旱区“坎儿井”式输配水系统模式研究［J］．陕西水利，2023（10）：96-98.

[3] 毛远辉，李江．南疆水资源禀赋及节水潜力分析［J］．水利规划与设计，2023（4）：10-14，22.

[4] 张娜．提高新疆灌溉水利用系数的探讨［J］．水资源开发与管理，2020（5）：65-69.

[5] 夏金梧，黄振东．南疆农业高效节水建设管理有关问题探讨［J］．中国水利，2017（15）：61-64.

[6] 张龙．新疆灌区节水建设面对的主要问题及对策建议［J］．水资源开发与管理，2020（8）：46-49.

[7] 张娜．南疆大型灌区建设运行管理现状及应对措施［J］．水利技术监督，2020（2）：70-72.

[8] 黄振东．新疆南疆地区农田水利建设存在的问题与建议［J］．吉林水利，2019（3）：36-38.

[9] 张娜．新疆农业高效节水灌溉发展现状及“十三五”发展探讨［J］．中国水利，2018（13）：36-38，45.

[10] 张胜东，程刚．新时代新疆“坎儿井”供水灌溉建设路径探析［J］．吉林水利，2023（7）：72-74.

[11] 梁春玲，刘群昌，王韶华．低压管道输水节水灌溉技术发展综述［J］．水利经济，2007，25（2）：51-52，69.

[12] 周福国，高占义．渠灌区管道输水灌溉技术［J］．中国农村水利水电，1998（4）.

[13] 白静，谢崇宝．灌溉输水管道现状及发展需求［J］．中国农村水利水电，2018（4）：34-39.

[14] 李会芳，朱艳芬，蔡倒录．新疆农业用水及主要农作物用水特征问题研究［J］．农业与技术，2021（21）：40-43.

[15] 王红梅，刘新华．南疆高效节水灌溉面临的问题及应对措施［J］．水利规划与设计，2018（10）：72-74，107.

[16] 高福奎，王璐，李小刚，等．不同灌溉制度对南疆棉田水盐分布及作物生长的影响［J］．灌溉排水学报，2023（1）：54-63.

新时代“坎儿井”骨干输水工程节水分析研究

张鲁鲁　张志雁

（新疆水利水电勘测设计研究院有限责任公司，新疆乌鲁木齐　830000）

摘　要： 在借鉴“古老坎儿井”精髓理念的基础上，以南疆为区域，探索新时代“坎儿井”骨干输水工程节水新模式，对明渠、暗涵、管道化输水进行对比分析研究。从不同输水方式来看，明渠输水流量大，易维护，投资低，在输水过程中蒸渗漏损失量大；管道输水在减少渗漏和蒸发损失、提高输水效率及水资源利用率方面具有明显的优势，节水效益明显高于明渠输水。灌区骨干工程管道化输水，前期投资较大，需建设调节沉沙池对泥沙进行处理，且输水流量受限，运行调控复杂。

关键词： 坎儿井；骨干工程；明渠；管道

新疆处于气候干旱区域，水资源短缺且时空分布不均，水资源利用效率低，供需矛盾突出，鉴于部分区域农业用水比重高达90%以上，远高于全国62%的平均水平，单方水粮食产出量为0.9 kg，同为干旱区的以色列近30年农业用水比在65%左右，水资源用水效益和水分生产效率低已成为水资源开发利用过程中最为突出的问题。为做好灌区骨干工程节水工作，在全面落实“节水优先、空间均衡、系统治理、两手发力”治水思路的同时，需把节水提效作为根本之策，加强工程节水措施，提升用水效益，率先在水资源紧缺、供需矛盾突出的地区探索水资源高效利用的节水新模式，减少输配水过程中的渗漏蒸发损失，提高灌溉水利用率。李雷对水田管道输水灌溉与明渠输水灌溉研究分析表明：管道输水与明渠输水相比具有输水速度快，输水水量损失减少5%。孙小铭研究表明：管道灌溉比土渠灌溉可节水45%左右，比混凝土衬砌渠道节水7%，比干砌防石渗渠道节水15%。因此，为做好骨干工程节水分析，在借鉴“古老坎儿井”精髓理念的基础上，探索新时代“坎儿井”骨干输水工程节水新模式，本文通过渠系输水、管道输水等不同输水形式的初步分析，研究分析骨干工程改造与节水效益，为后期骨干工程的改造提供参考借鉴。

1　南疆灌区现状基本情况

根据新疆水资源公报和全国水资源调查评价成果，南疆水资源总量424.4亿m^3，

作者简介： 张鲁鲁（1984—），男，高级工程师，主要从事水利规划与设计工作。

占新疆全区的50.9%。南疆大中型灌区共计127座，自实施大中型灌区节水配套改造以来，取得了一定的成绩，但因建设需求基数较大，灌区骨干工程设施依旧薄弱的现状亟须继续完善，灌区的灌溉保证率亟待提高。骨干渠道总长9.61万km，总防渗长度5.79万km，防渗率60.26%，未防渗长度3.82万km。根据《2020年度全国灌溉水有效利用系数测算分析成果报告》结果，南疆灌溉水有效利用系数0.527，与同为干旱区的甘肃省（0.564）、宁夏（0.551）、青海（0.501）等省份相比，从农业节水效率、灌溉水利用系数等方面综合相比，属中等水平。

2 不同输水形式初步分析

目前，灌区灌溉系统主要采用明渠输水形式，与暗渠和管道输水相比，明渠输水工程具有流量大、易维护、投资低、便于清淤等优点，明渠在输水过程中不可避免地受到气温和地质条件的影响，存在着蒸发、渗漏损失、泥沙淤积、易于遭到破坏等情况，且在严寒区域易受冻胀破坏影响。根据实测资料显示：南疆渠系利用系数在0.64左右。在相同的输配条件下，明渠输水具有线路长、输水能力大、占地多等特点，如阿克苏地区阿克苏普总干渠引水流量185 m^3/ s，叶尔羌河灌区中游渠首前海总干渠引水流量70 m^3/s，和田地区洛浦县总干渠引水流量75 m^3/s、墨玉县跃进总干渠引水流量100 m^3/s、盖孜河塔什米里克总干渠引水流量60 m^3/s。

为有效地降低蒸发渗漏损失，适应地形条件，暗渠、管道输水也是一种有效的输水形式之一，具有蒸发量小，且水质不易被外界干扰、占地相对较少等特点，如景电二期延伸向民勤调水工程，沙漠段采用暗涵输水流量6 m^3/s，贵州夹岩水利枢纽工程，山区段采用暗涵输水流量2.4 m^3/s；相比之下，管道输水在减少渗漏和蒸发损失、提高输水效率及水资源利用率方面有明显的优势，不仅能很好地防止水量渗漏、蒸发、水质污染，还能避免冻胀破坏，同时具有水量调配灵活、减少灌区内交叉建筑等优点，在干旱地区和沙漠地区采用管道输水更能显示其优势，但前期投资较大，且单管输水流量受限、防腐问题突出，运行调控复杂，一旦上游水库或调节池出现问题，造成管道淤积，将出现较大损失，难以短期内修补。输水管道是供水系统中的重要组成部分，如在唐山曹妃甸供水工程，在管线重要部位安装超压泄压阀、双向调压塔解决管道超压问题，并通过设置减压池、减压阀对管道进行压力分级。陕西杨凌供水工程，通过安装箱式调压塔，将水锤升压控制在安全范围内。新疆精奎输水管线工程，通过加压阀对管道进行压力分级保护，避免水锤危害，并采用信息化设施监测管道运行安全，定期对管理人员进行培训，来确保管道运行安全。不同输水形式对比分析见表1，不同节水措施控制灌溉面积见表2。

在输水速率方面，渠道糙率系数为0.015~0.032，管道糙率系数为0.011~0.014，糙率系数越大，输水越慢，管道输水与渠道输水相比，输水速度快，且易控制。

在引水方式方面，管道输水需从水库或调蓄沉沙池引水，水源稳定，对水源水质要求较高。渠道则从河道直接引水，渠道引水受河道来水过程影响较大，具有明显的波动性，因管道具有糙率小、水源稳定、输水速度快等特点，与渠道相比，输水周期较渠道相比明显较短。

表 1　不同输水形式对比分析

输水形式	明渠	暗渠	管道
糙率系数	0.015~0.032	0.015~0.025	0.011~0.014
输水效率	低	低	高
灌溉周期	长	较长	短
占地	多	较多	少
施工工艺	简单	复杂	复杂
施工速度	快	慢	慢
运行管理	简单	简单	复杂
综合造价	低	较高	高

表 2　不同输水形式控制灌溉面积对比

输水措施		设计流量/（m^3/s）	控制灌溉面积/万亩
明渠（底宽 2 m）		10	15~18
暗渠（底宽 2 m）		10	18~20
管道	管径 2 m	3~6	7.5~15
	管径 3 m	10~12	25~30
	管径 4 m	15~20	37.5~50

在输水能力方面，考虑到灌区面积与地形、水源、水量等条件的关系，灌区总干渠输水流量为 30~185 m^3/s。目前国内已建工程，采用的最大管径为 4 m，最大输水流量为 20 m^3/s，但从工程投资、管材等方面，单根管道输水不具备渠道输送大流量（>20 m^3/s）的条件。

工程施工方面，渠道防渗主要采取现浇混凝土、浆砌石等形式，施工工艺相对简单，且施工速度快，管道施工过程中，对管道的焊接密封要求较高，工艺相对复杂，且质量要求高于渠道防渗的要求，且后期运行中要求配备专业能力人员进行运行管护。

工程投资方面，渠系防渗改建及田间高效节水建设亩均投资均在 5 000 元左右，管道输水投资亩均在 10 000 元左右，渠道输水与管道输水相比，投资较少，且运行管理方便，但节水量只有管道的 50%左右。

控制灌溉面积方面，在同等输水流量条件下，渠道输水较暗涵、管道输水控制的灌溉面积要小，渠道在输水 10 m^3/s 条件下，控制灌溉面积 15 万~18 万亩。暗涵输水控制面积为 18 万~20 万亩，管道可达到 25 万~30 万亩。对于灌溉面积 50 万亩以上的大型灌区，因灌区的分布与地形条件、水源条件复杂，若采用管道输水模式，存在管径过大、排数过多、输水调控复杂等问题。

经对比分析，不同的输水方式各有优势特点，渠道较暗涵、管道相比，糙率大，输水周期长，沿程水损大，输水效率低；管道沿程水损小，输水效率高，灌溉周期短，有条件的地方可实现自压输水。

3 骨干输水工程改造与节水研究

3.1 渠系防渗改造分析

根据南疆大中型灌区渠道防渗改造的实际情况，为切实提升渠道水利用系数，根据灌区地形地质情况，鉴于干渠输水流量大、纵坡陡、经济合理性等因素，目前干渠主要采取梯形断面，防渗措施主要采取现浇混凝土、浆砌石、坐浆干砌卵石、埋石混凝土等形式；支渠主要采取现浇混凝土、预制混凝土板、浆砌卵石等形式；对于小于1个流量的斗渠，为有效减少占地面积和蒸发损失，多采用U形、梯形断面。渠道防渗形式分析见表3。

表3 渠道防渗形式分析

衬砌形式	现浇混凝土	干砌石	混凝土埋石加糙	预制混凝土板	预制混凝土U形渠
糙率系数	0.012~0.014	0.025~0.033	0.02~0.025	0.016~0.018	0.016~0.018
适用条件	大中小型渠道	中小型渠道	大中型渠道	大中小型渠道	小型渠道
抗冲能力	强	弱	较强	较强	较强
抗冻胀能力	较差	好	好	差	较差
抗渗能力	好	差	较差	好	好
工程施工	难度较大，工期长	难度较大，工期长	难度较大，工期长	难度低，工期短	难度较大，工期短
使用年限	20~30年	5~10年	15~20年	20~30年	20~30年
综合造价	低	较高	高	较低	较高

3.2 管道改造分析

在骨干工程管道化改造过程中，管材选择遵循经济实用、因地制宜、方便施工的原则，经对管材进行对比分析，糙率相对较小的管材，水力学条件相对较好，水力性能优越，其内壁光滑，阻力小，过水能力最强，输水能力大。在相同管径、相同流量条件下比其他材质管道水头损失小、节省能耗。在耐久性方面，钢管、球墨铸铁管、预应力钢筋混凝土管、预应力钢筒混凝土管、玻璃钢管（定长玻璃夹砂管）、连续缠绕玻璃钢管均可达到20~50年不等的使用年限，不同管材特性见表4。

4 新时代“坎儿井”骨干输水节典型设计

按照“古老坎儿井”的精髓，针对南疆大中型山区水库调蓄水沙的有利条件，因地制宜选择水源有保障、高效节水灌溉率高、具有自流输水地形条件的灌区，按照“坎儿井”输水系统工程原理，充分利用水库海拔高程、水资源调配能力等特点，对骨干输水系统“明改暗”，配备必要的沉沙调节设施，田间输配水系统管道化、标准化，形成深度节水的新时代“坎儿井”灌溉工程系统，在拜什托格拉克乡新建一座沉沙调节池，池容 96 万 m³，沉沙调节池放水涵洞后接骨干管网系统。骨干管网系统中干管总长 160.28 km，控制灌溉面积 18 万亩，为满足工程的功能需要和确保输水管道的正常运行，在管线沿线布置了进水阀、进排气阀、泄水阀、检修阀、流量计阀等建筑物。通过对拜什托格拉克乡干渠、支渠、斗渠三级渠道管道化改造，可有效提高农业用水的水资源利用效率，三级渠系水利用系数由 0.65 提高到 0.85，亩均节水量 104 m³，节水量 1 872 万 m³，匡算工程投资 14.5 亿元。若通过对三级渠道全断面防渗形式的改造后，三级渠系水利用系数由现状年 2020 年的 0.65 提高到 2025 年的 0.748，亩均节水量 51 m³，节水量 914 万 m³，匡算工程投资 8.28 亿。投资灌区骨干输水工程管道化在有些灌区已经建设投入运行，已建的宁夏红寺堡杨黄灌区、陕甘宁盐环定扬黄、山西引黄灌溉、四川都江堰灌区输配水工程等典型管道输水工程，均有较好的节水效益。如：宁夏红寺堡杨黄灌区实施后，灌溉水利用系数由 0.54 提高至 0.8，灌溉定额降至 360 m³/亩。

表 4　不同管材对比分析

比较项目	钢管	球墨铸铁管	预应力钢筋混凝土管	预应力钢筒混凝土管	玻璃钢管（定长玻璃夹砂管）	连续缠绕玻璃钢管
糙率系数	0.001～0.012	0.011～0.012 5	0.011～0.014	0.011～0.014	0.008 4～0.009	0.008 4～0.009
耐久性/年	20～50	30～50	30～50	50	30～50	30～50
抗渗性能	最好	好	较差	较好	较好	较好
防腐性能	较差	较好	较好	较好	好	好
耐内压性能	最好	好	较好	较好	较好	较好
耐外压性能	较差	较好	好	好	差	差
管材重量	较轻	较重	最重	重	轻	最轻
对基础要求	低	较低	较低	较低	低	高
适应地形能力	最强	较强	较强	较强	弱	弱
施工速度	慢	较快	较慢	较慢	较快	最快
维护费用	高	较高	最高	较高	低	最低
管材价格	高	最高	最低	较高	较低	较低
综合造价	高	最高	最低	较高	较低	较低

5　不同输水方式节水效果分析

农业灌溉水量消耗在蒸发、渗漏、蒸腾、洗盐、保墒等环节，其中蒸腾、洗盐、保墒都是作物种植必要的耗水环节，而蒸发、渗漏环节则可以通过工程措施尽量减少。蒸发主要体现在输水干渠的储存、输水环节，而渗漏则主要体现在干支斗三级渠道的输水环节。针对骨干输水工程节水，通过骨干渠系全防渗、骨干渠系管道化两种高效利用模式，通过对明渠进行全断面的防渗改造后，渠系水利用系数可由 0.65 提高到 0.75 左右，亩均节水量 50 m^3；管道输水可有效地将渠系水利用系数由 0.65 提升至 0.85 左右，亩均节水量 90~100 m^3，较明渠输水的节水效果显著，但从工程投资方面，管道输水较渠系全断面防渗前期投资较大。

6 结论

（1）从不同输水方式比选结果来看，明渠输水工程流量大，易维护，投资低，但输水蒸发量大且易于遭到破坏，后期维护成本较高；暗渠具有输水蒸发量小，且水质不易被外界干扰，但存在无法清淤等问题，管道输水在减少渗漏和蒸发损失、提高输水效率及水资源利用率方面有明显的优势。

（2）骨干工程管道化输水前期投资较大，输水流量受限，运行调控复杂，管道易淤积，修补困难。通过将骨干输水系统“明改暗”示范分析，10 万~30 万亩的灌区，按直径 1~2 m 管道测算单千米投资 400 万~800 万元，亩均节水约 50 m^3，可将渠系水利用系数由 0.65 提高至 0.78~0.81，亩均投资 6 000 万~10 000 万元。

（3）对于灌溉面积 50 万亩以上的大型灌区，因灌区的分布与地形条件、水源条件复杂，若采用管道输水模式，存在管径过大、排数过多、输水调控复杂等技术难题，因此需进一步研究。

参考文献

[1] 李雷．水田管道输水灌溉与明渠输水灌溉技术经济对比分析［J］．水利技术监督，2016（5）：123-125.

[2] 孙小铭，张开勇，等．都江堰灌区输配水优化方案研究综述［J］．四川水利．2019（6）：1-5.

[3] 梁春玲，刘群昌，王韶华．低压管道输水灌溉技术发展综述［J］．水利经济，2007，25（5）：35-77.

[4] 许迪，康绍忠．现代节水农业技术研究进展与发展趋势［J］．高技术通讯，2002（12）：103-108.

[5] 马习贺，王振华．大型灌区自压输水管道水锤防护措施研究进展［J］．山东农业大学学报，2018（49）：288-294.

[6] 颜佳．低压管道灌溉输水在灌区工程建设中的应用［J］．水利建设，2021（3）：283-284.

南疆灌区输水工程调查研究

刘贵元　陈　思　赵　妮

（新疆水利水电规划设计管理局，新疆乌鲁木齐　830000）

摘　要：为探索南疆灌区输水工程本底条件、运行效率和发展情况，本文通过调查灌区输水工程建设及运行情况，分析其建设和运行效率的年际变化规律。结果表明：近20年南疆灌区的干渠建设长度呈增加趋势，随着增量的放缓，灌区干渠输水格局已基本成形；近20年南疆灌区的干渠输水工程到达率逐年增加，渠道防渗的节水潜力出现边际递减；南疆局部灌区建设里程和到达率有锐减现象，干渠系统的鲁棒性较差。本文的研究结果对新时代“坎儿井”建设的可行性具有切实的指导意义。

关键词：节水工程；新时代“坎儿井”；防渗率

1　引言

水资源利用效率有多高，新疆的发展空间就有多大。从用水结构看，新疆的农业用水占比超过90%，抓住了农业用水效率的提升就是抓住了新疆水资源利用效率提升的“牛鼻子”。许多学者就如何提高灌区水资源利用效率开展了大量研究。

崔远来等研究了不同环节灌溉用水效率及节水潜力分析，提出投资与灌溉用水效率阈值及节水率的关系，研究表明随投资的增加灌溉用水效率及节水率均提高，但其过程符合报酬递减规律，且节水率的报酬递减速度更快；谢崇宝等建立了大中型灌区干渠输配水渗漏损失经验公式；高峰等总结提出了灌溉水利用系数测定方法；金宏智等综述了国外节水灌溉工程技术发展情况后指出节水灌溉发展应从规划设计、产品制造、农艺知识、使用维护、服务管理等角度系统观察、分析和解决。张志新探讨性地提出了新疆水资源可持续利用的原则、对策与措施。袁冬梅等考虑水库调蓄和环境地质问题协同控制约束，提出分区开采、分质供水、雨洪资源化和节约用水等途径，优化提升了区域（福建永安—大湖盆地）地下水资源利用效率。裴建生等提出了干旱区地下水库建设的必要性和基本条件。

基金项目：科技部第三次新疆综合科学考察项目“塔里木河流域水利工程调查及供水安全评估”（2022xjkk0104）。

作者简介：刘贵元（1995—），男，主要从事干旱区水资源利用和优化配置方面的研究工作。

南疆地区的水资源主要形成于山区，山区的降水和冰雪融水是河流的主要补给源。陈亚宁等研究了塔里木河水资源利用与生态保护的关系，研究指出塔里木河干流自身沿程水量变化对下游水量减少的影响，远大于塔里木河上游三源流来水变化对下游造成的影响。在相当长的时期内渠道输水仍是主要的输水方式，应因地制宜地研究并推广渠道防渗技术。陈晓楠等研究南水北调中线干线智慧输水调度后，提出以模拟推演为前馈、以实时监测为反馈的调控思路，建立基于滚动决策修正、实时响应的自动化输水调控策略，构建多目标优化调度模型。徐海量等研究表明生态输水后塔里木河下游地下水的动态变化表现出明显的时空动态变化规律。李丽君分析塔里木河干流生态输水响应情况表明，实施干流生态输水后，土壤呈现湿润化，植被覆盖度增加，生态环境状况整体呈现好转趋势。冯思阳等研究提出在生育期汊河输水的方式改进塔里木河下游生态输水模式。

综上所述，许多学者就水资源利用经验和输配水模式等开展了大量研究，结果都指向南疆水资源高效利用的关键在于提升输水效率，为本文研究积累了许多可取之处。本文以现状水利工程调查数据为依托，通过时域空域的分布分析，提出干渠工程的运行现状和发展规律，结论为进一步发展新时代“坎儿井”具有指导意义。

2　研究区概况

塔里木河是我国最长的内陆河，全长 2 179 km，广义上的塔里木河流域包含了“九源一干”，流域内各河流特征相似，均在河流出山口以上长产流，出山口以后沿程损耗，下游汇流于湖泊或消散于灌区、沙漠，流域涵盖塔里木盆地五个地州，总面积 102.2 万 km^2，囊括了南疆几乎所有水资源利用区域。

塔里木河流域地处亚欧大陆中心地带，新疆维吾尔自治区南部，东经 73°10′~94°05′，北纬 34°55′~43°08′，与印度、吉尔吉斯斯坦、阿富汗、巴基斯坦等中亚、西亚诸国接壤，流域内土地资源、光热资源和石油天然气资源十分丰富。历史上，塔里木河流域就曾经以河流作为纽带，通过“丝绸之路”，将祖国内地和中亚、西亚、欧洲连接起来。

截至 2020 年底，流域 134 个灌区总灌溉面积 5 719 万亩，其中高效节水面积 1 951 万亩。按规模分，共有大型灌区 18 个，中型灌区 113 个，小型灌区 3 个；按所属地分，阿克苏地区 23 个，巴州 19 个，和田地区 15 个，喀什地区 31 个，克州 16 个。

3　结果与方法

本文以塔里木河流域巴音郭楞蒙古自治州、阿克苏地区、喀什地区、和田地区、克孜勒苏柯尔克孜自治州的 42 个县（市）为研究对象，分析研究区 1991—2020 年水利统计年鉴和水管资料，研究区域输水工程建设和防渗情况。

3.1　干渠工程分布

截至 2020 年底，流域共建成干渠工程 991 条，总设计长度 3 172.4 万 km，其中和田地区 293 条，设计长度最长达 1 173.37 万 km；阿克苏地区 286 条，设计长度 729.3 万 km；巴州 129 条，设计长度 203.07 万 km；喀什地区 219 条，设计长度 1 039.06 万 km；克州 64 条，设计长度 27.6 万 km。各地州干渠建设里程玫瑰图见图 1。

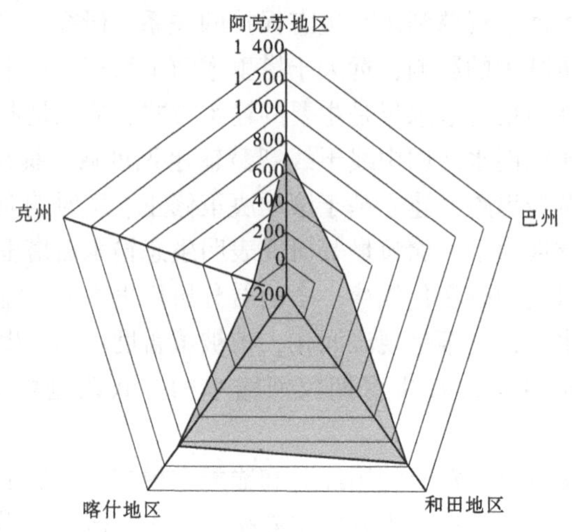

图 1　各地州干渠建设里程玫瑰图

3.2　干渠分年度建设长度

各地州分年度干渠建设里程见图 2。由图 2 可知，各地州分年度干渠建设里程，基本呈现缓慢增加趋势。巴州在总体数量上具有主要地位，但其变化幅度亦较大，考虑可能是由于自然灾害等原因造成干渠建成里程的锐减；在调查期内，阿克苏地区的增幅最大，该地区干渠建设推进里程力度较大。

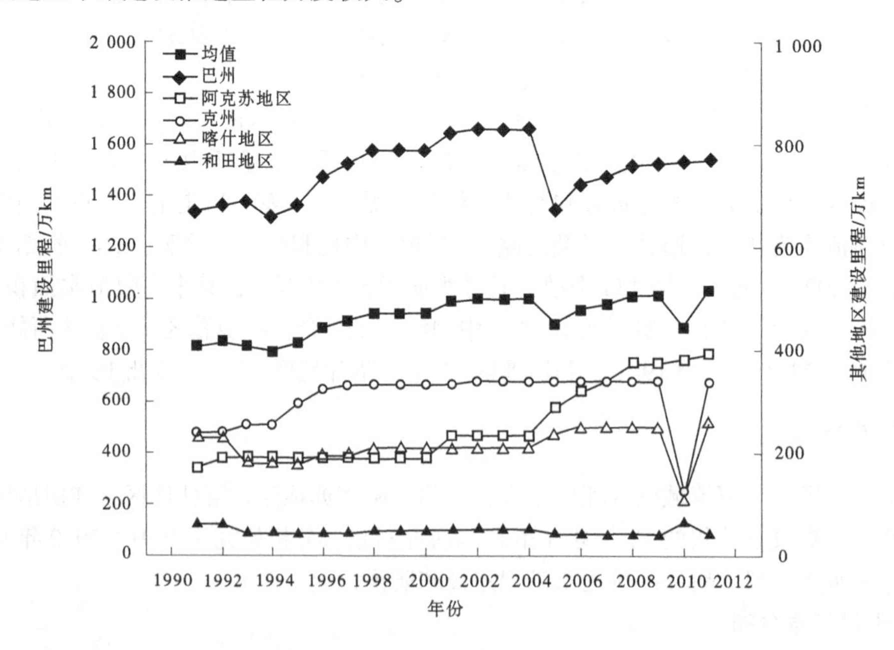

图 2　各地州分年度干渠建设里程

3.3　干渠分年度到达情况

截至 2020 年，南疆干渠累计到达 1 739.19 万 km，累计到达率 54.82%，各地州干渠分年度到达情况详见图 3。由图 3 可知，各地州干渠年度到达率大体呈现逐年上升的态势。

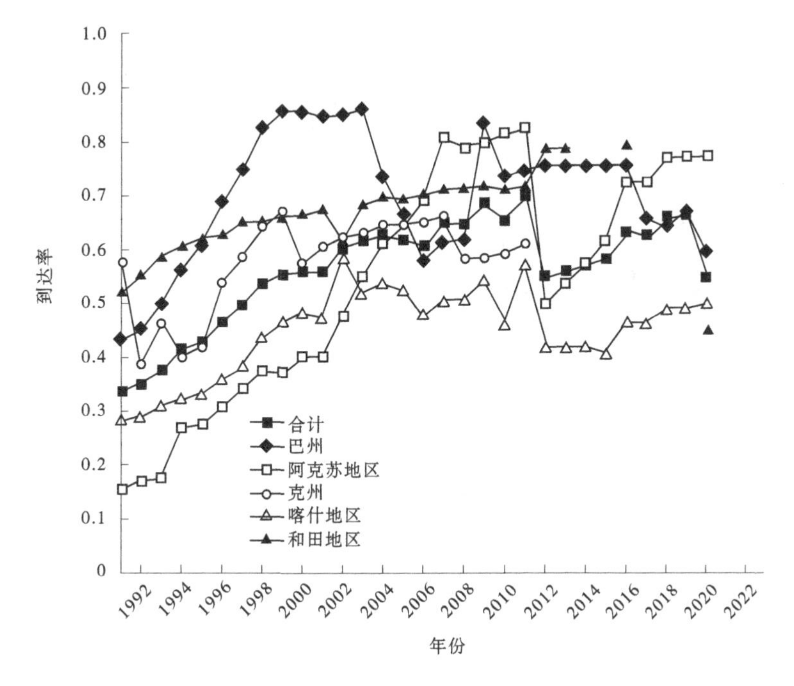

图 3　各地州分年度干渠到达率

分地区来看，巴州在 1992—1999 年干渠到达率出现井喷期，随后出现一段时间的休整，在 2010—2020 年，干渠到达率大体稳定；和田地区在调查期内均匀提高，数据具有较好的一致性，属于较为典型的发展区域。

3.4　和田地区

和田地区各县市逐年干渠到达情况见图 4。由图 4 可知，和田地区干渠到达里程逐年呈现出缓慢增加的趋势，其中墨玉县的年际增长最为明显；民丰县出现了先降低后止稳的现象；和田县在调查期内缓慢抬升；策勒县和于田县近年干渠到达率一直处于较高的位置。墨玉县在 2002 年、皮山县在 2012 年的干渠到达率出现锐减，分析可能是由于洪水等自然灾害，可见南疆干渠的抗灾害能力仍有待提升，鲁棒性较差。

4　讨论

坎儿井作为一种干旱区的高效节水模式，在历史上发挥了举足轻重的作用。新时代随着灌区引、输、排等水工程建设，用水结构和水资源利用效率等本底条件发生了较大变化。

传统坎儿井由（地下水库、山前洼地等）+输水暗渠（无压）+配水渠道+田间设施组成。其中，暗渠（廊道）在减少蒸发损失的同时发挥了坎儿井的输水作用。而新时代坎儿井采用“水源工程+输水工程+田间工程”的方式，通过调蓄沉沙和有序输水，优化配置水量并提升输水效率，由首部水源工程和区间输水工程共同发挥主要作用。

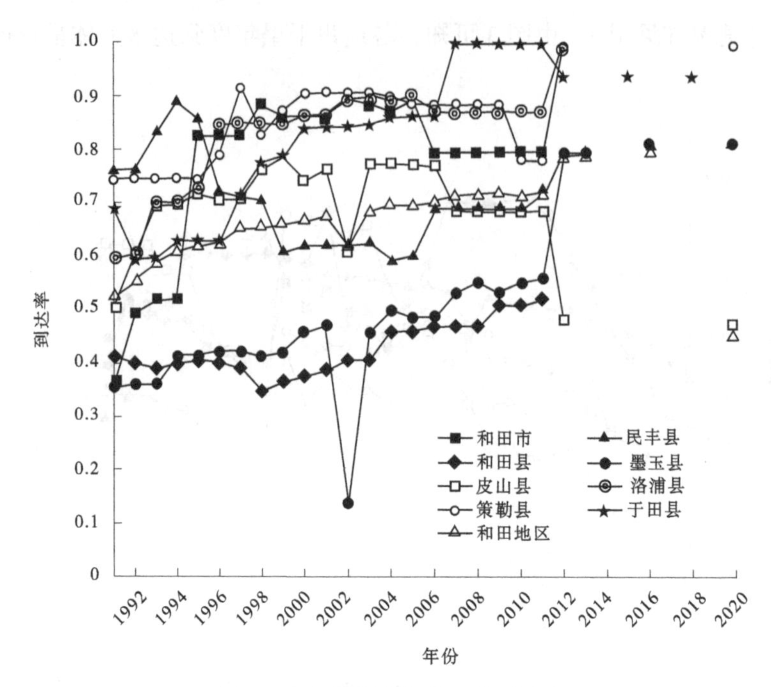

图4 和田地区分年度干渠到达率

从建设里程的逐年变化情况看，近些年来增量逐渐放缓，在一定范围内渠道的需求总量一定的条件下，考虑渠道建设的边际效益出现递减，因此可以认为南疆灌区的干渠建设格局已经基本成形。从干渠到达率的逐年变化情况看，近年来累计到达率趋于100%，区域防渗需求有所下降，渠道防渗改造的边际效益递减。

5 结论

（1）近20年南疆灌区的干渠建设长度呈增加趋势，随着增量的放缓，灌区干渠输水格局已基本成形。

（2）近20年南疆灌区输水工程的干渠到达率逐年增加，渠道防渗的节水潜力出现边际递减。

（3）局部地区的干渠建设里程和到达率存在锐减现象，分析可能是由于洪水等自然灾害，南疆干渠的抗灾害能力仍有待提升，鲁棒性较差。

参考文献

[1] 崔远来，谭芳，郑传举. 不同环节灌溉用水效率及节水潜力分析［J］. 水科学进展，2010，21（6）：788-794.

[2] 谢崇宝，崔远来，白美健，等. 大中型灌区干渠输配水渗漏损失经验公式探讨［J］. 中国农村水利水电，2003（2）：20-22.

[3] 高峰，赵竞成，许建中，等. 灌溉水利用系数测定方法研究［J］. 灌溉排水学报，2004（1）：14-20.

[4] 金宏智，严海军，钱一超．国外节水灌溉工程技术发展分析［J］．农业机械学报，2010，41（S1）：59-63.

[5] 张志新．试论新疆水资源可持续利用的对策［J］．灌溉排水，2000（1）：42-49.

[6] 袁冬梅，齐跃明，黄光明，等．基于水库调蓄和地灾协同控制的地下水资源高效利用研究［J］．广西师范大学学报（自然科学版），2022，40（2）：149-157.

[7] 裴建生．干旱区山前冲洪积扇凹陷带坎儿井式地下水库建设的原理及实践［J］．水利水电技术，2016，47（3）：42-46.

[8] 尹立河，张俊，姜军，等．南疆地区水资源问题与对策建议［J］．中国地质，2023，50（1）：1-12.

[9] 陈亚宁，崔旺诚，李卫红，等．塔里木河的水资源利用与生态保护［J］．地理学报，2003，（2）：215-222.

[10] 陈晓楠，靳燕国，许新勇，等．南水北调中线干线智慧输水调度的思考［J］．河海大学学报（自然科学版），2023，51（5）：46-55.

[11] 徐海量，宋郁东，陈亚宁．生态输水后塔里木河下游地下水的动态变化［J］．中国环境科学，2003（3）：104-108.

[12] 李丽君．塔里木河干流生态输水响应研究［J］．水利规划与设计，2023（10）：24-27，114.

[13] 冯思阳，杨鹏年，王高旭，等．塔里木河下游输水模式改进研究：以英苏断面为例［J］．水土保持通报，2023，43（5）：176-186.

田间工程

控制性分根交替灌溉对棉花生长的影响研究

李旭东[1,2]　刘丽娟[3]　李　萌[4]

（1. 石河子大学水利建筑工程学院，新疆石河子　832003；
2. 新疆水利水电规划设计管理局，新疆乌鲁木齐　830000；
3. 新疆水利水电勘测设计研究院有限责任公司，新疆乌鲁木齐　830000；
4. 中国科学院新疆生态与地理研究所，新疆乌鲁木齐　830000）

摘　要：膜下滴灌棉田根区盐分积累所引发的棉花减产已成为新疆棉花产业发展的重大挑战。在以往研究中，针对土壤盐渍化的评估主要集中在总盐量与表层积盐，但土壤深层盐分离子的再分布与积累同样危害作物根系发育及产量。同时，由于干旱区水资源匮乏，所能采用的灌溉方式受限导致水肥利用效率较低，因此膜下滴灌棉田控制性分根交替灌溉的作用效果尚未明确。针对以上科学问题，本文依托已有膜下滴灌典型棉田，基于滴灌与控制性分根交替灌溉技术理论，以提高盐碱化棉田水肥利用效率为目标，通过水肥调控试验，定量评估该灌溉体系下不同水肥管理模式对作物叶面积指数、干物质积累及产量的影响程度。对于该区域棉花种植水肥管理措施具有一定指导意义。

关键词：控制性分根交替灌溉；棉花；叶面积指数；产量

治理土壤盐碱化是当今世界所面临的一项重大难题，新疆由于其特殊的气候条件和丰富的天然盐源，使得盐碱地分布广泛，目前已有盐碱化耕地面积达 1.2×10^{7} hm^{2}，约占耕地总面积的32%；其中，强度盐碱化、中强度盐碱化和轻度盐碱化耕地的面积分别占盐碱耕地面积的18%、33%和49%。由于土壤盐碱化和次生盐碱化，该地区粮食平均年产量损失高达 2×10^{9} ~ 2.5×10^{9} kg，棉花产量损失高达 5×10^{8} kg。此外，由于不合理的灌溉，导致灌区地下水位上涨、潜在蒸发量增加等现象，进一步导致了灌区土壤次生盐碱化的形成。因此，合理治理盐碱地，保证土地资源的可持续发展刻不容缓。另外，新疆地区降雨稀少，水资源匮乏，合理利用水资源，提高作物水肥利用，也是目前亟须解决的问题。新疆农业主要依托于灌溉农业，因此解决水资源短缺问题的首要任务就是农业节水，农业节水才能促进灌区生态环境的良性发展。

基金项目：新疆维吾尔自治区自然科学基金资助项目（2022D01B70）。

作者简介：李旭东（1972—），男，教授级高级工程师，硕士研究生，主要从事水文水资源、水利水电工程方面的研究工作。

通信作者：刘丽娟（1990—），女，工程师，主要从事水文水资源、水利水电工程方面的研究工作。

膜下滴灌（drip irrigation under plastic mulch，DIPM）作为一项增产节水的灌溉技术，在新疆棉花及各类作物种植中实现了广泛的应用。以增温、保墒、节水、抑盐、省肥等优势在新疆等盐渍化地区得到了推广。然而，长期应用膜下滴灌技术在改变棉田土壤水分循环过程的同时，造成盐分在时间上和空间上的重新分布，并导致土壤次生盐渍化、土壤硝态氮污染等危害。控制性分根交替灌溉（controlled roots-divided alternative irrigation，CRAI）不同于传统灌溉模式，传统灌溉模式侧重于水分在作物根系层充分均匀的入渗过程，而控制性分根交替灌溉则强调在根系垂直或水平生长空间上，人为控制某个区域保持干燥，另一部分土壤保持湿润，交替灌溉使得作物的不同根系区域都能受到水分胁迫的锻炼。同时，分根区灌溉可以改善根区盐分累积环境，从而达到提高控盐率、水肥利用效率及作物产量的效果。

棉花是世界上栽培最广泛的纤维作物，其产量直接影响农民的切身利益。棉纤维广泛应用于造纸、织布等；棉籽用于反刍类动物的食物；棉籽油提纯后广泛应用于食用油等。由于其独特的气候环境特点，新疆棉花产量占全国80%以上，同时我国优质棉产量的1/3来自于新疆，因此新疆棉花产量的增减和纤维品质的优劣关系着国计民生。本文将控制性分根交替灌溉与膜下滴灌技术结合，揭示控制性分根交替灌溉对盐碱化土壤水盐运移规律、棉花生殖生长干物质累积的作用机制；定量分析该灌溉体系对棉花根区盐分再分布及棉花根系分布的影响程度。进而为长期盐碱化土壤条件下的棉田可持续发展及水土资源高效利用提供理论与技术指导。

1 材料与方法

1.1 试验区概况

中国科学院绿洲农田生态系统国家野外科学观测研究站位于80°45′E、40°37′N，地处于天山中段的南山脚下、塔里木盆地的东北面，属暖温带干旱性气候地区，地形走势为北高南低。试验小区布置见图1。农田总面积为147.39万hm^2，占阿克苏地区总面积的11.2%。该地区的主要经济作物是棉花，其播种面积占农田播种总面积的54.5%，其次是玉米、小麦等。阿克苏地区2022年的年平均气温为11.84 ℃，年总降雨量为97.2 mm，全年日照时数约2 953 h。研究区的土壤质地以粉砂壤土为主，土壤pH为7.22，有机质为6.96 g/kg。

1.2 试验设计

棉花滴灌带铺设方式见图2，试验棉花品种采用“新陆中58号”，利用人工铺设一膜5带4行栽培模式，行距20 cm，植株间距10 cm，膜间裸地宽度为46 cm，种植密度为16万株/hm^2。棉花于2022年4月17日进行播种，7月中旬进行打顶，10月初收获。

试验设置灌溉量与施肥量两种主要因素，2022年根据试验站上历年的灌溉施肥标准为对照，灌溉量设置3个不同的灌溉水平：亏缺灌溉S0.8、充分灌溉S1、过量灌溉S1.2，施肥量同样设置3个不同的施肥水平：减量施肥F0.8、常规施肥F1、过量施肥F1.2，同时设置传统的灌溉施肥方式（CK）为对照处理，共10个处理，分别为S0.8F0.8（T1）、S0.8F1（T2）、S0.8F1.2（T3）、S1F0.8（T4）、S1F1（T5）、S1F1.2（T6）、S1.2F0.8（T7）、S1.2F1（T8）、S1.2F1.2（T9）及传统灌溉处理（CK）。

图 1　试验小区布置

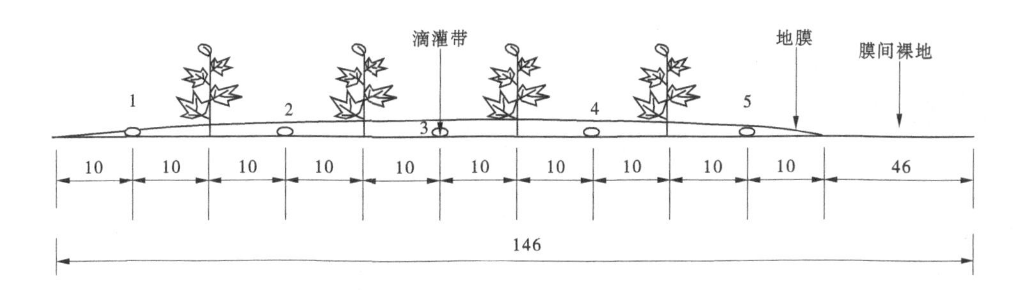

图 2　试验滴灌带铺设　（单位：cm）

棉田试验的灌溉方式为控制性分根交替灌溉，第 1 次灌水是 5 条滴灌带的阀门全部打开，第 2 次灌水是 1、3、5 这 3 条滴灌带打开阀门，第 3 次灌水是 2、4 这两条滴灌带打开阀门，之后就是 1、3、5 与 2、4 交替灌水，对照处理为传统的灌溉方式即 2、4 个滴灌带全开无交替。棉田第 1 次灌溉日期为 6 月 17 日，充分灌溉量为 45 mm，蕾期期间每隔 9 d 进行灌水，花铃期期间每隔 7 d 进行灌水，在整个棉花生育期内共灌水 10 次。根据当地农艺措施，每个生育期棉花播种前均要进行春灌，每年 3 月初左右漫灌 300 mm 左右进行压盐。在犁地后播种前（4 月初）施基肥：尿素（总 N≥46.4%）150 kg/hm^2、磷酸二铵（总养分≥64%、$N-P_2O_5-K_20=18-46-0$）450 kg/hm^2。生育期内不同处理均采用施肥罐随水按施肥梯度施肥，第一水随水滴施尿素（总 N≥46.4%），第二水后使用滴灌专用肥（$N+P_2O_5+K_2O>51\%$，$N:P_2O_5:K_2O$ 比例为 15：20：20）并进行隔次施肥。棉花生育期灌溉、施肥制度见表 1。棉花主要生育阶段见图 3。试验灌溉水源为井水，采用施肥罐进行灌溉施肥，并在每个小区安装水表来控制各个小区的灌水量。滴灌带的规格选用 15 mm 的内径，滴头间距 20 cm，滴灌带的滴头流量为 1.5 L/h。

1.3　测定项目与方法

1.3.1　棉花生长指标的测定

在每个小区内选取三株棉花进行挂牌标记，在棉花的每个生育期末及灌溉施肥前后使用直尺测量棉花株高，利用 YMJ-A 便携式叶面积仪测叶片面积。同时，在小区内选取另外三株棉花，带回实验室用，游标卡尺测其茎粗，并采用烘干法将棉花的茎、叶、蕾、花铃在烘箱内 105 ℃杀青 2 h，再将温度降到 85 ℃烘干至恒重并称其质量。在棉花的吐絮期后于各个小区间选取 3 个 1 m×1 m 大小的样方，并在每个样方内棉株的上、中、下三层内分别摘取 30 颗、40 颗和 30 颗棉铃，计算百铃重（g）。

表 1　棉花生育期灌水施肥制度

处理		日期（月-日）										合计
		06-17	06-26	07-05	07-12	07-19	07-26	08-02	08-09	08-16	08-23	
S/mm	S0. 8	36	36	36	42	42	42	42	36	36	24	372
	S1	45	45	45	52. 5	52. 5	52. 5	52. 5	45	45	30	465
	S1. 2	54	54	54	63	63	63	63	54	54	36	558
F/（kg/hm²）	F0. 8	93	93	93	93	93	93	93	93	93	—	840
	F1	116	116	116	116	116	116	116	116	116	—	1 050
	F1. 2	140	140	140	140	140	140	140	140	140	—	1 260

图 3　棉花主要生育阶段

1.3.2　气象数据

采用阿克苏试验站进行监测的最高气温、最低气温、降雨等气象数据。棉花生育期内逐日平均气温与降雨见图 4。

1.3.3　耗水量及水肥利用效率

作物耗水量计算公式：

$$ET = P + I - \Delta W \quad (1)$$

式中：ET 为棉株生育期内的总耗水量，mm；P 为棉株生育期内的总降雨量，mm；I 为棉株生育期内总的灌溉量，mm；ΔW 为试验期间土壤水分变化量，mm。

水分利用效率 WUE（kg/m^3）按式（2）计算：

$$WUE = y/ET \quad (2)$$

式中：y 为籽棉产量，kg/hm^2。

肥料偏生产力（PFP）计算公式：

$$PFP = y/F_T \quad (3)$$

式中：PFP 为肥料偏生产力，kg/kg；F_T 为所施 N、P_2O_5、K_2O 的总量，kg/hm^2。

1.4　数据处理

本文采用 Microsoft Excel 2019 和 SPSS 22 对数据进行处理和统计分析，并采用

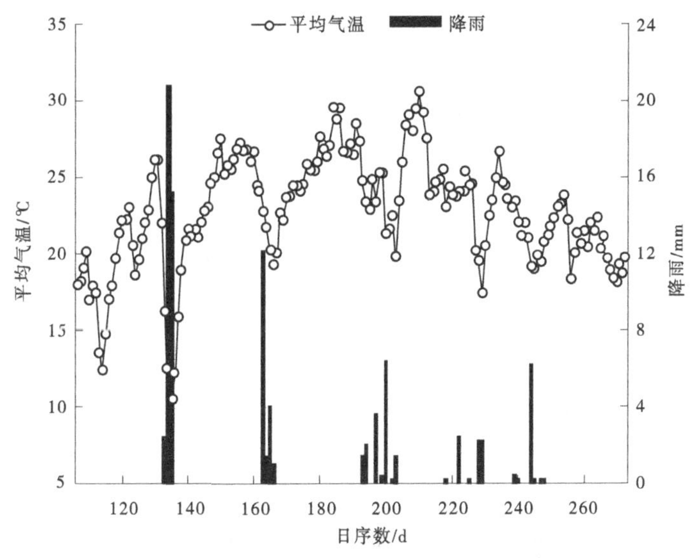

图 4　棉花生育期内逐日平均气温与降雨

Duncan 和 Person 进行显著性检验和相关性分析（$P<0.05$），同时利用 Origin 2018 进行作图。表中误差棒均为标准误差。

2　水肥调控对棉花叶面积的影响

2.1　水肥调控对棉花叶面积的影响

叶面积指数是反映植株对光能的利用状况，其大小与植株产量密切相关。在整个生育期内，棉花的叶面积指数呈现出先上升后下降的趋势。在 S0.8 处理下［见图 5(a)］，不同施肥水平间苗期和蕾期均无显著性差异，表明在棉株的生育期前期棉株生长缓慢，增施肥料对棉株的叶面积指数无影响。在花铃期和吐絮期期间，T2>T3>T1，且 T2 处理较 T1 处理的叶面积指数分别显著增加 18.92%和 31.78%，表明适量的施肥能显著提高棉株的叶面积指数，过量则会抑制棉花生长。原因可能是增施肥料使棉株上层叶片面积增大，导致棉株中下层的透光条件变差，引起棉株叶片早衰；在 S1 处理下［见图 5(b)］，不同施肥水平间苗期无显著性差异。蕾期期间，棉株叶面积指数随着施肥量的增加而增加，且 T6 处理较 T4 处理棉株叶面积指数显著增加 31.75%，表明棉花在蕾期期间进行营养生长会增大叶片面积。花铃期和吐絮期期间，T5>T6>T4，且 T5 处理较 T4 处理叶面积指数分别显著增加 26.61%和 21.14%，原因同 S0.8 处理一致；在 S1.2 的处理下［见图 5(c)］，不同施肥水平间苗期、蕾期及吐絮期均无显著性差异。在花铃期期间，T8>T9>T7，且 T8 处理较 T7 处理棉株叶面积指数显著增加 22.09%，表明适宜的施肥处理能提高棉株叶面积指数。在 F0.8 处理、F1 处理及 F1.2 处理下，苗期期间棉株的叶面积指数均无显著性差异；在蕾期期间，只有 F1.2 处理施肥水平下 T6 处理较 T3 处理棉株叶面积指数显著增加 28.11%，表明灌溉能显著影响棉株叶面积指数；在花铃期期间，棉株叶面积指数主要受灌溉量大小的调控；在吐絮期期间，同一施肥水平下，不同灌溉间具体表现为 T4>T1>T7、T5>T8、T6>T9，且 T4 处理较 T7 处理和

T5 处理较 T8 处理棉株叶面积指数分别显著增加 30.95%和 46.18%，产生上述的原因可能是人工打顶不均或棉株由于病虫灾害叶片提前脱落。此外，在充足灌溉和常规施肥处理下［见图 5(d)］，在吐絮期期间，控制性分根交替灌溉较常规灌溉处理的棉株叶面积指数显著增加 29.85%，原因可能是 T5 小区在苗期期间补种导致其生育期延后、棉株叶片保留较多。

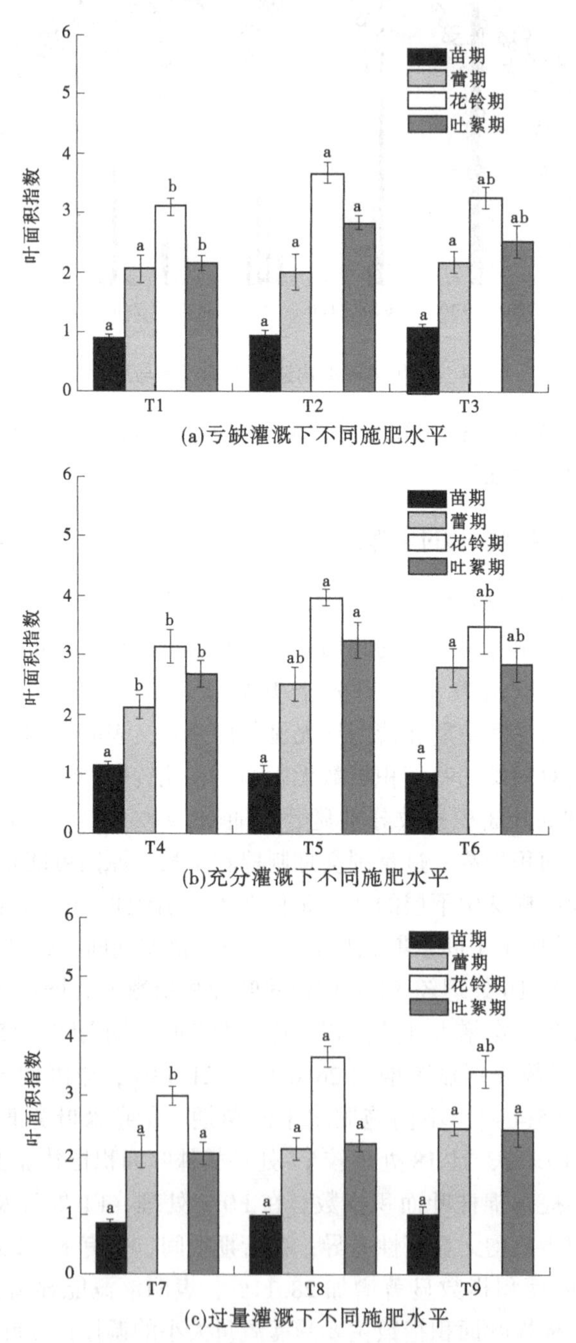

图 5　棉花各个生育期内不同灌溉施肥调控下叶面积指数

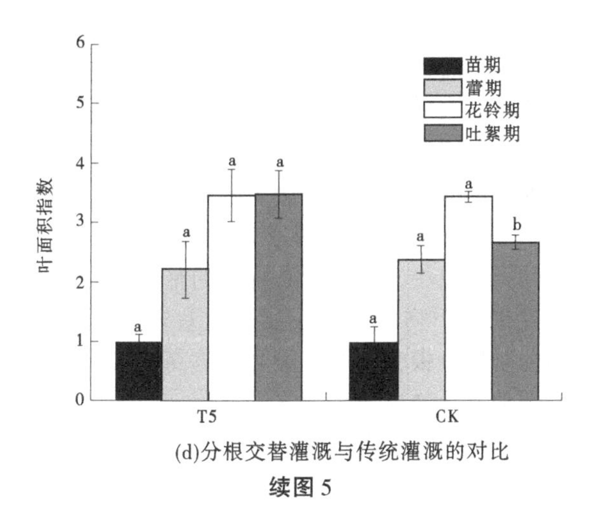

(d)分根交替灌溉与传统灌溉的对比

续图 5

2.2 水肥调控对棉花地上干物质量的影响

苗期期间，并无灌水施肥处理，但各处理间却存在显著性差异，不同水肥处理下的干物质量变化范围为 281.52~646.86 kg/hm²，分析原因可能是土壤空间变异性。苗期干物质主要集中在叶片上，占总干物质的 60%~71%。

蕾期期间，不同水肥处理对棉花干物质总量的影响存在显著性差异。在 S0.8 处理和 S1 处理下，不同施肥水平间均无显著性差异；在 S1.2 处理下，F1.2 处理较 F1 处理的棉花地上干物质量显著减少了 54.63%，表明过量施肥会抑制棉花的生长，导致棉花地上干物质量减少。在 F0.8 处理和 F1.2 处理下，不同灌溉水平间均无显著性差异；在 F1 处理下，S1.2 处理较 S0.8 处理和 S1 处理的棉花地上干物质量显著增加了 73.81%和 63.89%，表明棉花地上干物质量随着灌溉量的增加而增加。

花铃期期间，棉花由营养生长转化为生殖生长，蕾、花铃干物质量占总干物质量的 23%。不同施肥处理下，干物质量随着灌水量的增加呈现出先增加后减少的趋势。在 S0.8 处理下，不同施肥水平间均无显著性差异；在 S1 处理下，F0.8 处理较 F1 处理棉花地上干物质量显著增加了 46.88%，原因可能是 T5 小区在苗期期间进行过补苗导致其生育期延后；在 S1.2 处理下，F1 处理和 F1.2 处理较 F0.8 处理的棉花地上干物质量显著降低了 45.48%和 42.33%，表明过量施肥会显著降低棉花地上干物质量。在 F0.8 处理下，S1 处理是 S0.8 处理的棉花地上干物质量的 1.92 倍，表明在充足的灌溉条件下能显著提高棉花地上干物质量；F1 处理下，S1 处理较 S1.2 处理的棉花地上干物质量显著增加 73.06%，表明过量灌溉会导致棉花地上干物质量的显著减少；在 F1.2 处理下，S1 处理是 S1.2 处理和 S0.8 处理的棉花地上干物质量的 1.83 倍和 2.16 倍，表明亏缺灌溉和过量灌溉都会显著降低棉花地上干物质量。

吐絮期期间，蕾、花铃干物质量占总干物质量的 50%。在 S0.8 处理下，F0.8 处理和 F1 处理较 F1.2 处理棉花地上干物质量显著增加了 50.64%和 41.36%，表面过量施肥会导致棉花地上干物质量的降低；S1 处理下，棉花地上干物质量随着施肥量的增加而增加，F1.2 处理较 F0.8 处理显著增加 60.56%；在 S1.2 处理下，F1.2 处理较 F1 处理的棉花地上干物质量显著增加 42.3%，表明棉花地上干物质量随着施肥量的增加而增加。F0.8 处理下，S1 处理较 S0.8 处理和 S1.2 处理显著减少 30.88 %和 35.76%，原因可能是适宜的水分亏缺能显著提高棉花地上干物质量或者在随机采样时，植株太过弱小；F1 处理下，不同灌溉水平间均无显著性差异；F1.2 处理下，F0.8 处理较 F1 处理和 F1.2 处理的棉花地上干物质量显著减少 40.19%和 42.21%，表明棉花地上干物质量随着灌溉量的增加而增加。同时，对不同灌溉施肥处理的蕾、花铃干物质量占总干物质量的比值进行显著性分析，各处理间均无显著性差异，均在 50%左右，表明此阶段灌溉施肥处理对棉花产量的影响较小。此外，在棉花的整个生育期内，只有苗期和吐絮期 T5 处理和 CK 处理的棉花地上干物质量存在显著性差异，前者可能是由土壤空间异质性所造成的，后者表明控制性分根交替灌溉能显著提高棉花地上干物质量。不同水肥调控下棉花各生育阶段地上部分干物质量见表 2。

表 2　不同水肥调控下棉花各生育阶段地上部分干物质量

处理		苗期/(kg/hm^2)			蕾期/(kg/hm^2)			
		茎	叶	地上干物质量	茎	叶	蕾	地上干物质量
S0.8	F0.8	126.20	264.94	391.14de	1 025.88	1 423.29	150.28	2 599.45ab
	F1	154.51	289.05	443.56cd	1 061.60	837.53	233.03	2 132.16b
	F1.2	104.61	199.05	303.66ef	920.04	897.25	105.70	1 922.99b
S1	F0.8	133.09	258.69	391.78de	1 486.21	1 386.23	136.53	3 008.98ab
	F1	80.85	200.67	281.52f	964.39	1 132.19	164.62	2 261.21b
	F1.2	212.65	397.42	610.07ab	1 259.01	1 439.83	210.96	2 909.80ab
S1.2	F0.8	133.17	268.06	401.23de	1 110.89	1 470.03	142.28	2 723.20ab
	F1	207.81	310.01	517.82bc	1 444.44	1 990.38	271.13	3 705.96a
	F1.2	224.04	422.82	646.86a	783.03	815.71	82.64	1 681.38b
CK	S1F1	128.22	280.25	408.46de	1 007.17	1 185.23	131.54	2 323.94ab

处理		花铃期/(kg/hm^2)				吐絮期/(kg/hm^2)			
		茎	叶	蕾	地上干物质量	茎	叶	蕾	地上干物质量
S0.8	F0.8	2 131.16	1 209.53	942.71	4 283.40cde	3 369.17	788.54	5 371.50	9 529.21abc
	F1	1 846.21	1 113.72	578.56	3 538.49de	3 407.05	1 048.29	4 487.02	8 942.37abc
	F1.2	2 137.01	997.46	566.27	3 700.74cde	2 309.02	944.47	3 072.28	6 325.78bc
S1	F0.8	4 384.12	2 199.79	1 631.80	8 215.71a	3 372.95	925.72	2 288.21	6 586.88bc
	F1	2 754.80	1 567.07	1 271.63	5 593.51bcd	3 379.27	1 424.32	4 218.97	9 022.56abc
	F1.2	2 861.49	1 850.06	2 045.25	6 756.81ab	3 463.82	1 462.36	5 649.47	10 575.65ab
S1.2	F0.8	2 753.72	1 348.06	1 826.95	5 928.74abc	2 815.75	1 026.46	5 061.66	8 903.88abc
	F1	1 604.92	907.68	719.47	3 232.08e	2 489.55	1 026.72	4 452.09	7 968.36bc
	F1.2	1 636.23	848.46	637.63	3 122.32e	4 421.73	1 639.1	5 277.79	11 338.62a
CK	S1F1	2 250.14	1 166.40	723.18	4 139.72cde	2 579.54	912.18	2 303.72	5 795.45bc

注：同一列中不同字母表示显著性差异水平（$P<0.05$）。

2.3 水肥调控对棉花产量及水肥利用效率的影响

不同水肥处理对棉花籽棉产量具有显著影响。亏缺灌溉下，T3 处理的籽棉产量较 T1 处理与 T2 处理显著增加 20%与 28%，表明施肥能显著影响棉花籽棉的产量；在充分灌溉下，T6 处理较 T4 处理籽棉产量显著增加了 18%，籽棉产量伴随着施肥量的增加而增加；过量灌溉下，不同施肥处理间籽棉产量均无显著性差异，但籽棉产量 T9>T8>T7。在 F0.8 处理下，籽棉产量 T7>T4>T1，T7 处理较 T4 处理与 T1 处理分别显著增加了 14%与 32%，表明在不同施肥水平间，籽棉产量伴随着灌水量的增加而增加；在 F1 处理与 F1.2 处理下，过量灌溉均显著大于亏缺灌溉，T8 处理较 T2 处理显著增加了 44%，T9 处理较 T3 处理显著增加了 16.5%，并且在 F1.2 处理下，过量灌溉的籽棉产量达到最大值 5 978.19 kg/hm^2。此外，控制性分根交替灌溉处理的籽棉产量较 CK 处理增加 8.09%。在 S0.8 处理和 S1.2 处理下，棉花单株铃重均无显著性差异；在 S1 处理下，T6 处理较 T5 处理棉花的单株铃重显著增加了 8.8%，表明此阶段施肥能显著影响棉花的单株铃重。在 F0.8 处理和 F1.2 处理下，不同灌溉水平间均无显著性差异，表明在肥料亏缺或者过量的情况下，不同施肥水平间棉花的单株铃重均无显著性差异；在 F1 处理下，棉花的单株铃重 T8>T5>T2，且 T8 处理较 T2 处理棉花的单株铃重显著增加 10.24%，表明过量灌溉能显著提高棉花的单株铃重。总体来说，棉花的籽棉产量随着灌溉量的增加而增加，且随着施肥量的增加而增加；适当的灌溉施肥处理能够促进棉花的单株铃数，过量与亏缺灌溉施肥处理均会造成棉花单株铃数降低。棉花生育末期不同灌溉施肥调控下产量与单铃重见图 6。

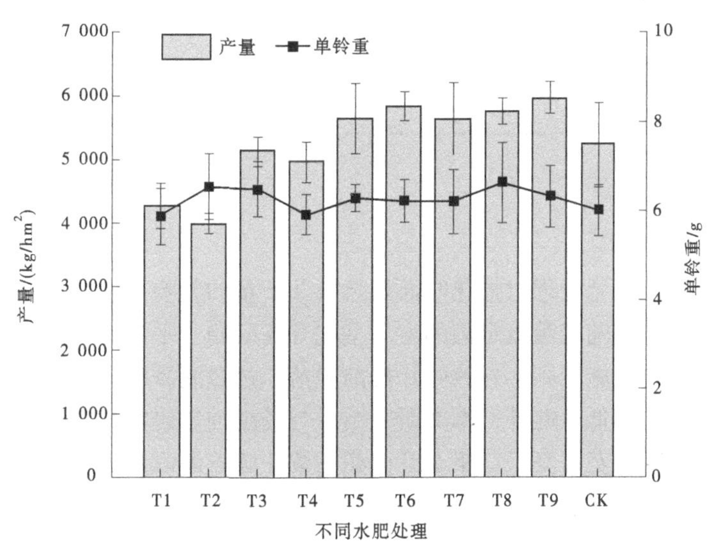

图 6 棉花生育末期不同灌溉施肥调控下产量与单铃重

灌溉、施肥及其相互作用对棉花的水分利用效率及肥料偏生产力具有显著的影响。在不同的施肥处理下，WUE 随着灌水量的增加而降低，T1 处理较 T4 处理与 T7 处理显著增加 10%与 17%，T2 处理较 T5 处理与 T8 处理显著增加 8%与 12%，T3 处理较 T6 处理与 T9 处理显著增加 9%与 12%；PFP 随着灌水量的增加而降低，在 F0.8 处理、F1 处理与 F1.2 处理下，T7 处理较 T1 处理显著增加 16.2%，T8 处理较 T2 处理显著增加 15.7%，T9 处理较 T3 处理显著增加 10.6%。亏缺灌溉下，不同施肥水平间的 WUE 与 PFP 均存在显著性差异，T3 处理较 T1 处理显著增加 10%与 14.5%，充分灌溉和过量灌溉下，只有不同施肥水平间的 WUE 存在显著性差异，前者 T4 处理较 T6 处理显著增加 11%，后者 T9 处理较 T8 处理显著增加 6%。WUE 最低的是 T7 处理，原因可能是在灌溉施肥的过程中滴灌带破裂。此外，T5 处理较 CK 处理的 WUE 显著提升 10.07%，表明分根交替在节水利用方面具有较大的优势。不同水肥处理对棉花产量及水肥利用效率的影响见表 3。

表 3　不同水肥处理对棉花产量及水肥利用效率的影响

处理	单株铃数	单铃重/g	籽棉产量/(kg/hm^2)	WUE/(kg/m^3)	PFP/(kg/kg)
T1	8.60b	5.92b	4 274.06de	1.47b	10.09bc
T2	9.60ab	5.86b	3 995.98e	1.53ab	9.07c
T3	8.50b	6.20ab	5 131.79bc	1.62a	8.81d
T4	8.90b	6.00b	4 956.98cd	1.34cd	10.90ab
T5	12.10a	6.32ab	5 653.07abc	1.42bc	10.38abc
T6	11.80a	6.53a	5 848.83ab	1.49b	9.64bc
T7	10.50ab	6.29ab	5 643.29abc	1.26d	11.72a
T8	12.40a	6.49a	5 767.77abc	1.37c	10.49ab
T9	12.00a	6.63a	5 978.19a	1.45b	9.74bc
CK	9.90ab	6.22ab	5 230.07abc	1.29cd	9.98bc

3　主要结论

本文研究了不同水肥处理对棉花叶面积指数及产量的影响。结果表明，不同水肥处理下棉花叶面积指数均随着灌溉定额的增加呈先升高后趋于平缓的趋势，且伴随着施肥量的增加而增加，过量施肥则会导致叶片提前脱落，过量灌溉则会导致肥料淋洗，使棉花对肥料的利用效率降低。此外，本文研究结果与杨洪坤等研究结果相似，已有研究发现在同一施肥水平下棉花株高、茎粗及叶面积指数伴随着灌溉量的增加而增加，且灌溉对棉株形态指标的影响显著大于施肥处理的影响效应。

地上部分干物质量代表了作物产量的基础。在蕾期到吐絮期期间，蕾、花铃干物质量占总地上部分干物质量的比例不断增加，但在吐絮期期间蕾、花铃干物质量占总地上部分干物质量的比例均无显著性差异。本试验表明，灌溉与施肥处理在一定比例上有助于棉花地上干物质量的累积，在 S1F1.2 处理下得到最大值。此外，从蕾、花铃干物质量占总地上部分干物质量的比例上来看，灌溉与施肥亏缺会导致植株的光合累积的干物质减少，提前进入生殖生长，造成植株矮小减产等，过量灌溉施肥会导致植株疯长，会使棉花的生育期延后，并且会导致蕾铃脱落。

不同灌溉施肥处理下棉花的产量均会呈现出先增加后减少的趋势，S1.2F1.2 达到最大值 11 338.62 kg/hm^2，其次是 S1F1.2 的 10 575.65 kg/hm^2。试验研究表明，棉花单株铃数和单铃重均伴随着灌溉量的增加而增加。已有研究发现棉株的单株铃数伴随着灌溉量的减少而减少，该结论与本文的研究结果一致。此外，在不同灌溉与施肥处理下，WUE 伴随着灌溉量的增加而增加，PFP 随着施肥量的增加而减少。

参考文献

[1] Rath K M, Fierer N, Murphy D V, et al. Linking bacterial community composition to soil salinity along environmental gradients [J]. Isme Journal, 2019 (13): 836-846.

[2] 邓铭江，石泉．内陆干旱区水资源管理调控模式 [J]．地球科学进展，2014，29：1046-1054.

[3] 王全久，邓铭江，宁松瑞，等．农田水盐调控现实与面临问题 [J]．水科学进展，2021 (1)：139-147.

[4] 成厚亮，张富仓，李萌，等．不同生育期土壤基质势调控对棉花生长和土壤水盐分布的影响 [J]．应用生态学报，2021 (1)：

[5] 康绍忠，霍再林，李万红．旱区农业高效用水及生态环境效应研究现状与展望 [J]．中国科学基金，2016 (3)：208-212.

[6] 王振华，郑旭荣，杨培玲．长期膜下滴灌棉田盐分演变规律研究 [M]．北京：中国农业科学技术出版社：2015.

[7] 何子建，史文娟，杨军强．膜下滴灌间作盐生植物棉田水盐运移特征及脱盐效果 [J]．农业工程学报，2017，33 (23)：129-138.

[8] He X, Liu H, Ye J, et al. Comparative investigation on soil salinity leaching under subsurface drainage and ditch drainage in Xinjiang arid region [J]. International Journal of Agricultural and Biological Engineering, 2016 (9): 109-118.

[9] 李东伟，李明思，周新国，等．土壤带状湿润均匀性对膜下滴灌棉花生长及水分利用效率的影响 [J]．农业工程学报，2018，34 (9)：130-137.

[10] Li H T, Wang L, Peng Y, et al. Film mulching, residue retention and N fertilization affect ammonia volatilization through soil labile N and C pools [J]. Agriculture Ecosystems & Environment, 2021, 308.

[11] Wang W, Han L, Zhang X, et al. Plastic film mulching affects N2O emission and ammonia oxidizers in drip irrigated potato soil in northwest China [J]. Science of the Total Environment, 2021, 754.

[12] Fu W, Fan J, Hao M D, et al. Evaluating the effects of plastic film mulching patterns on cultivation of winter wheat in a dryland cropping system on the Loess Plateau, China [J]. Agricultural Water Management, 2021, 244: 106550.

[13] 康绍忠，潘英华，石培泽，等．控制性作物根系分区交替灌溉的理论与试验 [J]．水利学报，2001 (11)：80-86.

[14] 新疆维吾尔自治区统计局．新疆统计年鉴 [M]．北京：中国统计出版社，2019.

[15] 崔永生．南疆机采棉花膜下滴灌水肥高效施用模式研究 [D]．北京：中国农业科学院，2019.

[16] 杨洪坤．南疆盐渍化土壤水氮高效利用及迁移模拟研究 [D]．阿拉尔：塔里木大学，2017.

[17] 忠智博．膜下滴灌棉花灌溉施肥制度及施肥策略的探究 [D]．北京：中国农业科学院，2020.

[18] 李萌．南疆膜下滴灌棉花灌溉和施肥调控效应及生长模拟研究 [D]．杨凌：西北农林科技大

学, 2020.

[19] 崔永生, 王峰, 孙景生, 等. 南疆机采棉田灌溉制度对土壤水盐变化和棉花产量的影响 [J]. 应用生态学报, 2018, 29 (11): 3634-3642.

[20] Yazar A, Sezen S M, Sesveren S. Lepa and trickle irrigation of cotton in the Southeast Anatolia Project (GAP) area in Turkey [J]. Agricultural Water Management, 2007, 54 (3): 189-203.

[21] Li Meng, Du Yingji, Zhang Fucang, et al. Computers and Electronics in Agriculture, 2020, 179: 105843.

[22] Li Meng, Xiao Jun, Bai Yungang, et al. Response mechanism of cotton growth to water and nutrients under drip irrigation with plastic mulch in southern Xinjiang [J]. Journal of Sensors, 2020 (9): 1-16.

[23] Li M, Du Y J, Zhang F C, et al. Simulation of cotton growth and soil water content under film-mulched drip irrigation using modified CSM-CROPGRO-cotton model [J]. Agricultural Water Management, 2019, 218: 124-138

灌溉和施肥调控对南疆膜下滴灌棉田土壤水盐运移的影响研究

任　强[1,2]　刘丽娟[3]　李　萌[4]

（1. 石河子大学水利建筑工程学院，新疆石河子　832003；
2. 新疆水利水电规划设计管理局，新疆乌鲁木齐　830000；
3. 新疆水利水电勘测设计研究院有限责任公司，新疆乌鲁木齐　830000；
4. 中国科学院新疆生态与地理研究所，新疆乌鲁木齐　830000）

摘　要：水资源短缺和土壤盐渍化一直是恶化土壤质量和限制农业可持续发展的主要威胁，南疆大部分农田遭受土壤盐渍化困扰，同时，土壤盐渍化往往引发较差的作物生长环境，导致水肥利用效率降低，作物减产严重。因此，改善盐碱地水肥盐环境是发展干旱区农业的首要任务，也是保证脆弱生态系统农业生产的可持续性。本试验针对长期应用膜下滴灌技术棉田盐碱化问题，以我国第一大经济作物棉花为研究对象，采取控制性分根交替灌溉与膜下滴灌相结合技术，采用田间试验及综合评价相结合的研究方式，明确控制性分根交替灌溉模式下土壤水盐运移规律，探明控制性分根交替灌溉对棉花生理生长特征的影响，揭示控制性分根交替灌溉调控土壤环境的作用机制，为盐碱地栽培作物可持续发展提供理论技术依据。

关键词：控制性分根交替灌溉；棉花；水盐运移

控制性分根交替灌溉是一种简便易行的灌溉方式，已经在我国河西走廊及澳大利亚等地得到一系列的实施。国内外研究人员开展了大量盆栽试验、田间试验及室内试验，以证实控制性分根交替灌溉对于作物、果树及蔬菜等生理生长的影响，并发现控制性分根交替灌溉同时影响着灌区土壤水盐溶质运移过程，在此基础上结合理论分析，得出了具有科学意义的结论与进展。

传统亏缺灌溉技术的原理是在灌水时间的基础上进行调控及寻求灌水量的最佳分配。控制性分根交替灌溉则是基于节水灌溉理论与技术及作物感知缺水的根源信号理论依据所提出的一种人为调亏灌溉技术，此技术的主要作用原理是通过作物受到水分胁迫时根区发出的根信号，人为控制某个水平或者垂直剖面的土壤保持干燥状态，并使这种干燥状态在根系剖面的区域交替产生，导致处于干燥或较为干燥的土壤剖面内根系发出水分胁迫信

基金项目：基金项目：新疆维吾尔自治区自然科学基金资助项目（2022D01B70）。

作者简介：任强（1986—），男，高级工程师，主要从事水文水资源、水利水电工程方面的研究工作。

通信作者：刘丽娟（1990—），女，工程师，主要从事水文水资源、水利水电工程方面的研究工作。

号，从而有效调节作物气孔使其处于关闭状态，同时处于湿润或较为湿润的根系则从土壤中吸取能够满足作物正常生长的基本水量；另外，交替灌溉后地表土壤能够始终交替保持干燥状态，在此基础上减少了由于始终湿润所产生的无效水分蒸发量以及总的灌水量，最终达到水分养分高效利用的同时不牺牲作物光合产物累积的目标。但有关控制性分根交替灌溉的研究受到作物需水条件的限制，主要集中在沟、漫灌的果树及粮食作物，对于水资源严重匮乏的干旱区滴灌棉田来说，其调控研究较为缺乏。因此，在棉田实施控制性分根交替灌溉技术是实现农田资源高效利用、棉花-土壤综合系统改良的重要手段。

1 材料与方法

1.1 试验区概况

本文研究区位于新疆塔里木河三大源流（阿克苏河、叶尔羌河、和田河）交汇点附近的平原荒漠-绿洲区，是我国重要的优质棉基地，以南疆典型陆地棉为研究材料，以控制性分根交替灌溉为灌溉方式，采用理论分析、田间试验和综合评价相结合的方式开展。中国科学院绿洲农田生态系统国家野外科学观测研究站位于80°45′E、40°37′N，地处于天山中段的南山脚下、塔里木盆地的东北面，属暖温带干旱性气候地区，地形走势为北高南低。农田总面积为147.39×10^4 hm^2，占阿克苏地区总面积的11.2%。该地区的主要经济作物是棉花，其播种面积占农田播种总面积的54.5%，其次是玉米、小麦等。阿克苏地区2022年的年平均气温为11.84 ℃、年总降雨量为97.2 mm，全年日照时数约2 953 h。研究区的土壤质地以粉砂壤土为主，土壤pH为7.22，有机质为6.96 g/kg。试验小区布置见图1。

图1 试验小区布置

1.2 试验设计

棉花滴灌带铺设方式见图2，试验棉花品种采用“新陆中58号”，利用人工铺设一膜5带4行栽培模式，行距20 cm，植株间距10 cm，膜间裸地宽度为46 cm，种植密度为16万株/hm^2。棉花于2022年4月17日进行播种，7月中旬进行打顶，10月初收获。

试验设置灌溉量与施肥量两种主要因素，2022年根据试验站上历年的灌溉施肥标准为对照，灌溉量设置3个不同的灌溉水平：亏缺灌溉S0.8、充分灌溉S1、过量灌溉

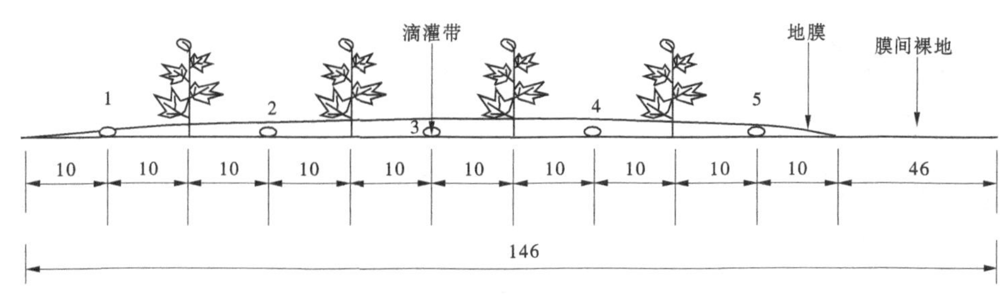

图 2 试验滴灌带铺设 （单位：cm）

S1.2，施肥量同样设置 3 个不同的施肥水平：减量施肥 F0.8、常规施肥 F1、过量施肥 F1.2，同时设置传统的灌溉施肥方式（CK）为对照处理，共 10 个处理，分别为 S0.8F0.8（T1）、S0.8F1（T2）、S0.8F1.2（T3）、S1F0.8（T4）、S1F1（T5）、S1F1.2（T6）、S1.2F0.8（T7）、S1.2F1（T8）、S1.2F1.2（T9）及传统灌溉处理（CK）。

棉田试验的灌溉方式为控制性分根交替灌溉，第 1 次灌水是 5 条滴灌带的阀门全部打开，第 2 次灌水是 1、3、5 这 3 条滴灌带打开阀门，第 3 次灌水是 2、4 这两条滴灌带打开阀门，之后就是 1、3、5 与 2、4 交替灌水，对照处理为传统的灌溉方式即 2、4 个滴灌带全开无交替。棉田第 1 次灌溉日期为 6 月 17 日，充分灌溉量为 45 mm，蕾期期间每隔 9 d 进行灌水，花铃期期间每隔 7 d 进行灌水，在整个棉花生育期内共灌水 10 次。根据当地农艺措施，每个生育期棉花播种前均要进行春灌，每年 3 月初左右漫灌 300 mm 左右进行压盐。在犁地后播种前（4 月初）施基肥：尿素（总 N≥46.4%）150 kg/hm^2、磷酸二铵（总养分≥64%、$N-P_2O_5-K_2O=18-46-0$）450 kg/hm^2。生育期内不同处理均采用施肥罐随水按施肥梯度施肥，第一水随水滴施尿素（总 N≥46.4%），第二水后使用滴灌专用肥（$N+P_2O_5+K_2O>51\%$，$N : P_2O_5 : K_2O$ 比例为 15：20：20）并进行隔次施肥。棉花生育期灌溉、施肥制度见表 1。棉花主要生育阶段见图 3。试验灌溉水源为井水，采用施肥罐进行灌溉施肥，并在每个小区安装水表来控制各个小区的灌水量。滴灌带的规格选用 15 mm 的内径，滴头间距 20 cm，滴灌带的滴头流量为 1.5 L/h。

表 1 棉花生育期灌水施肥制度

处理		日期（月-日）										合计
		06-17	06-26	07-05	07-12	07-19	07-26	08-02	08-09	08-16	08-23	
S/mm	S0.8	36	36	36	42	42	42	42	36	36	24	372
	S1	45	45	45	52.5	52.5	52.5	52.5	45	45	30	465
	S1.2	54	54	54	63	63	63	63	54	54	36	558
F/（kg/hm^2）	F0.8	93	93	93	93	93	93	93	93	93	—	840
	F1	116	116	116	116	116	116	116	116	116	—	1 050
	F1.2	140	140	140	140	140	140	140	140	140	—	1 260

1.3 测定项目与方法

1.3.1 土壤理化指标的测定

土壤含水量的测定采用烘箱 105 ℃杀青 2 h，85 ℃烘干至恒重并称重。在棉株的各

图3 棉花主要生育阶段

生育期末及灌水前后进行取土，每个小区设置5个取样点，分别为裸地、3号滴灌带的右侧、4号滴灌带的两侧及5号滴灌带的左侧共5处，每个取土点分5层（0~20 cm、20~40 cm、40~60 cm、60~80 cm、80~100 cm）。

土壤含盐量的测定采用电导法，首先需要对风干土样进行研磨过筛（2 mm），取20 g风干样土与蒸馏水进行1∶5的混合，并利用DDBJ-350电导率仪测混合液的电导率。将混合液过滤用烘干称重法得到其对应体积的含盐量，建立电导率与土壤含盐量的拟合公式，确定土壤含盐量。

1.3.2 气象数据

采用阿克苏实验站进行监测的最高气温、最低气温、降雨等气象数据。棉花生育期内逐日平均气温与降雨见图4。

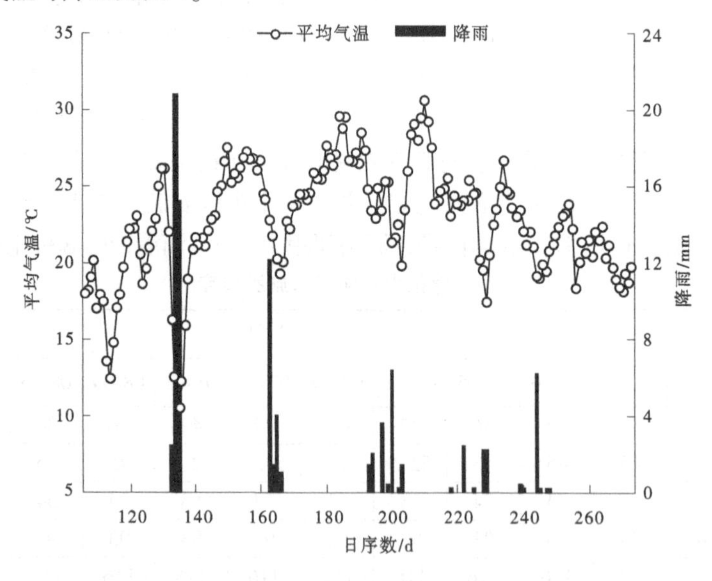

图4 棉花生育期内逐日平均气温与降雨量

2 水肥调控对棉田水盐运移的影响

2.1 水肥调控对棉花主要生育时期内土壤水盐的影响

通过对不同灌溉施肥处理下0~40 cm的土壤含盐率与土壤含水量进行加权平均得

到整个生育期期间不同水肥处理下棉田土壤含水量与土壤含盐率的变化趋势。亏缺灌溉条件下，不同施肥处理间土壤含盐率与土壤含水量的变化均呈现出波动变化的趋势。在141 d后土壤含盐率迅速上升与土壤含水量迅速下降的原因是在4月中旬进行了春灌，之后伴随着气温升高和植株生长，土壤含水量逐渐降低、土壤含盐率逐渐升高。在蕾期期间（176~203 d），只有F0.8处理的土壤含盐率呈上升趋势，且该处理下棉花地上干物质含量最高，表明棉花生长较快且对土壤含水量的消耗较大。在F1处理与F1.2处理下，土壤含盐率与土壤含水量均呈现出下降的趋势，原因可能是灌溉对土壤的淋洗导致土壤含盐率下降，并且说明此阶段的灌溉满足不了棉花用水的需求，进一步加大对土壤含水量的消耗。花铃期（203~251 d），不同施肥处理下土壤含盐率与土壤含水量的变化具有一定的差异。随着时间的变化，F1处理与F1.2处理的土壤含盐率均呈上升的趋势，而F0.8处理呈下降的趋势。不同施肥处理下的土壤含水量均呈上升趋势。结果表明花铃期的灌溉有助于土壤含水量的提高，并且在此期间F1.2处理下的棉花叶面积指数较大，棉花的蒸腾作用较大，促进根系吸水导致土壤含盐率提高。总体来看，花铃末期较蕾期F0.8处理、F1处理与F1.2处理土壤含盐率分别降低13%、9%与2%，而土壤含水量分别增加了3%、8%与-8%。因此，在亏缺灌溉条件下，F0.8的施肥处理是较为合适的。亏缺灌溉下不同施肥水平土壤水盐变化见图5。

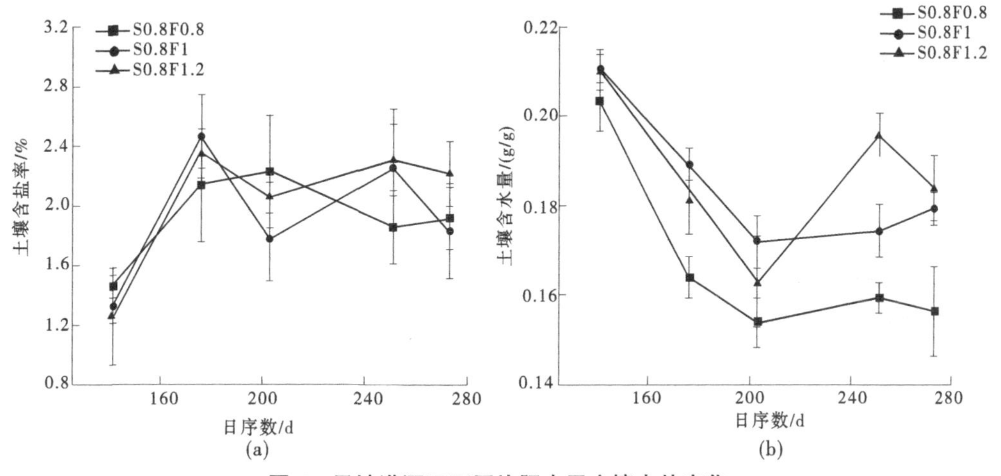

图5　亏缺灌溉下不同施肥水平土壤水盐变化

充分灌溉条件下，苗期期间不同施肥处理的土壤含盐率具有一定的差异，具体表现为F1.2处理的土壤含盐率较高，而不同施肥处理的土壤含水量差异较小。在蕾期期间，不同施肥处理间的土壤含盐率均呈上升趋势，且F1.2处理与F1处理均大于F0.8处理，分析原因可能是F1.2处理与F1处理下的棉花根系吸水明显大于F0.8处理，导致盐分在0~40 cm累积；不同施肥处理下，棉花的F0.8处理与F1处理土壤含水量均呈下降趋势，而F1.2处理略有增加，说明此阶段F0.8处理与F1处理的耗水量较大，而充分灌溉刚好满足F1.2处理的用水需求。在花铃期期间，F0.8处理、F1处理与F1.2处理下的土壤含盐率均呈上升趋势，分析原因可能是气温回升，田间蒸发与植被的蒸腾拉力导致土壤含盐率上升；不同施肥的土壤含水量均呈上升趋势，且F0.8处理、F1处理与F1.2处理下的花铃末期比花铃前期增加了17%、9%与7%，表明此阶段F1.2处理的耗水量最大，有利于棉花的生长发育。总体来说，F0.8处理、F1处理与F1.2处理下的花铃期末期较蕾期期间，土壤含盐率分别降低-4%、-41%与5%，而土壤含水量分别增加了9%、-14%与7%，因此在充分灌溉条件下，F1.2施肥处理是比较合适的。充分灌溉下不同施肥水平土壤水盐的变化见图6。

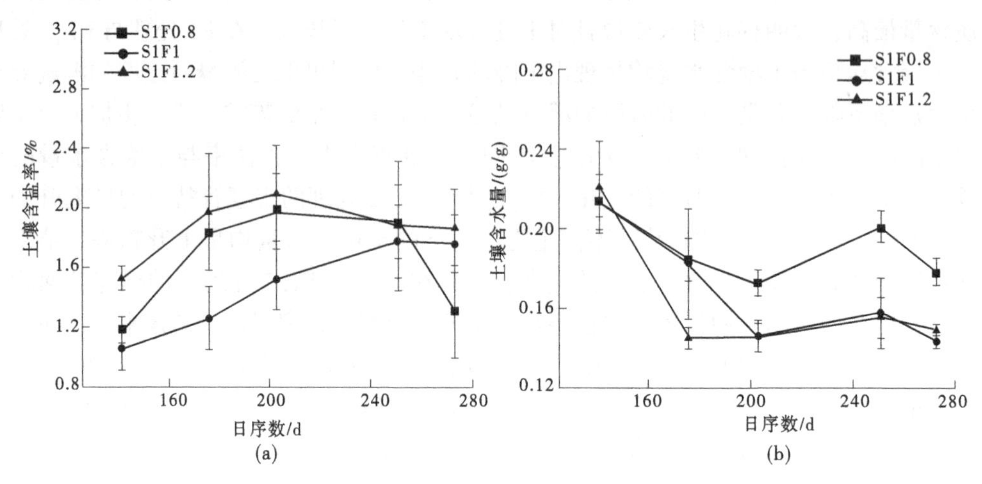

图6　充分灌溉下不同施肥水平土壤水盐的变化

过量灌溉条件下，初始的土壤含盐率与土壤含水量差异较小。蕾期期间不同施肥处理下的棉花均呈下降趋势，且F0.8处理、F1处理与F1.2处理的土壤含盐率蕾期后期较前期分别降低了28%、12%与20%，土壤含水量分别增加了-11%、11%与-18%，结果表明此阶段F1处理更利于棉花生长。在花铃期期间，不同施肥处理间F1.2处理与F0.8处理的土壤含盐率均呈上升趋势，而F1处理呈下降趋势。分析结果表明，低肥与高肥处理会抑制棉花的生长发育；F1处理下的土壤含水量呈上升趋势，而F0.8处理与F1.2处理的土壤含水量呈下降趋势，原因可能是F1处理下的棉花叶片的覆盖面较大，减少了土面蒸发，使土壤含水量产生累积，而F1.2处理与F1处理导致棉花生长发育受到阻碍，土面蒸发与棉花叶片的蒸腾拉力导致土壤含水量进一步减小。总体来说，F0.8处理、F1处理与F1.2处理间的土壤含盐率与土壤含水量，前者花铃末期较蕾期降低8%、26 %与2%，后者花铃末期较蕾期增加-27%、-11%与-10%，因此在过量灌溉条件下，F1施肥处理更加适合。过量灌溉下不同施肥水平土壤水盐变化见图7。

在充分灌溉施肥条件下，蕾期期间不同分根交替处理下的棉花土壤含盐率与土壤含水量均呈上升趋势，且CK处理与分根交替处理下的蕾期末期较蕾期前期土壤含盐率分别增加了28%与21%，原因可能是土壤空间变异性。花铃期期间，CK处理与分根交替处理的棉花土壤含盐率分别呈下降与上升趋势，原因可能是灌溉方式的差别。且在此期间棉花土壤含水量均呈上升趋势，表明在此期间的灌溉满足棉花的生长发育需求。总体而言，CK处理与分根交替处理下的棉花土壤含盐率，花铃末期较蕾期分别增加41%与19%，土壤含水量分别增加了-14%与12%，因此充分灌溉施肥条件下，控制性分根交替灌溉较传统的灌溉施肥措施在节水控盐上更具优势。控制性分根交替灌溉和传统灌溉

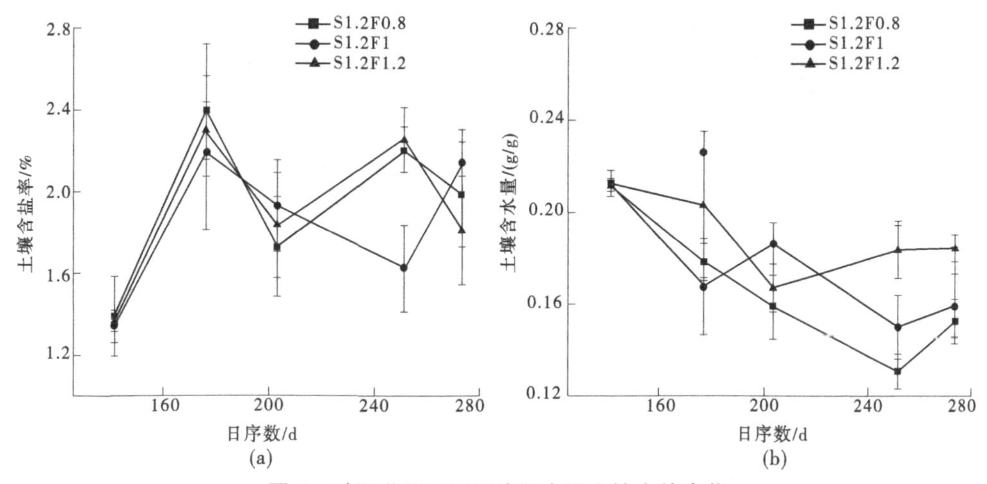

图 7　过量灌溉下不同施肥水平土壤水盐变化

土壤水盐变化见图 8。

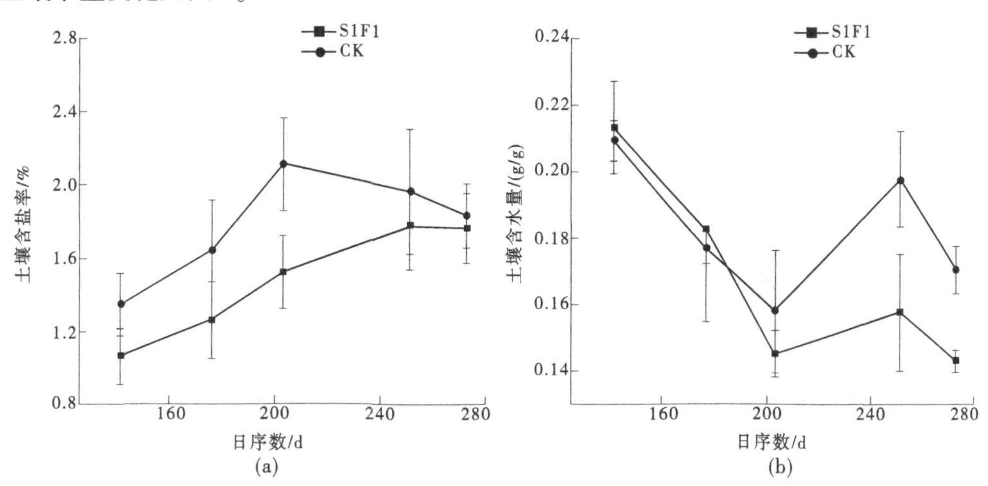

图 8　控制性分根交替灌溉和传统灌溉土壤水盐变化

2.2　水肥调控下土壤水分运动的变化

2.2.1　充分灌溉和常规施肥处理下棉株土壤水分分布

在垂直方向上，0~30 cm 土层间土壤含水量伴随着土层深度的增加而增加，且在花铃期期间及吐絮期前期尤为明显；在 40 cm 土层间，土壤含水量降低，表明此土层是棉花根系吸水的主要作用区域；在 40~70 cm 土层间，土壤含水量基本无变化。此外，在棉株的苗期期间 70~100 cm 土层间的土壤含水量高于 40~60 cm 的土壤含水量，原因可能是春灌导致土壤含水量增加，且棉株在此阶段耗水量少对水分利用效果作用不明显，土壤水分在重力的作用下向深层土壤移动。

在水平方向上，0~10 cm 处表示裸地的土壤含水量，且伴随着棉株的生长发育呈先增加后降低的趋势，原因可能是裸地没有植被土面蒸发大；在 10~70 cm 间土壤水分分布得较为均匀，且伴随着棉株根系的吸水呈现出不同的土壤湿润区。

充分灌溉和常规施肥处理土壤含水量的变化见图 9。

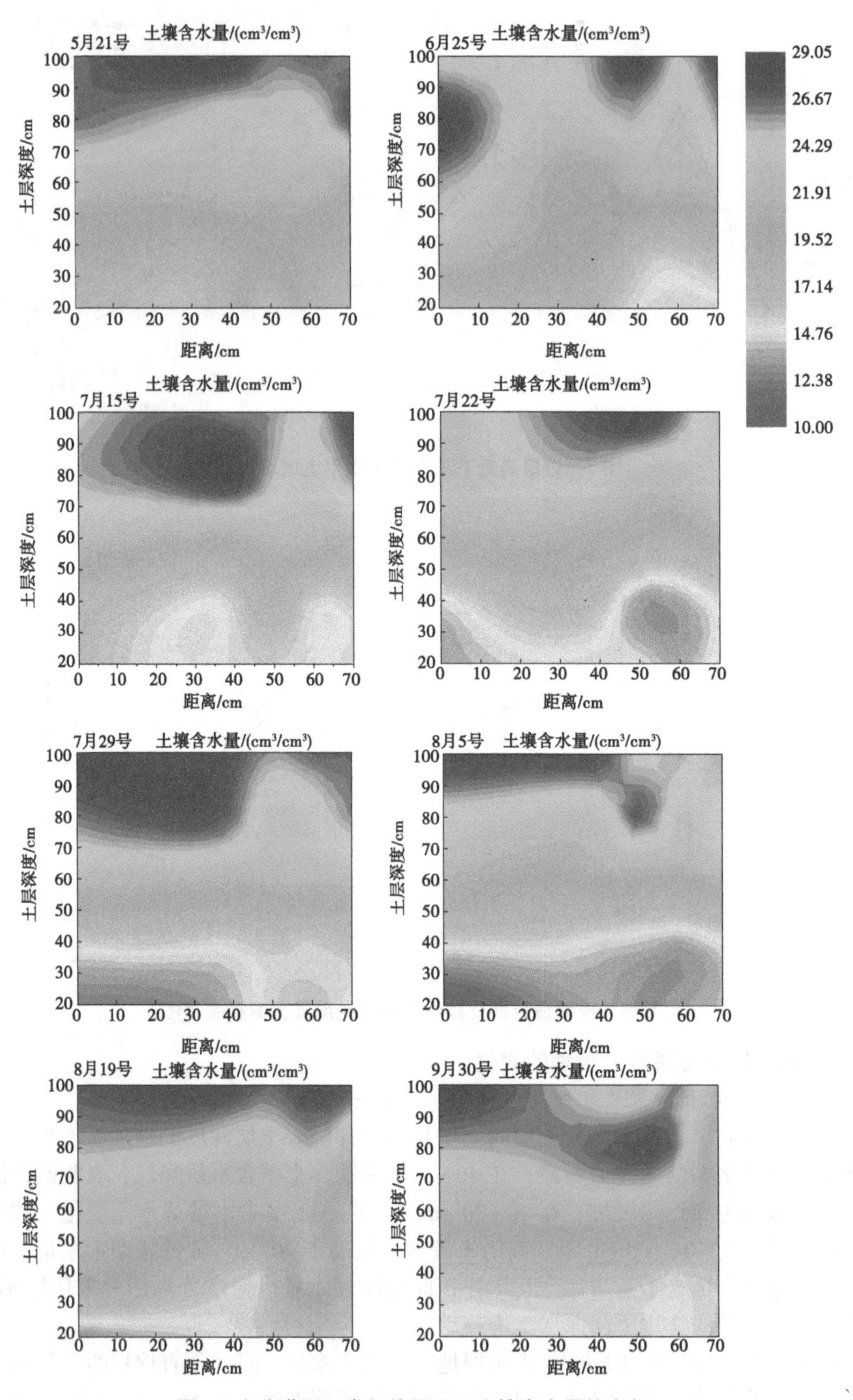

图9 充分灌溉和常规施肥处理土壤含水量的变化

2.2.2 吐絮期期间不同水肥处理下的土壤水分分布

在棉花的生育末期，选取不同灌溉施肥处理下的土壤含水量进行分析，结果如图 10 所示。水平方向代表裸地与取样点的距离，垂直方向代表土层深度。土壤水分分布

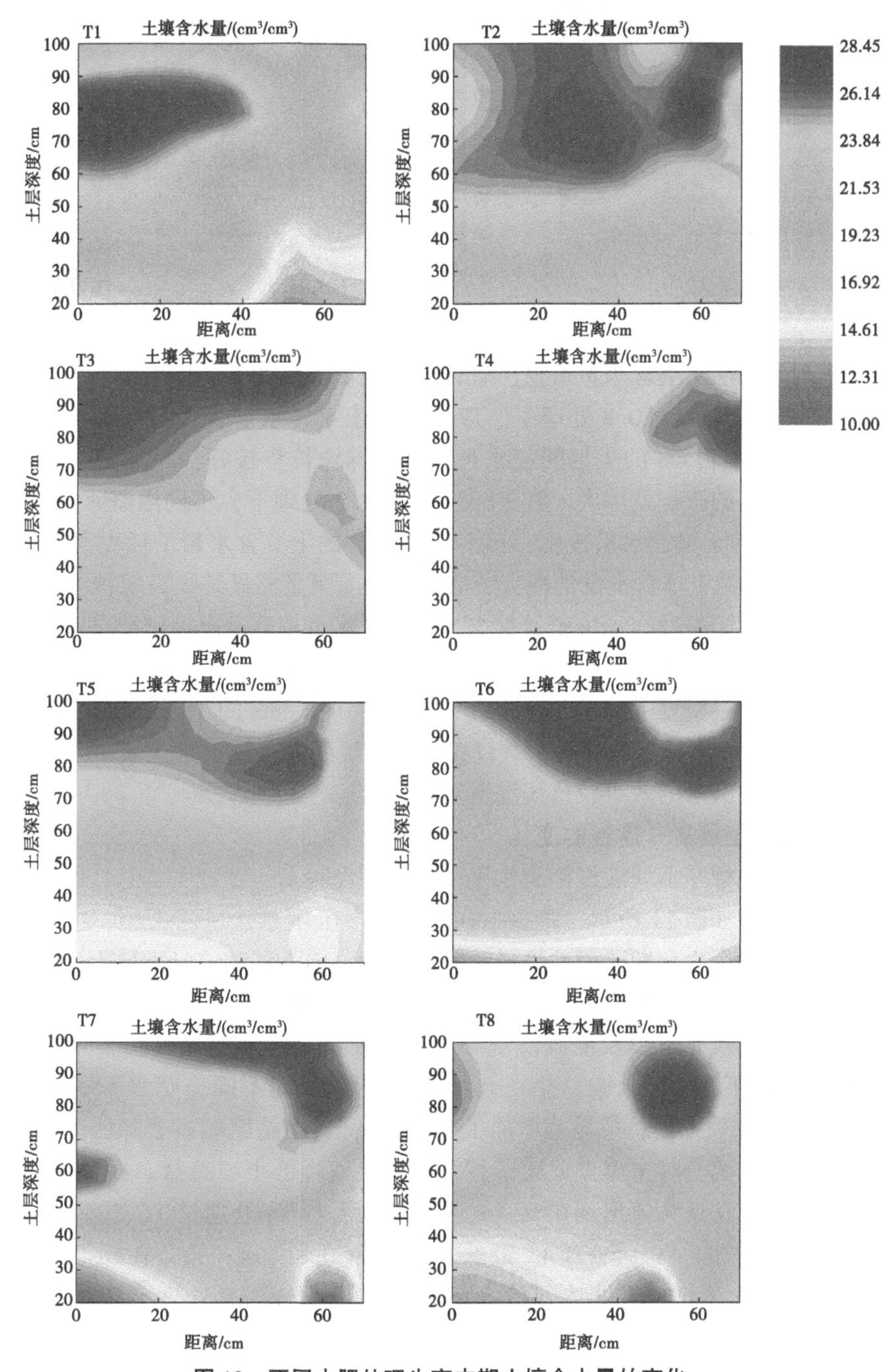

图 10　不同水肥处理生育末期土壤含水量的变化

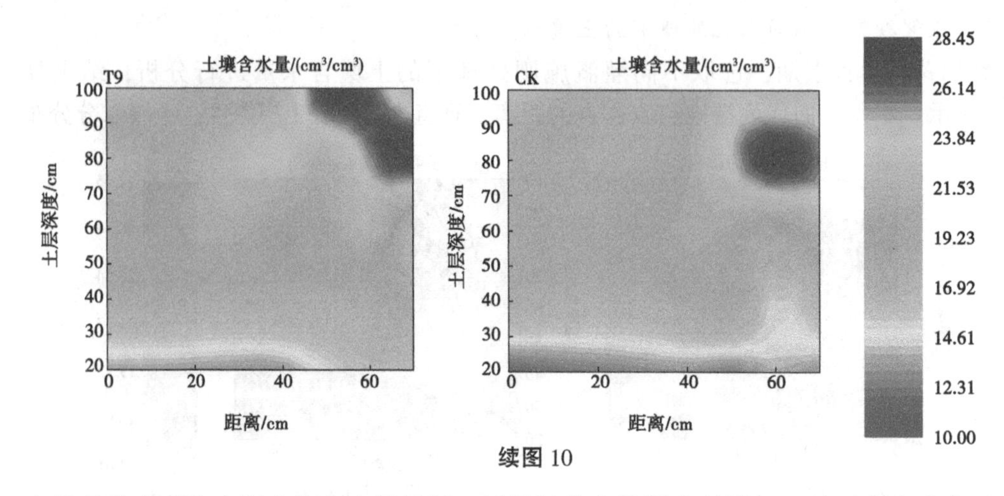

续图 10

布的整体表现为表层土壤含水量最低，且伴随着土壤深度的增加，呈现出先升高后降低的趋势。在垂直方向上，F0.8 处理下，T7 处理的土壤含水量表现为先增加后降低的趋势，表明棉株在 0~40 cm 的土层间耗水量较多，棉株长势较好，且伴随着土壤深度的增加，地下水补给的影响就越大。在 F1 处理和 F1.2 处理下，不同灌溉水平间 T8 处理的 0~40 cm 土层的土壤含水量较 T5 处理和 T1 处理的土壤含水量消耗更大，T9 处理和 T6 处理较 T3 处理的土壤含水量消耗大，表明增加灌溉量能显著提高棉株生长。同种灌溉条件下，不同施肥处理间，施肥量越大，土壤含水量越高，原因可能是肥料中的离子与土壤盐分离子相结合形成脱盐区，以及土壤蒸发的蒸腾使土壤含水量逐渐向土壤上层开始移动。不同分根交替下的土壤含水量变化，在 0~50 cm 间 T5 处理的土壤含水量小于 CK 处理，原因可能是棉株的耗水量较大，且传统灌溉下的表层土壤蒸发量较大，表明分根交替灌溉的节水的效果较传统灌溉更具优势。

2.3　水肥调控下土壤盐分运移的变化

选取生育末期棉花不同灌溉施肥水平下不同剖面膜下与裸地土壤总盐的空间分布特征进行分析，结果如图 11 所示。垂直方向上，膜下土壤总盐呈两头小、中间大的分布特征，原因是在整个生育期频繁地灌溉，使土壤盐分向下移动，且下层土壤盐分随着土壤蒸发逐渐向上移动以及棉花根系的吸水作用，最终导致土壤总盐聚集在棉花根系附近；膜间裸地由于没有覆膜及灌溉淋洗导致土壤总盐随着土面蒸发主要聚集在根系表层。在 S0.8 处理下，膜下土壤总盐在 0~60 cm 的土层间不同施肥水平间 T1>T2>T3，且 T1 处理较 T3 处理土壤总盐显著增加了 43.23%，表明施肥能显著降低土壤总盐，原因可能是肥料中的离子与土壤盐分离子相结合，从而降低土壤总盐。在 S1 处理下，T4 处理的膜下土壤总盐最大值出现在 60 cm 的土层间，且 T4 处理较 T5 处理和 T6 处理土壤总盐分别显著增加了 70.95%和 43.28%，原因同 S0.8 处理一致。在 S1.2 处理下，T7 处理下的土壤总盐在 60 cm 处达到最大值，且 T7 处理较 T8 处理土壤总盐显著减少 53.2%，表明增施肥料会使盐分向上聚集，原因可能是在过量灌溉的条件下，水分先聚集在土壤表层附近，盐分开始向土壤表层聚集，增施肥料又能减少盐分的累积，所以低肥处理的盐分便能保持较高值向下移动。在水平方向上，膜下土壤总盐由于灌溉淋洗，

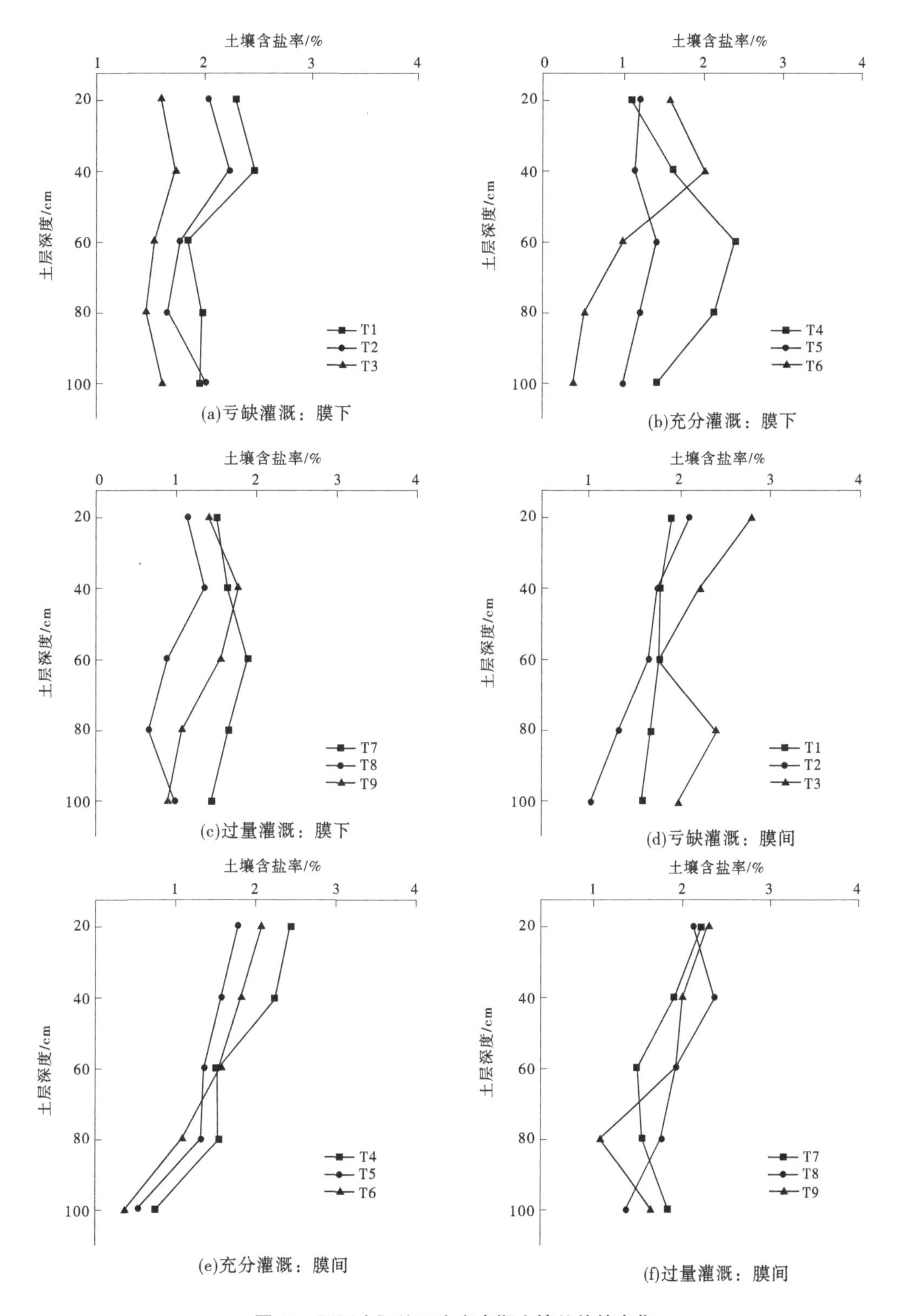

图 11　不同水肥处理生育末期土壤总盐的变化

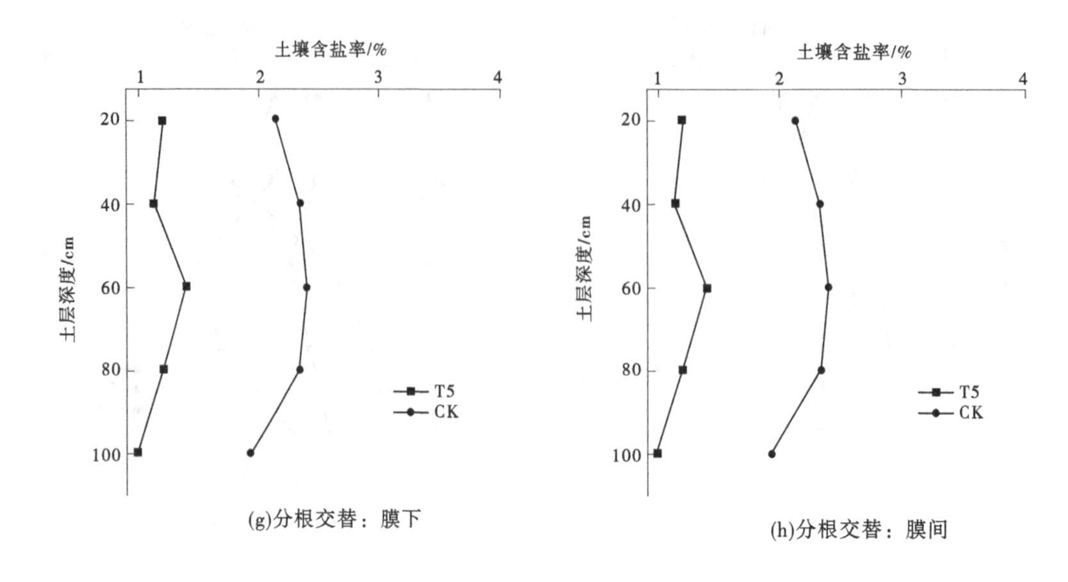

(g)分根交替：膜下

(h)分根交替：膜间

续图 11

使土壤总盐伴随着水分的扩散，而逐渐转移到膜间，使膜间的土壤总盐逐渐增加。同种灌溉条件下，不同施肥处理间的膜下与膜间土壤总盐伴随着施肥量的增加而降低，原因可能是肥料中的元素可以中和土壤中的盐分离子，从而达到排盐的效果。不同分根交替下的土壤总盐 T5 处理均小于 CK 处理，表明分根交替灌溉排盐的效果更好。

3 结论

本文研究了不同水肥处理下土壤含水量及含盐量的时空变化。时间上，土壤含水量伴随着生育期的变化呈“S”形的生长趋势，这与崔永生等研究结果相似。土壤盐分各处理间大部分伴随着时间的变化呈现出先后降低的波动变化趋势，与姚名泽等研究结论相似。试验结果表明：在整个生育期期间，亏缺灌溉下，F0.8 施肥处理较为合适；充分灌溉条件下，F1.2 施肥处理是比较合适的；过量灌溉条件下，F1 施肥处理更加适合；此外，CK 处理与 S1F1 处理的结果表明，分根交替灌溉有利于土壤水盐的降低。白蒙等通过设置不同的滴灌布置方式对棉田土壤水盐运移进行研究，发现“一膜三管”较“一膜两管”的土壤含水量较高，且“一膜三管”的布置方式可以在棉株的根系附近形成洗盐淡化区域。

在空间分布方面，土壤含水量在 0~40 cm 的土层间形成湿润体，这是由棉花根系吸水及土面蒸发所导致的；在 40~70 cm 的土层间土壤含水量的变化不明显，这可能是由于灌溉水对土壤含水量的补给，在重力的作用下向深层土壤运移的结果；在 70~80 cm 的土层间土壤含水量增加，这可能是由地下水的补给造成的。土壤盐分的分布在 0~100 cm 的土层区间膜下土壤总盐呈“两头小中间大”分布格局，分析原因是棉花根须在 0~40 cm 的土层间进行吸水，使盐分聚集在此处；膜间裸地在 0~100 cm 的土层间土壤总盐伴随着土壤深度的增加呈逐渐减少的趋势，这是由于裸地无覆膜及灌溉在蒸腾拉力的作用下盐随水走聚集在土壤表层。本试验结果表明，在0~100 cm的土层中，土壤含水量与土壤含盐率在不同深度与不同水平上均存在一定的差异。前者表明在0~50 cm处，土壤含水量是逐渐降低的，50~100 cm期间同种灌溉条件下，施肥量越高土壤含水量就越大，并且T5处理的土壤含水量明显大于CK处理，表明分根交替灌溉对保持土壤含水量上的优势。后者表明土壤总盐在水平方向上由膜下向膜间转移，垂直方向上，盐分主要在0~60 cm处累积。同时，分根交替下的T5处理的土壤总盐小于CK处理，表明分根交替的排盐效果较好。姚名泽等研究发现，同一施肥水平下，棉田土壤脱盐效果伴随着灌溉量的增加而增加，这与本文的研究结果相似。

参考文献

[1] 康绍忠，潘英华，石培泽，等．控制性作物根系分区交替灌溉的理论与试验［J］．水利学报，2001（11）：80-86.

[2] Abboud S, Vives-Peris V, Dbara S, et al. Water status, biochemical and hormonal changes involved in the response of Olea europaea L. to water deficit induced by partial root-zone drying irrigation（PRD）［J］. Scientia Horticulturae, 2021, 276.

[3] Liu R, Yang Y, Wang Y S, et al. Alternate partial root-zone drip irrigation with nitrogen fertigation promoted tomato growth, water and fertilizer-nitrogen use efficiency［J］. Agricultural Water Management, 2020, 233.

[4] Qi D L, Hu T T, Song X. Effects of nitrogen application rates and irrigation regimes on grain yield and water use efficiency of maize under alternate partial root-zone irrigation［J］. Journal of Integrative Agriculture, 2020, 19: 2792-2806.

[5] 康绍忠．新的农业科技革命与21世纪我国节水农业的发展［J］．干旱地区农业研究，1998（1）：11-17.

[6] Mattar M A, El-Abedin T K Z, Alazba A A, et al. Soil water status and growth of tomato with partial root-zone drying and deficit drip irrigation techniques［J］. Irrigation Science, 2020, 38: 163-176.

[7] Ai Z, Yang Y. Modification and Validation of Priestley-Taylor Model for Estimating Cotton Evapotranspiration under Plastic Mulch Condition［J］. Journal of Hydrometeorology, 2016, 17: 1281-1293.

[8] Mehrabi Fand Sepaskhah A R. Partial root zone drying irrigation, planting methods and nitrogen fertilization influence on physiologic and agronomic parameters of winter wheat［J］. Agricultural Water Management, 2019, 223.

[9] Tang L S, Li Y, Zhang J H. Partial rootzone irrigation increases water use efficiency, maintains yield and enhances economic profit of cotton in arid area［J］. Agricultural Water Management, 2010, 97: 1527-1533.

[10] Wei T J, Jiang C J, Jin Y Y, et al. Ca2+/Na+ Ratio as a Critical Marker for Field Evaluation of Saline-Alkaline Tolerance in Alfalfa（Medicago sativa L.）［J］. Agronomy-Basel, 2020, 10.

[11] 翟明振，胡恒宇，宁堂原，等．盐碱地玉米产量及土壤硝态氮对深松耕作和秸秆还田的响应［J］. 植物营养与肥料学报，2020，26（1）：64-73.

[12] Chen L J, Li C S, Feng Q, et al. Direct and indirect impacts of ionic components of saline water on irrigated soil chemical and microbial processes［J］. Catena, 2019, 172: 581-589.

[13] 李萌．南疆膜下滴灌棉花灌溉和施肥调控效应及生长模拟研究［D］．杨凌：西北农林科技大学，2020.

[14] 崔永生．南疆机采棉花膜下滴灌水肥高效施用模式研究［D］．北京：中国农业科学院，2019.

[15] Li M, Du Y, Zhang F, et al. Modification of CSM-CROPGRO-cotton model for simulating cotton growth and yield under various deficit irrigation strategies［J］. Computers and Electronics in Agriculture, 2020：179.

[16] Li Meng, Xiao Jun, Bai Yungang, et al. Response mechanism of cotton growth to water and nutrients under drip irrigation with plastic mulch in southern Xinjiang［J］. Journal of Sensors, 2020（9）：1-16.

[17] Li M, Du Y J, Zhang F C, et al. Simulation of cotton growth and soil water content under film-mulched drip irrigation using modified CSM-CROPGRO-cotton model［J］. Agricultural Water Management, 2019，218：124-138.

[18] Yazar A, Sezen S M, Sesveren S. Lepa and trickle irrigation of cotton in the Southeast Anatolia Project（GAP）area in Turkey［J］. Agricultural Water Management, 2007，54（3）：189-203.

[19] 蔺树栋．膜下滴灌农田水盐肥分布特征及对棉花生长的影响［D］．西安：西安理工大学，2021.

[20] 姚名泽．南疆机采棉膜下滴灌土壤水分运移特征、耗水规律及产量品质研究［D］. 兰州：甘肃农业大学，2013.

基于耗水平衡理论的轮台县国民经济可耗水量研究

陈　思　赵　妮　刘贵元

（新疆水利水电规划设计管理局，新疆乌鲁木齐　830000）

摘　要：本文以巴州轮台县为研究区，在收集现状土地利用资料及供用水数据的基础上，利用遥感解译等手段，通过水均衡模型开展了耗水平衡分析，从而获得现状国民经济与生态环境之间的水资源平衡关系，并以水资源承载能力及有效天然生态环境耗水量为边界条件，分析研究区国民经济可耗用的水资源量。

关键词：轮台县；水资源量；耗水量；国民经济

1　研究区概况

轮台县隶属于巴音郭楞蒙古自治州，位于巴州西部、天山南麓、塔里木盆地北缘，东距库尔勒市 175 km，西距库车市 110 km，地理位置为东经 83°38′~85°25′，北纬 41°05′~42°32′，县境东西长 110 km，南北宽 136 km，总面积 14 715 km^2。轮台县地处南疆四地州进入首府乌鲁木齐三岔路口的交汇点，是南北疆的交通要道，314 国道、南疆铁路、塔克拉玛干沙漠公路与县境相连。轮台县四季分明，热量资源较丰富，光照充足，空气干燥；降水较少，多年平均降水量 47.6 mm，降水量年内分配极不均匀，5—8 月 4 个月的降水量占全年降水量的 70%；蒸发量大，多年平均蒸发量为 2 082 mm。

2　研究区水资源量分析

2.1　轮台县河流水系概况

轮台县境内共有 9 条山溪性河流，分别是迪那河、吐尔力克河、阳霞河、库努尔河、策大雅河、野云沟、土尸落克河、克音力克河和乌塘铁热克艾肯沟（乌塘铁热克艾肯沟为野云沟支流）。其中，已开发利用的河流有 6 条，未开发利用的河流有 3 条（土尸落克河、克音力克河及乌塘铁热克艾肯沟）。轮台县水系见图 1。

2.1.1　迪那河

迪那河发源于天山南坡，向正南流出后归于塔里木盆地，全流域东西平均宽约为 42.3 km，南北平均长约为 136 km，东面与阳霞河流域相连，南面以塔里木河干流流域

作者简介：陈思（1991—），女，工程师，主要从事水利规划、水利项目前期等工作。

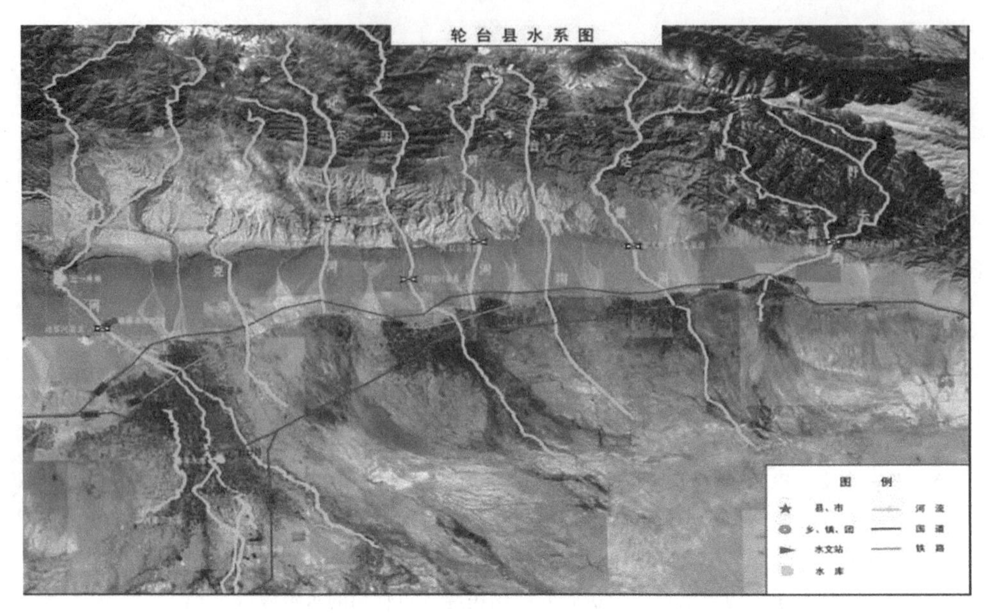

图 1　轮台县水系图

分界线为界，西面与库车市接壤，北面与和静县相邻，四面环山，深居大陆腹地，属山溪性河流。流域宏观地势呈北高南低，东高西低，为扇形河系，主要的山区支流有喀尔库尔沟、吐尤克沟、阿特拉曼沟、阿散沟、托特沟、牙格迪那河、果尔达兰沟等，河系水道总长约为 400 km，山区干流全长约为 83.3 km，该河出山口断面多年平均年径流量为 3.78 亿 m^3。

2.1.2　阳霞河

阳霞河发源于南天山支脉科克铁克山南坡，由木斋板沟、塔水厄肯和阳霞河干流三河交汇后形成阳霞河的主流，三河汇合口至山口间还有若干条支流自北向南汇入，全流域呈扇状。出山口集水面积为 544 km^2，出山口断面多年平均年径流量为 8 253 万 m^3。

2.1.3　吐尔力克河

吐尔力克河上游称塔西盖班河，发源于天山支脉科克铁克山南坡，属降雨、融雪混合型补给的河流。该河出山口以上集水面积为 292 km^2，出山口断面多年平均年径流量为 3 767 万 m^3。河流上游由两条支流汇集而成，汇合后由西北向东流。

2.1.4　库努尔河

库努尔河发源于霍拉山，主要为冰水及降雨补给，集水面积为 205.6 km^2，河流长 48 km。河流穿行于低山丘陵中，山口以上河长 25 km，集水面积为 135 km^2，出山口断面多年平均年径流量为 2 210 万 m^3。

2.1.5　克音力克河

克音力克河发源于南天山支脉索都尔别力山脊，山口以上集水面积为 147 km^2，出山口断面多年平均年径流量为 2 896 万 m^3，河长 37 km，河水沿河床呈散流状穿过策大雅乡后散失于荒漠区。

2.1.6　策大雅河

策大雅河发源于南天山支脉索都尔别力山南坡，山口以上河长 45 km，集水面积为

303 km^2。流域北高南低，河流总体呈北—南流向，策大雅河出山口断面多年平均年径流量为 5 162 万 m^3。

2.1.7　野云沟和乌塘铁热克艾肯沟

乌塘铁热克艾肯沟为野云沟支流，发源于天山支脉霍拉山西端南坡，河流以降雨和积雪融水补给为主。乌塘铁热克艾肯沟山口以上河长 36 km，集水面积为 179 km^2，出山口以上断面多年平均年径流量为 1 978 万 m^3；野云沟山口以上河长 61.7 km，集水面积为 345 km^2，出山口以上断面多年平均年径流量为 4 274 万 m^3。

2.1.8　土尸落克河

土尸落克河东面与吐尔力克河流域相连，西面与轮台县相连，河流以降雨和积雪融水补给为主，山口以上河长 41.8 km，集水面积为 250 km^2，出山口以上断面多年平均年径流量为 2 493 万 m^3。

2.2　地表水资源量分析

2.2.1　径流变化特点分析

时间变化特点：轮台县各河流受到降水、温度和蒸发等因素的影响，径流年内变化十分剧烈，各河流 6—8 月径流量占全年水量的比例最大，为 44.9%～68.3%；径流年际变化主要受到降水、气温变化和冰川融雪的影响，变差系数 C_v 值为 0.2～0.23。

空间变化特点：河流在出山口以上其产流特征为径流随集水面积增大而增加；出山口以下径流受人类活动影响，水量沿程呈递减状态。

2.2.2　地表水资源量分析

本次分别对有水文测站实测资料的控制区和无实测站的非控制区进行地表水资源量分析。控制区通过收集整理河流的实测径流资料，采用降雨量与径流量相关法、短期水文站观测资料订正法和水管资料分析订正法等进行分析计算；非控制区采用径流深等值线图法进行量算。

轮台县地表水资源总量为 6.883 3 亿 m^3。其中，迪那河区为 3.78 亿 m^3，阳霞河区为 0.825 3 亿 m^3，土尸落克河区为 0.249 3 亿 m^3，吐尔力克河区为 0.376 7 亿 m^3，库努尔河区为 0.221 0 亿 m^3，克音力克河区为 0.289 6 亿 m^3，策大雅河区为 0.516 2 亿 m^3，乌塘铁热克艾肯沟区为 0.197 8 亿 m^3，野云沟区为 0.427 4 亿 m^3。主要支流基本情况见表 1。

2.3　地下水资源量分析

轮台县地下水分区分为迪那河灌区Ⅰ区和东四乡灌区Ⅱ区。

迪那河灌区Ⅰ区中极强富水区面积为 408.36 km^2，强富水区面积为 54.38 km^2，中等富水区面积为 558.7 km^2，弱富水区面积为 2 240.61 km^2；地下水总补给量为 1.76 亿 m^3，其中地下水井灌入渗补给量为 0.12 亿 m^3，地下水资源量为 1.64 亿 m^3，地下水可开采量为 0.88 亿 m^3。东四乡灌区Ⅱ区中极强富水区面积为 439.2 km^2，强富水区面积为 202.8 km^2，中等富水区面积为 885.07 km^2，弱富水区面积为 1 346.71 km^2；地下水总补给量为 1.88 亿 m^3，其中地下水井灌入渗补给量为 0.083 2 亿 m^3，地下水资源量为 1.80 亿 m^3，地下水可开采量为 0.54 亿 m^3。

表1　轮台县主要支流基本情况

序号	河流名称	山区集水面积/km^2	山区河道长度/km	多年平均年径流量/亿 m^3
1	迪那河	1 615	83.3	3.780
2	阳霞河	544	74.5	0.825 3
3	土尸落克河	250	41.8	0.249 3
4	吐尔力克河	292	37.2	0.376 7
5	库努尔河	135	48	0.221 0
6	克音力克河	147	37	0.289 6
7	策大雅河	303	45	0.516 2
8	乌塘铁热克艾肯沟	179	36	0.197 8
9	野云沟	345	61.7	0.427 4
合计				6.883 3

综上所述，轮台县地下水资源量为3.44亿 m^3，其中天然补给量0.36亿 m^3，地下水可开采量为1.42亿 m^3。

2.4　水资源总量分析

轮台县水资源总量为7.24亿 m^3，其中地表水资源量为6.88亿 m^3，地下水天然补给量为0.36亿 m^3。

3　轮台县水资源开发利用现状

3.1　水利工程现状

轮台县已建水库4座，总库容11 750万 m^3，全部在迪那河上，分别为卡尔塔水库、青年水库、肖克水库和五一水库。已建引水渠首8座，其中迪那河3座，分别为迪那河引水渠首、老泄洪排沙闸和老引水冲沙闸；吐尔力克河、克音力克河、阳霞河、库努尔河、野云沟各1座，分别为塔勒克渠首、克音力克河渠首、阳霞河渠首、库努尔渠首、策大雅渠首及野云沟渠首，设计引水流量共计71.88 m^3/s。已建输水总干渠共有4条，总长度为24.84 km，分别是迪那河总干渠、阳霞总干渠、策大雅总干渠及野云沟总干渠；引水干渠22条，总长度157.57 km；支渠共74条，总长329.61 km。轮台县共有机井2 321眼。

3.2　供（用）水现状

通过收集近5年（2018—2022年）实际供（用）水资料可知，轮台县平均供（用）水量为7.09亿 m^3。按供水水源分，地表水供水量为3.25亿 m^3，占总供水量的45.8%；地下水供水量3.80亿 m^3，占总供水量的53.6%；其他水源供水量为0.04亿

m^3，占总供水量的0.6%。按用水行业分，农业用水量6.81亿m^3，占总用水量的96.1%；工业用水量0.22亿m^3，占总用水量的3.1%；生活用水量0.06亿m^3，占总用水量的0.9%。

3.3 开发利用程度及用水水平

3.3.1 各河流开发利用程度分析

根据轮台县各河流供水量资料分析，已开发利用的6条河流，综合开发利用率为52.81%，其中阳霞河开发利用率最高，为62.89%，吐尔力克河开发利用率最低，为29%。轮台县各河流开发利用程度见表2。

表2 轮台县各河流开发利用程度

河流水系	多年平均年径流量/万m^3	近5年实际用水量/万m^3	开发利用率
迪那河	37 800	21 410	56.64%
吐尔力克河	3 767	1 093	29.00%
阳霞河	8 253	5 190	62.89%
库努尔河	2 210	1 132	51.21%
策大雅河	5 162	2 130	41.26%
野云沟	4 274	1 507	35.26%
合计	61 466	32 461	52.81%

3.3.2 现状用水水平分析

现状轮台县总人口16.37万，人均用水量为4 327 m^3，高于全疆人均用水量2 446 m^3；万元工业增加值用水75 m^3，与全疆万元工业增加值用水43 m^3相比，用水水平远低于全疆水平；现状实际灌溉面积133.38万亩，高效节水灌溉面积27.13万亩，灌溉水利用系数0.581，农业综合灌溉用水定额510 m^3/亩，与全疆农业综合毛灌溉定额617 m^3/亩相比，低于全疆平均水平，主要是因为存在28.18万亩的非充分灌溉面积。

4 耗水平衡分析

本文以轮台县水资源量和土地利用现状遥感解译成果（见图2）为研究基础，通过分析灌溉、天然林草、河渠、水库、滩涂湿地、裸地等不同性质用地的面积，采用面积定额、潜水蒸散发等方法，计算现状国民经济及生态环境等耗水项的耗水量，并利用水均衡模型对计算成果进行率定。

4.1 生态环境耗水量

4.1.1 天然林草耗水量分析

（1）天然林草分布情况。

本文将轮台县天然林草分为林地和草地，其中林地分为有林地、灌木林地、其他林

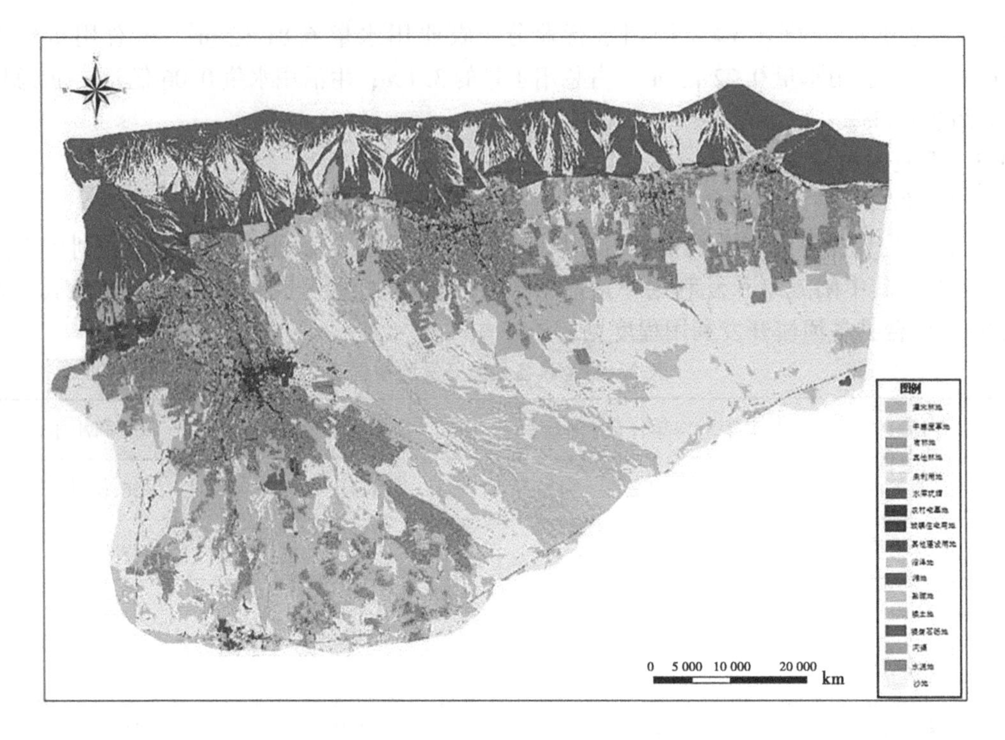

图2 轮台县土地利用现状

地，草地主要为中覆盖草地。经遥感解译，现状天然林草面积为 816.78 km^2，其中林地面积 211.95 km^2，草地面积 604.83 km^2。为进一步分析天然林草耗水情况，结合地下水位观测井绘制了地下水水位等值线图，将天然林草分布图与地下水水位等值线图进行叠加，从而提取不同地下水埋深条件下的林草分布。经叠加分析，地下水埋深小于 3 m 的天然林草面积为 71.82 km^2，地下水埋深 3~6 m 的天然林草面积为 384.34 km^2，地下水埋深大于 6 m 的天然林草面积为 360.62 km^2。

（2）天然林草耗水分析。

本文采用面积定额法分析天然林草耗水情况。针对不同植被类型及地下水位情况选取合适的定额，地下水位埋深小于 3 m 的天然林草生存条件较好，定额相对较大；地下水位埋深介于 3~6 m 的天然林草生态植被生存条件受迫，定额较小；地下水位埋深大于 6 m 的天然林草定额最低，再按照水源补给情况将其分为灌区内部及周边林草和远离灌区林草，在定额选取时，远离灌区的林草定额较低于灌区内部及周边林草定额。

经分析可知，天然林草耗水量为 1.55 亿 m^3，其中，地下水位埋深为 0~3 m 的天然林草耗水为 0.21 亿 m^3；地下水位埋深介于 3~6 m 的天然林草耗水为 0.86 亿 m^3；地下水位埋深超过 6 m 的天然林草耗水为 0.48 亿 m^3。

4.1.2 河渠、水库及滩涂湿地耗水量分析

经遥感解译，轮台县河渠、水库及滩涂湿地面积共 70.20 km^2，其中河渠面积 20.37 km^2，水库面积 12.20 km^2，滩涂湿地面积 37.63 km^2。其耗水主要为蒸发耗水，根据各水资源利用分区的蒸发资料，对不同分区河渠、水库、滩涂湿地的单位面积蒸发

量进行分析，河渠的水面蒸发值取600~650 mm，水库水面蒸发值取1 100~1 200 mm，滩涂湿地水面蒸发值取700~800 mm。经计算，总耗水量为0.54亿m^3，其中河渠耗水量为0.13亿m^3，水库耗水量为0.14亿m^3，滩涂湿地耗水量为0.27亿m^3。

4.1.3 未利用土地（裸地）耗水量分析

研究区内的未利用土地（裸地）主要为沙地、盐碱地、裸土地和裸岩砾石。本次通过将未利用土地（裸地）矢量图和地下水埋深分布图进行叠加，分析不同地下水位下裸地的面积。根据前人研究成果，裸地条件下潜水蒸发极限埋深约为6 m，即当地下水位埋深大于6 m时潜水蒸发量几乎为零，因此本次仅计算地下水位埋深小于6 m区域的耗水。经遥感解译，轮台县地下水位埋深小于6 m的未利用土地面积约618.34 km^2，其中，地下水位埋深小于3 m的为168.82 km^2，地下水位埋深介于3~6 m的为449.52 km^2。

裸地条件下的耗水主要为地下潜水在毛细管作用下，通过包气带岩土向上运动，以土壤蒸发的形势消耗水资源，若地下水位很浅且岩土的空隙较大，则地下水可直接蒸发消耗，根据此原理，本次采用潜水蒸发公式对裸地的耗水进行计算，计算公式如下：

$$E = 10^{-1} \cdot E_{601} \cdot C \cdot F \tag{1}$$

式中：E为裸地条件下潜水蒸发量，万m^3；E_{601}为全年水面蒸发量，mm；C为裸地条件下潜水蒸发系数；F为计算区面积，km^2。

经分析，轮台县未利用土地（裸地）耗水量为0.73亿m^3，其中，地下水位埋深小于3 m的为0.36亿m^3，地下水位埋深介于3~6 m的为0.37亿m^3。

4.2 现状年国民经济耗水量分析

本文研究中，国民经济耗水主要为农业、工业和生活（含牲畜）耗水。农业耗水采用面积定额法进行计算；工业、生活耗水相对较小，采用耗水系数法进行确定。

4.2.1 农业耗水量分析

农业耗水量为作物蒸腾量和作物颗间蒸发量之和，一般近似等于作物的净需水量。现状年轮台县灌溉面积为133.38万亩，农林牧比例为81.9∶16.7∶1.4，粮经比为33.2∶66.8。根据《新疆地方标准——农业用水定额》中灌溉用水分区划分，研究区轮台县属于南疆塔里木盆地北缘平原带（V-38），按照分区不同作物、不同灌溉方式的定额，结合各分区种植业结构和高效农业发展情况，分析计算出农业耗水净定额为320 m^3/亩，农业耗水量约为4.27亿m^3。

4.2.2 非农行业耗水量分析

非农行业指生活（含牲畜）、工业，其耗水采用耗水系数法进行计算。根据轮台供用水统计数据，生活、工业用水量共为2 863万m^3，耗水系数选定为0.9，经计算，轮台县非农行业耗水为2 577万m^3。

4.3 现状年耗水平衡分析

根据上述各项分析计算成果，进行耗水平衡分析。轮台县多年平均水资源量为7.24亿m^3，其中地表水资源量为6.88亿m^3，地表水与地下水不重复量0.36亿m^3；轮台县现状耗水量为7.35亿m^3，其中生态环境耗水2.82亿m^3，国民经济耗水4.53亿m^3。采用水均衡模型进行率定，轮台县水资源量与耗水量基本平衡，平衡误差为-0.1

亿 m^3，耗水平衡误差占水资源总量的-1.4%，可证明本次耗水平衡分析计算结果基本合理。现状年轮台县耗水平衡分析结果见表3。

表3　轮台县耗水平衡分析结果统计

<table>
<tr><th colspan="3">分项</th><th>水量/亿 m^3</th></tr>
<tr><td colspan="2" rowspan="3">水资源</td><td>地表水资源量</td><td>6.88</td></tr>
<tr><td>地表、地下不重复量</td><td>0.36</td></tr>
<tr><td>水资源总量</td><td>7.24</td></tr>
<tr><td rowspan="8">耗水</td><td rowspan="4">生态耗水</td><td>天然林草耗水</td><td>1.55</td></tr>
<tr><td>河库湿地耗水</td><td>0.54</td></tr>
<tr><td>未利用土地（裸地）耗水</td><td>0.73</td></tr>
<tr><td>小计</td><td>2.82</td></tr>
<tr><td rowspan="3">国民经济耗水</td><td>农业耗水</td><td>4.27</td></tr>
<tr><td>非农行业耗水</td><td>0.26</td></tr>
<tr><td>小计</td><td>4.53</td></tr>
<tr><td colspan="2">合计</td><td>7.35</td></tr>
<tr><td colspan="3">耗水平衡误差</td><td>-0.101 5</td></tr>
<tr><td colspan="3">耗水平衡误差比例</td><td>-1.4%</td></tr>
</table>

5　国民经济可耗水量分析

本文研究认为，国民经济可耗水量为水资源可利用量扣除有效生态环境耗水量，有效生态环境耗水主要为研究区的天然林草耗水和河库湿地耗水，未利用土地（裸地）耗水则为无效、低效耗水。轮台县水资源总量为7.24亿 m^3，若维持现状生态环境不恶化，首先需确保有效生态环境需耗水量2.09亿 m^3，则国民经济可耗水量为5.15亿 m^3。

参考文献

[1] 孙占海．基于面向对象遥感影像的轮台县胡杨分布变化研究［D］．阿拉尔：塔里木大学，2022.
[2] 酒江涛，张永健，景一敏，等．干旱区生态环境质量的地形梯度效应：以轮台县为例［J］．江西农业学报，2023，35（10）：103-110.

[3] 李玉生，张江辉，刘晓敏，等．新疆轮台县水土流失危害及防治对策［J］．水土保持通报，2001（5）：66-68.
[4] 谢葆．迪那河流域降水与径流年内分配特征分析［J］．黑龙江水利科技，2023，51（12）：72-74，125.
[5] 李志军．新疆阳霞河流域水资源开发利用评价［J］．广西水利水电，2021（3）：86-88.
[6] 李洪波，贾丹，唐菲，等．常用潜水蒸发经验公式在卫宁平原的适用性研究［J］．人民黄河，2021，43（S2）：17-19.